公路工程造价

（第4版）

主　编　高　峰　张求书

副主编　王　瑞　陈　晴

参　编　张万臣　孙　雷　赵慕楠

　　　　李国栋　李丹丹　宫　越

　　　　李丹阳　冷丽丽

主　审　戴文亭　王利忠

北京理工大学出版社

BEIJING INSTITUTE OF TECHNOLOGY PRESS

内 容 提 要

本书是高等院校工学结合、课程改革规划教材。全书以公路工程造价编制流程为主线，以实际工程项目为载体，共设置了六个学习情境，主要内容包括认知公路工程造价，公路工程定额运用，公路工程工程量计量，公路工程概、预算编制，公路工程施工招标、投标造价的编制，公路工程造价软件应用。

本书可作为高等院校、本科院校的二级学院、成人高校以及民办高校工程造价、道路与桥梁工程技术及相关专业的教学用书，也可作为中等职业教育、五年制高职相关专业用书，还可作为相关专业工程技术人员业务参考及培训用书。

图书在版编目（CIP）数据

公路工程造价 / 高峰，张求书主编. --4版. --北京：北京理工大学出版社，2024.2
ISBN 978-7-5763-3372-5

Ⅰ.①公… Ⅱ.①高… ②张… Ⅲ.①道路工程－工程造价 Ⅳ.①U415.13

中国国家版本馆CIP数据核字（2024）第032440号

责任编辑：钟　博		**文案编辑：**钟　博	
责任校对：周瑞红		**责任印制：**王美丽	

出版发行 / 北京理工大学出版社有限责任公司

社　　址 / 北京市丰台区四合庄路6号

邮　　编 / 100070

电　　话 / （010）68914026（教材售后服务热线）
　　　　　　（010）68944437（课件资源服务热线）

网　　址 / http：//www.bitpress.com.cn

版 印 次 / 2024年2月第4版第1次印刷

印　　刷 / 北京紫瑞利印刷有限公司

开　　本 / 787 mm×1092 mm　1/16

印　　张 / 23

字　　数 / 601千字

定　　价 / 89.00元

第4版前言

《公路工程造价（第3版）》出版发行后，受到广大读者的好评，被一些院校选为教学用书。通过近几年的使用，本书的实用性得到了各相关院校师生的肯定，同时各相关院校与工程单位也提出了很多有益的修改意见和建议。

本书根据我国新修订的相关规范、标准，以及国家在公路工程造价领域出台的一些新的法律、法规对第3版进行了修改和调整。本次修订具体采用的新规范、标准包括《公路工程建设项目投资估算编制办法》（JTG 3820—2018）、《公路工程估算指标》（JTG/T 3821—2018）、《公路工程建设项目概算预算编制办法》（JTG 3830—2018）、《公路工程预算定额（上、下册）》（JTG/T 3832—2018）、《公路工程概算定额（上、下册）》（JTG/T 3831—2018）、《公路工程机械台班费用定额》（JTG/T 3833—2018）、《公路工程标准施工招标文件》（2018年版）、《公路工程建设项目造价文件管理导则》（JTG 3810—2017）。

本书在编写过程中注重以应用能力为核心，以解决实际问题为目标，紧密联系工程实际；遵循德技并修、工学结合的原则，即"学习的内容是工作，通过工作进行学习"，实现工作与学习的整合，理论与实践的整合，专业能力、方法能力与社会能力的整合。在内容编排上打破了传统的章节体例格式，以公路工程造价文件编制的全过程为主线，按照学习情境、工作任务设计教材内容。本次修订的教材有如下特点。

（1）在编写过程中，以《习近平新时代中国特色社会主义思想进课程教材指南》为指导，按照党的二十大报告中提出的"深化教育领域综合改革，加强教材建设和管理"要求，坚持以立德树人为根本任务，有机融入了劳动教育、工匠精神、职业道德、职业精神和职业规范等内容，积极弘扬中华民族传统文化和社会主义核心价值观，使专业课教育与大学生思想政治教育同向同行，形成协同效应。

（2）在编写过程中，与企业专家多次研讨，从交通运输行业岗位群对人才的知识结构和技能要求出发，对公路工程造价编制工作所涉及的岗位群进行了职业能力分析，对接国家专业教学标准，确定了公路工程造价的主要学习任务，以完成学习任务为主线编排教材内容。

（3）按照"以职业能力为本位，以应用能力为核心"的原则，突出职业能力训练。筛选具有代表性的工程项目和工程案例，根据公路工程造价文件的编制流程，训练学生的专业技能，并与相应的职业资格标准和岗位要求相互衔接，体现行业发展要求。

（4）在编写体例上，设置更适合教学的架构。每个工作任务中设有"思维导图、知识目标、能力目标、素质目标、学生自评、学习小组评价"等要素，供教学参考，帮助学生对所学内容进行总结和消化。

（5）本书内容从实际需要出发，以实践为前提，以学生为主体，以教师为主导，以项目为媒介，以职业能力为目标，通过公路工程造价文件编制过程中的若干学习任务的达成，培养学生的职业岗位能力，学生能轻松地实现学校学习与社会工作的衔接。

（6）企业专家参与教材编写，紧跟产业发展趋势和行业人才需求，共同研究制订人才培养方案，明确培养目标，强化学生项目实训，提高学生职业岗位能力。坚持知行合一、工学结合，发挥企业在职业教育人才培养过程中的重要作用。

本书由吉林交通职业技术学院高峰、张求书担任主编。具体编写情况如下：学习情境一、学习情境二由吉林交通职业技术学院高峰编写；学习情境三由吉林交通职业技术学院陈晴、张万臣，吉林省吉润工程咨询有限公司孙雷共同编写；学习情境四由吉林交通职业技术学院高峰、张求书共同编写；学习情境五由吉林交通职业技术学院张求书、长春大学旅游学院王瑞、赵慕楠共同编写；学习情境六由长春大学旅游学院王瑞、长春建筑学院李国栋、吉林建筑科技学院李丹丹共同编写；附录由长春大学旅游学院宫越、李丹阳，吉林省吉润工程咨询有限公司冷丽丽共同编写。全书由吉林交通职业技术学院高峰统稿，由吉林大学戴文亭教授和吉林省吉润工程咨询有限公司总经理王利忠高级工程师共同主审。

考虑到我国国情和地区性差异，并考虑各院校的具体情况，教师在教学过程中可对本书内容进行适当增删。教学中应积极使用多媒体、网络、虚拟工程项目等现代化教学手段，配备相应的教学软件及教学辅件，帮助学生熟悉工地现场的施工过程及施工现场的布设要点，以激发学生学习的积极性，提高教学效果。

由于编者水平和经验有限，书中难免有疏漏和不妥之处，敬请读者批评指正。本书编写过程中，参考了相关文献，在此一并致以诚挚的谢意。

编　者

第3版前言

《公路工程造价（第2版）》出版发行后，受到广大读者的好评，被一些高校选为教学用书。通过近几年的使用，本教材的实用性得到了各相关院校师生的肯定，同时各相关院校和工程单位也提出了很多有益的修改意见和建议。

本版教材是根据我国新修订的相关规范、标准，以及国家在公路工程造价领域出台的一些新的法律、法规对第2版进行修改和调整而成的。本次修订具体采用的新规范、标准包括《公路工程建设项目投资估算编制办法》（JTG 3820—2018）、《公路工程估算指标》（JTG/T 3821—2018）、《公路工程建设项目概算预算编制办法》（JTG 3830—2018）、《公路工程预算定额》（JTG/T 3832—2018）、《公路工程概算定额》（JTG/T 3831—2018）、《公路工程机械台班费用定额》（JTG/T 3833—2018)、《公路工程标准施工招标文件》（2018年版）、《公路工程建设项目造价文件管理导则》（JTG 3810—2017）等。

本教材在编写过程中充分考虑技术技能型人才培养的特点和要求，以"工学结合、能力培养"为原则，实现工作与学习的整合，理论与实践的整合，专业能力、方法能力和社会能力的整合，建立符合专业需要的知识和能力结构，培养并提高学生专业技术知识的学习能力及应用能力。本次修订的教材有如下特点。

（1）基于工作任务和工作过程整合、序化教材内容，突出教材内容的针对性，强化工作任务的实用性，以学生职业能力培养为核心，更好地适应"校企合作，工学结合"的人才培养模式。

（2）教材内容的编排打破了传统的章节体例格式，以工程造价文件编制的全过程为主线，按照学习情境、工作任务设计教材内容。

（3）在编写体例上，设置更适合教学的架构。每个工作任务中设有"学习目标、学习引导、学生自评、学习小组评价"等要素，供教学参考，帮助学生对所学内容进行总结和消化。

（4）紧密联系工程实际，在"公路工程定额运用"部分，编写了大量的计算示例，培养了学生独立分析问题、解决问题的能力。

（5）按照"以职业能力为本位，以应用能力为核心"的原则，突出职业能力训练。筛选具有代表性的案例，根据公路工程造价文件编制流程，训练学生的专业技能，并与相应的职业资格标准和岗位要求相互衔接，体现行业发展要求。

本教材由吉林交通职业技术学院高峰、张求书主编。具体编写情况如下：学习情境一、学习情境二由吉林交通职业技术学院高峰编写；学习情境三由吉林交通职业技术学院陈晴、张万臣共同编写；学习情境四由吉林交通职业技术学院高峰、张求书共同编写；学习情境五由吉林交通职业技术学院张求书、长春大学旅游学院杨晓辉共同编写；学习情境六由长春建筑学院李国栋、吉林交通职业技术学院张求书共同编写；附录由吉林建筑科技学院李丹丹、长春大学旅游学院王瑞、宫越共同编写。全书由吉林交通职业技术学院高峰统稿。本教材由吉林大学戴文亭教授和吉林省吉润工程咨询有限公司总经理王利忠高级工程师共同主审。本书在编写过程当中还得到了吉林省吉润工程咨询有限公司孙雷、冷丽丽工程师的大力支持，在此一并表示感谢！同时，在本书的编写过程中，参阅和引用了不少专家和学者论著的有关资料，在此一并致以真诚的谢意！

由于时间仓促及编者水平和经验有限，书中难免有疏漏和不妥之处，恳请读者不吝赐教。

编　者

第2版前言

《公路工程造价》自出版发行后，受到广大读者的好评，被一些高职院校选为教学用书。通过近三年的使用，本书的实用性得到了各相关院校师生的肯定，同时各相关院校和工程单位也提出了很多有益的修改意见和建议。

本版教材是根据我国新修订的相关规范、标准，以及国家在工程造价领域出台的一些新的法律、法规对第1版进行修改和调整而成的。具体采用的新规范、标准包括：《公路工程基本建设项目投资估算编制办法》（JTG M20—2011）、《公路工程估算指标》（JTG M21—2011）、《公路工程基本建设项目概算预算编制办法》（JTG B06—2007）、《公路工程施工定额》（2009年版）、《公路工程预算定额》（上、下）（JTG/T B06-02—2007）、《公路工程概算定额》（上、下）（JTG/T B06-01—2007）、《公路工程机械台班费用定额》（JTG/T B06-03—2007）、《公路工程标准施工招标文件》（2009年版）。

本书的编写模式充分体现了工学结合的原则，即"学习的内容是工作，通过工作进行学习"，实现工作与学习的整合，理论与实践的整合，专业能力、方法能力和社会能力的整合。本书在内容编排上打破了传统的章节体例格式，以工程造价文件编制的全过程为主线，共设置六个学习情境，每个学习情境设置若干个工作任务，主要内容包括：认知公路工程造价，公路工程定额运用，公路工程工程量计量，公路工程概、预算编制，公路工程施工招标、投标造价的编制，公路工程造价软件的应用。

本书内容顺应了交通职业院校人才培养目标和教学内容改革的要求，突出了专业培养的针对性和实用性。在本书编写过程中，编者深入工程一线，积极与企业人员商讨，就教材的内容进行设计，在基于工作任务和工作过程的基础上，整合本书内容，突出本书内容的针对性，强化工作任务的实用性，以学生职业能力培养为核心，更好地适应"校企合作，工学结合"的人才培养模式。

本书由吉林交通职业技术学院高峰、张求书主编。具体编写情况如下：学习情境一、学习情境二由吉林交通职业技术学院高峰编写；学习情境三由吉林交通职业技术学院陈晴、初芳、朱春凤共同编写；学习情境四由吉林交通职业技术学院高峰、张求书共同编写；学习情境五由吉林交通职业技术学院张求书、吉林建筑工程学院城建学院李丹丹共同编写；学习情境六由吉林交通职业技术学院李瑞涛、张求书共同编写；附录由吉林交通职业技术学院闫淑杰、马桦、赵金云共同编写。全书由吉林交通职业技术学院高峰统稿。

本书由吉林大学戴文亭教授和吉林省吉润工程咨询有限公司总经理王利忠高级工程师共同主审。本书在编写过程中还得到了吉林省华洋工程咨询有限公司宋佳豪高级工程师的大力支持，在此一并表示感谢！

由于时间仓促及编者水平和经验有限，书中难免有疏漏和不妥之处，恳请读者不吝赐教。同时，在编写过程中，本书参阅和引用了很多专家和学者论著的有关资料，在此一并致以真诚的谢意！

编　者

第1版前言

我国公路事业发展迅速，对交通职业教育提出了更高的要求，为满足交通高等职业技术教育培养的实用型人才对公路工程造价知识的需求，根据原交通部2008年1月1日新实施的《公路工程基本建设项目概算预算编制办法》（JTG/T B06—2007）、《公路工程概算定额》（JTG/T B06-01—2007）、《公路工程预算定额》（JTG/T B06-02—2007）、《公路工程机械台班费用定额》（JTG/T B06-03—2007）编写了本书。

2004年全国高职高专专业规范中，进一步明确了"工程造价"专业培养目标为"培养掌握工程造价计价与控制基本理论和职业岗位的高级技术应用型专门人才"。本书的编写力求体现以职业能力为本位，以应用能力为核心，以解决实际问题为目标，紧密联系工程实际，及时反映交通行业对工程造价专业技术人员的要求。

本书内容力求做到：

（1）适应当前高等职业院校毕业生的工作实际需要，加强内容针对性。

（2）适应宽口径复合型人才培养的需要，结合高等职业教育特点，围绕交通高等职业技术教育专业培养目标，理论和实践并重，注重学生综合素质的提高。

本书在编写过程中，结合行业及市场前沿知识及编者多年在高等职业院校教学的经验，综合考虑目前公路工程造价专业的教学内容体系，以工程项目实际计价工作的开展过程为任务导向，结合工程项目实际案例，优化了教材内容。为加强高职学生实际编制工程造价文件的能力，在本书第六章编写了公路工程造价软件的应用。为适应工程实践的需要，加强实用性技能的培养，在本书第二章编写过程中收集百余题的计算示例；在本书第四章及第五章编写过程中紧密联系工程实际，收集了标底编制实例、投标报价实例与施工图预算实例，提高了学生实践应用的动手操作能力，培养了学生独立分析问题、解决问题的能力。

本书共分七章。第一章、第二章、第四章、第五章由吉林交通职业技术学院高峰编写；第三章由吉林交通职业技术学院陈晴、初芳、张万臣共同编写；第六章由长春工程学院周世生、崔晓义共同编写；第七章和附录由吉林交通职业技术学院张求书编写。本书由高峰、周世生、张求书主编，由吉林交通职业技术学院张洪滨主审。

本书内容重点突出，主次分明，难度适中。为了便于学生学习，每章后附有本章小结、复习思考题及习题，以使学生更好地掌握教学内容。

考虑到我国国情和地区性差异，并考虑各院校具体情况，教师在教学过程中可对本书内容进行适当增删。教学中应积极使用现代化教学手段，配备相应的教学软件及教学辅件，提高教学效果。

鉴于编者水平和经验有限，书中难免有不妥和疏漏，敬请读者批评指正。同时，附于书末参考文献的作者们对本书的完成给予了巨大的支持，在此一并致以真诚的谢意！

编　者

目 录

学习情境一　认知公路工程造价

工作任务一　公路工程基本建设

【思维导图】

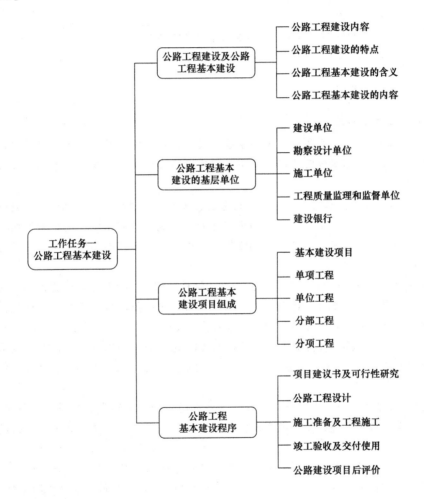

知识目标

(1)掌握公路工程建设的内容及特点。

(2)了解公路工程基本建设的基层单位及相关工作内容。

(3)掌握公路工程基本建设项目的组成。

(4)掌握公路工程基本建设程序的各项内容。

(1)能够明确公路工程建设及公路工程基本建设的含义。

(2)能够根据公路工程建筑产品的特点分析公路工程施工的特点。

(3)能够根据项目建设所处阶段做好各阶段项目建设的准备工作。

(4)能够分析公路工程基本建设程序的内容。

(1)培养学生文明诚信、团结协作的职业素养。

(2)提升学生对岗位工作严谨务实的执业精神。

(3)培养学生树立生态文明意识。

(4)鼓励学生继承和发扬"港珠澳大桥建设精神""青藏铁路建设精神"及"工匠精神"等时代精神。

一、公路工程建设

1. 公路工程建设内容

发展公路运输业,首先必须进行公路工程建设。公路工程建设就是为公路运输业提供或更新诸如路线、桥涵、隧道等固定资产。公路工程建设内容按其任务与分工不同可以分为以下三个方面:

(1)公路工程的小修、保养。公路工程构造物在长期使用过程中,受到行车和自然因素的作用而不断损坏,只有通过定期和不定期的维修保养,才能保证固定资产的正常使用,保持运输生产不间断地进行,使原有生产能力得到维持。所以,公路工程的小修、保养是实现固定资产简单再生产的重要手段之一。

(2)公路工程大、中修与技术改造。由于受到材料、结构、设备等功能方面的制约,公路各组成部分必然具有不同的寿命。因此,固定资产尽管经过维修,也不可能无限期地使用,到一定年限某些组成部分就会丧失原有的功能,这时就需要进行固定资产的更新工作。公路工程大、中修这种固定资产的更新,一般是与公路的技术改造相结合进行的(如局部改线,改造不合标准路段,提高路面等级),通过这种更新与技术改造可提高公路的通行能力,实现固定资产简单再生产和部分扩大再生产。

(3)公路工程基本建设。为了适应国民经济各部门生产和流通发展的需要,必须通过新建、扩建和重建公路三种基本建设形式来实现固定资产扩大再生产,达到不断扩大公路运输能力的目的。

公路建设通过固定资产维修、固定资产更新和技术改造、基本建设三条途径来实现固定资产的简单再生产和扩大再生产。它们之间既有相同之处,又有不同之处。相同之处是:第一,它们都是我国固定资产再生产不可缺少的组成部分,都是社会主义现代化建设事业的重要手段;第二,都需要消耗一定数量的人力、财力和物力。而不同主要表现在:第一,资金来源不同;第二,管理方式方法不同;第三,任务与分工不同。

公路建设固定资产再生产的管理方式是:公路小修、保养由养护部门自行安排和管理;公路大、中修工程由养护部门提出计划报上级主管部门批准后,自行管理和安排;对于新建、改建、扩建、重建的公路工程一般由地方(省、市)政府主管部门下达任务,对其中列入基本建设投资的必须纳入全国统一的基本建设计划，一切基本建设活动必须按照国家规定和要求进行管理，一切基本建设资金活动必须通过中国人民建设银行进行拨款监督和办理结算。

2. 公路工程建设的特点

公路工程建设的特点包含两个方面：一是公路工程建筑产品的特点；二是公路工程施工的特点。

(1) 公路工程建筑产品的特点。

1) 产品的固定性。公路工程建筑产品永久地占用大量土地，一经建成，其地点固定不变，不能移动。施工人员、材料和设备等要随着建筑物所在地点的变更或其施工部位的改变进行流动。

2) 产品的多样性。由于公路建筑产品的具体使用目的、技术等级、技术标准、自然条件、结构形式、主体功能不同，而使公路的各组成部分、结构构造千差万别且复杂多样。

3) 产品形体庞大性。公路工程是线性构造物，其组成部分(路基、路面、桥梁等)形体庞大，占用土地及空间较多。

4) 产品部分结构的易损性。公路工程构造物受行车荷载作用及自然因素影响，其暴露于大自然的部分以及直接受行车作用的部分容易损坏。

(2) 公路工程施工的特点。

1) 劳动对象分散，施工流动性大。公路工程建设点多线长，工程数量分布不均匀，由于公路建筑产品的固定性和严格的施工顺序，必须组织各类工作人员和机械围绕这一固定产品，在同一工作面不同时间，或同一时间不同工作面上进行生产活动。

2) 施工协作性强。公路工程产品类型及施工环节多，工序复杂，每项工程都涉及建设、设计、施工、监理等单位的密切配合，材料、动力、运输等各部门通力协作。因此，严密的计划和科学管理在施工生产中就显得特别重要。

3) 质量要求高，施工周期长。公路建筑产品体积庞大，需耗费大量的人力、物力和财力，因此，在公路工程建设期间，就应对建筑产品提出较高的质量要求。另外，公路工程建设规模一般都比较大，从建设里程上来讲，从几十公里到上百公里甚至上千公里，因此，施工生产的周期较长。这就要求公路工程施工生产只能通过合理组织施工、安排进度，才能达到多快好省地完成施工任务的目的。

4) 受气候和自然条件的影响和制约。公路工程施工大部分是露天作业，受自然条件影响很大，如气候冷暖、地质水文、地形地貌、洪水、雨、雪等，均对工期和工程质量有很大的影响。

5) 造价高、投资大。公路工程建设项目投资一般是非常巨大的，其建设工程合同的价额基本上是几千万、上亿甚至几百亿，这是一般建筑工程项目所不可比拟的。

二、公路工程基本建设

1. 公路工程基本建设的含义

基本建设是国民经济各部门，各单位新增固定资产的一项综合性的经济活动，它通过新建、扩建、改建和重建等投资活动来完成固定资产的建筑、购置和安装。具体来讲，即把一定的建筑材料、半成品、设备等，通过购置、建造和安装等活动，转化为固定资产的过程，如房屋、电站、公路、铁路、港口、学校、医院等工程建设项目，以及机具、各种设备等的添置和安装。

公路工程基本建设是指有关公路固定资产的建筑、购置、安装及与其相关的如征地拆迁、勘察设计、施工监理等工作，是公路交通运输业为了扩大再生产(即提高运输能力)而进行的增加固定资产的建设工作。

2. 公路工程基本建设的内容

公路工程基本建设的内容按其投资额的构成和工作性质来说主要有以下三个方面：

（1）建筑安装工程。建筑安装工程是指兴工动料的施工活动，它包括建筑工程和设备安装工程。

1）建筑工程包括路基、路面、桥涵、隧道、防护工程及沿线设施等。

2）设备安装工程包括高速公路、特大桥梁所需各种机械、设备、仪器的安装及测试等。

（2）设备及工具、器具购置。设备及工具、器具购置是指为公路营运、管理、养护等的需要所购买的设备、工具、器具，以及为保证新建、改建公路初期正常生产、使用和管理所需办公和生活用家具、用具的采购或自制。

（3）其他基本建设工作。其他基本建设工作是指不属于上述各项的基本建设工作，它包括公路筹建阶段和建设阶段的调查和技术研究工作、征用土地、勘察设计、拆迁补偿及管理工作等。

三、公路工程基本建设的基层单位

参与公路基本建设工作的基层单位主要有建设单位、勘察设计单位、施工单位、工程质量监理和监督单位、建设银行。

1. 建设单位

建设单位是指负责执行国家基本建设管理的基层单位，简称业主或甲方。其在行政上具有独立的组织形式，在经济上进行独立核算，具有法人资格。建设单位作为拟建工程的使用者，是基本建设投资的支配人，也是基本建设的组织者、监督者，它对国家负有一定的政治和经济责任。建设单位主要包括以下工作：

（1）提供设计所需的各种资料。

（2）编制年度基本建设计划和基本建设财务计划。

（3）负责筹措资金，有计划地支配资金。

（4）组织进行工程招标工作或委托代理机构进行工程招标工作。

（5）与设计单位签订设计合同，同施工单位签订工程承包合同，同工程监理单位签订监理服务合同。

（6）购置设备并进行各项其他基本建设工作。

（7）办理工程交工检验和竣工验收，编制竣工决算。

2. 勘察设计单位

持有国家上级主管发证机关颁发的设计资质等级证书的设计院、设计所、设计室等设计机构通称为勘察设计单位。设计单位受建设单位或主管部门的委托，与建设单位签订测设合同，按照规定的设计要求承担与其资质等级相符的勘察设计工作，并负责编制工程设计文件，对设计项目负有一定的政治和经济责任。

3. 施工单位

施工单位是指持有工商管理部门颁发的施工营业执照和国家主管单位颁发的资质等级证书，承担建筑安装工程施工的施工机构（又称承包商或乙方）。施工单位在经济上进行独立核算，具有法人资格。其根据国家或主管部门下达的施工任务，或者通过施工投标从市场竞争中承揽施工任务。其在中国人民建设银行开立账户，负责编制与执行施工计划和财务计划，并按计划使用资金。施工单位有权与建设单位签订施工承包合同，办理往来资金结算。它能独立经营并组织施工，申请工程交工、竣工，办理工程结算并独立计算盈亏。

4. 工程质量监理单位

工程质量监理单位是指依法注册，独立从事工程监理业务，受建设单位委托或指定，与其签订监理服务协议，执行施工监理业务的单位。凡承担公路工程施工监理业务的单位，必须经交通运输部或省交通运输厅(局)审批，取得公路工程施工监理资质等级证书，并应按批准的资质等级承担相应的施工监理业务。监理单位应根据国家或主管部门下达的委托书，或者通过投标从市场竞争中承揽委托合同、承担监理任务。监理单位既要维护业主的利益，又不损害承包商的合法权益，按照合同文件规定的职责、权限，独立公正地为工程建设服务。

5. 工程质量监督单位

工程质量监督单位是各级政府授权的执法机构，代表政府对建设工程质量实行强制性监督检查的部门。监理单位及监理人员和承包人，以及施工人员和业主的项目管理人员均应接受工程质量监督部门的管理和监督检查。

6. 建设银行(中国人民建设银行)

中国人民建设银行是负责办理基本建设资金拨款、结算和放款，进行财政监督的国家专业银行，也是基本建设资金的支出、预算和财务监督管理机构。因此，中国人民建设银行兼有财政和银行双重职能。

四、公路工程基本建设项目组成

每项公路工程基本建设项目，就其实物形态来说，都由许多部分组成。为了加强对基本建设工作的管理，便于研究工程计量与工程概预算文件的编制，便于工程招投标工作和进行施工管理，必须对基本建设工程进行项目划分。公路工程基本建设项目按其工作内涵可依次划分为基本建设项目、单项工程、单位工程、分部工程和分项工程。

1. 基本建设项目

基本建设项目，简称建设项目。凡是按一个总体设计组织施工，建成后具有完整的系统，可以独立地形成生产能力或使用价值的建设工程，称为一个建设项目。它在经济上实行独立核算，行政管理上具有独立组织形式。一般将一个企业、事业单位或一个独立工程作为一个建设项目。在工业建设中，一般以拟建厂矿企业单位作为一个建设项目，如一个钢铁厂、一个棉纺厂等；在民用建设中，一般以拟建机关事业单位作为一个建设项目，如一所学校、一所医院等；在公路建设中，一般以拟建一条公路或一座独立的大、中桥梁或一条隧道作为一个建设项目。一个建设项目通常包含一个或几个单项工程。

2. 单项工程

单项工程，又称工程项目，是指具有独立的设计文件，建成后可以独立发挥生产能力或效益的工程。一个建设项目，可由一个或若干个单项工程组成。工业建设项目中的独立的生产车间、实验大楼等；民用建设项目中的学校的教学楼、宿舍楼等；公路建设中的独立大、中桥、独立隧道(这些工程一般包括与已有公路的接线，建成后可以独立发挥功能)等，都可以称为一个单项工程。一个单项工程又可由若干个单位工程所组成。

3. 单位工程

单位工程是具有单独的设计文件、可以独立施工，可以单独进行成本核算，但完工后不能独立发挥生产能力或效益的工程。例如，一个生产车间，一般由土建工程、工业管道工程、设备安装工程、电气照明工程和给水排水工程等单位工程组成；一条公路，根据《公路工程质量检验评定标准　第一册　土建工程》(JTG F80/1—2017)的规定，一般可划分为路基土石方工程、排水工程、防护支挡工程、路面工程、桥梁工程、涵洞工程、隧道工程、交通安全设施、绿化工程和声屏障工程十个单位工程。

4. 分部工程

分部工程是指在单位工程中，把性质相近且所用工具、工种、材料大体相同的部分称为一个分部工程。一般按单位工程的结构部位、路段长度及施工特点或施工任务划分。例如，一幢房屋的土建单位工程，按其结构或构造部位，可以划分为基础、主体、屋面、装修等分部工程；路基工程可划分为路基土石方工程、排水工程、小桥和符合小桥标准的通道及人行天桥、涵洞及通道、砌筑防护工程、大型挡土墙等分部工程。

5. 分项工程

分项工程是根据分部工程划分的原则，按照不同的施工方法、不同的施工部位、不同的材料、不同的质量要求和工作难易程度对分部工程所作的进一步划分。例如，砖混结构的基础，可以划分为挖土、混凝土垫层、砖砌基础、填土等分项工程；路基土石方工程可划分为土方路基、石方路基、软土地基、土工合成材料处治层等分项工程。

五、公路工程基本建设程序

基本建设程序是指基本建设项目从策划、选择、评估、决策、设计、施工、竣工验收到投入生产或交付使用的整个建设过程中，各项工作必须遵循的先后工作次序。基本建设程序是基本建设过程中各环节、各步骤之间客观存在的不可颠倒的先后顺序，是由基本建设项目本身的特点和客观规律决定的。进行基本建设，坚持按科学的基本建设程序办事，是关系基本建设工作全局的一个重要问题，也是按照自然规律和经济规律管理基本建设的一个根本原则。

基本建设涉及面广，既有地质、气候、水文等自然条件的严格制约，又有资源供应、技术水平等物质技术条件的影响，同时，还需要各个部门、各个环节的协作配合，并且要求按照既定的需要和科学的总体设计进行建设。因此，完成一项基本建设工程，必须按照规定的程序进行各个方面的工作，才能达到预期的效果，否则就会造成不必要的经济损失，甚至给工程带来严重的后果。

公路基本建设应当按照国家规定的建设程序和有关规定进行。《公路建设监督管理办法》(交通运输部令2021年第11号)对政府投资的公路建设程序和企业投资的公路建设程序作了明确规定。

政府投资公路建设项目的实施，应当按照下列程序进行：

(1)根据规划，编制项目建议书。

(2)根据批准的项目建议书，进行工程可行性研究，编制可行性研究报告。

(3)根据批准的可行性研究报告，编制初步设计文件。

(4)根据批准的初步设计文件，编制施工图设计文件。

(5)根据批准的施工图设计文件，组织项目招标。

(6)根据国家有关规定，进行征地拆迁等施工前准备工作，并向交通主管部门申报施工许可。

(7)根据批准的项目施工许可，组织项目实施。

(8)项目完工后，编制竣工图表、工程决算和竣工财务决算，办理项目交工、竣工验收和财产移交手续。

(9)竣工验收合格后，组织项目后评价。

国务院对政府投资公路建设项目建设程序另有简化规定的，依照其规定执行。

企业投资公路建设项目的实施，应当按照下列程序进行：

(1)根据规划，编制工程可行性研究报告。

(2)组织投资人招标工作，依法确定投资人。

(3)投资人编制项目申请报告，按规定报项目审批部门核准。

(4)根据核准的项目申请报告，编制初步设计文件，其中涉及公共利益、公众安全、工程建设强制性标准的内容应当按项目隶属关系报交通主管部门审查。

(5)根据初步设计文件编制施工图设计文件。

(6)根据批准的施工图设计文件组织项目招标。

(7)根据国家有关规定，进行征地拆迁等施工前准备工作，并向交通主管部门申报施工许可。

(8)根据批准的项目施工许可，组织项目实施。

(9)项目完工后，编制竣工图表、工程决算和竣工财务决算，办理项目交、竣工验收。

(10)竣工验收合格后，组织项目后评价。

公路工程基本建设程序如图1-1所示。在符合审批制度的前提下，新建及改建的大中型项目可根据具体情况，进行合理的交叉；小型项目根据具体情况，可以适当合并或减免一些程序。

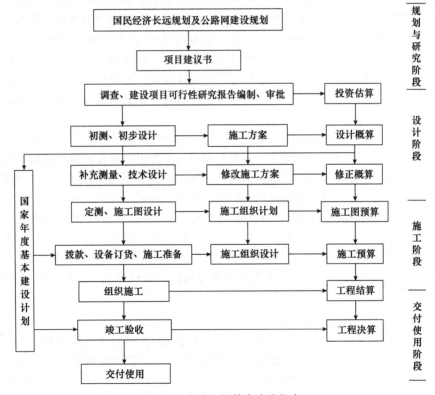

图 1-1 公路工程基本建设程序

现将公路工程基本建设程序中各环节的具体内容分述如下。

1. 项目建议书

项目建议书是建设单位根据国民经济和社会发展的长远规划、公路网建设规划、地区规划，结合项目的资源条件、生产力布局状况和市场预测等，经过调查研究、分析提出的项目建设轮廓设想和建议的书面文件。

项目建议书的主要内容：项目提出的依据、必要性；建设规模；建设初步地点；主要技术标准；建设条件；投资估算和资金筹措方案；建设工期预计；经济效益和社会效益初步评价。

项目建议书一般由建设单位提出或委托专业机构编制，上报主管部门后由主管部门转报有权审批部门审批。项目建议书经有权部门审批后，可以进行详细的可行性研究工作。

2. 可行性研究

项目建议书一经批准，即可着手进行可行性研究。可行性研究是指在项目决策前，通过对项目有关的工程、技术、经济等各方面调查、研究、分析，对各种可能的建设方案和技术方案进行比较论证，由此考查项目技术上的先进性和适用性，经济上的盈利性和合理性，建设的可能性和可行性的一种科学的分析方法。可行性研究是项目前期工作的最重要的内容，它从项目建设和生产经营的全过程考察分析项目的可行性，其目的是回答项目是否有必要建设，是否可能建设和如何进行建设的问题，其结论为投资者的最终决策提供直接的依据。因此，凡大中型工程、高等级公路及重点工程建设项目(含国防、边防公路)，均应进行可行性研究，小型项目可适当简化，未经可行性研究的项目，一律不予审查报批。

可行性研究按工作深度，划分为预可行性研究和工程可行性研究两个阶段。预可行性研究，应重点阐明建设项目的必要性，通过踏勘和调查研究，提出建设项目的规模、技术标准，进行简要的经济效益分析。工程可行性研究，应通过必要的测量(高速公路、一级公路必须做)、地质勘探(大桥、隧道及不良地质地段等)，在认真调查研究，拥有必要资料的基础上，对不同建设方案从经济上、技术上进行综合论证，提出推荐建设方案。工程可行性研究报告经审批后作为初步测量及编制初步设计文件的依据。工程可行性研究的投资估算与初步设计概算之差，应控制在 10% 以内。

公路建设项目可行性研究报告的主要内容有：建设项目依据、历史背景；建设地区综合运输网的交通运输现状，建设项目在交通运输网中的地位及作用；原有公路的技术状况及适应程度；论述建设项目所在地区的经济状况，研究建设项目与经济发展的内在联系，预测交通量、运输量的发展水平；建设项目的地理位置、地形、地质、地震、气候、水文等自然特征；筑路材料来源及运输条件；论证不同建设方案的路线起讫点和主要控制点、建设规模、标准，提出推荐意见；评价建设项目对环境的影响；测算主要工程数量、征地拆迁数量，估算投资，提出资金筹措方式；提出勘测设计、施工计划安排；确定运输成本及有关经济参数，进行经济评价、敏感性分析；收费公路、桥梁、隧道还需作财务分析；评价推荐方案，提出存在问题和有关建议。

3. 公路工程设计

公路工程设计是指具体完成一条公路所进行的外业勘测和内业设计的全部工作。由于涉及面广、影响因素多，必须经历一个调查研究范围由大到小、工作深度由粗到细的过程。按照公路的使用性质、技术等级和建设规模，公路工程设计一般可分为"一阶段设计""二阶段设计"和"三阶段设计"三种类型。

根据《公路工程基本建设项目设计文件编制办法》(原交通部交公路发〔2007〕358 号)中规定：公路工程基本建设项目一般采用两阶段设计，即初步设计和施工图设计。对于技术简单方案明确的小型建设项目，可采用一阶段设计，即一阶段施工图设计。对于技术复杂、基础资料缺乏和不足的建设项目，或建设项目中的特大桥、长隧道、大型地质灾害治理等，必要时采用三阶段设计，即初步设计、技术设计和施工图设计。高速公路、一级公路必须采用二阶段设计。

（1）初步设计。初步设计阶段的主要目的是确定设计方案。初步设计应根据批复的可行性研究报告、测设合同和初测、初勘资料编制。初步设计的内容依项目的类型不同而有所变化，一般包括：拟定修建原则、选定设计方案、计算主要工程数量、提出施工方案的意见、编制设计概算、提供文字说明及图表资料。初步设计文件应当满足编制施工招标文件、主要设备材料订货和编制施工图设计文件的需要，是下一阶段施工图设计的基础。

初步设计文件经审查批准后，可为订购和调拨主要材料、机具、设备，安排有关重大科研试验项目，联系征用土地、拆迁进行施工准备，编制施工图设计文件和控制建设项目投资等的依据。采用三阶段设计时，经审查批复的初步设计为编制技术设计文件的依据。

（2）技术设计。技术设计阶段应根据初步设计批复意见、测设合同的要求，对重大、复杂的技术问题通过科学试验、专题研究，加深勘探调查及分析比较，解决初步设计中未解决的问题，落实技术方案，计算工程数量，提出修正的施工方案，修正设计概算，批准后则为编制施工图设计的依据。

具体要求如下：

1）对初步设计所定方案详加研究，进一步补充和修改。

2）补充必要的地质、水文、气象、地震和地质钻探资料，以及土工、材料结构或模型试验成果。

3）提出科学试验成果、专题报告。

4）提出修正的施工方案。

5）编制修正概算。

技术设计批准后即成为编制施工图设计的依据。

（3）施工图设计。一阶段施工图设计应根据可行性研究报告批复意见、测设合同的要求，拟定修建原则，确定设计方案和工程数量，提出文字说明和图表资料以及施工组织计划，编制施工图预算，满足审批的要求，适应施工的需要。

两阶段（或三阶段）施工图设计是在两阶段初步设计（或三阶段技术设计）的基础上，根据批复意见和测设合同要求，进一步对所审定的修建原则、设计方案、技术决定加以具体和深化，最终确定各项工程数量，提出文字说明和适应施工需要的图表资料以及施工组织计划，并编制施工图预算。

施工图设计文件一般由以下十二篇及附件组成：第一篇　总体设计；第二篇　路线；第三篇　路基、路面；第四篇　桥梁、涵洞；第五篇　隧道；第六篇　路线交叉；第七篇　交通工程及沿线设施；第八篇　环境保护与景观设计；第九篇　其他工程；第十篇　筑路材料；第十一篇　施工组织计划；第十二篇　施工图预算；附件　基础资料。

4. 施工准备

为了保证工程的顺利进行，在施工准备阶段，建设单位、勘察设计单位、施工单位、工程监理单位和建设银行应分别做好下列准备工作。

（1）建设单位：组建专门的管理机构；准备必要的施工图纸；组织招标投标（包括监理、施工、设备采购、设备安装等方面的招标投标）并择优选择施工单位，签订施工合同；办理登记及征地拆迁；做好施工沿线有关单位和各部门的协调工作。

（2）勘测设计单位：应按照技术资料供应协议，按时提供各种图纸资料，做好施工图纸的会审及移交、交底工作。

（3）施工单位：首先要组织力量核对设计文件，进行补充调查和施工测量；编好实施性施工组织设计和施工预算；要安排好施工所需的劳动力、材料、机械、工具、工棚和生活供应等工作；组织材料及物资采购、加工、运输、供应、储备等工作；提出开工报告，按投资隶属关系报请交通运输部或省（市）、自治区基建主管部门核准；施工中涉及与其他部门有关的问题，应事先联系，签订协议。

（4）工程监理单位：组织满足协议规定和工作需要的监理人员进驻工地，配备足够数量的试验设备，并建立监理试验室；熟悉合同文件，进行现场复查和施工环境调查；制定监理办法、计划、监理程序和监理实施细则以及监理用表；审批承包人的施工组织计划、质量保证体系、人员、设备投入，检查进场材料和工程现场占地，验收施工放线等施工准备工作。

（5）建设银行：应会同建设、设计、施工、工程监理单位做好图纸的会审；严格按计划要求进行财政拨款或贷款；做好建设资金的供应工作。

5. 工程施工

施工准备工作完成后，施工单位应严格按照上级下达的开工日期或承包合同规定的开工日期进行施工。在施工过程中，施工单位应严格按照设计要求和施工规范，遵照施工程序合理组织施工，确保工程质量和施工安全。推广应用新工艺、新技术，努力缩短工期，降低工程造价，同时应注意做好施工记录，建立技术档案。

6. 竣工验收、交付使用

竣工验收是公路工程建设过程的最后一个环节，是全面考核工程建设成本、检验设计和施工质量的重要步骤，也是项目由建设转入使用的标志。通过竣工验收，一是检验设计和工程质量，保证项目按设计要求的技术经济指标使用；二是有关部门和单位可以总结经验教训；三是建设单位对经验收合格的项目可以及时移交固定资产，使其由建设系统转入投入使用。按照《公路工程竣（交）工验收办法》（原交通部 2004 年第 3 号令）和《公路工程竣（交）工验收办法实施细则》（原交通部交公路发〔2010〕65 号）的要求，认真负责地对全部基本建设工程进行总验收。竣工验收包括对工程质量、数量、期限、生产能力、建设规模、使用条件的审查，对建设单位和施工企业编报的固定资产移交清单、隐蔽工程说明和竣工决算等进行细致检查。

当全部基本建设工程经过验收合格，完全符合设计要求后，应立即移交给生产部门正式使用，迅速办理固定资产交付使用的转账手续，加强固定资产的管理。

7. 公路建设项目后评价

公路建设项目后评价是指在公路通车运营 2～3 年后，用系统工程的方法，对建设项目决策、设计、施工直至通车运营的各阶段工作及其变化的成因，进行全面的跟踪、调查、分析和评价的工作。通过建设项目后评价以达到肯定成绩、总结经验、研究问题、吸取教训、提出建议、改进工作、不断提高项目决策水平和投资效果的目的。交通运输部综合规划司于 2011 年 11 月下发了《交通运输部关于印发〈公路建设项目后评价工作管理办法〉和〈公路建设项目后评价报告编制办法〉的通知》（交规划发〔2011〕695 号），对公路建设项目后评价工作的内容进行了规范性阐述，并于颁布之日起施行。

公路建设项目后评价报告的主要内容包括：建设项目的过程评价；建设项目的投资与效益评价；建设项目的影响评价；建设项目目标持续性评价；经验与教训，措施与建议。

一、学生自评

【填空题】

1. 参与公路基本建设工作的基层单位主要有_____、_____、_____、_____、_____和_____。

2. 公路工程建设产品的特点包括产品的_____、产品的_____、产品的_____、产品的_____、产品的_____。

3. 公路工程基本建设的基层单位中,被称作甲方的是_____,被称作乙方的是_____。

4. 公路工程建设的特点包含_____、_____。

5. 建筑安装工程包括_____和_____。

【判断题】

1. 公路工程建筑产品永久地占用大量土地,一经建成,其地点固定不变,不能移动。( )

2. 公路工程施工的劳动对象比较集中,施工固定在某一地点。( )

3. 公路工程的建设单位是指持有工商管理部门颁发的施工营业执照和国家主管单位颁发的资质等级证书,承担安装工程施工的机构。( )

4. 工程监理单位是指各级政府授权的执法机构,代表政府对建设工程质量实行强制性监督检查的部门。( )

5. 在单位工程中,把性质相近且所用工具、工种、材料大体相同的部分称为一个分部工程。( )

【思考题】

1. 公路工程建设包括哪些内容?

2. 公路工程基本建设的含义是什么?包含哪些内容?

3. 公路工程基本建设的程序的各项内容是什么?

4. 简述公路工程基本建设的基层单位中建设单位的主要工作。

5. 简述公路工程施工的特点。

二、学习小组评价

班级:_____   姓名:_____   学号:_____

学习内容	分值	评价内容	得分
基础知识	30	基本建设的含义;公路工程建设的内容;公路工程建设的特点;公路工程基本建设的含义;公路工程基本建设的基层单位;公路工程基本建设内容、项目组成;公路工程基本建设程序的内容	
应会技能	10	能够明确基本建设及公路工程基本建设的含义	
	20	能够叙述公路工程基本建设的内容	
	10	能够说明公路工程基本建设项目组成及区别	
	20	学会分析公路工程基本建设程序的内容	
学习态度	10		
学习小组组长签字:		年　月　日	

工作任务二　公路工程造价

【思维导图】

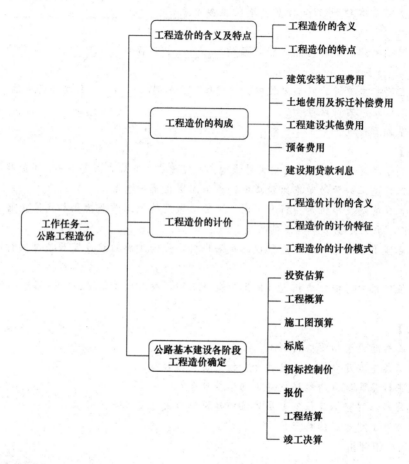

```
                              ┌─ 工程造价的含义及特点 ─┬─ 工程造价的含义
                              │                        └─ 工程造价的特点
                              │
                              │                        ┌─ 建筑安装工程费用
                              │                        ├─ 土地使用及拆迁补偿费用
                              ├─ 工程造价的构成 ────────┼─ 工程建设其他费用
                              │                        ├─ 预备费用
                              │                        └─ 建设期贷款利息
      工作任务二              │
      公路工程造价 ───────────┤                        ┌─ 工程造价计价的含义
                              ├─ 工程造价的计价 ───────┼─ 工程造价的计价特征
                              │                        └─ 工程造价的计价模式
                              │
                              │                        ┌─ 投资估算
                              │                        ├─ 工程概算
                              │                        ├─ 施工图预算
                              │   公路基本建设各阶段    ├─ 标底
                              └─ 工程造价确定 ─────────┼─ 招标控制价
                                                       ├─ 报价
                                                       ├─ 工程结算
                                                       └─ 竣工决算
```

知识目标

(1)了解工程造价的含义及特点。

(2)说明工程造价及公路工程造价的构成。

(3)描述工程造价计价的含义。

(4)叙述工程造价的计价特征。

(5)知道工程造价的计价模式。

(6)叙述公路基本建设各阶段工程造价的内容。

能力目标

(1)能够应用工程造价知识,分析建设项目中的成本结构,并提出成本控制的建议。

(2)具备使用不同的计价方法来估算工程造价的能力,根据项目需求选择合适的计价方法。

(3)能够参与公路基本建设项目的各个阶段,并参与工程造价的确定工作。

(1)意识到工程建设对社会和环境的影响,并积极参与可持续发展的实践。

(2)了解工程造价领域的法律法规和伦理规范,培养职业操守和道德责任感。

(3)认识到工程管理和工程造价决策对社会产生的影响,考虑公共利益和社会责任。

一、工程造价的含义及特点

(一)工程造价的含义

从投资的角度看,工程造价是指建设一项工程预期开支或实际开支的全部固定资产投资费用的总和。固定资产投资费用和工程造价二者在量上是等同的。

从市场交易的角度看,工程造价是指为建成某项工程,预计或实际在土地市场、设备市场、技术劳务市场,以及工程承发包市场等交易活动中所形成的固定资产价格。

其内涵总结起来主要包括以下三类。

1. 物质消耗支出

物质消耗支出主要是指占用土地支出;购买设备、工器具支出;购买建筑材料、构配件支出;施工机械等固定资产的折旧、维修、转移费用。

2. 劳动报酬

劳动报酬包括建设工程管理人员的工资、奖金和费用;建设工程咨询人员的工资、奖金和费用;勘察设计人员的工资、奖金和费用;施工企业人员的工资、奖金和费用。

3. 盈利

盈利主要包括开发公司、建设单位的利润和税金;建设工程咨询单位的利润和税金;勘察设计单位的利润和税金;施工企业的利润和税金。

(二)工程造价的特点

1. 大额性

一个工程项目的造价少则数十万,多则数千万、数亿元,特大工程项目造价可达百亿、千亿元。工程造价的这种大额性使它关系到有关各方面的重大经济利益。同时,工程造价的大额性也会对宏观经济产生重大影响。这就决定了工程造价的特殊地位,也说明了造价管理的重要性。

2. 个别性、差异性

每一项工程都有其特定的用途、功能和规模,这就要求建设时应根据实际特点采用不同的工艺设备和材料,还要考虑工程所在地的气候、地质、水文等自然条件对工程项目的影响。所以,工程内容和实物形态的个别性、差异性决定了工程造价的个别性、差异性。

3. 动态性

任何一项工程从决策到竣工交付使用,都有一个较长的建设周期,存在许多影响工程造价的不确定因素,如工程变更、设备材料价格、工资标准及费率、利率、汇率等发生变化,这种变化必然会导致造价的变动。所以,工程造价在整个建设期中处于不确定状态,直至竣工决算后才能最终确定工程的实际造价。

4. 层次性

造价的层次性取决于工程的层次性。一个建设项目往往含有多个单项工程,一个单项工程又是由多个单位工程组成的。相应地，工程造价有多个层次：建设项目总造价→单项工程造价→单位工程造价→分部工程造价→分项工程造价。从造价的计算和工程管理的角度看，工程造价的层次性是非常突出的。

5．兼容性

工程造价的兼容性表现在它不但具有两种含义，而且造价构成因素具有广泛性和复杂性的特点。首先，构成工程造价的成本因素非常复杂；其次，工程建设前期费用（如工程用地支出费用、项目可行性研究和规划设计费用等）占有相当的份额；再次，盈利的构成也较为复杂，资金成本较大。

二、工程造价的构成

我国现行工程造价构成按其费用和性质的不同，一般由建筑安装工程费用、土地使用及拆迁补偿费用、工程建设其他费用、预备费用、建设期贷款利息等组成。

1．建筑安装工程费用

（1）我国现行建筑安装工程费用。

1）建筑工程费用内容。

①建筑物中的一般土建、给水排水、供暖、卫生、通风、煤气、油饰工程的费用，各种管道工程、电力、电信和电缆导线敷设工程的费用。

②各种设备基础、工作台、烟囱、水塔等建筑工程，以及各种炉窑砌筑和金属结构工程的费用。

③为施工而进行的场地平整，工程和水文地质勘察，原有建筑物的拆除，施工临时用水、电、气、路和完工后的场地清理，环境绿化、美化等工程的费用。

④矿井开凿、井巷延伸、露天矿剥离，石油、天然气钻井，修建铁路、公路、码头、水库、堤坝、灌渠及防洪等工程的费用。

2）安装工程费用内容。

①为进行各种需要安装的机械设备的装配费用，与设备相连的工作台、梯子、栏杆等装设工程费用，附属于被安装设备的管线敷设工程费用，以及被安装设备的绝缘、防腐、保温、油漆等工作的材料费和安装费。

②为测定安装工程质量，对单台设备进行单机调试运转、对系统设备进行系统联动无负荷试运转工作的调试费。

3）建筑安装工程费用构成。我国现行建筑安装工程费用的具体构成如图 1-2 所示。

（2）公路工程建筑安装工程费用。

1）建筑安装工程费用内容。

①路基的特殊地基处理、土石方工程、排水工程和防护工程等建筑工程费用。

②桥涵工程的基础、下部结构、上部结构和附属设施等建筑安装工程费用。

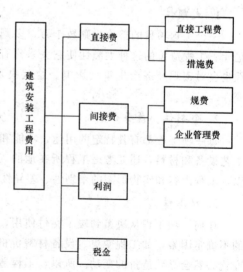

图 1-2　建筑安装工程费用

③隧道工程的洞口、洞身、附属设施等建筑安装工程费用。

④路面的垫层、基层、面层等建筑安装工程费用。

⑤公路交工前的养护费用。

⑥公路沿线设施的建筑安装费用。

2)建筑安装工程费用构成。我国现行公路工程建筑安装工程费用的具体构成如图1-3所示，其具体内容将在学习情境四中进行讲解。

2. 土地使用及拆迁补偿费用

土地使用及拆迁补偿费用包括永久占地费、临时占地费、拆迁补偿费、水土保持补偿费、其他费用。该项费用计算可通过"表A.0.2-12 土地使用及拆迁补偿费计算表"（07表）（见本书附录一）计算完成。

（1）永久占地费包括土地补偿费、征用耕地安置补助费、耕地开垦费、森林植被恢复费、失地农民养老保险费。其计算方法应按国家有关规定及工程所在地的省（自治区、直辖市）颁布的有关规定和标准计算。

（2）临时占地费包括临时征地使用费、复耕费。

（3）拆迁补偿费包括被征用土地地上、地下的房屋及附属构筑物，公用设施、文物等的拆除、发掘及迁建补偿费，拆迁管理费等。其计算方法应根据实际发生的费用项目，按国家有关规定及工程所在地的省（自治区、直辖市）颁布的有关规定和标准计算。

（4）水土保持补偿费是根据国家相关法律、法规的规定征收的水土保持补偿费。其计算方法按各省（自治区、直辖市）制定的水土保持补偿费收费标准进行计算。

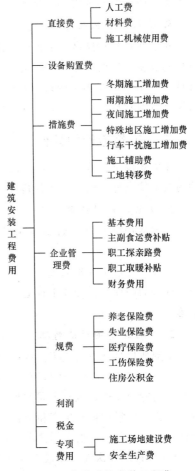

图1-3 公路建筑安装工程费

（5）其他费用是指国务院行政主管部门及省级人民政府规定的与征地拆迁相关的费用。

有关土地使用及拆迁补偿费各项费用的内容及计算方法将在学习情境四中进行详细讲解。

3. 工程建设其他费用

工程建设其他费用是概、预算费用的第三部分费用，包括建设项目管理费、研究试验费、前期工作费、专项评价（估）费、联合试运转费、生产准备费、工程保通管理费、工程保险费、其他相关费用。该项费用计算可通过"表A.0.2-13 工程建设其他费计算表"（08表）（见本书附录一）计算完成。

4. 预备费用

预备费用由基本预备费和价差预备费两部分组成。该项费用计算可通过"表A.0.2-13 工程建设其他费计算表"（08表）（见本书附录一）计算完成。

（1）基本预备费。基本预备费是指在初步设计和概算、施工图设计和施工图预算中难以预料的工程费用。

（2）价差预备费。价差预备费是指设计文件编制年至工程交工年期间，建筑安装工程费用的人工费、材料费、设备费、施工机械使用费、措施费、企业管理费等由于政策、价格变化可能发生上浮而预留的费用，以及外资贷款汇率变动部分的费用。

5. 建设期贷款利息

建设期贷款利息是指工程项目使用的贷款部分在建设期内应计取的贷款利息，包括各种金融机构贷款、建设债券和外汇贷款等利息。该项费用计算可通过"表 A.0.2-13 工程建设其他费计算表"（08 表）（见本书附录一）计算完成。其计算方法是根据不同的资金来源分年度投资计算所需支付的利息。

三、工程造价的计价

作为建设工程这一特殊商品的价值表现形式，建设工程造价的运动除具有一切商品价格运动的共同特点外，同时，又有其自身的特点和模式。

1. 工程造价计价的含义

工程造价计价就是计算和确定建设工程项目的工程造价，简称工程计价，也称为工程估价。

我国工程造价计价的主要思路是将建设项目细分至最基本的构成单位——分项工程。工程造价计价的顺序是：分项工程造价→分部工程造价→单位工程造价→单项工程造价→建设项目总造价。

2. 工程造价的计价特征

工程造价的特点决定了工程造价的计价特征。

(1)计价的单件性。产品的个体差别性决定了每项工程造价都必须单独计算。建设工程都有其指定的专门用途，也有不同的形态和结构。因此，对建设工程不能像对工业产品那样，按品种、规格、质量成批量生产和定价，只能是单件性计价。也就是说，只能根据建设工程项目的具体设计资料和当地的实际情况，单独计算工程造价。

(2)计价的多次性。建设工程周期长、规模大、造价高，受建设工程所在地的自然条件影响大，消耗的人力、物力和资金巨大，一旦出现决策失误，将造成巨大的损失。因此，应按建设程序分阶段进行。相应地，也要在不同阶段多次性计价，以保证工程造价确定与控制的科学性。多次性计价是一个逐步深化、逐步细化和逐步接近实际造价的过程。

(3)计价的组合性。工程造价的计算是分部组合而成的，这一特征和建设项目的组合性有关。工程计价的组合性是指将建筑产品进行分解细化，从建筑产品最细小的分项工程开始进行计价组合，逐步形成整个建筑产品的价格。这一特征在计算概算造价和预算造价时尤为明显，同时，也反映到合同价格和结算价格上。

(4)计价方法的多样性。由于多次计价有各不相同的计价依据，且对多次计价的精确度要求不同，这就决定了建筑产品的计价方法存在多样性。施工图预算主要采用定额法和清单法；设计概算主要采用单价法和实物法；投资估算主要采用生产能力指数法、设备系数法等。不同的方法各有利弊，适应条件也不同，计价时应根据实际情况加以选择。

(5)计价依据的复杂性。建筑产品计价的多次性、计价方法的多样性，以及影响造价的因素众多，都决定了建筑产品计价依据的复杂性。计价依据的复杂性不仅使计算过程复杂，而且要求计价人员熟悉各类计价依据，并加以正确利用。

3. 工程造价的计价模式

建设项目工程造价的计价模式是与社会经济体制相适应的。随着我国经济体制和工程造价管理体制改革的不断深入，建设项目工程造价的计价模式也相应发生了根本的变化，经历了以下三种不同的计价模式。

(1)政府定价计价模式。政府定价计价模式，即定额计价模式。定额是指中央政府有关部门和各级地方政府有关部门定期颁布的工程估算指标、概算定额、预算定额、费用定额、工程量计算规则等一切工程计价的法定依据。其是政府造价主管部门根据社会平均消耗和平均成本制定的"量价合一"的工程造价计算标准，既规定了单位工程量的实物资源消耗数量标准，又规定了单价及各种取费费率和计算办法。

(2)政府指导价计价模式。政府指导价计价模式，即"定额量、指导价、竞争费"的量价分离计价模式。这里讲的"定额量"，是指单位工程量的人工、材料、施工机械台班量等实物资源消耗"量"，按政府工程造价主管部门颁布的"基础定额"规定的消耗量标准计算；"指导价"是指人工、材料、机械台班的预算价格，按中央政府和地方政府造价主管部门定期发布的"指导价格"（又称中准价、信息价等）计算；"竞争费"是指其他直接费、间接费、利润等取费费率，由中央政府或地方政府造价主管部门制定指导性费率标准，企业可依据自身具体情况确定投标费率进行竞争。

从实际执行情况看，政府工程造价主管部门发布的工、料、机指导价（中准价），一般略高于市场实际成交价；按定额及指导价价格、费率计算的工程预算造价，一般高于工程招标实际中标价。按照计划要留有余地和审定概算是投资控制最高限额的要求，目前已被普遍使用。但在编制招标标底或投标报价时要注意，因与市场竞争规则和《中华人民共和国招标投标法》（2017年修订）中规定的中标条件相悖，这种计价模式还不是真正的市场经济计价模式，而是在工程招标投标尚未完全成熟时，为避免低价恶性竞争和确保工程质量而采用的一种过渡模式。

(3)工程量清单计价模式。工程造价管理体制改革的最终目标是逐步建立以市场竞争为主的价格形成机制，逐步建立起由政府颁布的基础定额作为指导的、通过市场竞争形成工程造价的机制。其内容如下：

1)由政府建设行政主管部门统一制定符合国家标准、规范，并反映一定时期施工水平的人工、材料、机械等消耗量标准，实现对定额消耗量标准的宏观管理。

2)制定统一的工程项目划分和工程量计算规则，为逐步实现工程量清单计价报价创造条件。

3)建立信息网络系统，加强工程造价信息的收集、处理，及时发布信息。

4)建筑施工企业可在基础定额的指导下，结合企业自身的技术和管理情况，制定企业定额，并在投标中，结合当地要素市场行情、自身经营情况及个别成本进行自主报价。

5)在工程招标中要贯彻《中华人民共和国招标投标法》第四十一条规定的中标条件，即"能满足招标文件实质性要求，并且经评审的投标价格最低，但是投标价格低于成本的除外"。

工程量清单计价模式是国际上通行的做法。中华人民共和国住房和城乡建设部与中华人民共和国国家质量监督检验检疫总局于2012年12月25日已联合发布《建设工程工程量清单计价规范》（GB 50500—2013），并于2013年7月1日起实施。按《建设工程工程量清单计价规范》（GB 30500—2013）要求，在建设项目工程招标投标中，招标人按照统一的项目编码、项目名称、计量单位、工程量计算规则和统一的格式，提供分部分项工程项目、措施项目、其他项目的名称及相应工程数量的明细清单，由投标人依据工程量清单自主报价。通过市场竞争形成工程价格的计价模式，也即市场定价模式，这是法定招标建设项目必须严格执行的计价模式。

以上三种计价模式各有特点，定额计价模式可在项目决策阶段编制投资估算时参考使用；"定额量、指导价、竞争费"的量价分离计价模式可用于概、预算编制及招标标底；工程量清单计价模式是通过市场竞争形成价格的模式，也是工程招标投标中应推广的计价报价模式。

四、公路基本建设各阶段工程造价确定

为了适应工程建设过程中各方经济关系的建立，适应项目管理的要求，适应工程造价控制和管理的要求，需要按照设计和建设阶段进行多次的工程造价确定，即在公路基本建设程序的各个阶段，编制估算、概算、预算、标底、报价、工程结算、竣工决算等工程造价文件。

1. 投资估算

投资估算一般是指在投资前期（规划、项目建议书、可行性研究报告）阶段，建设单位向国家申请拟定建设项目或国家对拟定项目进行决策时，为确定建设项目在规划、项目建议书、可行性研究报告等不同阶段的相应投资总额而编制的经济文件。

根据建设项目前期工作内容，公路工程投资估算可分为两类：一类是项目建议书投资估算；另一类是可行性研究投资估算。交通运输部在 2018 年 12 月 17 日发布第 86 号公告，公布了《公路工程建设项目投资估算编制办法》(JTG 3820—2018)和《公路工程估算指标》(JTG/T 3821—2018)，自 2019 年 5 月 1 日起施行。

在编制公路工程投资估算时，应按《公路工程建设项目投资估算编制办法》(JTG 3820—2018)和《公路工程估算指标》(JTG/T 3821—2018)规定执行，并应满足预可行性研究和工程可行性研究的深度要求。

2. 工程概算

概算又可分为设计概算和修正概算两种。设计概算是指在初步设计阶段，由设计单位根据设计图纸、概算定额、各类费用定额、建设地区的自然条件和技术经济条件等资料，预先计算和确定建设项目从筹建至竣工验收的全部建设费用的造价文件。修正概算是建设项目采用三阶段设计时，在批准的初步设计概算文件的基础上，根据更为具体的技术设计资料，对初步设计中的技术方案和施工方案进一步研究修改，并补充必要的地质、水文等资料，它比设计概算更精确。

概算或修正概算是初步设计或技术设计文件的重要组成部分。概算应控制在批准的建设项目可行性研究投资估算允许的幅度范围内。概算经批准后，是基本建设投资最高限额，是编制建设项目投资计划、确定和控制建设项目投资的依据，是控制施工图设计和施工图预算的依据，是衡量设计方案经济合理性和选择最佳设计方案的依据，是考核建设项目投资效果的依据。设计单位应按不同的设计阶段编制概算和修正概算。以批准的初步设计进行施工招标的工程，其标底或造价控制值应在批准的总概算建筑安装工程费范围内。

3. 施工图预算

施工图设计阶段应编制施工图预算。施工图预算是设计单位根据施工图设计的工程量和施工组织计划，按预算定额和各类费用定额编制的反映工程造价的经济文件。

施工图预算经审定后，是确定工程造价、编制或调整固定资产投资计划和考核工程成本的依据。施工图预算是考核施工图设计经济性、合理性的依据。以施工图设计进行施工招标的工程，经审定后的施工图预算是编制工程量清单预算、确定标底或投标最高限价，以及分析衡量投标报价合理性的参考；对不宜实行招标而采用施工图加调整价结算的工程，经审定后的施工

图预算可作为确定合同价的基础或作为审查施工企业提出的施工预算的依据。施工图预算应控制在批准的初步设计概算范围内。

4. 标底

标底是指招标人根据招标项目的具体情况，依据国家统一的工程量计算规则、计价依据和计价办法计算出来的工程造价，是公路建筑产品在建设市场交易中的一种预期价格。在建设项目招标投标过程中，由招标单位对发包的工程，按发包工程的工程内容（通常由工程量清单来明确）、设计文件、合同条件，以及技术规范和有关定额等资料进行编制。标底是一项重要的投资额测算，是评标的一个基本依据，也是衡量投标人报价水平高低的基本指标，在招标投标工作中起着关键作用。标底编制一方面应遵守国家的有关规定和要求，另一方面应力求准确。标底一般以设计概算和施工图预算为基础编制，以其中的建筑安装工程费为主，且不准超过批准的概算或施工图预算。

5. 招标控制价

招标控制价是指招标人根据国家或省级、行业建设主管部门颁发的有关计价依据和办法，以及拟定的招标文件和招标工程量清单，结合工程具体情况编制的招标工程的最高投标限价。有的地方也称拦标价、预算控制价等。在《建设工程工程量清单计价规范》（GB 50500—2013）中，为了避免与《中华人民共和国招标投标法》（2017 修正）中关于标底必须保密的规定相违背，采用了"招标控制价"这一概念。

根据《中华人民共和国招标投标法实施条例》（2019 年修订）的规定，招标人设有最高投标限价（招标控制价）的，应当在招标文件中明确最高投标限价或最高投标限价的计算方法，招标人不得规定最低投标限价。

6. 报价

报价是针对拟投标的合同段或工程项目，由投标单位根据招标文件及有关定额和招标项目所在地区的自然、社会和经济及施工组织方案和投标单位自身条件，计算完成招标工程所需各项费用的经济文件。报价是投标文件最重要的组成部分和主要内容，是投标工作的关键和核心，也是决定投标人能否中标的主要依据。报价过高，中标率就会降低；报价过低，尽管中标的可能性很大，但可能无利可图，甚至要承担工程亏本的风险。因此，能否合理确定工程报价，是施工企业在投标竞争中能否获胜的前提条件。中标单位的报价将直接成为工程承包合同价的主要基础，并对将来的施工过程起着严格的制约作用。因此，承包单位和业主均不能随意更改报价。

7. 工程结算

工程结算是工程项目建设过程中，建设单位同其他各经济实体之间由于器材采购、劳务供应、施工单位已完成工程点的移交等经济活动而引起的货币收支行为。项目结算的主要内容包括货物结算、劳务供应结算、工程费用结算及其他货币资金的结算等。其中，工程费用结算是指建设单位同施工单位之间，由于拨付各种预付款和支付已完工程等费用而发生的结算，是项目结算中最重要和关键的部分，是项目结算的主体内容，也是工程承发包双方办理工程竣工结算的重要依据。

工程结算可以根据不同的情况采取多种方式进行。目前，我国一般采用的工程结算方式主要有按月结算；竣工后一次结算；分段结算；目标结算方式；结算双方约定的其他结算方式。

8. 竣工决算

竣工决算是指在工程竣工验收交付使用阶段，由建设单位编制的建设项目从筹建到竣工验收、交付使用全过程中实际支付的全部建设费用。竣工决算是整个建设工程的最终价格，是作为建设单位财务部门汇总固定资产的主要依据。

竣工决算的内容应包括从建设项目策划到竣工投产全过程的全部实际费用。竣工决算的内容包括竣工财务决算说明书、竣工财务决算报表、工程竣工图和工程造价对比分析四个部分。其中，竣工财务决算说明书和竣工财务决算报表又合称为竣工财务决算，竣工财务决算是竣工决算的核心内容。

竣工决算是建设工程经济效益的全面反映，是项目法人核定各类新增资产价值，办理其交付使用的依据。通过竣工决算，一方面能够正确反映建设工程的实际造价和投资结果，另一方面可以通过竣工决算与概算、预算的对比分析，考核投资控制的工作成效，总结经验教训，积累技术经济方面的基础资料，提高未来建设工程的投资效益。

从投资估算、设计概算、施工图预算到招标投标合同价，再到各项工程的结算价和最后在结算价基础上编制的竣工决算，整个计价过程是一个由粗到细、由浅到深，最后确定建设工程实际造价的过程。计价过程各环节之间相互衔接，前者制约后者，后者补充前者。

························· 学习效果评价 ·························

一、学生自评

【填空题】

1. 工程造价的特点包括_____、_____、_____、_____和_____。

2. 预备费包括_____和_____。

3. 工程结算方式主要有_____、_____、_____、_____、_____、_____六种。

4. 工程概算分为_____和_____两种。

5. 建筑安装工程费用包括_____、_____和_____。

【判断题】

1. 从投资的角度看，工程造价是指建设一项工程预期开支或实际开支的全部固定资产投资费用的总和。   (   )

2. 建筑安装工程费用包括直接费、间接费和利润。   (   )

3. 工程建设其他费用包括土地使用费和与工程建设有关的其他费用两大类。 (   )

4. 项目银行信贷资金是指银行利用信贷资金所发放的投资性贷款。   (   )

5. 标底是一项投资额预算，是评标的一个基本依据，也是衡量投标人报价水平高低的基本指标。   (   )

【思考题】

1. 工程造价的含义是什么？

2. 工程造价的特点有哪些？

3. 公路工程造价的组成内容是什么？

4. 工程造价计价的含义是什么？

5. 工程造价的计价特征有哪些？

6. 工程造价的计价模式有哪些？

7. 简述公路基本建设各阶段工程造价的内容。

二、学习小组评价

班级：_____　　　　　姓名：_____　　　　　学号：_____

学习内容	分值	评价内容	得分
基础知识	30	工程造价的含义及特点；工程造价及公路工程造价的构成；工程造价计价的含义；工程造价的计价特征；工程造价的计价模式；公路基本建设各阶段工程造价的内容	
应会技能	10	能够明确工程造价及工程造价计价的特点	
	20	能够说明工程造价及公路工程造价的构成	
	10	能够叙述工程造价的计价特征及模式	
	20	能够分析公路基本建设各阶段工程造价的内容	
学习态度	10		
学习小组组长签字：		年　月　日	

工作任务三　公路工程造价管理

【思维导图】

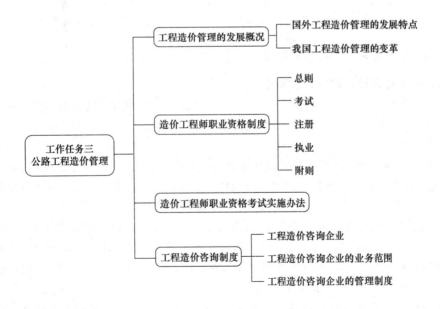

知识目标

(1) 了解工程造价管理的发展历史和变革，包括其在公路工程领域的演变。

(2) 掌握造价工程师职业资格制度的基本原则和要求，了解成为合格造价工程师的条件。

(3) 熟悉造价工程师职业资格考试实施办法，包括报考条件、考试的内容、时间和报名流程。

(4) 了解工程造价咨询制度的基本内容和作用，以及咨询服务在工程项目中的重要性。

(1)能够熟知准备和申请造价工程师职业资格考试的流程。

(2)能够了解工程造价咨询的需求，选择合适的咨询服务。

(3)能够了解相关法规和制度来指导工程造价管理实践。

(1)认识到工程造价管理的发展对国家建设和经济发展的贡献，积极参与国家建设。

(2)了解职业资格考试和咨询制度背后的法律法规和政策，培养守法守纪的意识。

(3)思考工程造价管理与社会公益的关系，关注社会责任和可持续发展。

所谓公路工程造价管理，就是为了实现公路工程造价管理目标而对工程造价工作过程进行的计划与预测、组织与指挥、监督与控制、教育与激励、挖潜与创新的综合性活动的总称。通过工程造价管理合理地确定公路工程造价和有效地控制公路工程造价，以提高投资效益和施工企业的经营效果。工程造价管理包含两个方面的含义：一是工程投资费用管理；二是工程价格管理。

工程投资费用管理是指为实现投资的目标，在拟定的规划、设计方案的条件下，预测、确定和监控工程造价及其变动的系统活动，它属于投资管理的范畴。工程价格管理属于价格管理范畴，包括政府根据社会经济发展的要求，利用法律、经济和行政手段对价格进行的管理和调控，以及通过市场管理规范市场主体价格行为的系统活动，也包括生产企业在掌握市场价格信息的基础上，为实现管理目标而进行的成本控制、计价、定价和竞价的系统活动。

一、工程造价管理的发展概况

(一)国外工程造价管理的发展特点

工程造价管理在国际上有着悠久的历史，在西方工业发达国家，特别是英国，其工程造价管理经过近四百多年的不断发展和完善，逐渐形成了系统的、完善的管理机制和管理方法，主要有以下特点。

(1)从事后算账发展到事前算账。即从最初只是消极地反映已完工程的价格逐步发展到在工程开工前进行工程量计算和计价，进而发展到在初步设计时提出概算，在工程可行性研究时提出投资估算，为业主进行投资决策提供重要的科学依据。

(2)从被动地反映设计和施工发展到主动地影响设计和施工，即从最初只负责工程建设某个阶段工程造价的确定和计算，逐步发展到在投资决策阶段、设计阶段对工程造价做出预测和估算，在设计和施工中对工程造价进行计算、监督和控制，实现了对工程建设全过程的造价管理，预算师则自始至终要对工程造价管理负责。

(3)从依附于施工者或建筑师而逐渐发展成为一个独立、公正的专业，并拥有自己的专业(工程造价管理)学会。

(4)从预算师各行其是逐步发展到全国制定统一的规则或办法来进行管理，如制定全国统一的工程量计算办法(规则)、成本分析法、预算人员教育考核办法和职业守则等来进行管理。

(二)我国工程造价管理的变革

我国的工程造价管理是在特殊的历史条件下逐渐发展起来的，工程造价管理体制也在逐渐变革和完善。这种改革主要表现在以下几个方面。

（1）重视和加强项目决策阶段的投资估算工作，努力提高可行性研究报告投资估算的准确度，切实发挥其控制建设项目总造价的作用。

（2）进一步明确概、预算工作的重要作用。概、预算不仅要计算工程造价，更要能动地影响设计、优化设计，并发挥控制工程造价、促进合理使用建设资金的作用。工程设计人员要做好多方案的技术经济比较，通过优化设计来保证设计的技术经济合理性。

（3）推行工程量清单计价模式，以适应市场发展的需求和国际市场竞争的需要，逐渐与国际惯例接轨。

（4）将竞争机制引入工程造价管理体制，通过招标方式选择工程承包公司及设备材料供应单位，以促使这些单位改善经营管理，提高应变能力和竞争能力，降低工程造价。

（5）提出用"动态"方法研究和管理工程造价。研究如何体现项目投资额的时间价值，要求各地区、各部门工程造价管理机构要定期公布各种设备、材料、工资、机械台班的价格指数以及各类工程造价指数，要求尽快建立地区、部门以至全国的工程造价管理信息系统。

（6）提出要对工程造价的估算、概算、预算、承包合同价、结算价、竣工决算实行"一体化"管理，并研究如何建立一体化的管理制度，改变过去分段管理的状况。

（7）发展壮大工程造价咨询机构，建立健全造价工程师执业资格制度。

我国工程造价管理体制改革的最终目标是建立市场形成价格的机制，实现工程造价管理市场化，形成社会化的工程造价咨询服务业，从而与国际惯例接轨。

二、造价工程师职业资格制度

造价工程师，是指通过职业资格考试取得中华人民共和国造价工程师职业资格证书，并经注册后从事建设工程造价工作的专业技术人员。

2018 年 7 月 20 日住房和城乡建设部、交通运输部、水利部、人力资源社会保障部共同制定了《造价工程师职业资格制度规定》（建人〔2018〕67 号），此规定共分五个部分，具体内容如下。

1. 总则

（1）为提高固定资产投资效益，维护国家、社会和公共利益，充分发挥造价工程师在工程建设经济活动中合理确定和有效控制工程造价的作用，根据《中华人民共和国建筑法》和国家职业资格制度有关规定，制定本规定。

（2）本规定所称造价工程师，是指通过职业资格考试取得中华人民共和国造价工程师职业资格证书，并经注册后从事建设工程造价工作的专业技术人员。

（3）国家设置造价工程师准入类职业资格，纳入国家职业资格目录。

工程造价咨询企业应配备造价工程师；工程建设活动中有关工程造价管理岗位按需要配备造价工程师。

（4）造价工程师分为一级造价工程师和二级造价工程师。一级造价工程师英文译为 Class1 Cost Engineer；二级造价工程师英文译为 Class2 Cost Engineer。

（5）住房和城乡建设部、交通运输部、水利部、人力资源社会保障部共同制定造价工程师职业资格制度，并按照职责分工负责造价工程师职业资格制度的实施与监管。

各省、自治区、直辖市住房城乡建设、交通运输、水利、人力资源社会保障行政主管部门，按照职责分工负责本行政区域内造价工程师职业资格制度的实施与监管。

2. 考试

(1)一级造价工程师职业资格考试全国统一大纲、统一命题、统一组织;二级造价工程师职业资格考试全国统一大纲,各省、自治区、直辖市自主命题并组织实施。

(2)一级和二级造价工程师职业资格考试均设置基础科目和专业科目。

(3)住房和城乡建设部组织拟定一级造价工程师和二级造价工程师职业资格考试基础科目的考试大纲,组织一级造价工程师基础科目命审题工作。

住房和城乡建设部、交通运输部、水利部按照职责分别负责拟定一级造价工程师和二级造价工程师职业资格考试专业科目的考试大纲,组织一级造价工程师专业科目命审题工作。

(4)人力资源社会保障部负责审定一级造价工程师和二级造价工程师职业资格考试科目和考试大纲,负责一级造价工程师职业资格考试考务工作,并会同住房和城乡建设部、交通运输部、水利部对造价工程师职业资格考试工作进行指导、监督、检查。

(5)各省、自治区、直辖市住房和城乡建设、交通运输、水利行政主管部门会同人力资源社会保障行政主管部门,按照全国统一的考试大纲和相关规定组织实施二级造价工程师职业资格考试。

(6)人力资源社会保障部会同住房和城乡建设部、交通运输部、水利部确定一级造价工程师职业资格考试合格标准。

各省、自治区、直辖市人力资源社会保障行政主管部门会同住房和城乡建设、交通运输、水利行政主管部门确定二级造价工程师职业资格考试合格标准。

(7)凡遵守中华人民共和国宪法、法律、法规,具有良好的业务素质和道德品行,具备下列条件之一者,可以申请参加一级造价工程师职业资格考试。

1)具有工程造价专业大学专科(或高等职业教育)学历,从事工程造价业务工作满5年;具有土木建筑、水利、装备制造、交通运输、电子信息、财经商贸大类大学专科(或高等职业教育)学历,从事工程造价业务工作满6年。

2)具有通过工程教育专业评估(认证)的工程管理、工程造价专业大学本科学历或学位,从事工程造价业务工作满4年;具有工学、管理学、经济学门类大学本科学历或学位,从事工程造价业务工作满5年。

3)具有工学、管理学、经济学门类硕士学位或者第二学士学位,从事工程造价业务工作满3年。

4)具有工学、管理学、经济学门类博士学位,从事工程造价业务工作满1年。

5)具有其他专业相应学历或者学位的人员,从事工程造价业务工作年限相应增加1年。

(8)凡遵守中华人民共和国宪法、法律、法规,具有良好的业务素质和道德品行,具备下列条件之一者,可以申请参加二级造价工程师职业资格考试。

1)具有工程造价专业大学专科(或高等职业教育)学历,从事工程造价业务工作满2年;具有土木建筑、水利、装备制造、交通运输、电子信息、财经商贸大类大学专科(或高等职业教育)学历,从事工程造价业务工作满3年。

2)具有工程管理、工程造价专业大学本科及以上学历或学位,从事工程造价业务工作满1年;具有工学、管理学、经济学门类大学本科及以上学历或学位,从事工程造价业务工作满2年。

3)具有其他专业相应学历或学位的人员,从事工程造价业务工作年限相应增加1年。

(9)一级造价工程师职业资格考试合格者,由各省、自治区、直辖市人力资源社会保障行政主管部门颁发中华人民共和国一级造价工程师职业资格证书。该证书由人力资源社会保障部统一印制，住房和城乡建设部、交通运输部、水利部按专业类别分别与人力资源社会保障部用印，在全国范围内有效。

（10）二级造价工程师职业资格考试合格者，由各省、自治区、直辖市人力资源社会保障行政主管部门颁发中华人民共和国二级造价工程师职业资格证书。该证书由各省、自治区、直辖市住房和城乡建设、交通运输、水利行政主管部门按专业类别分别与人力资源社会保障行政主管部门用印，原则上在所在行政区域内有效。各地可根据实际情况制定跨区域认可办法。

（11）各省、自治区、直辖市人力资源社会保障行政主管部门会同住房和城乡建设、交通运输、水利行政主管部门应加强学历、从业经历等造价工程师职业资格考试资格条件的审核。对以不正当手段取得造价工程师职业资格证书的，按照国家专业技术人员资格考试有关规定进行处理。

3. 注册

（1）国家对造价工程师职业资格实行执业注册管理制度。取得造价工程师职业资格证书且从事工程造价相关工作的人员，经注册方可以造价工程师名义执业。

（2）住房和城乡建设部、交通运输部、水利部按照职责分工，制定相应注册造价工程师管理办法并监督执行。

住房和城乡建设部、交通运输部、水利部分别负责一级造价工程师注册及相关工作。各省、自治区、直辖市住房和城乡建设、交通运输、水利行政主管部门按专业类别分别负责二级造价工程师注册及相关工作。

（3）经批准注册的申请人，由住房和城乡建设部、交通运输部、水利部核发《中华人民共和国一级造价工程师注册证》（或电子证书）；或由各省、自治区、直辖市住房和城乡建设、交通运输、水利行政主管部门核发《中华人民共和国二级造价工程师注册证》（或电子证书）。

（4）造价工程师执业时应持注册证书和执业印章。注册证书、执业印章样式以及注册证书编号规则由住房城乡建设部会同交通运输部、水利部统一制定。执业印章由注册造价工程师按照统一规定自行制作。

（5）住房和城乡建设部、交通运输部、水利部按照职责分工建立造价工程师注册管理信息平台，保持通用数据标准统一。住房和城乡建设部负责归集全国造价工程师注册信息，促进造价工程师注册、执业和信用信息互通共享。

（6）住房和城乡建设部、交通运输部、水利部负责建立完善造价工程师的注册和退出机制，对以不正当手段取得注册证书等违法违规行为，依照注册管理的有关规定撤销其注册证书。

4. 执业

（1）造价工程师在工作中，必须遵纪守法，恪守职业道德和从业规范，诚信执业，主动接受有关主管部门的监督检查，加强行业自律。

（2）住房和城乡建设部、交通运输部、水利部共同建立健全造价工程师执业诚信体系，制定相关规章制度或从业标准规范，并指导监督信用评价工作。

（3）造价工程师不得同时受聘于两个或两个以上单位执业，不得允许他人以本人名义执业，严禁"证书挂靠"。出租出借注册证书的，依据相关法律法规进行处罚；构成犯罪的，依法追究刑事责任。

（4）一级造价工程师的执业范围包括建设项目全过程的工程造价管理与咨询等，具体工作内容如下。

1）项目建议书、可行性研究投资估算与审核，项目评价造价分析。

2）建设工程设计概算、施工预算编制和审核。

3）建设工程招标投标文件工程量和造价的编制与审核。

4）建设工程合同价款、结算价款、竣工决算价款的编制与管理。

5）建设工程审计、仲裁、诉讼、保险中的造价鉴定，工程造价纠纷调解。

6）建设工程计价依据、造价指标的编制与管理。

7）与工程造价管理有关的其他事项。

（5）二级造价工程师主要协助一级造价工程师开展相关工作，可独立开展以下具体工作。

1）建设工程工料分析、计划、组织与成本管理，施工图预算、设计概算编制。

2）建设工程量清单、最高投标限价、投标报价编制。

3）建设工程合同价款、结算价款和竣工决算价款的编制。

（6）造价工程师应在本人工程造价咨询成果文件上签章，并承担相应责任。工程造价咨询成果文件应由一级造价工程师审核并加盖执业印章。

对出具虚假工程造价咨询成果文件或者有重大工作过失的造价工程师，不再予以注册，造成损失的依法追究其责任。

（7）取得造价工程师注册证书的人员，应当按照国家专业技术人员继续教育的有关规定接受继续教育，更新专业知识，提高业务水平。

5. 附则

（1）本规定印发之前取得的全国建设工程造价员资格证书、公路水运工程造价人员资格证书以及水利工程造价工程师资格证书，效用不变。

（2）专业技术人员取得一级造价工程师、二级造价工程师职业资格，可认定其具备工程师、助理工程师职称，并可作为申报高一级职称的条件。

（3）本规定自印发之日起施行。原人事部、原建设部发布的《造价工程师执业资格制度暂行规定》（人发〔1996〕77号）同时废止。根据该暂行规定取得的造价工程师执业资格证书与本规定中一级造价工程师职业资格证书效用等同。

三、造价工程师职业资格考试实施办法

2018年7月20日住房和城乡建设部、交通运输部、水利部、人力资源社会保障部共同制定了《造价工程师职业资格制度规定》（建人〔2018〕67号），具体内容如下。

（1）住房和城乡建设部、交通运输部、水利部、人力资源社会保障部共同委托人力资源社会保障部人事考试中心承担一级造价工程师职业资格考试的具体考务任务。住房城乡建设部、交通运输部、水利部可分别委托具备相应能力的单位承担一级造价工程师职业资格考试工作的命题、审题和主观试题阅卷等具体工作。

各省、自治区、直辖市住房和城乡建设、交通运输、水利、人力资源社会保障行政主管部门共同负责本地区一级造价工程师执业资格考试组织工作，具体职责分工由各地协商确定。

（2）各省、自治区、直辖市住房和城乡建设、交通运输、水利行政主管部门会同人力资源社会保障行政主管部门组织实施二级造价工程师职业资格考试。

（3）一级造价工程师职业资格考试设《建设工程造价管理》《建设工程计价》《建设工程技术与计量》《建设工程造价案例分析》4个科目。其中，《建设工程造价管理》《建设工程计价》为基础科目，《建设工程技术与计量》《建设工程造价案例分析》为专业科目。

二级造价工程师职业资格考试设《建设工程造价管理基础知识》《建设工程计量与计价实务》2个科目。其中，《建设工程造价管理基础知识》为基础科目，《建设工程计量与计价实务》为专业科目。

(4)造价工程师职业资格考试专业科目可分为土木建筑、交通运输工程、水利工程和安装工程4个专业类别,考生在报名时可根据实际工作需要选择其一。其中,土木建筑工程、安装工程专业由住房和城乡建设部负责;交通运输工程专业由交通运输部负责;水利工程专业由水利部负责。

(5)一级造价工程师职业资格考试分4个半天进行。《建设工程造价管理》《建设工程计价》《建设工程技术与计量》科目考试时间均为2.5小时;《建设工程造价案例分析》科目考试时间为4小时。

二级造价工程师职业资格考试分2个半天。《建设工程造价管理基础知识》科目考试时间为2.5小时,《建设工程计量与计价实务》为3小时。

(6)一级造价工程师职业资格考试成绩实行4年为一个周期的滚动管理办法,在连续的4个考试年度内通过全部考试科目,方可取得一级造价工程师职业资格证书。

二级造价工程师职业资格考试成绩实行2年为一个周期的滚动管理办法,参加全部2个科目考试的人员必须在连续的2个考试年度内通过全部科目,方可取得二级造价工程师职业资格证书。

(7)已取得造价工程师一种专业职业资格证书的人员,报名参加其他专业科目考试的,可免考基础科目。考试合格后,核发人力资源社会保障部门统一印制的相应专业考试合格证明。该证明作为注册时增加职业专业类别的依据。

(8)具有以下条件之一的,参加一级造价工程师考试可免考基础科目。

1)已取得公路工程造价人员资格证书(甲级)。

2)已取得水运工程造价工程师资格证书。

3)已取得水利工程造价工程师资格证书。

申请免考部分科目的人员在报名时应提供相应材料。

(9)具有以下条件之一的,参加二级造价工程师考试可免考基础科目。

1)已取得全国建设工程造价员资格证书。

2)已取得公路工程造价人员资格证书(乙级)。

3)具有经专业教育评估(认证)的工程管理、工程造价专业学士学位的大学本科毕业生。

申请免考部分科目的人员在报名时应提供相应材料。

(10)符合造价工程师职业资格考试报名条件的报考人员,按规定携带相关证件和材料到指定地点进行报名资格审查。报名时,各地人力资源社会保障部门会同相关行业主管部门对报名人员的资格条件进行审核。审核合格后,核准考证。参加考试人员凭准考证和有效证件在指定的日期、时间和地点参加考试。

中央和国务院各部门及所属单位、中央管理企业的人员按属地原则报名参加考试。

(11)考点原则上设在自治区、直辖市首府和省会城市的大、中专院校或者高考定点学校。

(12)坚持考试与培训分开的原则。凡参与考试工作(包括命题、审题与组织管理等)的人员,不得参加考试,也不得参加或者举办与考试内容相关的培训工作。应考人员参加培训坚持自愿原则。

(13)考试实施机构及其工作人员,应当严格执行国家人事考试工作人员纪律规定和考试工作的各项规章制度,遵守考试工作纪律,切实做好从考试试题的命制到使用等各环节的安全保密工作,严防泄露。

(14)对违反考试工作纪律和有关规定的人员,按照国家专业技术人员资格考试违纪违规行为处理规定处理。

四、工程造价咨询制度

工程造价咨询是指面向社会接受委托，承担建设项目的可行性研究投资估算、项目经济评价、工程概算、预算、工程结算、竣工决算、工程招标标底、投标报价的编制和审核，对工程造价进行监控以及提供有关工程造价信息资料等业务工作。工程造价咨询制度的建立，有利于将工程造价管理由政府直接管理的模式转变为政府指导、社会监督、工程建设参与单位自己管理和控制的模式，它对转变政府职能、提高造价专业化管理水平以及与国际惯例接轨都具有重要作用。

自 2006 年 7 月 1 日起施行的《工程造价咨询企业管理办法》(中华人民共和国建设部令第 149 号)(2016 年修订)中对工程造价咨询企业及其管理制度做出了明确规定。

(一)工程造价咨询企业

工程造价咨询企业是指接受委托，对建设项目投资、工程造价的确定与控制提供专业咨询服务的企业。工程造价咨询企业从事工程造价咨询活动，应当遵循独立、客观、公正、诚实信用的原则，不得损害社会公共利益和他人的合法权益。

工程造价咨询单位的资质等级分为甲、乙两个等级，要分别符合规定的资质要求，并应向造价资质管理部门申请设立，经审核批准后，由资质管理部门颁发相应的《工程造价咨询单位资质证书》。资质管理部门要对工程造价咨询单位实行资质年检。

(二)工程造价咨询企业的业务范围

工程造价咨询企业应当依法取得工程造价咨询企业资质，并在其资质许可的范围内从事工程造价咨询活动。工程造价咨询企业依法从事工程造价咨询活动，不受行政区域限制。甲级工程造价咨询企业可以从事各类建设项目的工程造价咨询业务；乙级工程造价咨询企业可以从事工程造价 5 000 万元人民币以下的各类建设项目的咨询业务。工程造价咨询企业的业务范围包括以下内容。

(1)建设项目建议书及可行性研究投资估算、项目经济评价报告的编制和审核。

(2)建设项目概预算的编制与审核，并配合设计方案比选、优化设计、限额设计等工作进行工程造价分析与控制。

(3)建设项目合同价款的确定(包括招标工程工程量清单和标底、投标报价的编制和审核)；合同价款的调整(包括工程变更、工程洽商和索赔费用的计算)与工程款支付，工程结算及竣工结(决)算报告的编制与审核等。

(4)工程造价经济纠纷的鉴定和仲裁的咨询。

(5)提供工程造价信息服务等。

(三)工程造价咨询企业的管理制度

1. 管理部门

国务院住房城乡建设主管部门负责对全国工程造价咨询企业的统一监督管理工作。省、自治区、直辖市人民政府住房城乡建设主管部门负责本行政区域内工程造价咨询企业的监督管理工作。有关专业部门对本专业工程造价咨询企业实施监督管理。

2. 资质审批

申请甲级工程造价咨询企业资质的，应当向申请人工商注册所在地省、自治区、直辖市人民政府住房城乡建设主管部门或者国务院有关专业部门提出申请，最终由国务院住房城乡建设主管部门做出决定。

申请乙级工程造价咨询企业资质的，由省、自治区、直辖市人民政府住房城乡建设主管部门审查决定。其中，申请有关专业乙级工程造价咨询企业资质的，由省、自治区、直辖市人民政府住房城乡建设主管部门商同有关专业部门审查决定。省、自治区、直辖市人民政府住房城乡建设主管部门将准予自治许可的决定报国务院住房城乡建设主管部门备案。

新开办的工程造价咨询单位，只能申请乙级工程造价咨询单位资质等级。工程造价咨询单位资质等级的申请，经资质管理部门审批后，颁发相应的"工程造价咨询单位资质证书"。"工程造价咨询单位资质证书"由国务院住房城乡建设主管部门统一印制，分为正本和副本。正本和副本具有同等法律效力。

工程造价咨询企业资质有效期为 3 年。有效期届满，需要继续从事工程造价咨询活动的，应当向资质许可机关提出资质延续申请，资质许可机关做出是否准予延续的决定。准予延续的，资质有效期延续 3 年。

3. 法律责任

(1)申请人隐瞒有关情况或提供虚假材料申请工程造价咨询企业资质的，不予受理或不予资质许可，并给予警告，申请人在 1 年内不得再次申请工程造价咨询企业资质。

(2)未取得工程造价咨询企业资质从事工程造价咨询活动或者超越资质等级承接工程造价咨询业务的，出具的工程造价成果无效，由县级以上地方人民政府住房城乡建设主管部门或者有关专业部门给予警告，责令限期改正，并处 1 万元以上 3 万元以下的罚款。

(3)工程造价咨询企业不及时办理资质证书变更手续的，由资质许可机关责令限期办理；逾期不办理的，可处 1 万元以下的罚款。

(4)以欺骗、贿赂等不正当手段取得工程造价咨询企业资质的，由县级以上地方人民政府住房城乡建设主管部门或有关部门给予警告，并处 1 万元以上 3 万元以下的罚款，申请人 3 年内不得再次申请工程造价咨询企业资质。

(5)有下列行为之一，由县级以上地方人民政府住房城乡建设主管部门或有关专业部门给予警告，责令限期改正；逾期未改正的，可处 5 000 元以上 2 万元以下罚款。

1)新设立的分支机构不备案的。

2)跨省、自治区、直辖市承接业务不备案的。

(6)有下列情形之一，由县级以上地方人民政府住房城乡建设主管部门或有关专业部门给予警告，责令限期整改，并处 1 万以上 3 万元以下罚款。

1)涂改、倒卖、出租、出借资质证书，或以其他形式非法转让资质证书。

2)同时接受招标人和投标人或两个以上投标人对同一工程项目的工程造价咨询业务。

3)以给予回扣、恶意压低收费等方式进行不正当竞争。

4)转包承接的工程造价咨询业务。

5)法律、法规禁止的其他行为。

学习效果评价

一、学生自评

【填空题】

1. 工程造价管理包含两个方面的内容：一是_____；二是_____。

2. 二级造价工程师职业资格考试设_____和_____ 2 个科目。

3. 工程造价咨询单位按资质标准不同分为_____和_____两个等级。

4. 工程造价咨询企业资质有效期为_____年。

5. 一级造价工程师职业资格考试的 4 个科目分别为_____、_____、_____和_____。

【判断题】

1. 工程投资费用管理属于投资管理的范畴。　　　　　　　　　　　　　　（　　）

2. 工程造价管理是从过去的事前算账发展到现在的事后算账。　　　　　　（　　）

3. 造价工程师职业资格考试专业科目分为土木建筑、交通运输工程、水利工程和安装工程4 个专业类别。　　　　　　　　　　　　　　　　　　　　　　　　　　　　（　　）

4. 二级造价工程师职业资格考试全国统一大纲、统一命题、统一组织。　　（　　）

5. 造价工程师可以在多个单位执业。　　　　　　　　　　　　　　　　　（　　）

【思考题】

1. 工程造价管理的含义是什么？

2. 我国工程造价管理的改革包括哪几个方面？

3. 一级造价工程师职业资格考试有哪几个科目？

4. 一级造价工程师的工作内容有哪些？

5. 符合哪些条件可以申请参加一级造价工程师职业资格考试？

6. 工程造价咨询企业的执业范围包括哪些内容？

7. 工程造价咨询企业的资质包括哪几个等级？

二、学习小组评价

班级：_____　　　　　　姓名：_____　　　　　　学号：_____

学习内容	分值	评价内容	得分
基础知识	30	公路工程造价管理及工程投资费用管理的含义；我国工程造价管理的变革过程；造价工程师职业资格制度规定；造价工程师职业资格考试实施办法；工程造价咨询企业的业务范围及管理制度	
应会技能	10	能够解释公路工程造价管理的含义	
	20	能够叙述我国工程造价管理的变革过程	
	10	能够说明造价工程师职业资格制度和考试实施办法	
	20	知道工程造价咨询企业的业务范围及管理制度	
学习态度	10		
学习小组组长签字：			年　月　日

学习情境二　公路工程定额运用

工作任务一　认知公路工程定额

【思维导图】

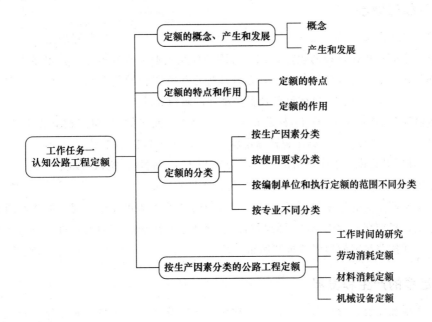

知识目标

(1)描述定额的产生和发展。

(2)叙述定额的特点和作用。

(3)了解按生产因素分类定额的内容。

(4)了解按使用要求分类定额的内容。

(5)了解按编制单位和执行定额的范围不同分类定额的内容。

(6)分析工人工作时间及机械工作时间的组成。

(7)叙述按生产因素分类定额的表现形式及计算过程。

能力目标

(1)能够运用所学知识,分析和解释不同工程项目中的定额应用情况。

(2)具备查阅定额的能力,以便在实际工程中正确使用定额。

(3)具备比较不同类型定额之间异同的能力,以选择最适当的定额。

(1)培养社会责任感,使学生理解公路工程定额对社会发展的重要性。
(2)强化法治观念,确保学生在工程管理中遵守法律法规。
(3)培养科学精神,鼓励学生不断探索定额管理方法。

定额是属于计价依据的重要内容之一。所谓计价依据是指计算工程造价的基础资料的总称,除包括各种定额、指标、费率、基础单价外,还包括设计图纸、工程量及政府主管部门颁发的各种经济法规、政策、计价办法等。

一、定额的概念

"定额",顾名思义,"定"是确定、法定,"额"是数额、标准,综合起来是确定(或法定)的数额或标准。定额是指在合理的生产组织、合理的使用资源、合理地生产技术条件下,经过国家或主管部门科学地测定、分析、计算,合理地确定生产单位数量合格产品或完成单位数量合格产品所必需的人工、材料、机械设备及资金消耗的限额标准。

交通运输部于 2018 年 12 月 17 日发布第 86 号公告,发布的《公路工程概算定额(上、下两册)》(JTG/T 3831—2018)、《公路工程预算定额(上、下两册)》(JTG/T 3832—2018)自 2019 年 5 月 1 日起实施,在其开篇说明中明确指出:"本定额是以人工、材料、机械台班消耗数量表现的工程概、预算定额。"所以定额是一个标准,是衡量经济效果的尺度。

公路工程定额是交通运输部依据国家一定时期的管理体制和管理制度,根据不同定额的用途和适用范围,指定交通运输部路网监测与应急处置中心按照一定的程序进行分析、测算、修订后制定的,并按照规定的程序审批和颁布执行。

二、定额的产生和发展

定额的产生和发展,与资本主义企业管理科学化以及管理科学的发展是分不开的。定额产生于 19 世纪末,它与当时生产力的发展是分不开的。当时的工业发展很快,但由于采用传统管理方法,工人劳动生产率很低,劳动强度却很高。在这种背景下,美国工程师泰勒开始了企业管理的研究,以提高工人的劳动生产率。他从工人的操作方法上研究工时的科学利用,把工作时间分成若干组成部分,并利用秒表记录工人每一动作及消耗的时间,然后制定出工时消耗标准,用这个标准来作为衡量工作效率的尺度,这就形成了最初的工时定额。

继泰勒以后,随着生产力水平的不断发展。新材料、新技术的不断产生,定额也有较大的发展,产生了各种不同种类的定额以适应各行各业的需要,同时,对生产力的发展也起到了推动的作用。

我国定额工作从 1949 年以来,一直受到高度重视。1954 年原国家计委颁布了《一九五四年建筑工程设计预算定额(试行草案)》,1955 年原交通部公路总局颁布施行了《公路基本建设预算定额》。随着初步设计和施工图设计模式的确立,公路定额管理部门陆续编制了《公路工程施工定额》《公路工程概算指标》,并重新修订了《公路工程预算定额》。1983 年,在原国家计委文件的指导下,经原交通部批准组建"交通部公路工程定额站",从此定额管理及编制工作在全国各省区定额站展开,并于当年经国家建委批准,原交通部颁布了《公路工程概算定额》和《公路工程预算定额》。1992 年原交通部公路工程定额站颁布并实施了《公路工程估算指标》《公路工程概算定额》《公路工程预算定额》《公路工程机械台班费用定额》《公路工程基本建设工程概算、预算编制办法》。1996 年重新修订了《公路工程估算指标》《公路工程机械台班费用定额》《公路工程基本建设工程概算、预算编制办法》，并新颁布了《公路工程概算定额、预算定额》基价表。2007 年原交通部公路工程定额站重新修订了《公路工程基本建设项目概算预算编制办法》《公路工程概算定额（上、下册）》《公路工程预算定额（上、下册）》《公路工程机械台班费用定额》。2011 年交通运输部公路工程定额站重新修订了《公路工程估算指标》。

2017 年交通运输部路网监测与应急处置中心全面系统地修订了 2007 年定额，颁布了《公路工程建设项目概算预算编制办法》(JTG 3830—2018)、《公路工程概算定额（上、下两册）》(JTG/T 3831—2018)、《公路工程预算定额（上、下两册）》(JTG/T 3832—2018)、《公路工程机械台班费用定额》(JTG/T 3833—2018)、《公路工程估算指标》(JTG/T 3821—2018)，并新颁布了《公路工程预算定额》释义手册、《公路工程机械台班费用定额》释义手册、《公路工程材料价格使用手册》，并于 2019 年 5 月 1 日起实施。

三、定额的特点和作用

(一)定额的特点

1. 定额的科学性

公路工程定额的科学性包括两个方面的含义：一方面是定额的各类参数的制定是在认真研究客观规律的基础上，运用科学的方法完成的；另一方面定额必须和生产力发展水平相适应，定额的确定和管理在理论、方法和手段上必须科学化，以适应现代科学技术和信息社会发展的需要。

2. 定额的统一性

公路工程定额由初期借助于国家统一的技术标准、规范到现在的依据交通工程的统一标准、规范，在交通运输部的统一领导下，按照定额的制订、颁布和贯彻执行统一的原则，使定额工作及定额的管理工作有统一的要求、统一的原则、统一的程序、统一的用途。

3. 定额的针对性

定额的针对性很强，实行做什么工程，用什么定额，一种工序，一项定额；必须严格按照定额的项目、工作内容、质量标准、安全要求执行定额；不得随意增减工时消耗、材料消耗或其他资源消耗；不得减少工作内容，降低质量标准等。

4. 定额的权威性和强制性

工程定额是由政府部门通过一定的程序，审批、颁发的，具有很强的权威性。这种权威性在一些情况下具有经济法规和执行的强制性。权威性反映统一的意志和统一的要求，也反映信誉和信赖程度。强制性反映了定额的严肃性。应该提出的是，在社会主义市场经济条件下，对定额的权威性和强制性不应绝对化。所以我们不再提定额的法令性。

5. 定额的稳定性和时效性

工程定额中的任何一种都是一定时期技术发展和管理水平的反映，因而，在一段时间内都表现出相对稳定的状态。根据具体情况不同，公路工程定额的稳定时间有长有短，一般为 5～10 年。由于编制和修改定额是一项十分重要的工作，它需要动员和组织大量的人力、物力，需要很长的周期来收集大量的资料、数据，并进行反复的调查、研究、测算、比较、平衡、审查、批准，最后才能印刷发行。因此，当生产力水平变化不大时，有必要保持定额的相对稳定性。但是，由于定额水平是一定时期内社会生产力水平的反映，当生产力水平变化幅度较大时，它要随着生产力水平的变化而变化。

(二)定额的作用

(1)定额具有节约社会劳动和提高生产效率的作用。

(2)定额是国家对工程建设进行宏观调控和管理的手段。

(3)定额有利于市场公平竞争。

(4)定额是对市场行为的规范。

(5)定额有利于完善市场的信息系统。

(6)定额有利于推广先进的施工技术和工艺。

四、定额的分类

公路工程定额一般可分为两类，即按生产因素分类和按用途分类。其中，按生产因素分类是基本的；按用途分类的定额实际上已经包括按生产因素分类的定额。

1. 按生产因素分类

公路工程定额是建立在实物法的编制基础上的，所以，工、料、机三要素在公路工程定额中是主要内容，见表2-1。

表 2-1　定额按生产要素分类

项目	表现形式	内容解释	计量单位	相关关系
劳动定额	时间定额	生产单位数量合格产品所消耗的劳动量标准	劳动量单位/产品单位，如工日/m³	时间定额与产量定额互为倒数
	产量定额	劳动者在单位劳动量内完成合格产品的数量	产品单位/劳动量单位，如m³/工日	
材料定额	材料净消耗定额	在合理的施工条件下，生产单位合格产品所消耗的材料净用量	以材料的实物计量单位来表示，如m、kg、t等	材料消耗量＝(1＋材料损耗率)×完成单位产品的材料净用量
	必要损耗量	在施工过程中发生的自然和工艺性的损耗量		
	材料产品定额	一定规格的原材料，在合理的操作前提下，规定完成合格产品的数量	件、块、根等可以表达产品数量的单位	
	材料周转定额	周转性材料(如模板、支架的木料)在施工中合理使用的次数和用量标准	表达为一次使用量和推销量，其单位可用实物计量单位来表示	影响因素有：一次使用量；每周转使用一次材料的损耗；周转使用次数；最终回收折价

项目	表现形式	内容解释	计量单位	相关关系
机械台班定额	时间定额	在一定的操作内容、质量和安全要求的前提下，规定完成单位数量产品或任务所需作业量（如台时、台班等）的数量标准	作业量单位/产品单位，如台班/m³	机械台班消耗定额的时间定额与机械台班消耗定额的产量定额互为倒数
	产量定额	在一定的操作内容、质量和安全要求的前提下，规定每单位作业量（如台时、台班等）完成的产品或任务的数量标准	产品单位/作业量单位，如m³/台班	
	费用定额	以机械的一个台班为单位，规定其所消耗的工时、燃料及费用等数量标准并可折算为货币形式表现的定额	金额/台班，如480.8元/台班，480.8元中包括每台班所消耗的可变费用和不变费用	

2. 按使用要求分类

在公路基本建设过程中，工程建设工作所处的阶段不同，编制造价文件的主要依据也是不同的。按定额的用途可分为施工定额、预算定额、概算定额、投资估算指标等，见表 2-2。

表 2-2　定额按使用要求分类

名称	施工定额	预算定额	概算定额	估算指标
对象	工序	分部分项工程	单位工程	单项工程或建设项目
用途	编施工预算	编施工图预算	编初步设计概算	编投资估算
项目划分	最细	细	较粗	粗
定额水平	平均先进	社会平均	社会平均	社会平均
定额性质	生产性定额	计价性定额		

3. 按编制单位和执行定额的范围不同分类

定额按编制单位和执行定额的范围不同，可分为全国统一定额、行业统一定额、地区统一定额、企业定额和补充定额，见表 2-3。

表 2-3　定额按编制单位和执行定额的范围不同分类

名称	编制单位	适用范围	内容
全国统一定额	国家住房城乡建设主管部门	全国范围	分为两类：一类是通用性较强的；另一类是专业性较强的，如公路工程的定额
行业统一定额	各行业部门	在本行业和相同专业性质的范围内使用	是考虑到各行业部门专业工程技术特点，以及施工生产和管理水平制定的专业定额，如公路工程定额、矿井建设工程定额、铁路建设工程定额等

名称	编制单位	适用范围	内容
地区统一定额	各省、自治区、直辖市	地区内	如建筑工程计价定额、装饰工程计价定额、安装工程计价定额、市政工程计价定额等结合各地区特点编制的定额
企业定额	企业自行编制	企业内部	企业定额水平一般应高于国家现行定额，才能满足生产技术发展、企业管理和市场竞争的需要
补充定额	一般由施工企业提出，与建设单位协商议定	在指定的范围内使用，只作为一次使用，并同时报主管部门备查	是指随着设计、施工技术的发展在现行定额不能满足需要的情况下，为了补充缺项所编制的定额，经过总结和分析，往往成为补充或修订正式统一定额的基本资料

4. 按专业不同分类

各个不同专业都分别有相应的主管部门颁发的在本系统使用的定额，如建筑工程计价定额、装饰工程计价定额、安装工程计价定额、市政工程计价定额、公路工程定额、铁路工程定额、水运工程定额、井巷工程定额、给水排水工程定额、水利水电工程定额等。

五、按生产因素分类的公路工程定额

(一)工作时间的研究

工作时间研究就是将劳动者或施工机械在整个施工过程中所消耗的时间，根据其性质、范围和具体情况的不同，予以科学地划分、归纳，找出定额时间及非定额时间。进行工时研究的目的就是要找出非定额时间产生的因素，以便采取措施，使非定额时间降低到最低限度，从而提高劳动生产率，并为编制定额提供依据。在工时研究前，首先要对施工过程进行分解，这是工时研究的重要工作内容。

1. 施工过程的分解

施工过程就是在建筑工地范围内所进行的生产过程，最终目的是建造、改建、修复或拆除建筑物或构筑物，如挖土、预制钢筋混凝土构件等。按生产工艺特点和施工组织要求，一般可将基本施工过程逐层分解为综合过程、操作过程、工序、动作及操作五个层次。

(1)综合过程。综合过程由若干个在产品结构上密切联系，综合后又能获得一种"成品"的操作过程组成。如路面工程就是一个综合过程，包含路槽、路肩、垫层、基层、面层等操作过程。完成这些操作过程，最终形成了一个可以独立成为成本核算对象的"成品路面"，即单位工程。

(2)操作过程。操作过程是按生产工艺特点和施工组织要求所进行的施工活动。它由几个在技术上相互关联的工序组成，可以相对独立地完成某一工程细部、构件或分项工程。如"预制钢筋混凝土构件"就是一个操作过程，它是由"安装模板、安放钢筋、制备混凝土、浇筑混凝土、拆模和养护"六道工序组成的。

(3)工序。工序是指一个或一组工人对同一劳动对象连续进行的生产活动，其是施工技术相同且在劳动组织上不可分割的施工过程。

(4)动作与操作。动作是工人在劳动时一次完成的最基本活动，其是生产活动最基本的组成单元，或者说最基本的生产活动为动作，如铲料、装料、推送混凝土拌合料等。若干个相互关联的动作组成一个操作。如操作"取运模板"是由"走到模板处、抬起模板、运到安装处、放置模板、返回"等动作组成。

完成一个动作或操作所耗用的时间和占用的空间是测定劳动定额的基础，也是制定劳动定额最重要的原始依据。操作是构成工序的基本单元。

从工序本身的组成要素来看，工序是由一系列互相关联的操作组成，如"浇筑混凝土"这道工序是由"运倒混凝土、摊铺混凝土、振捣、抹光或成型"五个操作组成。完成一道完整的工序一般需要具备五个因素，即劳动者（工人或编组）、劳动对象、劳动工具（包括施工机具）和劳动地点均不发生变化，且生产活动时间必须连续。若其中一个因素发生变化，则认为不是一道工序。如安装模板和拆除模板，因作业时间不连续，属于两道工序；又如弯制钢筋和焊接骨架，虽然作业时间可能连续，但劳动对象及工具不同也属两道工序等。

操作过程又是综合过程的组成单元，如"土方路基工程"是一个综合过程，它包含"推土机铲土、铲运机运土、机械压实土方和整修路基"等操作过程。

总之，基本施工过程一般可划分为"综合过程→操作过程→工序→操作→动作"五个层次。由于各施工项目的工程属性及施工对象不同，其施工过程也千差万别，一般按上述五个层次逐级划分很难。但根据不同的需要，明确地细分为工序、操作过程等较低的层次却很容易。究竟如何划分一个建筑产品的施工生产过程，应视划分目的以及是否有利于进行科学组织与管理需要而定。

将钢筋加工施工过程进行分解（按综合过程、操作过程、工序、操作、动作进行分解），如图 2-1 所示。

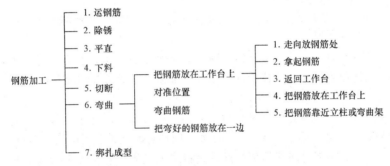

图 2-1　钢筋加工过程分解

2. 工作时间研究

工作时间，是指工作班延续时间，一般执行 8 小时工作制度，其中不包括午休。对工作时间消耗的研究，可以分为两个系统进行，即工人工作时间的消耗和工人所使用的机器工作时间的消耗。

（1）工人工作时间分析。工人在工作班内消耗的工作时间，按其消耗的性质，可以分为定额时间和非定额时间（损失时间）两大类，如图 2-2 所示。

1）定额时间。定额时间是指在正常施工条件下，工人为完成一定合格产品所必须消耗的工作时间，也就是必要劳动时间。

①基本工作时间。基本工作时间是指工人直接用于施工过程中完成产品的各个工序所消耗的时间，它与工作量的大小成正比，如钢筋煨弯、混凝土制品的养护干燥、预制混凝土构件安装等。

②辅助工作时间。辅助工作时间是为保证基本工作能顺利完成所做的辅助性工作消耗的时间。例如，工作过程中工具的校正和小机械的调整；工作过程中机器上油；搭设小型脚手架等所消耗的工作时间。

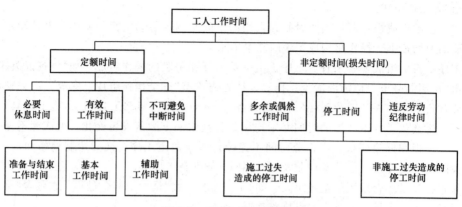

图 2-2　工人工作时间分析

③准备与结束工作时间。准备与结束工作时间是执行任务前或任务完成后所消耗的工作时间。它分为经常性的准备与结束工作时间和任务性的准备与结束工作时间。

a. 经常性的准备工作时间，如领取材料工具，工作地点布置，检查安全技术措施，调整、保养机械；结束工作时间，如清理工作地点，退回工具、余料，交品交验、工作交接班等具有经常的或每天的工作时间消耗的特性。

b. 任务性的准备与结束工作时间，如接受任务时技术交底、熟悉施工图纸等，不具有经常性且仅发生在接受新任务时。

④不可避免的中断时间。不可避免的中断时间是由于施工工艺特点引起的工作中断所必需的时间。例如，铁件加工过程中等待冷却的时间，混凝土等待初凝的时间，汽车驾驶员等待装卸货物的时间等。

⑤必要的休息时间。必要的休息时间指工人在工作过程中，为了恢复体力所必需的短暂休息时间及因个人生理上的需要而消耗的时间，如工间休息时间、工人喝水、上厕所等。

2)非定额时间。非定额时间即损失时间，是指工人或机械在工作班内与完成生产任务无关的时间消耗。

①多余或偶然的工作时间。多余或偶然的工作时间是指在正常施工条件下，多余的工作或因偶然发生的情况造成的时间损失。例如，压实基层，设计要求达到某一压实度，根据试验只需碾压两遍，但因为没有做试验碾压了三遍，多余的一遍所消耗的时间；工程质量不合格造成的返工所消耗的时间；在岗工人突然生病或机器突然发生故障而造成的临时停工所消耗的时间等。

②停工时间。停工时间包括施工本身造成的和非施工本身造成的停工。它是指工人在工作时间或机械在工作班内没能从事生产活动或中断生产所损失的时间。

a. 因施工本身造成的停工，例如，材料不能及时运到，运到的材料不合格造成的停工或由于工作面过于拥挤造成部分工人停工(或窝工)。

b. 非施工本身造成的停工，例如，设计图纸不能及时到达，水电供应临时中断或由于大雨、风暴、严寒、酷热等所造成的停工。

③违反劳动纪律时间。违反劳动纪律时间是指工人不遵守劳动纪律而造成的时间损失，如上班迟到、早退，擅自离开岗位，工作时间聊天，以及由于个别人违反劳动纪律而使别的工人无法工作等时间损失。

(2)机械工作时间分析。机械工作时间分析如图 2-3 所示。

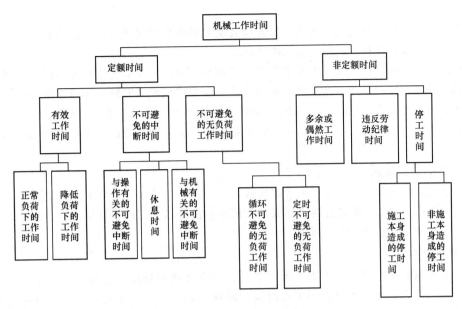

图 2-3　机械工作时间分析

1) 定额时间。

①有效工作时间。有效工作时间由正常负荷下的工作时间和降低负荷下的工作时间组成。

a. 正常负荷下的工作时间。正常负荷下的工作时间是指机械在与机械说明书规定的负荷下进行工作的时间。

b. 降低负荷下的工作时间。降低负荷下的工作时间是指由于施工管理人员或工人的过失，以及机械陈旧或发生故障等原因，使机械在降低负荷情况下进行工作的时间。例如，工人装车的砂石数量不足、工人装入碎石机轧料口中的石块数量不够引起的汽车和碎石机在降低负荷的情况下工作所延续的时间。此项工作时间不能作为计算时间定额的基础。

②不可避免的无负荷工作时间。不可避免的无负荷工作时间是指由于施工过程的特性和机械结构的特点所造成的机械无负荷工作时间，一般可分为循环不可避免的无负荷工作时间和定时不可避免的无负荷工作时间两类。

a. 循环不可避免的无负荷工作时间。循环不可避免的无负荷工作时间是指由于施工过程的特性所引起的空转所消耗的时间，如吊机返回到起吊重物地点所消耗的时间，在机械工作的每一个循环中重复一次。

b. 定时不可避免的无负荷工作时间。定时不可避免的无负荷工作时间主要是指发生在施工活动中的无负荷工作时间，如工作班开始和结束时自行式机械来回无负荷的空行或工作地段转移所消耗的时间。

③不可避免的中断时间。不可避免的中断时间是指由于施工过程技术和组织的特性而造成的机械工作中断时间，通常可分为与操作有关的和与机械有关的两类不可避免中断时间。

a. 与操作有关的不可避免的中断时间。例如，汽车装载、卸货的停歇时间；振捣混凝土从一个工作地点转移到另一个工作地点时工作中断时间。

b. 与机械有关的不可避免的中断时间。例如，用机械进行工作的工人在准备与结束工作时使机械暂停的中断时间；在维护保养机械时必须停转所发生的中断时间。

c. 工人休息时间。工人休息时间是指工人必需的休息时间。

2)非定额时间。

①多余或偶然的工作时间。例如，工人没有及时供给机械用料而引起的空转；混凝土拌合机搅拌混凝土时超过搅拌时间的多余工作时间。

②停工时间。按其性质可分为施工本身造成的停工时间，如临时没有工作面，未能及时给机械供水、燃料和加润滑油，以及机械损坏等所引起的机械停工时间；非施工本身造成的停工时间，如水源、电源中断，以及气候条件(暴雨、冰冻等)的影响而引起的机械停工时间。

③违反劳动纪律时间。违反劳动纪律时间是由于违反劳动纪律或操作规程而引起的机械停工时间。

(二)劳动消耗定额

劳动消耗定额又称劳动定额、工时定额或人工定额，它是在正常的生产技术和生产组织条件下，为生产或完成单位数量合格产品或工作所必需的劳动消耗的数量标准。劳动消耗定额的表现形式有时间定额和产量定额两种。

1. 时间定额

时间定额是指在技术条件正常、生产工具使用合理和劳动组织正确的条件下，工人为生产单位数量合格产品所必须消耗的工作时间。时间定额以工日为单位，每个工日除潜水工作按 6 小时、隧道工作按 7 小时计算外，其余均为 8 小时。时间定额的计算方法如下：

$$S = \frac{D}{Q} \tag{2-1}$$

式中 S——时间定额(劳动量单位/产品单位)；

D——耗用劳动量数量，一般单位为工日；

Q——完成的合格产品的数量(产品实物单位)。

2. 产量定额

产量定额是指在技术条件正常、生产工具使用合理和劳动组织正常的条件下，工人在单位时间内完成合格产品的数量。产量定额与时间定额是互为倒数的关系，其计算方法如下：

$$C = \frac{Q}{D} \tag{2-2}$$

式中 C——产量定额(产品单位/劳动量单位)。

其余符号意义同前。

【例 2-1】《公路工程预算定额》第一章第一节第 12 页第 9 表中规定，0.6 m³ 以内履带式单斗挖掘机开挖普通土，其工作内容包括：挖掘机就位，开辟工作面、挖土、装车、移位、清理工作面等。产品单位为 1 000 m³，则人工的时间定额为 3.16 工日/1 000 m³，每工日的产量定额为：1 000 m³/3.16 工日=316.46 m³/工日。

(三)材料消耗定额

材料消耗定额又称材料定额，是指在节约和合理使用材料的条件下，完成单位数量合格品所必须消耗的一定品种规格的材料、半成品、配件、构件等的数量标准。

材料消耗定额是由材料净消耗定额和材料损耗及废料定额两部分组成。材料的净消耗是指在不计废料和损耗的情况下，直接用于构造物上的材料量；材料的损耗及废料是指施工中不可避免的废料和必要的工艺性损耗，一般包括施工损耗及由仓库或露天堆料场运至施工地点的运输损耗，但不包括可以避免的消耗和损失的材料。例如，浇筑混凝土构件，所需混凝土在拌制、运输及浇筑过程中必然有损耗，所以规定浇筑 1 m³ 构件需消耗 1.01～1.02 m³ 混凝土。

材料的损耗量与材料的净消耗量之比，称为材料的损耗率。其计算公式如下：

$$材料损耗率 = \frac{材料耗量}{材料消耗量} \times 100\% \quad\quad (2\text{-}3)$$

一般材料消耗定额按下式计算：

$$材料消耗定额 = (1 + 材料损耗率) \times 完成单位产品的材料净消耗量 \quad (2\text{-}4)$$

【例 2-2】《公路工程预算定额》第四章第六节第 624 页第 4 表中规定，采用非泵送现浇 C30 混凝土盖梁时，由于混凝土在搅拌运输过程中不可避免的损耗，以及由于振捣后体积变得密实等原因，每完成 10 m³ 实体混凝土需消耗 10.2 m³ 的 C30 混凝土混合料，其中 10 m³ 为材料的净用量，0.2 m³ 为材料的工艺性损耗用量。则完成 10 m³ 实体混凝土的原材料消耗定额按式(2-4)及基本定额(见《公路工程预算定额》第 1 085 页附录二)中混凝土材料配合比计算如下：

$$32.5 级水泥 = (1 + 2\%) \times 377 \text{ kg/m}^3 \times 10 \text{ m}^3 = 3\,845(\text{kg}) = 3.8(\text{t})$$

$$中(粗)砂 = (1 + 2\%) \times 0.46 \text{ m}^3/\text{m}^3 \times 10 \text{ m}^3 = 5(\text{m}^3)$$

$$4 \text{ cm 碎石} = (1 + 2\%) \times 0.83 \text{ m}^3/\text{m}^3 \times 10 \text{ m}^3 = 8.5(\text{m}^3)$$

完成 10 m³ 实体合格产品所需的其他材料的消耗定额还有：型钢 0.1 t、钢模板 0.2 t、螺栓 0.1 kg、铁件 30.9 kg、水 12 m³、其他材料费 109.8 元。

材料消耗定额还有两种表现形式，即材料产品定额和材料周转定额。

(1)材料产品定额，是指一定规格的原材料，在合理的操作前提下，获得合格产品的数量。这种定额形式在公路工程定额中应用较少，这里不再叙述。

(2)材料周转定额，即周转性材料(如模板、支架的木料)的周转定额。产品所消耗材料中包括工程本身使用的材料和为工程服务的辅助材料，即所谓的周转性材料。周转性材料应按规定进行周转使用，其合理周转使用的次数和用量称为周转性材料的周转定额(见《公路工程预算定额》第 1 099 页附录三)。定额中材料周转消耗量的指标，应当用一次使用量和摊销量两个指标表示。一次使用量是指周转性材料在不重复使用时的一次使用量，供施工企业组织施工用；摊销量是指周转性材料退出使用，应分摊到每一计量单位的结构构件的周转材料消耗量，供施工企业成本核算或预算用。

各种材料的周转及摊销定额，可按下式进行计算：

$$Q = \frac{A(1+k)}{nV} \quad\quad (2\text{-}5)$$

式中　Q——周转材料的单位定额用量(m³ 或 kg/m³)；

　　　A——周转材料的图纸一次用量(kg/m³ 或 m³)；

　　　k——场内运输及操作损耗率(%)；

　　　n——周转及摊销次数；

　　　V——工程设计实体(m³)。

在现行预算定额中，周转性材料均按正常周转次数摊入定额中，具体规定详见《公路工程预算定额》总说明及附录。

(四)机械设备定额

机械设备定额简称机械定额，一般可分为按台班数量计算的定额和以货币形式表示的定额(如小型机具使用费等)。按台班数量计算的机械设备定额又称机械台班消耗定额，是指在正常的施工条件下，合理地组织生产和合理地利用某种机械完成单位数量合格产品所消耗的台班数量标准，或在单位时间内某种机械完成的合格产品数量。机械台班消耗定额有两种表现形式，即机械时间定额和机械产量定额。

机械时间定额是指在一定的工作内容及质量、安全要求的条件下，某种机械完成单位合格产品所必须消耗的工作时间。

机械时间定额以"台时"或"台班"为单位，一台机械工作一个小时为一台时，潜水设备每台班按 6 小时计算，变压器和配电设备每昼夜按一个台班计算，除此之外，各类机械每台班均按 8 小时计算。

机械产量定额是指在一定的工作内容及质量、安全要求的条件下，某种机械每单位作业量（如台班、台时等）所完成的合格产品的数量标准。机械时间定额和机械产量定额互成倒数。

【例 2-3】《公路工程预算定额》第一章第一节第 12 页第 9 表中规定，$1.0 \ m^3$ 以内履带式单斗挖掘机挖装普通土，其操作内容包括挖掘机就位、开辟工作面、挖土、装汽车、移位、清理工作面。产品单位为 $1\ 000 \ m^3$ 天然密实方土，则 $1.0 \ m^3$ 以内履带式单斗挖掘机挖装普通土的时间定额为 1.98 台班/$1\ 000 \ m^3$，产量定额为：$100 \ m^3/1.98$ 台班 $=505.05 \ m^3$/台班。

在公路工程概、预算编制中，按照机械台班消耗定额并根据工程数量可计算出工程所需各种机械台班数量，如上例，如果工程数量为 $10\ 000 \ m^3$，由于 $1.0 \ m^3$ 以内履带式单斗挖掘机挖装普通土 $1\ 000 \ m^3$，需要 1.98 台班，则挖装 $10\ 000 \ m^3$ 普通土需要 $1.0 \ m^3$ 以内履带式单斗挖掘机的数量应为 19.8 台班。但是，如果要计算机械使用费，还需要使用"机械台班费用定额"。

机械台班费用定额是以机械的一个台班为单位，规定其所消耗的工时、燃料及费用等数量标准，并可折算为货币形式表现的定额。工程预算中所需反映的施工机械使用费、机上驾驶人员数、燃料数等，均可按照机械台班费用定额并根据工程数量计算。在我国，目前编制公路基本建设工程概、预算采用的机械台班费用定额是交通运输部于 2018 年 12 月 17 日发布的、2019 年 5 月 1 日实施的《公路工程机械台班费用定额》(JTG/T 3833—2018)。

学习效果评价

一、学生自评

【填空题】

1. 定额的特点包括 _____、_____、_____、_____和_____。

2. 定额按生产因素可分为 _____、_____、_____。

3. 材料定额包括 _____、_____、_____、_____。

4. 定额按使用要求分类可分为 _____、_____、_____、_____定额。

5. 工人的非定额时间包括 _____、_____、_____。

【思考题】

1. 定额的含义是什么？

2. 定额的特点和作用有哪些？

3. 按生产因素和使用要求分类的定额有哪些？

4. 工人工作时间及机械工作时间有哪些组成内容？

5. 按生产因素分类定额的表现形式有哪些？如何计算？

【计算题】

某桥梁工程采用木模板非泵送现浇 30 号混凝土盖梁，由于混凝土在搅拌运输过程中不可避免的损耗，以及由于振捣后体积变得密实等原因，每完成 $10 \ m^3$ 实体混凝土需消耗 $10.2 \ m^3$ 的 30 号混凝土混合料。计算完成 $10 \ m^3$ 实体混凝土的原材料消耗定额。

二、学习小组评价

班级：_____　　　　姓名：_____　　　　学号：_____

学习内容	分值	评价内容	得分
基础知识	30	定额的含义；定额的产生和发展；定额的特点和作用；定额的分类；施工过程分解；工作时间研究；劳动消耗定额；材料消耗定额；机械设备定额	
应会技能	10	能够明确定额的含义、特点及作用	
	20	能够进行施工过程分解	
	10	能够分析工人工作时间、机械工作时间	
	20	能够计算时间定额及产量定额	
学习态度	10		
学习小组组长签字： ·		年　　月　　日	

工作任务二　公路工程施工定额运用

【思维导图】

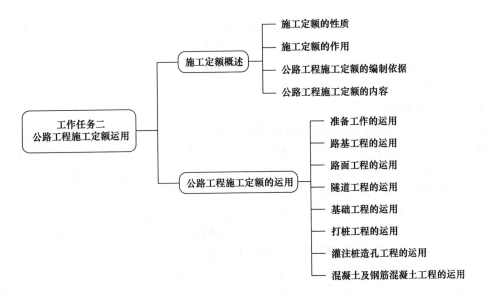

知识目标

(1)解释公路工程施工定额。

(2)描述公路工程施工定额的性质。

(3)叙述公路工程施工定额的作用。

(4)分析公路工程施工定额的编制依据。

(5)了解公路工程施工定额的内容。

(6)学会正确地运用公路工程施工定额。

能力目标

（1）能够独立查找和分析公路工程施工定额数据。

（2）具备计算、评估和预测公路工程施工成本的能力。

（3）能够合理运用施工定额知识，解决公路工程项目中的实际问题。

素质目标

（1）培养学生在工程项目中遵循相关法律法规的意识，保障公路工程的合法性和安全性。

（2）培养学生的社会责任感，促使他们思考工程项目对社会的影响。

（3）提升学生对技术与伦理、可持续发展等问题的思考，引导他们在工程实践中综合考虑各种因素，追求可持续的工程发展。

一、施工定额概述

施工定额是指建筑安装工人或小组在合理的劳动组织和正常的施工条件下，为完成单位合格产品所需人工、材料和机械台班消耗的数量标准；施工定额应反映企业的施工水平、装备水平和管理水平，作为考核建筑安装企业劳动生产率水平、管理水平的标尺和确定工程成本、投标报价的依据，也是编制预算定额的基础。一般由劳动定额、材料消耗定额、机械台班消耗定额三部分组成。

现行《公路工程施工定额》（2009 版）是以原交通部 2007 年公布的《公路工程预算定额》（JTG/T B06—01—2007）确定的劳动、机械定额水平为基础依据，在原交通部 1997 年公布的《公路工程施工定额》的基础上，通过调查研究及综合分析各省、自治区、直辖市交通厅（局、委员会）及部分大型公路施工企业提供的公路工程施工定额资料，并参照其他有关部门的劳动定额编制的。

1. 施工定额的性质

施工定额是建筑安装企业内部管理的定额，属于企业定额的性质。施工定额是企业加强经营管理、提高企业综合素质、降低劳动消耗、控制施工成本、提高劳动生产率和企业经济效益的有效手段。因此，加强施工定额管理就成为企业的内在要求和必然的发展趋势，而不是国家、部门、地区从外部强加给企业的压力和约束。

施工定额是在施工准备阶段及施工阶段使用的定额，一般只有施工企业内部人员使用。各个施工企业的施工定额不一定相同，应根据本企业的具体条件和可能挖掘的潜力、市场的需求和竞争环境，以及国家有关政策、法律和规范、制度编制企业内部定额，并自行决定定额的水平。为保持企业在市场上具有较强的竞争力，企业之间的施工定额在某种意义上说应该是保密的。

施工定额水平是平均先进的水平。所谓平均先进是指在正常的施工条件下，大多数施工队、组或大多数生产者经过努力能够达到或超过，少数工人可以接近的水平。采用的产品计量单位一般比较细，其中时间一般以工时计，产品以最小单位（m、m^2、m^3 等）计，定额子目多、细目划分复杂。

2. 施工定额的作用

（1）施工定额是施工企业进行计划管理的依据。

（2）施工定额是施工企业组织和指挥施工生产的有效工具。

（3）施工定额是施工企业考核工效、评奖、计算工人劳动报酬的依据。

（4）施工定额是施工企业加强企业成本管理和经济核算、编制施工预算的依据。

（5）施工定额是编制预算定额和补充定额的基础。

3. 公路工程施工定额的编制依据

(1)交通部颁发的各项建筑安工程施工及验收技术规范。

(2)建筑安装工人技术等级标准。

(3)施工操作规程和安全操作规程。

(4)技术测定资料，经验统计资料，有关半成品配合比资料等。

4. 公路工程施工定额的内容

公路工程施工定额的内容包括文字说明、定额表和附录三部分。

(1)文字说明部分。文字说明又可分为总说明、章说明和节说明。

1)总说明。有关定额全部并具有共同性的问题和规定，通常列入总说明中。总说明的基本内容有定额的用途、适用范围及编制依据，定额水平，有关定额全册综合性工作内容，工程质量及安全要求，定额指标的计算方法，有关规定及说明等。

2)章说明。章说明的主要内容有使用范围、工作内容、定额计算方法、质量要求、施工方法、术语说明以及其他说明。

3)节说明。节说明的主要内容有工作内容、施工方法、小组成员等。

(2)定额表。现行《公路工程施工定额》(2009版)共有十八章，分别为准备工作，路基工程，路面工程，隧道工程，基础工程，打桩工程，灌注桩造孔工程，砌筑工程，模板、架子及木作工程，钢筋及钢丝束工程，混凝土及钢筋混凝土工程，预制构件运输工程，安装工程，钢桥工程，杂项工程，临时工程，备料，材料运输。

定额表是定额中的核心部分和主要内容，又可分为表头、表格和表注。其中，表格又包括劳动定额表和机械定额表两部分。

附注一般列在定额表的下面，主要是根据施工条件的变动，规定工人、材料、机械定额用量的增减变化，通常采用乘系数和增减工日或台班的方法来计算。附注的作用是对定额表的补充，也是对定额使用的限制。

(3)附录。附录放在定额分册的最后，作为使用定额的参考和换算的依据。其包括名词解释，必要时附图解说明；先进经验介绍及先进工具介绍；参考资料；部分材料消耗定额。

二、公路工程施工定额的运用

(一)《公路工程施工定额》第一章准备工作的运用

1. 准备工作中应特别注意的内容

在应用中大部分定额根据实际工程内容属于直接套用的情况，但要注意本章说明和各定额表下的"注"。

2. 准备工作定额的运用

【例2-4】 某公路清理场地过程中，需推挖直径50 cm以内树根50棵，拟采用105 kW以内推土机进行施工，试用施工定额计算其所用台班。

解：查《公路工程施工定额》第3页表[1-2]推土机推挖树根，105 kW推土机每10棵的机械定额0.077台班。其计算如下：

$$50/10 \times 0.077 = 0.385(台班)$$

(二)《公路工程施工定额》第二章路基工程的运用

1. 路基工程中应特别注意的内容

应用中大部分定额根据实际工程内容属于直接套用，但要特别注意本章说明里的一、二、七条和各定额表下的"注"。

2. 路基工程定额运用

【例2-5】 一路基开挖工程，其中边沟开挖土方10 m³，槽外土方200 m³，槽内土方100 m³，均为硬土，手推车运输40 m。试计算需多少工日。

解： 查《公路工程施工定额》第12页表[2-2]人工挖运土方(表2-4)。

表2-4 人工挖运土方

工作内容 挖运：挖、装、运20 m，卸土、空回。增运：平运10 m，空回。

每1 m³的劳动定额

项目	第一个20 m挖运						每增运10 m	
	槽外			槽内			挑运	手推车
	松土	普通土	硬土	松土	普通土	硬土		
时间定额	0.158	0.231	0.33	0.177	0.269	0.379	0.025	0.01
每工产量	6.329	4.329	3.03	5.65	3.717	2.639	40	100
编号	1	2	3	4	5	6	7	8

(1)说明中规定：路基土石方开挖定额中已包括边沟开挖，不得再使用边沟开挖定额。

(2)定额中基础运距为20 m，因此，增运的运距应为：40−20＝20(m)。

(3)计算如下：

1)挖槽内土方，定额为表[2-2-6]及表[2-2-8]；

$100 \times 0.379 + 20 \div 10 \times 0.01 \times 100 = 39.9$(工日)

2)挖槽外土方，定额为表[2-2-3]及表[2-2-8]；

$200 \times 0.33 + 20 \div 10 \times 0.01 \times 200 = 70$(工日)

3)合计用工：$39.9 + 70 = 109.9$(工日)

【例2-6】 一路基开挖工程，槽外石方200 m³为次坚石，机械打眼开炸，并用推土机清运，试求所消耗的人工、机械时间定额。

解： 查《公路工程施工定额》第28页表[2-15-2](表2-5)。

表2-5 机械打眼开炸石方

工作内容：开工作面，收放皮管，选炮位，手持凿岩机打眼，换钻杆钻头，装药爆破，排险，清理解小，装、卸、运20 m及放安全哨等全部操作。

每100 m³的劳动、机械定额

项目		槽外			槽内		
		软石	次坚石	坚石	软石	次坚石	坚石
劳动定额		$\dfrac{32.3}{0.031}$	$\dfrac{38.6}{0.026}$	$\dfrac{45.7}{0.022}$	$\dfrac{37.6}{0.027}$	$\dfrac{44.9}{0.022}$	$\dfrac{54.1}{0.018}$
机械定额	9 m³/min 空压机	$\dfrac{0.358}{2.793}$	$\dfrac{0.652}{1.534}$	$\dfrac{1.096}{0.912}$	$\dfrac{0.4}{2.5}$	$\dfrac{0.736}{1.359}$	$\dfrac{1.24}{0.806}$
	凿岩机	$\dfrac{0.896}{1.116}$	$\dfrac{1.63}{0.613}$	$\dfrac{2.74}{0.365}$	$\dfrac{1}{1}$	$\dfrac{1.84}{0.543}$	$\dfrac{3.1}{0.323}$
编号		1	2	3	4	5	6

注：如用推土机清运，劳动定额减少20工日。

根据附注的说明如用推土机清运，劳动定额减少20工日。

劳动定额：200/100×(38.6-20)=37.2(工日)

9 m³/min空压机：200/100×0.652=1.304(台班)

凿岩机：200/100×1.63=3.26(台班)

(三)《公路工程施工定额》第三章路面工程的运用

1. 路面工程中应特别注意的内容

应用中大部分定额根据实际工程内容属于直接套用，但要特别注意本章说明里的二、四条和各定额表下的"注"。

2. 路面工程定额的运用

【例2-7】 某路用75 kW以内拖拉机拌和稳定土混合料，压实厚度30 cm，分两层铺筑，工程量2 000 m²，试求劳动消耗和机械消耗。

解： 查《公路工程施工定额》第81页表[3-9-1]，根据附注说明，当压实厚度超过20 cm分两层铺筑时，时间定额乘以2.0系数。

人工：2 000÷1 000×1.37×2=5.48(工日)

机械：2 000÷1 000×0.23×2=0.92(台班)

(四)《公路工程施工定额》第四章隧道工程的运用

1. 隧道工程中应特别注意的内容

应用中大部分定额根据实际工程内容属于直接套用，但需要特别注意人工开挖土质隧道，如采用爆破开挖，时间定额乘以0.9的系数。

2. 隧道工程定额的运用

【例2-8】 某土质隧道采用人工开挖，需要爆破，围岩级别属于Ⅴ级，上导洞工程量200 m³，试求人工装渣、手推车运输的劳动消耗。

解： 查《公路工程施工定额》第110页表[4-1-(一)-1]，根据附注及题意需进行系数调整。

人工装渣：1.67×(200÷1)×0.9=300.6(工日)

(五)《公路工程施工定额》第五章基础工程的运用

1. 基础工程中应特别注意的内容

在应用过程中大部分定额根据实际工程内容属于直接套用，但仍有需要说明的几点。

(1)注意本章说明中的二、三条；

(2)定额第140页表[5-1]人工挖基坑土方，挖深超过6 m时，每加深1 m，按6 m以内定额干处递增5%，湿处递增10%计算；

(3)定额第141页表[5-2]人工挖基坑石方，挖深超过6 m时，每加深1 m，按6 m以内定额递增5%。

2. 基础工程定额运用

【例2-9】 某桥采用人工开挖基坑的施工方法，基坑深6 m，其中上面2 m为干处普通土开挖，下面4 m为湿处硬土开挖，开挖土方量共100 m³，试求劳动消耗量。

解： 查《公路工程施工定额》第140页表[5-1-2]，根据说明要求干处、湿处开挖必须全部采用坑深6 m的定额。

干处普通土开挖人工：100÷1×0.234 6=23.46(工日)

湿处硬土开挖人工：100÷1×0.550 8=55.08(工日)

劳动消耗量：23.46＋55.08＝78.54（工日）

（六）《公路工程施工定额》第六章打桩工程的运用

1. 打桩工程中应特别注意的内容

在应用过程中大部分定额根据实际工程内容属于直接套用，但需要注意本章说明中的三、四、五条和各定额表 6-2、表 6-3、表 6-6、表 6-7 的"注"。

2. 打桩工程定额运用

【例 2-10】 某桩基础人工夯打，桩为斜圆木桩，直径在 15 cm 以下，桩共有 15 根，每根入土 3 m，试求劳动消耗。

解：查《公路工程施工定额》第 161 页表[6-2-1]，根据章说明及附注说明，本题需要进行系数调整，计算如下：

$$15 \times 3 \times 0.173 \times 0.65 \times 1.08 = 5.47（工日）$$

（七）《公路工程施工定额》第七章灌注桩造孔工程的运用

1. 灌注桩造孔工程中应特别注意的内容

在应用过程中大部分定额根据实际工程内容属于直接套用，但需要注意本章说明中的三、五条。

2. 灌注桩造孔工程的定额运用

【例 2-11】 某灌注桩采用回旋钻机钻孔，桩径 100 cm 以内，孔深共计 30 m，上 10 m 为黏土，下 20 m 为软石，试求人工、机械的时间消耗定额。

解：根据章说明的要求，查《公路工程施工定额》第 184 页表[7-6-1]及表[7-6-5]，计算如下：

人工：$0.376 \times 10 + 2.716 \times 20 = 58.08$（工日）

机械：$0.094 \times 10 + 0.679 \times 20 = 14.52$（台班）

（八）《公路工程施工定额》第十一章混凝土及钢筋混凝土工程的运用

1. 混凝土及钢筋混凝土工程中应特别注意的内容

在应用过程中大部分定额根据实际工程内容属于直接套用，但需要注意本章说明中第二条和定额表[11-4]在运用时注意附注的要求。

2. 混凝土及钢筋混凝土工程定额运用

【例 2-12】 现浇混凝土基础，已知混凝土方量为 20 m³，人工配运料为 50 m³，250 L 混凝土搅拌机拌和，机动翻斗车运混凝土，运距 300 m 到浇筑现场，机械捣固，露天养护。试计算从后场运料到混凝土养护完毕所需用工数及机动翻斗车的机械台班数。

解：（1）人工配运料及机械拌和用工。查《公路工程施工定额》第 271 页表[11-1-2]，即

人工：$0.369 \times 20 = 7.38$（工日）

250 L 搅拌机台班用量：$0.023\ 1 \times 20 = 0.462$（台班）

（2）浇筑混凝土基础。查《公路工程施工定额》第 274 页表[11-4-1]，根据第 269 页章说明一可知，若用 1 t 机动翻斗车运输，每 m³ 混凝土减少 0.21 个工日，则定额应予以换算：

即 $0.559 - 0.21 = 0.349$（工日/m³）

人工：$0.349 \times 20 = 6.98$（工日）

（3）1 t 机动翻斗车。查《公路工程施工定额》第 366 页表[18-3-3]，即

1 t 机动翻斗车台班用量：$2.86 \times 20 \div 100 + (300 - 100) \times 0.294 \times 20 \div 100 = 12.332$（台班）

(4)养护。查《公路工程施工定额》第284页表[11-11-4]，即

人工：$0.11 \times 20 = 2.2$(工日)

(5)合计用工。合计用工为：$7.38 + 6.98 + 2.2 = 16.56$(工日)

250 L搅拌机台班：0.462台班

1 t机动翻斗车台班：12.332台班

施工定额其他各章的内容运用比较简单，基本上可以根据实际工程内容直接套用，只是特别注意系数调整即可，在此不多做说明。

学习效果评价

一、学生自评

【填空题】

1. 施工定额的内容包括_____、_____、_____、_____和_____。

2. 施工定额的编制依据主要有_____、_____、_____和_____。

3. 公路工程施工定额的内容包括_____、_____、_____。

4. 施工定额是指为完成单位合格产品所需的_____、_____和_____的数量标准。

5. 公路工程施工定额的运用包括_____、_____、_____、_____等几个方面。

【思考题】

1. 公路工程施工定额的含义是什么？

2. 公路工程施工定额的性质有哪些？

3. 公路工程施工定额的作用是什么？

4. 公路工程施工定额的内容有哪些？

5. 如何正确地查用公路工程施工定额？

【计算题】

某桥梁工程现浇混凝土基础，已知混凝土方量为50 m³，人工配运料，250 L混凝土搅拌机拌和，自卸汽车运混凝土，运距2 km到浇筑现场，机械捣固，露天养护。试计算从后场运料到混凝土养护完毕所需用工数及自卸汽车的机械台班数。

二、学习小组评价

班级：_____　　　　姓名：_____　　　　学号：_____

学习内容	分值	评价内容	得分
基础知识	30	公路工程施工定额的含义；公路工程施工定额的性质；公路工程施工定额的作用；公路工程施工定额的编制依据；公路工程施工定额的内容；公路工程施工定额的运用	
应会技能	10	能够明确公路工程施工定额的含义	
	20	能够理解公路工程施工定额的性质、作用	
	10	了解公路工程施工定额的内容	
	20	能够正确地查用公路工程施工定额	
学习态度	10		
学习小组组长签字：		年　　月　　日	

工作任务三　公路工程预算定额运用

【思维导图】

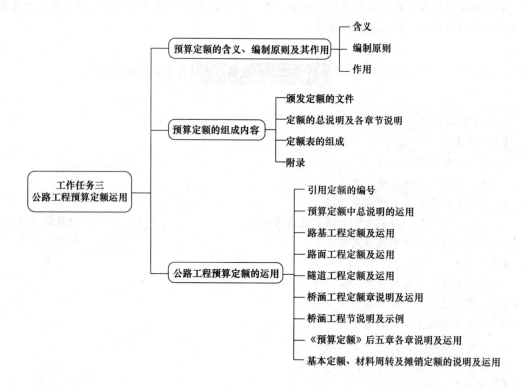

知识目标

(1)解释公路工程预算定额。

(2)理解公路工程预算定额的编制原则、作用。

(3)叙述公路工程预算定额的组成内容。

(4)分析公路工程预算定额表的内容。

(5)正确地运用公路工程预算定额。

能力目标

(1)能够运用公路工程预算定额编制合理的施工图预算。

(2)能够分析和评估不同的公路工程项目，以选用适当的预算定额。

(3)能够独立思考和解决工程预算中的实际问题。

素质目标

(1)培养学生的社会责任感和道德意识，使他们能够在工程预算中秉持诚信和公正原则。

(2)强调工程预算对社会发展和资源管理的重要性，激发学生对公共事务的兴趣和责任感。

(3)培养学生的创新思维,鼓励他们寻求有效和可持续的工程预算方法,以应对日益复杂的工程挑战。

一、预算定额的含义、编制原则及其作用

1. 预算定额的含义

预算定额是用于确定一定计量单位的分项工程或结构构件的人工、材料和机械台班消耗量的数量标准。预算定额是一种具有广泛用途的计价定额,定额水平是先进合理的,它体现一个细目在正常的条件下,用货币形式描述一定时期生产力的发展水平,具有广泛的社会性。与施工定额的性质不同,预算定额不是企业内部使用的定额,不具有企业定额的性质。

预算定额是在施工定额的基础上经综合扩大通过一定的计算方法编制出来的,其定额项目和子目的划分以及计量单位的确定应满足施工图设计阶段计价的需要。预算定额采用的产品单位比施工定额大,如时间以工日、台班计,产品以 10 m、100 m²、1 000 m³ 等计,主要是为了满足编制施工图预算的要求。

2. 预算定额的编制原则

(1)按社会平均水平确定预算定额的原则。预算定额水平一方面要符合当前设计和施工技术与管理水平,利于推广先进技术和管理经验,另一方面预算定额的水平以施工定额水平为基础,要有一定的经济合理性,二者有着密切的联系,但绝不能简单地套用施工定额的水平。预算定额是社会平均水平,施工定额是平均先进水平,这样才能有利于调动生产者的积极性。

(2)坚持统一性和差别性相结合原则。通过编制全国统一定额,使建筑安装工程具有一个统一的计价依据,有利于通过定额和工程造价的管理实现建筑安装工程价格的宏观调控,也使考核设计和施工的经济效果具有一个统一的尺度。

所谓差别性,就是在国家编制原则统一的基础上,各部门和省、自治区、直辖市主管部门,根据本部门、本地区的具体情况,在自己的管辖范围内编制本部门和本地区的定额,以及颁发补充性制度、办法,并对定额实行日常管理。

(3)简明适用原则。编制预算定额时,对于那些主要的、常用的、价值量大的项目,分项工程划分宜细。而对于次要的、不常用的、价值量相对较小的项目则可以放粗一些。

(4)专家编审责任制原则。定额的编制工作政策性、专业性强,任务重,贯彻专家编审责任制的原则很有必要。

3. 预算定额的作用

(1)预算定额是编制施工图预算,确定和控制项目投资、建筑安装工程造价的基础。施工图预算是施工图设计文件之一,是控制工程项目投资和确定建筑安装工程造价的必要手段。预算定额是编制施工图预算的依据,是确定一定计量单位工程分项人工、材料、机械的消耗量的依据,也是计算分项工程单价的基础,因此,对建筑安装工程造价的影响较大。

(2)预算定额是对设计方案进行技术经济比较与分析的依据。设计方案在设计工作中居于中心地位。根据预算定额对设计方案进行技术经济分析和比较,是选择经济合理设计方案的重要方法。对设计方案进行比较,主要是通过预算定额对各种设计方案所需的人工、材料和机械台班消耗量、材料质量、材料资源等进行比较;通过比较可以判明不同方案对工程造价的影响。

(3)预算定额是编制施工组织设计文件的依据。确定拟建工程的人工、材料、机械、水电动力资源等需要量,以及物资运输方案,不仅是施工准备工作所必需的,也是保证工程顺利实现,进行建设工程成本核算的有效手段。根据预算定额确定的劳动力、建筑材料、成品、半成品和

施工机械台班的需用量，为组织材料供应和预制构件加工，平衡劳动力和施工机械，提供可靠依据。

(4)预算定额是工程结算的依据。工程结算是建设单位(发包人)和施工企业(承包人)按照工程进度对已完工程实现货币支付的行为，是商品交换中结算的一种形式。由于建筑安装工程的周期长，往往需要在施工过程中通过分次结算方式支付工程价款。当采用按已完分部分项工程量进行结算时，必须以预算定额为依据确定工程价款的结算。

(5)预算定额是编制概算定额和估算指标的基础。概算定额和估算指标是在预算定额基础上经综合扩大编制而成的。编制概算定额和估算指标时以预算定额为基础，不但可以节省大量的人力、物力和时间，还可以使概算定额和估算指标的定额水平与预算定额一致，以避免造成执行中因定额水平的不同而产生的影响。

(6)预算定额也是合理编制标底、投标报价的重要依据。目前，公路建设项目一般都实行施工招标、投标制度。建设单位在编制招标标底时应以预算定额为基础，施工单位投标报价时也可以预算定额作为投标报价的参考。

二、预算定额的组成内容

现行的《公路工程预算定额(上、下册)》(JTG/T 3832—2018)(以下简称《预算定额》)，内容包括路基工程、路面工程、隧道工程、桥涵工程、交通工程及沿线设施、绿化及环境保护工程、临时工程、材料采集及加工、材料运输九章及附录。附录包括路面材料计算基础数据表，基本定额，材料的周转及摊销，定额人工、材料、设备单价表四个内容。

《预算定额》的组成部分包括颁发定额的文件、总说明、目录、各类工程的章说明、节说明、定额表和附录七部分组成。

(一)颁发定额的文件

颁发预算定额的文件，是指中华人民共和国交通运输部 2018 年 12 月 17 日发布的第 86 号公告。它明确规定了预算定额发布和实施的日期，以及编委会成员的组成。

(二)定额的总说明及各章节说明

在现行的《预算定额》中编有 20 条总说明，9 个章说明，除此之外，每章又含若干节，每节前面都有节说明。

1. 总说明

总说明是涉及定额使用方面的全面性规定和解释，综合阐述了定额的编制原则、指导思想、编制依据、适用范围及定额的作用，并对编制定额时已经考虑和没有考虑的因素、使用方法及有关规定作了介绍。要想准确而又熟练地运用定额，在使用定额时必须反复阅读总说明，真正理解这部分内容。

2. 章说明

章说明是本章工程项目的统一规定。各章说明主要介绍各章的工程内容及主要施工过程，定额子目的划分依据，定额允许抽换的规定，工程量计算方法和规定，计算单位，应扣除和应增加的部分，以及计算的附表等。这部分内容是工程量计算及应用定额的基准，必须全面准确地掌握。

3. 节说明

预算定额在各章又分节，节说明主要是介绍本节工程项目的统一规定。桥涵工程包括的内容多，分节最多，按工程项目类别分为 11 节。节说明主要是介绍本节工程的工作内容、计算单位、施工方法、允许抽换的规定、工程项目的工程量计算规定等。

4. 附注

附注是针对某一项定额的补充说明或规定，并非所有定额都有附注，附注仅在那些需要说明而定额表中又难以表示清楚的定额后才出现。附注一般放在需要说明的定额表的左下方。

要想准确而又熟练地运用定额，必须透彻地理解这些说明。概、预算专业人员和技术人员可通过做习题和工作实践相结合的方式，来认真地学习好这些说明，达到正确运用和熟练掌握定额的目的。

(三)定额表的组成

定额表是各类定额的最基本的组成部分，是定额指标数额的具体表示。在每个定额表中，人工的表现形式是以合计工日数的形式表示；材料部分只列出主要材料消耗量，次要、零星材料以"其他材料费"的形式表示；机械部分只列出主要施工机械台班数量，非主要施工机械以"小型机具使用费"的形式表示。概算定额与预算定额的定额表格式基本相同。定额表的构成及主要栏目如下：

(1)表号及定额表名称。位于定额表的最上端，是某项工程的项目名称，如《预算定额》第1 034页中表[8-1-3](表2-6)。

表2-6　采筛洗砂及机制砂

工程内容：开采砂：①安移筛架；②采挖；③过筛；④清渣洗砂；⑤堆方及清除废渣。

隧道弃渣筛砂、机制砂：部分解小，喂料、碾碎、过筛，堆方及清除废渣。

Ⅰ.人工采筛　　　　　　　　　　　　　　　　　　　　　单位：100 m³ 堆方

顺序号	项目	单位	代号	采堆		采筛堆				洗堆
				干处	水中	成品率/%				
						30以下	30～50	51～70	70以上	
				1	2	3	4	5	6	7
1	人工	工日	1001001	8.5	19.3	53.1	34.7	21.5	14.3	30.3
2	基价	元	9999001	903	2 051	5 643	3 688	2 285	1 520	3 220

(2)工程内容。位于表的左上方，主要说明本定额表所包括的操作内容。查定额时，必须将实际发生的项目操作内容与定额表的左上方工程内容进行比较，若不一致时，应进行定额抽换或采取其他调整措施。

(3)工程项目计量单位。位于表的右上方，是定额中规定的计量单位，如10 m³、10 m构件、1 000 m²、1 km、1公路公里、1道涵长及每增减1 m等。

(4)顺序号。位于定额表的最左侧，表征人工、材料、机械及费用的顺序号，起简化说明的作用。

(5)项目。项目，即本定额表的工程所需人工、材料、机具、费用的名称、规格。项目中的其他材料费是指在项目中未列出，但实际使用的那部分材料的费用。小型机具使用费是指未列入机械台班费用定额，但实际使用的小型机具的费用。材料总重量是指生产单位数量合格产品所需消耗的各种材料质量之和，材料总质量在计价时一般不予以计算，仅供施工安排时使用。

(6)单位。它是与定额单位不同的概念，一般指与项目内容相对应的资源消耗的计量单位。定额表中除人工和机械消耗以工日和台班为单位外，材料等实物消耗均采用国际单位。

(7)代号。当采用电算方法来编制公路工程概、预算时，可引用表中代号作为对工、料、机名称的识别符号，一般不应随意变动，如遇有新增材料或机械时，可取相近品种材料或机械代号间的空号增加。定额表中的工、料、机代号是由小到大的顺序排列的，各种工、料、机所对应的代号详见《预算定额》附录四。

(8)工程细目。表征本定额表所包括的工程细目，如表 2-6 中的"采堆""采筛堆""洗堆"等。

(9)栏号。栏号是指工程细目编号，如表 2-6 所示定额中"干处"栏号为 1，"水中"栏号为 2。

(10)定额值。定额值，即定额表中各种资源的消耗量数值。其中定额表中括号内的数值，一般是指所需半成品的数量(定额值)，一般是不计价的，在定额基价中不包括其价格，是仅供参考的数量。例如《预算定额》第 583 页表[4-5-2-2]所示浆砌片石定额表中的"M7.5 水泥砂浆"所对应的"(3.5 m³)"，是指砌筑 10 m³ 浆砌片石护拱，需消耗 M7.5 水泥砂浆 3.5 m³。注意此值在编制概、预算文件时不需列入，其费用已在水泥砂浆单质材料中计算了。

(11)基价。基价亦称定额基价，是指人工费、材料费、机械使用费的合计价值。基价中的人工费、材料费按《预算定额》附录四计算，机械使用费按《公路工程机械台班费用定额》(JTG/T 3833—2018)计算。项目所在地海拔超过 3 000 m 以上，人工、材料、机械基价乘以系数 1.3。

(四)附录

附录包括路面材料计算基础数据表，基本定额，材料的周转及摊销，定额人工、材料、设备单价表四部分内容。

定额附录是配合使用不可缺少的一个重要组成部分。其作用包括以下几项。

(1)了解定额编制时采用的各种统一规定，如路面材料计算基础数据表；预制构件混凝土与模板的接触面积，每 10 m² 接触面积的模板所需的人工、机械及材料的周转使用量。

(2)供抽换定额中混凝土强度等级、砂浆强度等级时使用的混凝土、砂浆配合比表。

(3)编制补充预算定额所需的统一规定，如材料的周转次数、规格，单位质量、代号、基价等。

(4)便于使用单位经过施工实践核定定额水平，并对定额水平提出意见，作为修订定额的重要资料。

三、公路工程预算定额的运用

预算定额的运用主要有直接套用和换算两种形式。在应用定额编制预算时，绝大多数项目属于直接套用定额的情况，但当设计要求、结构形式、施工工艺及施工机械等与定额条件不完全相符时则不可直接套用定额，应根据定额的规定进行换算。要想充分正确地运用好定额，必须要很好地理解、掌握定额中的相关规定。

(一)关于引用定额的编号

定额表均是按工程项目的不同，以章为单元将定额表有序地排列起来的，这种排列的序号就是定额表号。而定额编号是指在编制造价文件时，根据定额表号采用简单的编号将所应用的定额表示出来。一般采用[页号-表号-栏号]的编号方法。例如，[12-1-1-9-8]就是表示引用《预算定额》第 12 页的表[1-1-9](即第 1 章第 1 节第 9 表)中的第 8 栏，也就是"2.0 m³ 以内挖掘机挖装普通土"的预算定额。定额的调整、改变或叠用必须在定额编号后加以说明，如《预算定额》表[688-4-7-13-2]中需调整混凝土强度，编号应为[688-4-7-13-2 改]；又如编号[184-2-1-7-29＋30×5]是表示将表[184-2-1-7-30]乘以 5 后加到[184-2-1-7-29]中，是指厂拌 25 cm 厚基层石灰粉煤灰砂砾混合料(石灰粉煤灰砂砾的定额配合比为 5∶15∶80)的预算定额。

另一种编号方法是省去页号，按[章-表-栏]的符号表示法，如《预算定额》中非泵送预制预应力混凝土空心板的定额号为[4-7-13-2]。而目前一般情况下采用计算机编制造价文件，在编制预算文件时，一般采用 8 位数进行编码，左起第一位数代表章次，第二位至第三位代表节次，第四位至第五位代表表号，第六位至第八位代表栏号，如[4-4-6-215]可表示为 40406215 表示《预算定额》第 4 章第 4 节第 6 个表第 215 栏。

定额编号在概预算文件编制中非常重要。一方面是保证审查和复核人员利用定额编号快速查找，核对所用定额的准确性；另一方面，定额编号便于计算机处理及修编定额人员的统计工作。

(二)关于预算定额中总说明的运用

定额的总说明是涉及定额使用方面的全面性的规定和解释。其是非常重要的，需要真正理解、切实掌握，而且应当记住。

(1)定额表的工程内容。定额表的工程内容，均包括定额项目的全部施工过程。定额内除扼要说明施工的主要操作工序外，均包括准备与结束、场内操作范围内的水平与垂直运输、材料工地小搬运、辅助和零星用工、工具及机械小修、场地清理等工程内容。其中，材料工地小搬运是指将施工材料从工地仓库或存放地点到操作现场的二次搬运；辅助和零星用工是指为保证基本工作能顺利完成所做的辅助性和零星工作所消耗的时间；场地清理是指为了便于施工，必须对施工现场进行场地清理，其内容包括整平场地和运弃杂物等。

(2)材料消耗。定额中的材料消耗量是按现行材料标准的合格料和标准规格料计算的。定额内材料、成品、半成品均已包括场内运输及操作损耗，编制预算时，不得另行增加。其场外运输损耗、仓库保管损耗以及由于材料供应规格和质量不符合定额规定而发生的加工损耗，应在计算材料预算价格时考虑。

(3)周转性材料说明。定额中周转性的材料、模板、支撑、脚手杆、脚手板和挡土板等的数量，已考虑了材料的正常周转次数并计入定额内。其中就地浇筑钢筋混凝土梁用的支架及拱圈用的拱盔、支架，如确因施工安排达不到规定的周转次数时，可根据具体情况进行换算并按规定计算回收，其余工程一般不予抽换。

(4)当施工图设计采用的混凝土、砂浆强度等级或水泥强度等级与定额所列强度等级不同时，可按《预算定额》附录二"基本定额"中的"砂浆、混凝土配合比表"(见《预算定额》1 083～1 091页)进行换算，用以替换定额表中相应的材料消耗定额值。但实际施工配合比材料用量与定额配合比表用量不同时，除配合比表说明中允许换算者外，均不得调整。

混凝土、砂浆配合比表的水泥用量，已综合考虑了采用不同品种水泥的因素，实际施工中不论采用何种水泥，均不得调整定额用量。

(5)定额是按未添加外掺剂的混凝土或砂浆配合比计算材料消耗量的，因此，当设计采用的混凝土配合比中需要添加外掺剂时，应按设计要求的外掺剂用量计算其费用。另外，由于添加外掺剂后，混凝土中水泥的用量有所变化，应根据变化后的水泥用量调整定额用量。

(6)定额中各类混凝土均是按施工现场拌和(集中拌和或分散拌和)的施工方法进行编制的，当采用商品混凝土时，应将相关定额中的水泥、中(粗)砂、碎石的消耗量扣除，同时，按定额中所列混凝土用量增加商品混凝土的消耗量。

(7)定额中各项目的施工机械种类、规格是按一般合理的施工组织确定的，如施工中实际采用机械的种类、规格与定额规定的不同时，一律不得换算。

(8)定额中未包括机械台班单价，编制预算时应按交通运输部 2019 年 5 月 1 日起实施的《公路工程机械台班费用定额》(JTG/T 3833—2018)分析计算机械台班单价。但定额中的机械台班的消耗，已考虑了工地合理的停置、空转和必要的备用量等因素，故不得重算。

(9)定额中只列工程所需的主要材料用量和主要机械台班数量。对于次要、零星材料和小型施工机具均未一一列出，分别列入"其他材料费"及"小型机具使用费"内，以元表示，编制预算即按此计算。

(10)由于地区间的差异，本定额未包括的项目，各省级公路造价管理部门可编制补充定额在本地区执行；所有补充定额均按照《预算定额》的编制原则、方法进行编制，并将数据上传至"公路工程造价依据信息管理平台"。

(11)定额表中注明"某某数以内"或"某某数以下"者，均包括某某数本身；而注明"某某数以外"或"某某数以上"者，则不包括某某数本身。

(12)定额内数量带( )者，一般是不计价的，在定额基价中未包括其价值，是供参考用的数量。定额名称中带有※号者，均为参考定额，使用定额时可根据具体情况进行调整。

(三)路基工程定额及运用

《预算定额》的路基工程分为路基土、石方工程，特殊路基处理工程，排水工程和防护工程等内容。

1. 土石方体积的计算

定额按开挖的难易程度将路基工程的土壤、岩石分为六类，即松土、普通土、硬土、软石、次坚石、坚石。

《预算定额》第一章第一节说明的第 8 条(1)指出：除定额中另有说明者外，土方挖方按天然密实体积计算，填方按压(夯)实后的体积计算，石方爆破按天然密实体积计算。当以填方压实体积为工程量，采用以天然密实方为计量单位的定额时，所采用的定额应乘以表 2-7 所列系数，如路基填方为借方时，则应在表 2-7 所列系数基础上增加 0.03 的土方运输损耗。

表 2-7　压实方与天然密实方间的换算系数

土类 公路等级	土方			石方
	松土	普通土	硬土	
二级及以上等级公路	1.23	1.16	1.09	0.92
三、四级公路	1.11	1.05	1.00	0.84

(1)压实方与天然密实方之间换算系数的含义及其应用。在工程实际中，路基工程设计图纸给出的土、石方数量，是按工程的几何尺寸计算出来的压实方，必然存在着天然密实方与压实方之间的量差。它直接影响土石方数量计算、调配以及土石方工程定额的确定。

由于土石方的土壤种类、存在形式、天然密实度各不相同，而按设计要求的填方密实度也不相同，所以压实方与天然密实方之间的换算系数也不是定值，最好是通过试验进行确定。

例如，某公路沿线代表性土为粉质中液限黏土，压实度重型标准击实平均要求为 95%；取天然土测得其天然湿密度为 1.98 g/cm³，含水率为 24.5%，则其干密度为 1.59 g/m³，按重型击实试验得到最大干密度为 1.82 g/cm³，则压实度为 1.59/1.82＝0.874；路基要求压实度为 0.950，其比值为 0.950/0.874＝1.087，也就是说要填筑 1 000 m³ 路基实体需取 1 087 m³ 天然土。如取压实方 1 000 m³，取土深 2 m，则占地面积由 1 000/2＝500(m²)增至 1 087/2＝543.5(m²)。

在实际工作中不可能对每一个单位工程都进行土工试验，所以《预算定额》在第一章第一节说明的第 8 条(1)规定了土石方天然密实方与压实方的换算系数。当压实方为 1 时，其校正系数见表 2-7。

在土石方数量的计算及调配中应考虑表 2-7 中的系数。各方量间的关系可通过下面的例子来说明。

【例 2-13】 某二级公路，一路段挖方数量为 1 000 m³(其中松土 200 m³，普通土 600 m³，硬土 200 m³)，填方数量为 1 200 m³，本断面挖方可利用方数量为 900 m³(松土 100 m³，普通土 600 m³，硬土 200 m³)，远运利用方数量为普通土 200 m³(天然方)，且远运土方与借土方均采用自卸汽车运输，试求本路段的借方和弃方数量。

解： 本桩利用方量为 900 m^3，换算为压实方的数量为

$100 \div 1.23 + 600 \div 1.16 + 200 \div 1.09 = 81.3 + 517.2 + 183.5 = 782(m^3)$

远运利用方 200 m^3 换算为压实方的数量为：$200 \div (1.16 + 0.03) = 168.1(m^3)$。

故需借方（压实方）为：$1\,200 - 782 - 168.1 = 249.9(m^3)$。

弃方（天然方）为：$1\,000 - 900 = 100(m^3)$。

(2)各种土石方量套用的定额、计量单位及计价内容分析。

1)挖方。按土质分类分别套用相应的定额，定额单位为天然密实方。

2)填方。套用相应的压实定额，定额单位为压实方。

3)本桩利用。这一数量不参与费用的计算，其挖已在"挖方"内计算，其填已在"填方"内计算。

4)远运利用。只计算其调配运输费，其挖方已在"挖方"内计算，其填方已在"填方"内计算。

5)借方。计算其挖、装、运的费用，其填已在"填方"内计算。

6)弃方。只计算其运输费，其挖已在"挖方"内计算。

7)计价方。计价方＝挖方（天然方）＋借方（压实方）或：计价方＝挖方（天然方）＋填方（压实方）－利用方（压实方）

2. 由施工组织设计提出，并计入填方数量内的几种土石方数量

在编制《预算定额》时，下列几种土石方数量没有考虑在定额内，必须由施工组织设计提出，以计量形式计入预算之中。

(1)清除表土数量。按施工组织设计数量计列。

(2)因基底压实和耕地填前压(夯)实后所增加的土方数量：

$$Q = F \times h \tag{2-6}$$

式中　Q——压(夯)实增加的填方数量(m^3)；

　　　F——填前压(夯)实的天然土的地面面积(m^2)；

　　　h——压实产生的沉降量，$h = 0.01 \times p \div c$(m)；

　　　p——压路机有效作用力(N/cm^2)，$12 \sim 15$ t 压路机的有效作用力一般按 66 N/cm^2；

　　　c——土的抗沉陷系数(N/cm^3)，其经验数值见表 2-8。

表 2-8　各种原状土的 c 值参考表

原状土名称	$c/(N \cdot cm^{-3})$	原状土名称	$c/(N \cdot cm^{-3})$	原状土名称	$c/(N \cdot cm^{-3})$
沼泽土	$1 \sim 1.5$	松砂、松湿黏土、耕土	$2.5 \sim 3.5$	坚实的黏土	$10.0 \sim 12.5$
凝滞土、细粒砂	$1.8 \sim 2.5$	大块胶结的砂、潮湿黏土	$3.5 \sim 6.0$	泥灰石	$13.0 \sim 18.0$

(3)路基因加宽填筑所应增加的填方数量。填方路基边缘部分需要压实，解决的方法就是将填方区边缘处宽填，但这样就要增加土方用量。为使路基边缘达到压实标准，设计时应根据具体情况予以增加。《公路路基施工技术规范》(JTG/T 3610—2019)明确规定："整修用机械填筑的路堤表面时，应将其两侧超填的宽度切除。超填宽度的允许值为：砂性土 $0.20 \sim 0.30$ m，粉性土 $0.15 \sim 0.20$ m，黏性土 $0.10 \sim 0.20$ m"。需宽填的土方量一般可用下列公式计算：

宽填土方量＝路基填方长度×路基平均填土高度×宽填宽度×2(侧)　　　(2-7)

(4)路基因沉降而增加的土方数量。随着高等级公路的修建，高填方路基比较常见。由于路基沉降而引起的土方数量增加愈加明显，对于软弱地基处的路基尤为如此。土方增加数量由设计者根据沉降理论计算或根据地区经验取定。

3. 注意定额表的附注及工程内容

选用定额时应注意定额有无附注，还要注意其工程内容，防止重复计算及漏项。

(1)伐树、挖根、除草定额中增加了清除表土子目。定额附注中指出：清除表土与除草定额不可同时套用。清除的表土如需远运，应套用土方运输定额另行计算。

(2)挖掘机挖装淤泥、湿土、流沙定额附注中指出：定额中不包括挖掘机的场内支垫费用，如发生，应按具体情况计列。另外，挖掘机挖装淤泥、流沙如需远运，应按土方运输定额乘以系数1.1另行计算。

(3)机动翻斗车、手扶拖拉机配合人工运土、石方定额附注指出，定额中不包括人工挖土、开炸石方及装、卸车的工料消耗，需要时按"人工挖运土方、装运石方"定额附注的有关规定计算。

(4)挖掘机挖装土方是按挖土装车编制的，如土方不需装车时，应按附注规定乘以系数0.87。

(5)装载机装土石方定额中，装载机按轮式编制的，其施工条件考虑为较好的土质和比较方便的装载条件，所以当土质固结，装载机挖掘困难或施工条件不便(如平地取土)时，应按定额附注规定考虑推土机配合推松、集土。另外装载机与自卸汽车配合也可按附注中表列取定。

(6)推土机推土定额中当推运的坡度大于10%时，推土机的运距应等于坡面的斜距乘以附注表中的系数。

(7)铲运机铲运土方的定额是按拖式铲运机编制的，当采用自行式铲运机时，铲运机台班数量应按附注规定乘以0.7系数。当上坡推运的坡度大于10%时，推土机的运距按坡面的斜距乘以附注2中所列的系数。

(8)机械碾压路基定额中是按自行式平地机整平土方编列，如采用推土机整平土方时，可按括号内推土机的台班数量扣除定额中平地机的全部台班数量。

(9)渗水路堤及填石路堤定额中不包括填石上部的填土工作，在地基易被冲刷地段，需设反滤层时，工料另算。渗水路堤系按无压力式编制，压力式渗水路堤如需在填石上部土质路堤部分加铺护坡时，工、料另行计算。渗水路堤定额中片石系利用路基开炸石方或邻近隧道弃渣，片石的价格应按捡清片石计算。

(10)洒水汽车洒水定额中的水不计费用，若用水需要计费时，应按相应的水价另行计算。

(11)人工挖运土方、人工开炸石方、机械打眼开炸石方、控制爆破石方、抛坍爆破石方、挖掘机带破碎锤破碎石方，这些定额已包括开挖边沟消耗的人工、材料和机械台班数量，因此，开挖边沟的数量应合并在路基土、石方数量内计算。

(12)机械施工土、石方，挖方部分机械达不到，需由人工完成的工程量，按施工组织设计确定。其中，人工操作部分，按相应定额乘以1.15的系数。

(13)抛坍爆破石方，按地面横坡度划分，若地面横坡度变化复杂，为简化计算，凡变化长度在20 m以内，以及零星变化长度累计不超过设计长度的10%，可并入附近路段计算。

(14)自卸汽车运输路基土、石方定额项目和洒水汽车洒水定额项目，仅适用于平均运距在15 km以内的土、石方或水的运输。当运距超过第一个定额运距单位时，其运距尾数不足一个增运定额单位的半数时不计，等于或超过半数时按一个增运定额运距单位计算。当平均运距超过15 km时，应按市场运价计算其运输费用。

4. 施工机械的选择与配合

在土石方工程中，应根据工地条件、工程规模、施工工期、其他现场调查资料以及施工组织设计选择恰当的施工方法，合理地选用定额。

(1)根据工程规模、工地条件等选定施工机械(表2-9)。

表 2-9 施工机械的选择与配合

工作种类		施工机械	备注
新建道路	半填半挖	推土机	
	半挖装载	挖掘机、装载机＋自卸汽车	
	明挖	推土机、铲运机 挖掘机、装载机＋自卸汽车	
现有道路加宽		推土机 挖掘机、装载机＋自卸汽车	
现有道路改建		挖掘机、装载机＋自卸汽车	

（2）对于挖掘装载机械，应根据土质条件及现场施工条件合理选用。对于松土、普通土，采用装载机挖装比较适宜。但当挖土高度大于 3 m 时，应有推土机辅助。对于稍微固结的土质可用挖掘机挖装，也可使用装载机挖装，但需推土机辅助。对于结构紧密的土质，应在推土机推松后采用装载机或挖掘机装载。

（3）每种施工机械都有其比较经济的运距，依照不同的情况可能稍有不同，一般如下：推土机 50 m 以内；拖式铲运机 50～300 m；自行式铲运机 300～2 000 m；自卸汽车 2 000 m 以上。

5. 路基工程示例

【例 2-14】 某高速公路路基工程，全长为 30 km，按设计断面计算的填缺为 6 850 000 m³，无利用方，平均填土高度为 8 m，宽填厚度为 0.2 m，路基平均占地宽为 45 m，路基占地及取土坑均为耕地，土质为 Ⅱ 类土。采用 0.6 m³ 以内单斗挖掘机装土方，平均挖深 2 m，填前以 15 t 压路机压实耕地。试问：填前压实增加土方量为多少？路基宽填增加土方量为多少？总计计价土方量（压实方）为多少？

解：（1）借方用土土质分类。由《预算定额》第 1 页第一章说明 1 可知 Ⅱ 类土属于定额土质分类的普通土。

（2）因宽填路基而增加的土方量。按式（2-7）计算如下：

宽填土方量 $=30\,000\times8\times0.2\times2$（侧）$=96\,000$（m³）（借方）

（3）因填前压实耕地增加的土方量。由表 2-8 查得 $c=3.5$ N/cm³，15 t 光轮压路机的有效作用力 $p=66$ N/cm²。

由式（2-6）算得 $h=66\div3.5=18.86$（cm）。

平均路基底面积 $=45\times30\,000=1\,350\,000$（m²）

填前压实所增加土方量（压实方）$=1\,350\,000\times0.188\,6=254\,610$（m³）（借方）

（4）总计计价土方量（压实方）。总计计价土方量（压实方）$=96\,000+6\,850\,000+254\,610=7\,200\,610$（m³）

【例 2-15】 某公路用袋装砂井法处理软土地基，使用门架式袋装砂井机，砂井直径为 9 cm，试求 1 500 m 砂井的人工、铁件、中（粗）砂及袋装砂井机（门架式）的消耗量。

解：查《预算定额》表[35-1-2-1-1]，由附注知本题需对中（粗）砂消耗量进行比例扩大，而其他消耗量不作调整。

人工：$6.6\times1\,500\div1\,000=9.9$（工日）

铁件：$4.5\times1\,500\div1\,000=6.75$（kg）

中(粗)砂：$4.56 \times 1\,500 \div 1\,000 \times \dfrac{\pi \times \left(\dfrac{9}{2}\right)^2}{\pi \times \left(\dfrac{7}{2}\right)^2} = 11.31(\mathrm{m}^3)$

袋装砂井机(门架式)：$1.45 \times 1\,500 \div 1\,000 = 2.18$(台班)

【例 2-16】 某平原微丘区二级公路，其中一段的路基工程全部采用借土填方，采用 105 kW 以内履带式推土机集土、2 m³ 装载机装土、10 t 以内自卸汽车运土方式施工，填方量计 130 000 m³ 普通土，借方平均运距为 3 km，采用 18～21 光轮压路机碾压路基，试确定定额消耗量指标。

解：(1)105 kW 以内推土机集土。查《预算定额》表[18-1-1-12-10](105 kW 以内推土机第一个 20 m 推运普通土)，定额单位为 1 000 m³ 天然密实方。

查《预算定额》表[14-1-1-10]下"注 1"可知，装载机装土方如需推土机配合推松、集土时，其人工、推土机台班的数量按"推土机推运土方"第一个 20 m 定额乘以 0.8 的系数计算；同时查《预算定额》第 3 页第一章第一节说明第 8 条(1)的内容应考虑天然方与压实方之间的换算系数 1.16。

则：

人工：$2.6 \times 130\,000 \div 1\,000 \times 1.16 \times 0.8 = 313.66$(工日)

105 kW 以内履带式推土机：$1.87 \times 130\,000 \div 1\,000 \times 1.16 \times 0.8 = 225.60$(台班)

(2)装载机装土。查《预算定额》表[14-1-1-10-2]：

2 m³ 以内轮式装载机：$1.41 \times 130\,000 \div 1\,000 \times 1.16 = 212.63$(台班)

(3)自卸汽车运土方。查《预算定额》表[14-1-1-10]下"注 2"可知，根据定额建议的装载机与自卸载重汽车配备，可选用 10 t 以内的自卸载重汽车运输土方。

查《预算定额》表[15-1-1-11-5](10 t 以内自卸汽车配合装载机运输土方第一个 1 km)、表[15-1-1-11-6](10 t 以内自卸汽车配合装载机运输土方每增运 0.5 km)。此时的增运距为 2 km，则 $2 \div 0.5 = 4$ 个定额单位，同时查《预算定额》第 3 页第一章第一节说明第 8 条(1)的内容应考虑天然方与压实方之间的换算系数 1.16，本工程路基填方为借方，还应在 1.16 系数基础上增加 0.03 的土方运输损耗。

10 t 以内自卸汽车：$(6.82 + 0.83 \times 4) \times 130\,000 \div 1\,000 \times (1.16 + 0.03) = 1\,568.66$(台班)

(4)填方压实。查《预算定额》表[27-1-1-18-7]，拟采用平地机推平土方：

人工：$2.1 \times 130\,000 \div 1\,000 = 273$(工日)

120 kW 以内自行式平地机：$1.47 \times 130\,000 \div 1\,000 = 191.1$(台班)

18～21 t 光轮压路机：$2.64 \times 130\,000 \div 1\,000 = 343.2$(台班)

(四)路面工程定额及运用

1. 正确使用路面工程预算定额应注意的事项

(1)路面预算定额可调整的情况详见《预算定额》第二章章说明的第 4 条、第 6 条；《预算定额》第二章第一节说明的第 1 条、第 2 条、第 6 条；《预算定额》第二章第二节说明的第 1 条、第 9 条、第 10 条。其中，《预算定额》第二章第一节说明第 2 条提出了当设计配合比与定额标明的配合比不同时，求各种路面实体材料消耗量的换算公式：

$$C_i = [C_d + B_d \times (H_1 - H_0)] \times L_i \div L_d \tag{2-8}$$

式中　C_i——按设计配合比换算后的材料数量；

　　　C_d——定额中基本压实厚度的材料数量；

　　　B_d——定额中压实厚度每增减 1 cm 的材料数量；

H_0——定额的基本压实厚度；

H_1——设计的压实厚度；

L_d——定额标明的该种材料的百分率；

L_i——设计配合比的该种材料的百分率。

(2)其他注意事项。

1)使用定额时要注意另计路面基层稳定土厂拌设备、沥青混合料拌合设备及水泥混凝土路面拌合设备的安装和拆除定额。

2)全部挖除旧路面项目，挖除(铣刨)的废渣如需远运，另按路基土方运输定额计算；混凝土废渣按路基石方运输定额计算。废渣清除后，底层如需碾压，每1 000 m³可增加15 t以内振动压路机0.18台班。

3)挖除槽项目按全挖路槽编制，如设计为半填半挖路槽时，人工工日乘以0.8的系数；挖除的土、石如需远运时，另按路基土、石方运输定额计算。

4)培路肩定额中的培路肩填方数量应在路基填方内计算，包括开挖、远运等费用，使用时不得再另计填料开挖、远运的费用。此处的培路肩只是培筑、压实、修整路槽等工作内容。

5)稳定土厂拌设备和沥青混合料拌合设备的安拆项目中，不包括拌合站的场地清理、平整、加铺垫层、碾压等工作内容，需要时可按具体情况另行计算。至于多少公里设一座拌合站，应由施工组织设计确定。

6)粒料基层浇洒透层沥青后，不能及时铺筑面层并需开放施工车辆通行时，每1 000 m²增加粗砂0.83 m³、12～15 t光轮压路机0.13台班；沥青用量乘以1.1的系数。

2. 路面工程示例

【例2-17】 某天然砂砾路面面层机械摊铺工程，厚度为16 cm，路面宽为8.0 m，路段长为12 km，试计算所需人工劳动量及压路机作业量。

解： (1)根据《预算定额》第148页第二章说明1的规定，天然砂砾路面的计量单位是以"1 000 m²路面面积"计，故本工程的工程量为8×12 000＝96 000 m²＝96(1 000 m²路面面积)。

(2)又根据《预算定额》第203页第二章第二节说明1的规定，可知天然砂砾路面压实厚度超过15 cm时，人工定额增加1.5工日/1 000 m²，压路机台班按定额数量加倍计算。

(3)查《预算定额》表[209-2-2-4-3＋4×6](定额单位为1 000 m²)得

人工数量＝(1.5＋0.1×6＋1.5)×96＝345.6(工日)

12～15 t光轮压路机台班数量＝0.25×2×96＝48(台班)

18～21 t光轮压路机台班数量＝0.34×2×96＝65.28(台班)

【例2-18】 某水泥、石灰稳定土路面基层工程，采用稳定土拌合机拌和施工，定额标明的配合比为6：4：90，设计配合比为5.5：3.5：91，设计厚度为25 cm，试确定水泥、石灰、土的预算定额值。

解： 根据《预算定额》第149页第二章第一节说明2的规定，并查定额表[178-2-1-6(Ⅲ)-21＋22×5](定额单位为1 000 m²)，按式(2-8)计算相关材料的预算定额值。

水泥：[20.392＋1.02×(25－20)]×5.5/6＝23.368(t)

石灰：[14.943＋0.747×(25－20)]×3.5/4＝16.343(t)

土：[268.07＋13.4×(25－20)]×91/90＝338.793(m³)

【例2-19】 某沥青混合料路面基层摊铺工程，基层为厚25 cm水泥稳定碎石，路面宽23 m，路段长20 km，基层较面层每侧加宽0.25 m，按厂拌水泥稳定碎石，机械铺筑，采用120 kW以内自行式平地机整平，试计算其所需人工劳动量及平地机、压路机等机械作业量。

解：(1)计算基层的工程数量=(23+0.25×2)×20 000=470 000(m²)。

(2)查《预算定额》表[194-2-1-9-3](定额单位为1 000 m²)，另按照《预算定额》第149页第二章第一节说明第1条可知，各类稳定土基层的压实厚度超过20 cm需分层拌和、碾压时，该项内容的人工定额每1 000²增加1.5个工日，平地机、压路机台班数量加倍。

人工劳动量=(2.8+1.5)×470 000÷1 000=2 021(工日)

120 kW以内平地机作业量=0.33×2×470 000÷1 000=310.2(台班)

12~15 t光轮压路机作业量=0.08×2×470 000÷1 000=75.2(台班)

20 t以内振动压路机作业量=0.41×2×470 000÷1 000=385.4(台班)

16~20 t轮胎式压路机作业量=0.25×2×470 000÷1 000=235(台班)

10 000 L以内洒水汽车作业量=0.16×470 000÷1 000=75.2(台班)

【例2-20】 某石灰土砂砾基层工程，共62 000 m²，厚度为27 cm，采用稳定土拌合机拌和，10 000 L洒水汽车洒水，需在距工地8 km处吸取自来水。自来水单价为1.85元/m³，试计算增列水费和该子目实用洒水汽车定额及总作业量(台班)。

解：根据《预算定额》第148页第二章说明4的规定，并查《预算定额》表[162-2-1-3-29+30×7]，计算如下：

(1)增列水费：

水费=(0.34+0.02×7)×35×1.85×62 000÷1 000=1 926.96(元)

(2)查《预算定额》表[33-1-1-22-8×6]，洒水汽车增运运距为3 km，定额单位1 000 m³，则：

增列洒水汽车定额=0.26×(8-5)÷0.5×35×(0.34+0.02×7)÷1 000=0.03(台班)

(3)实用洒水汽车定额=(0.34+0.02×7)+0.03=0.51(台班)

(4)洒水汽车总作业量=0.51×62 000÷1 000=31.62(台班)

【例2-21】 某冬五区沥青贯入式面层工程，路面宽9.0 m，铺装长度8 km，设计厚度6 cm，需铺黏层，已查得面层人工定额为5.6工日/1 000 m²，石油沥青定额为6.283 t/1 000 m²；黏层人工定额为0工日/1 000 m²、石油沥青定额为0.412 t/1 000 m²。试求其总劳动量和总沥青用量。

解：(1)根据《预算定额》第203页第二章第二节说明9的规定，面层定额用油量应乘以1.028系数；黏层定额用油量没有系数。查《预算定额》表[215-2-2-8-3]得

面层人工劳动量=9.0×8 000×5.6/1 000=403.2(工日)

面层用油量=9.0×8 000×6.283/1 000×1.028=465.043(t)

(2)根据《预算定额》第203页第二章第二节说明5的规定，应另计黏层的工、料、机等，查《预算定额》表[257-2-2-16-5]得

黏层人工劳动量=0(工日)

黏层用油量=9.0×8 000×0.412/1 000=29.664(t)

(3)总计人工劳动量=403.2+0=403.2(工日)

(4)总计用石油沥青量=465.043+29.664=494.707(t)

(五)隧道工程定额及运用

《预算定额》隧道工程章分四节，对其理解及应用如下。

1. 围岩分级

按隧道现行设计、施工技术规范将围岩分为土质(Ⅰ、Ⅱ)、软石(Ⅲ)、次坚石(Ⅳ)、坚石(Ⅴ、Ⅵ)共四种六级。

2. 隧道工程应用示例

【例 2-22】 某隧道工程，围岩为Ⅲ级，工作面距洞口长度为 2 500 m 以内，采用机械开挖，自卸汽车运输施工，试确定其人工、硝铵炸药和 20 t 以内自卸汽车的预算定额值。

解：(1)由工作面距洞口长度为 2 500 m 以内，所以隧道长度 5 000 m，由《预算定额》第 281 页第三章第一节说明 7 和围岩Ⅲ级查《预算定额》表[291-3-1-3(Ⅰ)-27]和表[295-3-1-3(Ⅱ)-55]分别计算开挖和出渣的人工、炸药和自卸汽车的定额总消耗量。

(2)定额值的确定(100 m³ 自然密实石方)：

开挖：人工 26.8 工日，硝铵炸药 99 kg。

出渣：人工 1.1 工日，20 t 以内自卸汽车 1.49 台班。

总计：人工 26.8＋1.1＝27.9(工日)，硝铵炸药 99 kg，20 t 以内自卸汽车 1.49 台班。

【例 2-23】 某隧道工程(长度 1 000 m)内，需做路面砂砾垫层，厚度为 15 cm，试计算其人工铺料预算定额值。

解：(1)路面垫层需到路面工程中去查定额表，查《预算定额》表为[151-2-1-1-2]。

(2)根据《预算定额》第 280 页第三章说明 7(2)的规定，所采用定额的人工工日、机械台班数量及小型机具使用费应乘以 1.26 系数。

(3)计算预算定额值为(定额单位为 1 000 m²)

人工：18.2×1.26＝22.932(工日)

水＝19×1＝19 m³，砂砾＝191.25×1＝191.25(m³)

12～15 t 光轮压路机＝0.16×1.26＝0.202(台班)，18～21 t 光轮压路机＝0.3×1.26＝0.378(台班)

【例 2-24】 某隧道工程，采用喷射混凝土做衬砌，设计厚度为 10 cm，喷射面积为 5 000 m²，其洞内预制混凝土沟槽数量为 70 m³，混凝土盖板数量为 40 m³，试确定其预算定额值。

解：(1)确定《预算定额》表号为[303-3-1-8-1]和[312-3-1-13-2＋3]。

(2)根据《预算定额》第 282 页第三章第一节说明 10(7)的规定，喷射混凝土工程量按设计厚度乘以喷护面积计算得：0.1×5 000＝500(m³)

(3)根据《预算定额》表[303-3-1-8-1]计算得(单位：1 m³)

人工＝500÷10×18.5＝925(工日)

锯材＝500÷10×0.01＝0.5(m³)；32.5 级水泥＝500÷10×5.628＝281.4(t)；水＝500÷10×24＝1 200(m³)；中(粗)砂＝500÷10×7.2＝360(m³)；碎石(2 cm)＝500÷10×6.84＝342(m³)；其他材料费＝500÷10×378.4＝18 920(元)

混凝土喷射机＝500÷10×1.29＝64.5(台班)；20 m³/min 以内电动空压机＝500÷10×0.78＝39(台班)；小型机具使用费＝500÷10×114.4＝5 720(元)

(4)洞内沟槽及盖板预制，根据《预算定额》表[312-3-1-13-2＋3]计算得(单位：10 m³)

人工＝70×32.5＋40×33.8＝3 627(工日)

材料：(略)

1 t 以内机动翻斗车＝70×0.47＋40×0.47＝51.7(台班)

小型机具使用费＝70×6.9＋40×5.8＝715(台班)

(六)桥涵工程定额章说明及运用

1. 桥涵工程章说明

(1)混凝土工程的说明。

1)定额除小型构件外，均采用机拌机捣计算。

2)关于采用蒸汽养护时使用定额的规定。

3)关于混凝土拌和费用的考虑。

(2)钢筋工程的说明。

1)当设计图的钢筋比例与定额有出入时，可以调整钢筋品种的比例关系。

2)定额中钢筋直径在 10 mm 以上的接头均采用电弧搭接或电阻对接焊。

(3)模板工程的说明。

1)模板不单列项目，其周转摊销量已计入混凝土定额之中。

2)关于钢模板材料及组合钢模板的说明。

(4)设备摊销费的说明。定额中设备摊销费所指的设备，是指属于固定资产的金属设备，包括采用万能杆件、装配式钢桥桁架及有关配件拼装的金属架桥设备。挂篮、移动模架设备摊销费按设备质量每吨每月 180 元计算，其他设备摊销费按设备质量每吨每月 140 元计算。

(5)工程量计算一般规定。

1)混凝土工程的工程量按构筑物、构件的实际体积计，不包括其中的空心体积，不扣除钢筋混凝土中的钢筋体积。

2)构件安装定额中在括号内所列的构件体积数量，表示安装时需要备制的构件数量。

3)一般工程钢筋因接长所需的搭接长度，定额中已计入。

2. 桥涵工程章示例

【例 2-25】 某桥采用跨墩门架(一套)架设主梁，门架高为 16 m、跨径为 30 m，跨墩门架一套(两个)，设备质量为 52.5 t，使用期为 4 个月，计算其设备摊销费。

解: (1)根据《预算定额》第 374 页第四章桥梁工程章说明四可知:挂篮、移动模架设备摊销费按设备质量每吨每月 180 元计算，其他设备摊销费按设备质量每吨每月 140 元计算。

设备摊销费: $52.5 \times 4 \times 140 = 29\ 400$(元)

(2)根据《预算定额》表[740-4-7-28]计算得(单位:10 t 金属设备)

设备摊销费定额: 5 600 元/10 t。

【例 2-26】 某桥预制等截面箱梁的设计图纸中现场加工 HPB300(光圆钢筋)3.5 t、HRB400(带肋钢筋)9.6 t，试确定该分项的钢筋定额。

解: 根据《预算定额》第 374 页第四章说明二中 2 的规定，如设计图纸的钢筋比例与定额有出入时，可调整钢筋品种的比例关系。

(1)由《预算定额》目录可知该分项定额为《预算定额》表[694-4-7-15-3]。由表中查得 HPB300 钢筋与 HRB400 钢筋的比例为 $0.156 : 0.869 = 1 : 5.57$。

(2)设计图纸中 HPB300 钢筋与 HRB400 钢筋的比例为 $3.5 : 9.6 = 1 : 2.74$，可知与定额比例不符，应进行换算。

(3)由《预算定额》附录四(见《预算定额》1 120 页)可知 HPB300 钢筋与 HRB400 钢筋的场内运输及操作损耗为 2.5%。

(4)实用定额为(1 t 钢筋):

光圆钢筋: $\dfrac{3.5}{3.5+9.6}(1+0.025) = 0.274$(t)

带肋钢筋: $\dfrac{9.6}{3.5+9.6}(1+0.025) = 0.751$(t)

【例 2-27】 某拱桥现浇混凝土实体式桥台 80 m³，采用 250 L 以内混凝土搅拌机集中拌和施工。采用运输能力 6 m³ 混凝土搅拌运输车运输混凝土，平均运距为 3 km。

试求：(1)浇筑实体式桥台所需人工、机械台班的数量。

(2)250 L 以内混凝土搅拌机拌和混凝土的数量、人工工日数量以及机械台班数量。

(3)6 m³ 混凝土搅拌运输车运输混凝土的运输定额。

解：(1)查《预算定额》表[600-4-6-2/I-7]（实体式墩台）。

人工：8.9×80÷10＝71.2（工日）；25 t 以内汽车式起重机：0.25×80÷10＝2（台班）。

(2)查《预算定额》表[835-4-11-11-1]。250 L 搅拌机需拌和混凝土的数量为：10.2×80÷10＝81.6（m³）（其中：10.2 m³ 为完成10 m³ 实体的实体式桥台需消耗 10.2 m³ 的水泥混凝土）。

人工：2×81.6÷10＝16.32（工日）

250 L 搅拌机：0.4×81.6÷10＝3.264（台班）

(3)由于运距为 3 km，按《预算定额》表[840-4-11-11/V-24＋25×4]确定混凝土的运输定额。

6 m³ 混凝土搅拌运输车：{1.08＋[(3−1)÷0.5×0.06]}×81.6÷100＝1.077（台班）

(七)桥涵工程节说明及示例

《预算定额》桥涵工程共有十一节，每节都有节说明，其节说明及示例如下。

1. 开挖基坑节说明及示例

(1)对开挖基坑节说明的理解。《预算定额》第 376 页桥涵工程第四章第一节为开挖基坑，其节说明共 12 条，对节说明的理解如下：

1)定额运用时不得另行计算的项目。开挖基坑定额已综合了基底夯实、基坑回填及捡平石质基底用工，湿处挖基还包括挖边沟、挖集水井及排水作业用工，使用定额时，不得另行计算。详见《预算定额》表[379-4-1-1]、表[380-4-1-2]、表[381-4-1-3]。

2)定额运用时允许另行计算的项目。

①开挖基坑土、石方运输按弃土于坑外 10 m 范围内考虑，如坑上水平运距超过 1 m 时，另按路基土、石方增运定额计算。路基土、石方增运定额详见《预算定额》表[9-1-1-6]、表[11-1-1-8]、表[15-1-1-11]、表[18-1-1-12]、表[22-1-1-13]。

②开挖基坑定额不包括挡土板，需要时应据实按有关定额另行计算。

③挖基定额中未包括水泵台班，挖基及基础、墩台修筑需要排水时按基坑排水定额计算。详见《预算定额》第 377 页基坑水泵台班消耗表。

④基坑开挖定额均按原土回填考虑，若采用取土回填时，应按路基工程有关定额另计取土费用。详见《预算定额》表[379-4-1-1]、表[380-4-1-2]、表[381-4-1-3]的工程内容。路基工程有关定额详见《预算定额》表[9-1-1-6]、表[11-1-1-8]、表[15-1-1-11]、表[18-1-1-12]、表[22-1-1-13]。

3)定额表中的数据需要调整的说明。

①基坑水泵台班，如钢板桩围堰打进覆盖层时，定额中的水泵台班数量乘以 0.7 系数。

②土方基坑挖深超过 6 m 时，每加深 1 m，按挖基坑深度 6 m 以内人工消耗量定额干处递增 5%、湿处递增 10%。

4)工程量计算规则。

①基坑开挖工程量按基坑容积计算。

②基坑挡土板的支挡面积，按坑内需支挡的实际侧面积计算。

③墩(台)基坑水泵台班消耗＝湿处挖基工程量×挖基水泵台班＋墩(台)座数×修筑水泵台班。

④基坑水泵台班消耗表中水位高度栏中"地面水"适用于围堰内挖基，水位高度指施工水位至坑顶的高度，其水泵消耗台班已包括排除地下水所需台班数量，不得再按"地下水"加计水泵台班；"地下水"适用于岸滩湿处的挖基，水位高度指施工水位至坑底的高度，其工程量应为施

工水位以下的湿处挖基工程数量，施工水位至坑顶部分的挖基，应按干处挖基对待，不计水泵台班。

（2）开挖基坑节应用示例。

【例2-28】 某小桥两个靠岸桥台基坑开挖工程，土质为砂砾石（砾石含量大于50％），由于工期紧张，采取两个基坑开挖平行施工，用电动卷扬机配抓斗开挖。已知施工期无常水，基坑顶面中心标高99.5 m，地下水位99.0m，基底标高96.0 m，一个基坑挖基总量300 m³，其中干处开挖50 m³，基底以上20 cm人工开挖15 m³，运距50 m，按施工组织需湿处挡土板50 m²，试确定一个基坑开挖所需的人工、机械的预算定额值。

解：（1）电动卷扬机配抓斗系机械挖基，定额中无干处、湿处之分，也无基坑深度之分，故没有必要区分干处、湿处及挖坑深度等。

（2）根据《预算定额》第376页第四章第一节说明6规定，机械挖基定额已综合了基底高程以上20 cm范围内的人工开挖和基底修理用工，故人工挖方15 m³不必再列。

（3）卷扬机配抓斗挖基土石方，查《预算定额》表[381-4-1-3-1]（定额单位为1 000 m³）得

人工：$146.5 \times 300 \div 1\ 000 = 43.95$（工日）

机械：30 kN以内单筒慢动卷扬机$20 \times 300 \div 1\ 000 = 6$（台班）；小型机具使用费$625.3 \times 300 \div 1\ 000 = 187.59$元

（4）根据《预算定额》第376页第四章第一节说明2规定，因砾石运距大于10 m，应另按路基土石方增运定额增列人工等消耗。查《预算定额》表[9-1-1-6-4]（定额单位为1 000 m³天然密实方）得

人工：$5.9 \times [(50-10)/10] \times 300 \div 1\ 000 = 7.08$（工日）。

（5）基坑挡土板：查《预算定额》表[384-4-1-4-1]（定额单位为100 m²天然密实方）得

人工：$11 \times 50 \div 100 = 5.5$（工日）

（6）挖基、砌筑用水泵台班。按《预算定额》第376页第四章第一节说明第8、11条规定计算所需水泵台班，并计入挖基项目中。基坑水泵台班消耗＝湿处挖基工程量×挖基水泵台班＋墩台座数×修筑水泵台班。

本例计算1个靠岸桥台基坑，覆盖层土壤类别为Ⅲ类土，地下水位高度为：$99.0 - 96.0 = 3$ m（按3 m以内计），湿处挖基工程量$300 - 50 = 250$（m³），基坑深$99.5 - 96 = 3.5$ m（按6 m以内计），根据《预算定额》第377页第四章第一节基坑水泵台班消耗表计算如下：

水泵台班消耗：$250 \div 10 \times 0.21 + 1 \times 3.12 = 8.37$（台班）（φ150水泵）

【例2-29】 某中桥河中桥墩挖基工程，施工地面水位深1 m，人工挖基，求卷扬机吊运普通土的预算定额。

解：（1）由《预算定额》表[380-4-1-2-2]（定额单位为1 000 m³）得

人工：309工日；30 kN以内单筒慢速卷扬机11.88台班。

（2）该定额表左上角"工程内容"包括：①人工挖土方；②装土、卷扬机吊运土出坑外；③清理、整平、夯实土质基底；④挖排水沟或集水井；⑤搭、拆脚手架，移动卷扬机及整修运土便道；⑥取土回填、铺平、洒水、夯实。

（3）根据施工过程和工艺的要求，应补充水泵抽水定额。

（4）应补充抽水的《预算定额》如下：

根据《预算定额》第376页第四章第一节说明8、11条规定，根据《预算定额》第377页第四章第一节基坑水泵台班消耗表计算如下：

水泵台班消耗：$0.28 + 1 \times 5.62 = 5.9$（台班）

2. 筑岛、围堰及沉井工程节说明及示例

(1)筑岛、围堰及沉井工程节说明的理解。《预算定额》第 385 页第四章桥涵工程第二节为筑岛、围堰及沉井工程，节说明共 14 条，对节说明的理解如下：

1)定额运用时不得另行计算的项目。

①沉井下沉用的工作台、三脚架、运土坡道、卷扬机工作台均已包括在定额中。井下爆破材料除硝铵炸药外，其他列入"其他材料费"中。详见《预算定额》表[405-4-2-9]。

②沉井下水轨道的钢轨、枕木、铁件按周转摊销量计入定额中，定额还综合了轨道的基础及围堰等的工、料，编制预算时，不得另行计算。详见《预算定额》表[396-4-2-8]。

③沉井浮运定额仅适用于只有一节的沉井或多节沉井的底节，分节施工的沉井除底节外的其余各节的浮运、接高均应执行沉井接高定额。详见《预算定额》表[396-4-2-8]。

④导向船、定位船船体本身加固所需的工、料、机消耗及沉井定位落床所需的锚绳均已综合在沉井定位落床定额中，编制预算时，不得另行计算。详见《预算定额》表[396-4-2-8]。

⑤无导向船定位落床定额已将所需的地笼、锚碇等的工、料、机消耗综合在定额中，编制预算时，不得另行计算。详见《预算定额》表[396-4-2-8]。

⑥锚碇系统定额均已将锚链的消耗计入定额中，并已将抛锚、起锚所需的工、料、机消耗综合在定额中，编制预算时，不得随意进行抽换。详见《预算定额》表[396-4-2-8]。

2)定额运用时允许另行计算的项目。

①草土、塑料编织袋、竹笼、木笼铁丝围堰定额中已包括 50 m 以内人工挖运土方的工日数量，定额中括号内所列"土"的数量不计价，仅限于取土运距超过 50 m 时，按人工挖运土方的增运定额，增加运输用工。详见《预算定额》表[387-4-2-1]表[388-4-2-2]表[389-4-2-3]，表[390-4-2-4]。人工挖运土方的增运定额详见《预算定额》表[9-1-1-6]。

②沉井下水轨道基础的开挖工作本定额中未计入，需要时按有关定额另行计算。详见《预算定额》表[396-4-2-8]。

③有导向船定位落床定额未综合锚碇系统，应根据施工组织设计的需要按有关定额另行计算。详见《预算定额》表[396-4-2-8]。

④钢壳沉井接高所需的吊装设备定额中均未计算，需要时应按金属结构吊装设备定额另行计算。详见《预算定额》表[396-4-2-8]。

⑤钢壳沉井作双壁钢围堰使用时，应按施工组织设计计算回收，但回收部分的拆除所需的工、料、机消耗量定额中未计算，需要时应根据实际情况另行计算。

⑥围堰高度不够时用内插法计算。详见《预算定额》表[387-4-2-1]、表[388-4-2-2]、表[389-4-2-3]、表[390-4-2-4]。

⑦地下连续墙定额中未包括施工便道、挡水帷幕、注浆加固等，需要时应根据施工组织设计另行计算。挖出的土石方或凿铣的泥渣如需要外运时，应按路基工程中相关定额进行计算。详见《预算定额》表[416-4-2-11]。

3)定额表中的数据需要调整的说明。沉井下沉应按土、石所在的不同深度分别采用不同的下沉深度定额。如沉井下沉在 5 m 以内的土、石应采用下沉深度 0~5 m 的定额；当沉井继续下沉到 10 m 以内时，对于超过 5 m 的土、石应执行下沉深度 5~10 m 的定额。当下沉深度超过 40 m 时，按每增加 10 m 为一档，每增加一档按下沉深度 30~40 m 定额的人工、机械分不同地质乘以不同的系数计算。详见《预算定额》表[412-4-2-9]备注。

(2)筑岛、围堰及沉井工程节示例。

【例 2-30】 某桥编织袋围堰工程，围堰中心长为 30 m，宽为 25 m，高为 2.5 m，装草袋土的运距为 200 m，试确定该工程的预算定额值及总用工数量。

解：（1）工程量计算。

围堰工程量的大小为：（30＋25）×2＝110（m）。

（2）查《预算定额》表[388-4-2-2-7]，每 10 m 长围堰的定额值：

人工：34.7 工日；

材料：塑料编织袋 1 498 个，土：88.40 m³；

用工数量小计：34.7×110÷10＝381.7（工日）。

（3）根据《预算定额》第 385 页第四章第二节说明第 2 条规定，当取土运距大于 50 m 时，应按人工挖运土方定额增列超运距用工，查《预算定额》表[9-1-1-6-4]得 1 000 m³ 天然密实土每增运 10 m 定额值：

人工：5.9 工日；

人工小计：5.9×[（200－50）÷10]×（88.4÷1 000）×（110÷10）＝86.06（工日）。

（4）用工数：381.7＋86.06＝467.76（工日）。

3. 打桩工程节说明及示例

（1）打桩工程节说明的理解。《预算定额》第 422 页第四章桥涵工程第三节为打桩工程，其节说明共 11 条，对节说明的理解如下：

1）定额运用时不得另行计算的项目。

①利用打桩时搭设的工作平台拔桩时，不得另计搭设工作平台的工、料消耗。详见《预算定额》表[437-4-3-6]。

②打每组钢板桩时，用的夹板材料及钢板桩的截头、连接（接头）、整形等的材料已按摊销方式，将其工、料计入定额中，编制预算时，不得另行计算。详见《预算定额》表[435-4-3-5]。

③钢板桩木支撑的制作、试拼、安装的工、料消耗，均已计入打桩定额中，拆除的工、料消耗已计入拔桩定额中。详见《预算定额》表[435-4-3-5]。

④船上打桩工作平台所需驳船台班，包括在打桩或拔桩的定额中。详见《预算定额》表[438-4-3-7]。

⑤打桩定额中已包括打导桩、打送桩及打桩架的安、拆工作，并将打桩架、送桩、导桩及导桩夹木等的工、料按摊销方式计入定额中，编制预算时，不得另行计算。详见《预算定额》表[424-4-3-1]、表[426-4-3-2]、表[428-4-3-3]、表[435-4-3-5]。

2）定额运用时允许另行计算的项目。

①打桩定额中，均按在已搭好的工作平台上操作，但未包括打桩用的工作平台的搭设和拆除等的工、料消耗，需要时应按打桩工作平台定额另行计算。详见《预算定额》表[424-4-3-1]、表[426-4-3-2]、表[428-4-3-3]、表[435-4-3-5]。

②打桩定额中均未包括拔桩，需要时另行计算。破桩头工作，已计入承台定额中。

③如需搭设工作平台时，可根据施工组织设计规定的面积，按打桩工作平台人工消耗的50%计算人工消耗，但各种材料一律不计。详见《预算定额》表[438-4-3-7]。

④打钢板桩、钢管桩定额中未包括钢板桩、钢管桩的防锈工作，如需进行防锈处理，另按相应定额计算。详见《预算定额》表[428-4-3-3]、表[435-4-3-5]。

⑤打钢管桩工程如设计钢管桩数量与本定额不相同时，可按设计数量抽换定额中的钢管消耗。详见《预算定额》表[428-4-3-3]。

3）定额表中的数据需要调整的说明。

①打桩定额均为打直桩，如打斜桩时，机械乘以 1.20 的系数，人工乘以 1.08 的系数。详

见《预算定额》表[424-4-3-1]、表[426-4-3-2]、表[428-4-3-3]、表[435-4-3-5]。

②本定额为不射水打桩，如为射水打桩时，按相应定额人工及机械台班消耗乘以0.98系数，并按打桩机台班数量增加多级水泵台班，其余不变。详见《预算定额》表[424-4-3-1]。

③接头定额系指考虑在打桩时接桩，如在场地预先接桩时，应扣除打桩机台班，人工乘以0.5的系数，其余不变。详见《预算定额》表[424-4-3-1]、表[426-4-3-2]。

④打钢管桩工程如设计钢管桩数量与本定额不相同时，可按设计数量抽换定额中的钢管消耗。详见《预算定额》表[428-4-3-3]。

4)工程量计算规则。

①打预制钢筋混凝土方桩和管桩的工程量，应根据设计尺寸及长度以体积计算(管桩的空心部分应予以扣除)。设计中规定凿去的桩头部分的数量，应计入设计工程量内。

②钢筋混凝土方桩的预制的工程量，应为打桩定额中括号内的备制数量。

③拔桩工程量按实际需要数量计算。

④打钢板桩的工程量按设计需要的钢板桩质量计算。

⑤打桩用的工作平台的工程量，按施工组织设计所需的面积计算。

⑥船上打桩工作平台的工程量，根据施工组织设计，按一座桥梁实际需要打桩机的台数和每台打桩机需要的船上工作平台面积的总和计算。

(2)打桩工程节示例。

【例2-31】 某桥采用陆地工作平台上打钢筋混凝土桩基础，地基土层从上到下依次为轻粉质黏土4 m，粉质黏土3 m，干的固结黄土3 m，砂砾8 m，设计垂直桩入土深度15 m，斜桩入土深度16 m，设计规定凿去桩头1 m，根据施工组织设计，打桩工作平台200 m²，试计算打钢筋混凝土方桩预算定额值。

解：(1)砂砾土层以上厚度为10 m，砂砾厚为8 m，由于设计垂直桩入土深度15 m，故桩底落在砂砾石层中，根据《预算定额》第422页第四章第三节说明2，应按Ⅱ组土计算。

(2)根据《预算定额》第422页第四章第三节说明4，破桩头工作已计入承台定额中，这里不再计列。又根据本节说明11工程量计算规则的规定，凿去桩头的数量应计入打桩的工程量中。

(3)确定打钢筋混凝土方桩的《预算定额》表号为[424-4-3-1-2]。

(4)打钢筋混凝土垂直桩(10 m³)的定额值为

人工：13.6工日；

材料：钢丝绳0.001 t；锯材0.02 m³；其他材料费44.1元；

机械：1.8 t以内导杆式柴油打桩机2.35台班。

(5)根据《预算定额》第422页第四章第三节说明5的规定，打斜桩时，机械应乘1.20系数，人工乘1.08系数，故打钢筋混凝土斜桩(10 m³)的定额值为

人工：13.6×1.08=14.688(工日)；

材料：定额值同垂直桩；

机械：1.8 t以内导杆式柴油打桩机2.35×1.2=2.82(台班)。

(6)打桩工作平台定额值：根据《预算定额》第422页第四章第三节说明3的规定，应按《预算定额》表[438-4-3-7-1]另列打桩工作平台(100 m²)，定额值为

人工：6.8工日；

材料：型钢0.206 t；铁件7.3 kg；铁钉2.5 kg；锯材1.1 m³；其他材料费0.4元；

机械：小型机具使用费0.9元。

4. 灌注桩工程节说明及示例

(1)灌注桩工程节说明的理解。《预算定额》第 439 页第四章桥涵工程第四节为灌注桩工程，本节说明共 11 条，对本节说明的理解如下：

1)定额运用时不得另行计算的项目。

①灌注桩成孔定额分为人工挖孔、卷扬机带冲击锥冲孔、冲击钻机钻孔、回旋钻机钻孔、潜水钻机钻孔、旋挖钻机钻孔六种。定额中已按摊销方式计入钻架的制作、拼装、移位、拆除及钻头维修所耗用的工、料、机械台班数量，钻头的费用已计入设备摊销费中，编制预算时，不得另行计算。

②灌注桩混凝土定额按机械拌和、工作平台上导管倾注水下混凝土编制，定额中已包括混凝土灌注设备(如导管等)摊销的工、料费用及扩孔增加的混凝土数量，编制预算时，不得另行计算。详见《预算定额》表[574-4-4-9]。

③护筒定额中，已包括陆地上埋设护筒用的黏土或水中埋设护筒定位用的导向架及钢质或钢筋混凝土护筒接头用的铁件、硫黄胶泥等埋设时用的材料、设备消耗，编制预算时，不得另行计算。详见《预算定额》表[574-4-4-9]。

④钢护筒定额中，干处埋设按护筒设计质量的周转摊销量计入定额中，编制预算时，不得另行计算。详见《预算定额》表[574-4-4-9]。

2)定额运用时允许另行计算的项目。

①浮箱工作平台的浮箱质量为 5.321 t/只，其设备摊销费系按使用一个月编制的，如浮箱质量和施工期与定额不同时，可予以调整。详见《预算定额》[580-4-4-10]。

②使用成孔定额时，不使用泥浆船时，拖轮和驳船的用量调整。

③河滩、水中筑岛成孔定额应使用陆地成孔定额。

④造浆时若采用膨润土造浆用量需进行调整。

⑤设计桩径与定额桩径不同时的调整。

3)工程量计算规则。

①灌注桩成孔工程量按设计入土深度计算。定额中的孔深指护筒顶至桩底的深度。造孔定额中同一孔内的不同土质，无论其所在的深度如何，均执行总孔深定额。

②人工挖孔的工程量按护筒外缘包围的面积乘孔深计算。

③灌注桩工作平台工程量按施工组织设计需要的面积计算。

④浇筑水下混凝土工程量按设计桩径断面积乘设计桩长计算，不得将扩孔因素计入工程量。

⑤钢护筒的工程量按护筒的设计质量计算。设计质量为加工后的成品质量，包括加劲肋及连接用法兰盘等全部钢材质量。

(2)灌注桩工程节示例。

【例 2-32】 某桥冲击钻机冲孔，设计桩深 30 m，直径 150 cm，地层由上到下为 9 m 的轻粉质黏土，15 m 的粒径 2～20 mm 的角砾含量 42%的土，以下为松软、胶结不紧、节理较多的岩石，钢护筒干处施工，250 L 以内混凝土搅拌机拌和混凝土，卷扬机配吊斗灌注混凝土，试确定该项目的预算定额值。

解：(1)由《预算定额》第 439 页第四章第四节说明 1 钻孔土质分类方法可知，第一层轻粉质黏土应为"砂土"类；第二层角砾应为"砂砾"类，第三层应为"软石"类。

(2)根据成孔方法，成孔的《预算定额》表为[456-4-4-3-33＋35＋38]，混凝土拌和《预算定额》表为[835-4-11-11-1]，灌注桩混凝土及钢筋《预算定额》表为[569-4-4-8-4＋24]，钢护筒制作、埋设、拆除《预算定额》表为[576-4-4-9-7]。

(3)钻孔预算定额值，由《预算定额》表[456-4-4-3-33＋35＋38]（每 10 m）可得

人工：$9÷30×12+15÷30×20.2+(30-9-15)÷30×37.8=21.26$（工日）

材料：电焊条：$9÷30×0.3+15÷30×0.8+(30-9-15)÷30×2.7=1.03$（kg）

铁件：$9÷30×0.2+15÷30×0.2+(30-9-15)÷30×0.2=0.2$（kg）

水：$9÷30×31+15÷30×41+(30-9-15)÷30×36=37$（$m^3$）

锯材：$9÷30×0.013+15÷30×0.013+(30-9-15)÷30×0.013=0.013$（$m^3$）

黏土：$9÷30×10+15÷30×14+(30-9-15)÷30×12.27=12.454$（$m^3$）

其他材料费：$9÷30×2+15÷30×2+(30-9-15)÷30×2=2$（元）

设备摊销费：$9÷30×165.8+15÷30×197.8+(30-9-15)÷30×244.2=197.48$（元）

机械：10 t 以内载货汽车：$9÷30×0.17+15÷30×0.17+(30-9-15)÷30×0.17=0.17$（台班）

16 t 以内汽车式起重机：$9÷30×0.17+15÷30×0.17+(30-9-15)÷30×0.17=0.17$（台班）

JK8 型冲击钻机：$9÷30×2.18+15÷30×7.08+(30-9-15)÷30×16.92=7.578$（台班）

泥浆分离器：$9÷30×0.01+15÷30×0.06+(30-9-15)÷30×0.18=0.069$（台班）

泥浆搅拌机：$9÷30×0.56+15÷30×0.56+(30-9-15)÷30×0.56=0.56$（台班）

42 kV·A 以内交流电弧焊机：$9÷30×0.03+15÷30×0.08+(30-9-15)÷30×0.28=0.105$（台班）

(4)混凝土拌和预算定额值，由《预算定额》表[835-4-11-11-1]（10 m^3）得

人工：2 工日。

250 L 以内混凝土搅拌机：0.4 台班。

(5)灌注桩混凝土预算定额值，由《预算定额》表[569-4-4-8-4]（卷扬机配吊斗每 10 m^3 实体）得

人工：17.1 工日。

材料：水 27 m^3；中（粗）砂 6.48 m^3；碎石（4 cm）8.76 m^3；32.5 级水泥 5.423 t；其他材料费 2.2 元；设备摊销费 55.5 元。

机械：50 kN 以内单筒慢动卷扬机 0.95 台班；小型机具使用费 6.3 元。

(6)钢筋预算定额值，由《预算定额》表[573-4-4-8-24]（每 t）得

人工：4.2 工日。

材料：HPB300 钢筋 0.112 t；HRB400 钢筋 0.91 t；20～22 号铁丝 1.8 kg；电焊条 4.1 kg。

机械：25 t 以内汽车式起重机 0.07 台班；32 kV·A 以内交流电弧焊机 0.79 台班。

小型机具使用费 10.6 元。

(7)钢护筒制作、埋设、拆除定额值，由《预算定额》表[576-4-4-9-7]（每 t）得

人工：4.4 工日。

材料：钢护筒 0.1 t；黏土：5.49 m^3。

机械：20 t 以内汽车式起重机 0.14 台班。

【例 2-33】 某桥的灌注桩采用浮箱工作平台 30 只，预计使用三个月，求预算定额下的工、料、机消耗量。

解：查《预算定额》表[578-4-4-10-6]，定额单位为 10 只，根据《预算定额》表下注的要求对定额注作如下调整，计算如下：

人工：$94.6×3×30÷10=851.4$（工日）

钢丝绳：$0.009×3×30÷10=0.081$（t）

型钢：$0.972×3×30÷10=8.748(t)$

钢板：$0.042×3×30÷10=0.378(t)$

锚链：$0.035×3×30÷10=0.315(t)$

铁件：$40.8×3×30÷10=367.2(kg)$

锯材：$3.56×3×30÷10=32.04(m^3)$

其他材料费：$160.1×3×30÷10=1\,440.9(元)$

设备摊销费：$7\,449.4×3×30÷10=67\,044.6(元)$

8 t 以内载货汽车：$9.09×3×30÷10=81.81(台班)$

12 t 以内汽车式起重机：$9.9×3×30÷10=89.1(台班)$

147 kW 以内内燃拖轮：$1.22×3×30÷10=10.98(台班)$

100 t 以内工程驳船：$12.33×3×30÷10=110.97(台班)$

小型机具使用费：$87.7×3×30÷10=789.3(元)$

5. 砌筑工程节说明及示例

(1)砌筑工程节说明的理解。《预算定额》第四章桥涵工程第五节为砌筑工程，第581页节说明共7条，对节说明的理解如下。

定额运用时允许另行计算的项目：

1)定额中的 M7.5 水泥砂浆为砌筑用砂浆，M10 水泥砂浆为勾缝用砂浆，设计若与此有不同，可按配合比进行抽换，抽换方法见《预算定额》总说明第九条。

2)浆砌混凝土预制块定额中，未包括预制块的预制，应按定额中括号内所列预制块数量，另按预制混凝土构件的有关定额计算。

3)定额中均未包括垫层及拱背、台背填料和砂浆抹面，需要时应按《预算定额》第四章第十一节"杂项工程"中有关定额另行计算。

4)桥、涵拱圈定额中，未包括拱盔和支架，需要时按《预算定额》第四章第九节"拱盔、支架工程"中有关定额另行计算。

(2)砌筑工程节示例。

【例2-34】 某石砌桥实体式墩高 18 m，M12.5 砂浆用作砌料石镶面，M7.5 砂浆用作填腹石，试确定该项目的预算定额。

解：(1)根据《预算定额》第581页第四章桥涵工程第五节说明 1 规定，定额中 M7.5 水泥砂浆为砌筑用砂浆，M10 水泥砂浆为勾缝用砂浆；按本节说明 4 规定，浆砌料石作镶面时，墩内部按"填腹石"定额计算。该项目应按两个子目计算。

(2)桥墩料石镶面，由《预算定额》表[587-4-5-4-1]（每 10 m³）定额得

人工：9 工日。

材料：

1)由《预算定额》表[587-4-5-4-1]之序号 2 可知，表列为 M7.5 砌筑用水泥砂浆，而设计所需为 M12.5 砌筑用水泥砂浆，根据《预算定额》总说明第九条规定应进行抽换。

2)由《预算定额》附录二"基本定额"[1 083-(一)-1-4]查得：每配置 1 m³ M12.5 砂浆需 32.5 级水泥 345 kg、中(粗)砂 1.07 m³。

3)由《预算定额》表[587-4-5-4-1]之序号 2 可知，每砌筑 10 m³ 料石需砌筑砂浆 2.0 m³ 和勾缝砂浆 0.09 m³，则抽换后的材料消耗计算如下：

32.5 级水泥：$345×2+345×0.09=0.721(t)$

中(粗)砂：$1.07×2+1.07×0.09=2.24(m^3)$

4)由《预算定额》表[587-4-5-4-1]查得的其他材料定额为

8~12号铁丝1.8 kg；钢管0.011 t；铁钉0.3 kg；水11 m³；原木0.01 m³；锯材0.05 m³；粗石料9 m³；其他材料费5.4元。

机械：1.0 m³以内轮胎式装载机0.1台班；400 L以内灰浆搅拌机0.09台班。

(3)桥墩填腹石定额，由《预算定额》表[443-4-5-3-12]（每10 m³）可得

人工：16.9工日。

材料：原木0.01 m³；锯材0.009 m³；铁钉0.1 kg；钢管0.01 t；8~12号铁丝0.3 kg；32.5级水泥0.718 t；水7 m³；中(粗)砂2.94 m³；块石10.5 m³；其他材料费7元。

机械：30 kN以内单筒慢速卷扬机0.9台班；小型机具使用费5.3元。

6. 现浇混凝土及钢筋混凝土节说明及示例

(1)现浇混凝土及钢筋混凝土节说明的理解。《预算定额》第四章桥涵工程第六节为现浇混凝土及钢筋混凝土，第591页节说明共10条，对节说明的理解如下：

1)定额运用时不得另行计算的项目。

①定额中片石混凝土中片石含量均按15%计算。

②使用套箱围堰浇筑承台混凝土时，应采用无底模承台的定额。详见《预算定额》表[595-4-6-1]。

③有底模承台适用于高桩承台施工。详见《预算定额》表[595-4-6-1]。

2)定额运用时允许另行计算的项目。

①定额中均不包括提升模架、拐脚门架、悬浇挂篮、移动模架等金属设备，需要时，按有关定额另行计算。

②定额中未包括现浇混凝土及钢筋混凝土上部构造所需的拱盔、支架，需要时按有关定额另行计算。详见《预算定额》表[640-4-6-8]、表[642-4-6-9]。

③索塔高度为基础顶、承台顶或系梁底到索塔顶的高度。当塔墩固结时，工程量为基础顶面或承台顶面以上至塔顶的全部数量；当塔墩分离时，工程量应为桥面顶部以上至塔顶的数量，桥面顶部以下部分的数量按墩台定额计算。详见《预算定额》表[627-4-6-5]。

④斜拉索钢锚箱的工程量为钢锚箱钢板、剪力钉、定位件的质量之和，不包括钢管和型钢的质量。

⑤斜拉索锚固套筒定额中已综合加劲钢板和钢筋的数量，其工程量以混凝土箱梁中锚固套筒钢管的质量计算。

(2)现浇混凝土及钢筋混凝土节示例。

【例2-35】 某桥梁下部为高桩承台，上部构造为钢桁梁。试确定用起重机配吊斗施工的高桩承台和泵送防水混凝土铺装行车道面层的预算定额值(不含钢筋，采用250 L混凝土搅拌机搅拌混凝土)。

解：(1)根据《预算定额》第591页第四章桥涵工程第六节说明3规定，高桩承台混凝土应按有底模承台确定，查《预算定额》表[597-4-6-1-6]，每10 m³混凝土定额值为

人工：10工日。

材料：钢模板0.028 t；螺栓0.61 kg；铁件4.72 kg；水12 m³；中(粗)砂4.9 m³；碎石(4 cm)8.47 m³；32.5级水泥3.417 t；其他材料费5元。

机械：25 t以内汽车式起重机0.2台班；小型机具使用费9元。

(2)250 L混凝土搅拌机搅拌，查《预算定额》表[835-4-11-11-1]（每10 m³）得

人工：2工日。

机械：250 L以内强制式混凝土搅拌机0.4台班。

(3)泵送防水混凝土铺装行车道面层,查《预算定额》表[653-4-6-13(Ⅰ)-3],每10 m³实体定额值为

人工:6.6工日。

材料:型钢0.001 t;水21 m³;中(粗)砂5.82 m³;碎石(4 cm)7.59 m³;32.5级水泥4.368 t;其他材料费29.6元。

机械:混凝土电动刻纹机0.43台班;60 m³/h以内混凝土输送泵0.09台班。

7. 预制、安装混凝土及钢筋混凝土构件节说明及示例

(1)预制、安装混凝土及钢筋混凝土构件节说明。《预算定额》第660页第四章桥涵工程第七节为预制、安装混凝土及钢筋混凝土构件,其节说明共15条,对节说明的理解如下:

1)定额运用时不得另行计算的项目。

①预制立交箱涵、箱梁的内模、翼板的门式支架等工、料已包括在定额中。详见《预算定额》表[673-4-7-7]。

②预应力钢筋、钢丝束及钢绞线定额中均已计入预应力管道及管道压浆的消耗量,编制预算时不得另行计算。定额中不含铁皮管及波纹管的定位钢筋,需要时应另行计算。详见《预算定额》表[705-4-7-19]。

2)定额运用时允许另行计算的项目。

①顶进立交箱涵、圆管涵定额是根据全部顶进的施工方法编制的。顶进设备未包括在顶进定额中,应按顶进设备定额另行计算。"铁路线加固"定额除铁路线路的加固外,还包括临时信号灯、行车期间的线路维修和行车指挥等全部工作。详见《预算定额》表[675-4-7-8]。

②顶进立交箱涵、圆管涵的顶进靠背由于形式很多,宜根据不同的地形、地质情况设计,定额中未单独编列子目,需要时可根据施工图纸采用有关定额另行计算。详见《预算定额》表[675-4-7-8]。

③顶推预应力连续梁是按多点顶推的施工工艺编制的,顶推使用的滑道单独编列子目,其他滑块、拉杆、拉锚器及顶推用的机具、预制箱梁的工作平台均摊入顶推定额中。顶推用的导梁及工作平台底模顶升千斤顶以下的工程,本定额中未计入,应按有关定额另行计算。详见《预算定额》表[705-4-7-19]。

④本节定额中凡采用金属结构吊装设备和缆索吊装设备安装的项目,均未包括吊装设备的费用,应按有关定额另行计算。

⑤制作、张拉预应力钢筋、钢绞线,是按不同的锚头形式分别编制的,当每吨钢绞线的束数或每吨钢筋的根数有变化时,可根据定额进行抽换。详见《预算定额》表[718-4-7-21]。

(2)预制、安装混凝土及钢筋混凝土构件节示例。

【例2-36】某桥桥栏杆扶手木模预制,混凝土实体40 m³,HPB300钢筋(光圆钢筋)用量0.18 t,试求预算定额下的工、料、机消耗量。

解:由《预算定额》第四章目录可知,桥栏杆预制、安装属小型构件,查得《预算定额》表号为:表[730-4-7-25-5]、表[731-4-7-25-11]、表[732-4-7-26-3],计算如下:

(1)预制桥栏杆扶手查《预算定额》表[730-4-7-25-5](定额单位为10 m³构件)得

人工:41.9×40÷10=167.6(工日)

铁钉:34.1×40÷10=136.4(kg)

水:16×40÷10=64(m³)

锯材:1.02×40÷10=4.08(m³)

中(粗)砂:4.85×40÷10=19.4(m³)

碎石(2 cm):8.08×40÷10=32.32(m³)

32.5 级水泥：$3.97 \times 40 \div 10 = 15.88(t)$

其他材料费：$29.1 \times 40 \div 10 = 116.4(元)$

小型机具使用费：$11.9 \times 40 \div 10 = 47.6(元)$

(2)预制小型构件钢筋查《预算定额》表[731-4-7-25-11](定额单位为 1 t 钢筋)得

人工：$2.6 \times 0.18 \div 1 = 0.468(工日)$

HPB300 钢筋：$1.025 \times 0.18 \div 1 = 0.185(t)$

$20 \sim 22$ 号铁丝：$4.2 \times 0.18 \div 1 = 0.756(kg)$

小型机具使用费：$12.2 \times 0.18 \div 1 = 2.20(元)$

(3)安装小型构件查《预算定额》表[732-4-7-26-3](定额单位为 10 m³ 构件)得

人工：$9.5 \times 40 \div 10 = 38(工日)$

石油沥青：$0.18 \times 40 \div 10 = 0.72(t)$

煤：$0.16 \times 40 \div 10 = 0.64(t)$

水：$1 \times 40 \div 10 = 4(m^3)$

油毛毡：$24 \times 40 \div 10 = 96(m^2)$

中(粗)砂：$0.98 \times 40 \div 10 = 3.92(m^3)$

32.5 级水泥：$0.412 \times 40 \div 10 = 1.648(t)$

其他材料费：$1.2 \times 40 \div 10 = 4.8(元)$

【例 2-37】 某省拟新建一条六车道高速公路，地处平原微丘区，有一座钢筋混凝土盖板涵，标准跨径 4.00 m，涵高 3.00 m，基坑深 2 m，八字墙，路基宽度 36.00 m，其施工图设计主要工程量见表 2-10。试列出本题中各工程细目对应的预算定额表号。

表 2-10 例 2-37 工程量

序号	项目	单位	序号	项目	单位
1	挖基坑土方(干处)	m³	4	混凝土帽石	m³
2	浆砌片石基础、护底、截水墙	m³	5	矩形板混凝土	m³
3	浆砌片石台、墙	m³	6	矩形板钢筋	t

解：根据题意综合列表，见表 2-11。

表 2-11 例 2-37 对应的预算定额编号

序号	工程细目名称	定额表号	序号	工程细目名称	定额表号
1	挖基坑土方(干处)	[379-4-1-1-1]	5	预制矩形板混凝土	[677-4-7-9-1]
2	浆砌片石基础、护底、截水墙	[583-4-5-2-1]	6	矩形板钢筋	[677-4-7-9-3]
3	浆砌片石台、墙	[583-4-5-2-4]	7	安装矩形板	[681-4-7-10-1]
4	混凝土帽石	[620-4-6-3-1]			

【例 2-38】 试确定预制某桥梁工程的预应力钢筋混凝土 T 形梁的预算定额。已知预应力 T 形梁混凝土设计强度等级为普 C30，非泵送，250 L 以内强制式混凝土搅拌机拌和，采用蒸汽养护施工(不考虑蒸汽养护室建筑)。

解：本工程包括混凝土、钢筋、蒸汽养护三个工程细目，按三个工程细目分别查定额。

(1)预制预应力 T 形梁混凝土工作。

1)《预算定额》第 373 页第四章桥梁工程章说明一第 3 条规定："定额中混凝土均按露天养护考虑，如采用蒸汽养护时，应从各有关定额中每 10 m³ 减去人工 1 工日及其他材料费 4 元，并按蒸汽养护有关定额计算"。

2)确定预制预应力 T 形梁混凝土工作的定额表号为[690-4-7-14(Ⅰ)-1]。

3)由《预算定额》表[690-4-7-14(Ⅰ)-1]之序号 2 可知，定额表所列为普 C50 水泥混凝土，与设计采用普 C30 水泥混凝土强度等级不同，根据《预算定额》第 1 页总说明第九条的规定：当设计混凝土强度等级与定额表所列强度等级不相同时，可按配合比表进行换算。

预应力 T 形梁混凝土的定额值（每 10 m³ 实体）：

人工：$20.2-1=19.2$（工日）。

材料：由《预算定额》表[690-4-7-14(Ⅰ)-1]直接查得的定额值为：HPB300 钢筋 0.001 t；钢丝绳 0.002 t；钢板 0.055 t；钢模板 0.106 t；电焊条 6.48 kg；铁件：9.4 kg；水 16 m³；锯材 0.03 m³；其他材料费 $20.1-4.0=16.1$（元）。

换算确定值：

根据《预算定额》表[690-4-7-14(Ⅰ)-1]知：每 10 m³ 实体混凝土需强度等级普 C30 混凝土混合料 10.10 m³，水泥强度为 42.5 级，碎石最大粒径为 2 cm。由《预算定额》附录二基本定额，确定定额表号为[1 084-(一)-2-6]：

42.5 级水泥：$0.388×10.10=3.92$（t）；中（粗）砂：$0.48×10.10=4.85$（m³）；碎石 $0.79×10.10=7.98$（m³）。

机械：50 kN 以内单筒慢动卷扬机 3.29 台班；32 kV·A 以内交流电弧焊机 1.07 台班；小型机具使用费 49.9 元。

4)混凝土搅拌查《预算定额》表[835-4-11-11-1]（每 10 m³）得

人工：2 工日。

250 L 以内强制式混凝土搅拌机 0.4 台班。

(2)预制预应力 T 形梁钢筋工作：

根据《预算定额》表[690-4-7-14(Ⅰ)-3]得每 t 钢筋的定额值为

人工：6.8 工日。

材料：HRB400 钢筋 1.025 t；20～22 号铁丝 2.86 kg；电焊条 5.26 kg。

机械：30 kN 以内单筒慢动卷扬机 0.13 台班；32 kV·A 以内交流电弧焊机 1.29 台班；100 kV·A 以内交流对焊机 0.03 台班；小型机具使用费 16 元。

(3)蒸汽养护：根据《预算定额》表[829-4-11-8-2]，查得每 10 m³ 构件定额值为

人工 4.7 工日；其他材料费 18.3 元。

机械：30 kN 以内单筒慢动卷扬机 0.64 台班；1 t/小时以内工业锅炉 1.7 台班。

8. 构件运输节说明及示例

(1)构件运输节说明的理解。《预算定额》第 755 页第四章桥涵工程第八节为构件运输，其节说明共 4 条，对节说明的理解如下：

1)本节的各种运输距离以 10 m、50 m、1 km 为计量单位，不足第一个 10 m、50 m、1 km 者，均按 10 m、50 m、1 km 计，超过第一个定额运距单位时，其运距尾数不足一个增运定额单位的半数时不计，超过半数时按一个定额运距单位计算。

2)运输便道、轨道的铺设，栈桥码头、龙门架、缆索的架设等，均未包括在定额内，应按有关章节定额另行计算。

3)定额中未单列构件出坑堆放的定额，如需出坑堆放，可按相应构件运输第一个运距单位定额计列。

4）凡以手摇卷扬机和电动卷扬机配合运输的构件重载升坡时，第一个定额运距单位不增加人工及机械，每增加定额单位运距应乘以以下规定的换算系数。

①手推车运输每增运 10 m，定额的人工的换算系数为：坡度 1% 以内，系数取 1.0；坡度 5% 以内，系数取 1.5；坡度 10% 以内，系数取 2.5。

②垫滚子绞运每增加 10 m 定额的人工和小型机具使用费的换算系数为：坡度 0.4% 以内，系数取 1.0；坡度 0.7% 以内，系数取 1.1；坡度 1.0% 以内，系数取 1.3；坡度 1.5% 以内，系数取 1.9；坡度 2.0% 以内，系数取 2.5；坡度 2.5% 以内，系数取 3.0。

③轻轨平车运输配电动卷扬机每增运 50 m 定额的人工及电动卷扬机台班的换算系数为：坡度 0.7% 以内，系数取 1.0；坡度 1.0% 以内，系数取 1.05；坡度 1.5% 以内，系数取 1.10；坡度 2.0% 以内，系数取 1.15；坡度 3.0% 以内，系数取 1.25。

（2）构件运输节示例。

【例 2-39】 某桥梁工程以手推车运输预制构件，每件构件重 0.3 t，需出坑堆放，运输重载升坡 5%，运距 76 m，试确定其预算定额值。

解：（1）由《预算定额》第 755 页第四章第八节说明 3 可知，构件需出坑堆放，按相应构件运输第一个运距单位定额计列。

（2）由《预算定额》第 755 页第四章第八节说明 1 可知，运距尾数超过一个增运定额单位半数时，按一个运距单位计。手推车运输定额运距为 10 m，增运运距单位也是 10 m，所以运距增运为 $(76-10)\div10=6.6\approx7$。

（3）由《预算定额》第 755 页第四章第八节说明 4 可知，手推车运输每增运 10 m，定额的人工的换算系数为：坡度 5% 以内，系数取 1.5。

（4）由《预算定额》表［756-4-8-1-1＋2］得

人工：$1.4+7\times0.2\times1.5+1.4=4.9$（工日）

材料：其他材料费 $14.4+14.4=28.8$（元）

9. 拱盔、支架工程节说明及示例

（1）拱盔、支架工程节说明的理解。《预算定额》第 770 页第四章桥涵工程第九节为拱盔、支架工程，其节说明共 13 条，对节说明的理解如下：

1）定额运用时允许另行计算的项目。

①桥梁拱盔、木支架及简单支架均按有效宽度 8.5 m 计，钢支架按有效宽度 12 m 计，如实际宽度与定额不同时可按比例换算。

②桁构式拱盔安装、拆除用的人字扒杆、地锚移动用工及拱盔缆风设备工料已计入定额，但不包括扒杆制作的工、料，扒杆数量根据施工组织设计另行计算。

③木支架及满堂式钢管支架的帽梁和地梁已计入定额中，地梁以下的基础工程未计入定额中，如需要时，应按有关相应定额另行计算。

④钢拱架的工程量为钢拱架及支座金属构件的质量之和，其设备摊销费按 4 个月计算，若实际使用期与定额不同时，可予以调整。

⑤桥梁拱盔定额的设备摊销费按每吨每月 140 元，并按使用 4 个月编制，如施工期不同时，可予以调整。

⑥桥梁简单支架高度不同时可用内插法换算。

2）定额表中的数据需要调整的说明。

①钢管梁式支架上部定额中每 1 000 m² 综合的金属设备质量为 13.3 t，设备摊销费按每吨

每月 140 元，并按使用 4 个月编制；当施工工期不同时，可以调整。

②钢管梁式支架下部定额中钢管桩消耗量为陆地上搭设管桩支架的消耗；当为水中搭设钢管桩支架或用于索塔横梁的现浇支架时，应将定额中的钢管桩消耗量调整为 3.467 t，其余消耗量不变。

(2)拱盔、支架工程节示例。

【例 2-40】 某 2 孔净跨径 50 m 的拱桥，拱矢度为 1/5.5，起拱线至地面高度为 10 m，由于工期紧张，施工组织安排做 2 孔满堂式木拱盔及木支架，拱盔、木支架有效宽度 20 m，试计算 2 孔拱盔立面积、2 孔支架立面积。

解：(1)由《预算定额》第 770 页第四章第九节说明 1 可知，桥梁拱盔、木支架按有效宽度 8.5 m 计，该桥有效宽度为 20 m，应按比例换算定额值。

(2)拱盔立面积：

由《预算定额》第 770 页第四章第九节说明 9 可知：拱盔立面积工程量

$F=K\times$(净跨)^2；由拱矢度 1/5.5 可查得 $K=0.125$，则

$F=2\times0.125\times50^2=625(\text{m}^2)$

(3)支架立面积：

由本章第 770 页第九节说明 10 可知：支架立面积工程量 $F=2\times50\times10=1\,000(\text{m}^2)$。

10. 钢结构工程节说明及示例

(1)钢结构工程节说明的理解。《预算定额》第 779 页第四章桥涵工程第十节为钢结构工程，其节说明共 13 条，对节说明的理解如下：

1)定额运用时不允许另行计算的项目。钢索吊桥定额中已综合了缆索吊装设备及钢桁油漆项目，编制预算时不得另行计算。详见《预算定额》表[785-4-10-2]。

2)定额运用时允许另行计算的项目。

①主索锚碇除套筒及拉杆、承托板以外，其他项目如锚洞开挖、衬砌，护索罩的预制、安装，检查井的砌筑等，应按其他章节有关定额另计。详见《预算定额》表[785-4-10-2]。

②抗风缆结构安装定额中未包括锚碇部分，编制预算时应按有关相应定额另行计算。详见《预算定额》表[785-4-10-2]。

③施工电梯、施工塔式起重机和龙门架起重机未计入定额中。需要时根据施工组织设计另行计算其安拆及使用费。

④钢管拱桥定额中未计入钢塔架、扣塔、地锚、索道的费用，应根据施工组织设计套用第七节相关定额另行计算。详见《预算定额》表[810-4-10-16]。

⑤悬索桥的主缆、吊索、索夹、检修道定额未包括涂装防护，应另行计算。详见《预算定额》表[799-4-10-8]、表[801-4-10-10]等。

⑥本定额未含施工监控费用，需要时另行计算。

⑦本定额未含施工期间航道占用费，需要时另行计算。

(2)钢结构工程节示例。

【例 2-41】 某钢桁梁桥，采用钢桁梁现场节段拼装，桥面吊机吊装钢桁梁，共计质量 40 t，试确定该钢桁梁桥的人工、材料、机械消耗的预算定额值。

解：由《预算定额》第 779 页第四章第十节说明 1 可知，本例的桥梁结构和施工方法与定额要求完全相符，查《预算定额》表[781-4-10-1-1]、表[782-4-10-1-3](定额单位为 10 t)得

人工：$(6.2+8.6)\times40/10=59.2$(工日)

材料——钢板：$(0.358＋0.262)×40/10＝2.48(t)$

钢管：$0.02×40/10＝0.08(t)$

钢桁：$10×40/10＝40(t)$

电焊条：$(0.3＋0.9)×40/10＝4.8(kg)$

镀锌螺栓：$(240.9＋60.46)×40/10＝1\ 205.44(kg)$

铁件：$(8＋2.6)×40/10＝42.4(kg)$

机械：15 t 以内平板拖车组 $0.22×40/10＝0.88(台班)$

25 t 以内汽车式起重机：$0.26×40/10＝1.04(台班)$

100 kN 以内单筒慢动卷扬机：$0.38×40/10＝1.52(台班)$

50 kN 以内单筒慢动卷扬机：$0.98×40/10＝3.92(台班)$

5 t 以内电动葫芦：$(0.11＋0.22)×40/10＝1.32(台班)$

$0.6\ m^3/min$ 以内电动空压机：$(0.17＋0.09)×40/10＝1.04(台班)$

行走式桥面吊机：$0.12×40/10＝0.48(台班)$

小型机具使用费：$(26.9＋145.2)×40/10＝688.4(元)$

11. 杂项工程节说明及示例

(1)杂项工程节说明的理解。《预算定额》第815页第四章桥涵工程第十一节为杂项工程，其节说明共7条，对节说明的理解如下：

1)杂项工程内容包括平整场地、锥坡填土等20个项目，适用于桥涵及其他构造物工程。

2)大型预制构件底座定额分为平面底座和曲面底座两项。

平面底座定额适用于 T 形梁、I 形梁等截面箱梁，每根梁底座面积的工程量按下式计算：

$$底座面积＝(梁长＋2.00\ m)×(梁宽＋1.00\ m) \tag{2-9}$$

曲面底座定额适用于梁底为曲面的箱形梁(如 T 形刚构等)，每块梁底座的工程量按下式计算：

$$底座面积＝构件下弧长×底座实际修建宽度 \tag{2-10}$$

3)模数式伸缩缝预留槽钢纤维混凝土中钢纤维的含量按水泥用量的1%计算，如设计钢纤维含量与定额不同时，可按设计用量抽换定额中钢纤维的消耗。

4)蒸汽养护室面积按有效面积计算，其工程量按每一养护室安置两片梁，其梁间距离为0.8 m，并按长度每端增加1.5 m，宽度每边各增加1.0 m 考虑。定额中已将其附属工程及设备，按摊销量计入定额中，编制预算时不得另行计算。

5)混凝土搅拌站的材料，均已按桥次摊销列入定额中。

6)钢桁架栈桥式码头定额适用于大型预制构件装船。码头上部为万能杆件及各类型钢加工的半成品和钢轨等，均已按摊销费计入定额中。

7)施工塔式起重机和施工电梯所需安、拆数量和使用时间按施工组织设计的进度安排进行计算。

(2)杂项工程节示例。

【例 2-42】 某桥预制构件场预制 T 形梁的梁长 29.96 m、梁肋底宽 0.28 m、翼板宽 1.80 m，共 12 个底座。试计算预制 T 形梁底座所需人工、水泥用量和养护 12 片梁所需的蒸汽养护室工程量及其所需的人工、水泥用量。

解：(1)预制 T 形梁的底座所需人工、水泥用量计算如下：

由《预算定额》第815页第四章第十一节杂项工程节说明2可知，每个底座面积为

(梁长＋2.00 m)×(梁宽＋1.00 m)＝(29.96＋2.00)×(0.28＋1.00)＝40.91(m^2)

底座总面积为

$$40.91 \times 12 = 490.92 (\text{m}^2)$$

由《预算定额》表[831-4-11-9-1](定额单位为 10 m² 底座面积)查得定额值，按底座工程量计算人工、水泥用量。

人工：$8.3 \times 490.92 \div 10 = 407.46$（工日）

32.5 级水泥：$0.84 \times 490.92 \div 10 = 41.24$（t）

（2）蒸汽养护室工程量计算如下：

由《预算定额》第 815 页第四章第十一节节说明 4 可知，每个养护室面积为

$$(29.96 + 2 \times 1.5) \times (2 \times 1.8 + 0.8 + 2 \times 1.0) = 210.94 (\text{m}^2)$$

养护室总工程量：$12 \div 2 \times 210.94 = 1\,265.64 (\text{m}^2)$

根据《预算定额》表[829-4-11-8-1](定额单位为 10 m²)查得蒸汽养护室建筑的人工和水泥定额并按工程量计算得

人工：$29.2 \times 1\,265.64 \div 10 = 3\,695.67$（工日）

32.5 级水泥：$0.552 \times 1\,265.64 \div 10 = 69.86$（t）

（八）《预算定额》后五章各章说明及运用

《预算定额》后五章是指定额的第五章至第九章，分别是交通工程及沿线设施、绿化及环境保护工程、临时工程、材料采集及加工、材料运输。

1. 临时工程章说明及示例

《预算定额》第 1 021 页是第七章"临时工程"的章说明，本章定额内容包括汽车便道、临时便桥、临时码头、轨道铺设、架设输电线路、人工夯打小圆木桩共六个项目。

（1）临时工程章说明的理解。大部分定额可直接套用，使用中特别注意以下几点：

1）定额运用中不得另行计算的项目。钢筋混凝土锚定额中已包括栓锚钢丝绳及锚链的数量，编制预算时不得另行计算。详见《预算定额》表[1 025-7-1-3]。

2）定额运用中允许另行计算的项目。

①重力式砌石码头定额中不包括码头拆除的工程内容，需要时可按"桥涵工程"项目的"拆除旧建筑物"定额另行计算。

②定额中便桥，输电线路的木料、电线的材料消耗均按一次使用量计入，编制预算时应按规定计算回收；其他各项定额分别不同情况，按其周转次数摊入材料数量。详见《预算定额》表[1 024-7-1-2]、表[1 029-7-1-5]。

③定额中的设备摊销费按使用 4 个月编制，使用期不同可调整。详见《预算定额》表[1 024-7-1-2]。

④定额中的钢管桩为使用一年的消耗量，使用期不同可调整。详见《预算定额》表[1 024-7-1-2]。

⑤浮箱码头定额中每 100 m² 码头平面面积的浮箱质量为 25.365 t，其设备摊销费按每吨每月 140 元，并按使用 12 个月编制，若浮箱实际质量和施工期不同时，可予以调整。详见《预算定额》表[1 025-7-1-3]。

⑥设备摊销费为变压器的费用，按施工期 2 年计算，若施工期不同，可按比例调整。详见《预算定额》表[1 029-7-1-5]。

3）定额表中的数据需要调整的说明。

①汽车便道项目中未包括便道使用期内养护所需的工、料、机数量，如便道使用期内需要养护，编制预算时，可根据施工期按相应定额计算。详见《预算定额》表[1 022-7-1-1]。

②轨道铺设如需设置道岔时，每处道岔工、料按相应轨道铺设增加，轨道质量 11 kg/m、

15 kg/m 的增加 16 m，轨道质量 32 kg/m 的增加 31 m。详见《预算定额》表［1 028-7-1-4］。

（2）临时工程章示例。

【例 2-43】 某汽车便道工程，位于山岭重丘地区，路基宽 4.5 m，天然砂砾路面压实厚度 15 cm，路面宽 3.5 m，使用期 40 个月，便道长 5 km，需要养护，试计算该便道工程的预算定额值及养护所需的工、料、机数量。

解：（1）查《预算定额》表［1 022-7-1-1-4］，每公里汽车便道路基的定额值为

人工：56.5 工日；75 kW 以内履带式推土机：12.5 台班；6～8 t 光轮压路机：0.99 台班；8～10 t 光轮压路机：0.62 台班；12～15 t 光轮压路机：2.62 台班。

（2）查《预算定额》表［1 022-7-1-1-6］，每公里天然砂砾路面定额值：

人工：100.4 工日。

材料——水：67 m³；天然级配：416.04 m³。

机械：8～10 t 光轮压路机：0.69 台班；12～15 t 光轮压路机：1.48 台班；0.6 t 以内手扶式振动碾：4.19 台班。

（3）汽车便道养护：由《预算定额》章说明 2 的规定，如汽车便道使用期内需要养护，编制预算时，可根据施工期按相应定额计算。查《预算定额》表［1 023-7-1-1-8］得

人工：1.5 工日；天然级配：10.8 m³；6～8 t 光轮压路机：1.123 台班。

根据便道长度及使用期，养护所需工、料、机总量为

人工：1.5×5×40＝300（工日）

天然砂砾：10.8×5×40＝2 160（m³）

6～8 t 光轮压路机：1.123×5×40＝224.6（台班）

2. 材料采集及加工章说明及示例

《预算定额》第 1 031 页是第八章"材料采集及加工"的章说明，本章定额内容包括人工种植及采集草皮，土、黏土采筛，采筛洗砂及机制砂，采砂砾、碎（砾）石土、砾石、卵石、片石、块石开采，料石、盖板石开采，机械轧碎石，采筛路面用石屑、煤渣、矿渣，人工洗碎（砾、卵）石，堆、码方，碎石破碎设备安、拆共 10 个项目。

（1）材料采集章说明的理解。

1）定额中机制砂、机轧碎石用到的片石均按捡清片石计算。

2）材料采集及加工定额已包括采、筛、洗、堆及加工等操作损耗在内。

（2）材料采集及加工章示例。

【例 2-44】 某浆砌块石桥墩，需用大量块石，采用在采石场机械开采块石，块石进行捡清，试确定其人工、材料及机械的预算定额值。

解：（1）采石场机械开采块石：

根据《预算定额》表［1 042-8-1-6-5］（定额单位为 100 m³ 码方）得

人工：47.6 工日。

材料：空心钢钎，0.9 kg；φ50 mm 以内合金钻头，3 个；硝铵炸药，11.9 kg；非电毫秒雷管，20 个，导爆索，9 m。

机械：9 m³/min 以内机动空压机，3.95 台班；小型机具使用费，146.5 元。

（2）捡清块石：查《预算定额》表［1 042-8-1-6-6］（定额单位为 100 m³ 码方）得

人工：67.7 日。

捡清块石是开炸石方的附带产品，其打眼、爆破的工、料、机消耗已计列，故其定额值比

机械开采减少了人工、爆破材料及机械用量。

3. 材料运输章说明及示例

《预算定额》第1 054页是第九章"材料运输"的章说明,本章定额内容包括人工挑抬运输、手推车运输、机动翻斗车运输(配合人工装车)、手扶拖拉机运输(配合人工装车)、载货汽车运输(配合人工装卸)、自卸汽车运输(配合装载机装车)、人工装机动翻斗车、人工装卸汽车、装载机装汽车、其他装卸汽车、洒水车运水共11个项目。

(1)材料运输章说明的理解。

1)汽车运输定额中已综合考虑路基不平、土路松软、泥泞、急弯、陡坡等因素增加的消耗。

2)载货汽车运输、自卸汽车运输和洒水汽车运水定额项目,仅适用于平均运距在15 km以内的运输;当运距超过第一个定额运距单位时,其运距尾数不足一个增运定额单位的半数时不计,等于或超过半数时按一个增运定额运距单位计算。当平均运距超过15 km时,应按市场运价计算其运输费用。

3)人力装卸船舶可按手推车运输相应项目定额计算。

4)所有材料的运输及装卸定额中,均未包括堆、码方工日。

5)定额中未列名称的材料,可按下列规定执行,其中不是以质量计量的应按单位质量进行换算:

①与碎石运输定额相同的材料有:天然级配、石渣、风化石。

②定额中未列的其他材料,一律按水泥运输定额计算。

(2)材料运输章示例。

【例2-45】 试列出下列预算定额:

(1)装载机装12 t以内自卸汽车运输土,运距10 km。

(2)12 t以内自卸汽车配装载机运路基土方,运距10 km。

(3)人力装卸船舶定额。

(4)指出上列1)题与2)题两定额的使用区别。

解:(1)装载机装12 t以内自卸汽车运输土,运距为10 km的预算定额:

由《预算定额》表[1 071-9-1-6/Ⅴ-73+74×9](定额单位为100 m³)得

12 t以内自卸汽车:0.43+0.09×(10-1)÷1=1.24(台班)

基价:362+76×(10-1)÷1=1 046(元)

(2)12 t以内自卸汽车配合装载机运路基土方,运距10 km的预算定额,由《预算定额》表[15-1-1-11-7+8×18](定额单位为1 000 m³天然密实方)得

12 t以内自卸汽车=5.96+0.72×(10-1)÷0.5=18.92(台班)

基价:5 015+606×(10-1)÷0.5=15 923(元)

(3)人力装卸船舶定额。根据《预算定额》第1 054页第九章说明4可知,该定额可按手推车运输相应项目定额计算。即按《预算定额》表[1 057-9-1-2]表的相应子目确定。

(4)本例的1)与2)两项定额,表面看来都是用同样工具运"土",容易查错定额。两者的区别是:

1)两定额的运输对象性质不同,前者是将土视为"材料"来运输,而后者是将土视为施工废物来运输。

2)两定额计算结果所构成的费用类别不同。前者计算结果只能构成材料单价中的运费;而后者计算结果可构成工程项目的"直接工程费"。

3)两者的运输条件(环境)也不相同。前者类似于社会运输性质的自办运输,而后者则泛指工地现场作业。

(九)基本定额、材料周转及摊销定额的说明及运用

1. 基本定额及用途

(1)基本定额的概念。《预算定额》附录二中编有"基本定额",它是公路工程预算定额的重要组成部分。基本定额,是指在合理的条件下,为生产单位数量的半成品、中间产品所规定的各种资源(工、料、机费用等)消耗量标准,如混凝土工作定额。

基本定额按其消耗资源对象的不同,可分为劳动定额(人工、机械台班消耗定额)和材料消耗定额两大类。

(2)基本定额的用途。基本定额的用途主要有:

1)进行定额抽换。所谓定额抽换,就是当设计文件中所规定的工作内容、子目与定额表中某序号所列的规格(如混凝土强度)不符时,则应查用相应定额或基本定额予以替换。如设计要求用普 C25 水泥混凝土,而定额中所列为普 C20 水泥混凝土,此时即应查基本定额进行计算并予以替换。在抽换前应仔细阅读《预算定额》的总说明和章、节说明与注解,确定是否需要抽换,以及如何抽换。

2)分析分项工程(工作)或半成品所需人工、材料、机械等消耗量。当设计中出现定额表中查不到的个别分项工程、工作时,应根据其具体工程数量通过基本定额的有关表,分析计算所需工、料、机等数量。例如新型结构桥梁中的某混凝土构件在定额中查不到,此时即可通过基本定额来计算其所需人工、材料、机械数量;若需模板,尚应按"桥涵模板工作"来分析工、料。

2. 材料周转及摊销定额

在《预算定额》附录中三中编有"材料的周转及摊销"定额,其主要用途如下:

(1)规定各种周转性材料的周转、摊销次数。

(2)对达不到规定周转次数的材料定额进行抽换。

根据《预算定额》的总说明第八条的规定,对于达不到周转次数的周转性材料定额(即按实际周转次数确定的备料定额),可按下式进行换算:

$$E' = E \times K \tag{2-11}$$

式中　E'——实际周转次数的周转性材料定额;

　　　E——定额规定的周转性材料定额;

　　　K——换算系数,$K = n/n'$;

　　　n——定额规定的材料周转次数;

　　　n'——实际的材料周转次数。

材料的周转及摊销按下式计算:

$$定用量 = \frac{一次使用量 \times (1 + 及操作耗)}{周次(或次)} \tag{2-12}$$

【例 2-46】 试确定预制 T 形梁混凝土 10 m³ 实体及现场加工 1 t 钢筋的预算定额。已知条件为:采用普 C25 混凝土,碎石最大粒径 2 cm,32.5 及水泥,不计蒸汽养护室建筑。

解:(1)定额表号的确定。由预算定额目录可知预制 T 形梁定额在第 684 页,混凝土的定额表号为[684-4-7-12-1],钢筋的定额表号为[684-4-7-12-2]。

(2)人工定额的确定。

1)T 形梁混凝土的定额表号为[684-4-7-12-1],查得其人工 18.6 工日/10 m³,其他材料费 28.3 元/10 m³。

2)T 形梁钢筋的定额表号为[684-4-7-12-2],查得其人工 6.6 工日/1 t。

3)蒸汽养护的定额编号为[829-4-11-8-2]，查得其人工 4.7 工日/10 m³，其他材料费18.3 元/10 m³。

4)由第 373 页第四章章说明一第 3 条可知，定额中混凝土均按露天养护考虑，如采用蒸汽养护时，应从各有关定额中按每10 m³扣减人工 1.0 个工日及其他材料费 4 元，并按蒸汽养护有关定额计算。

计算人工定额为

①混凝土(10 m³ 实体):

人工：18.6＋4.7－1.0＝22.3(工日)

②钢筋(1 t):

人工：6.6 工日

(3)材料定额确定。

1)由表[684-4-7-12-1]之序号 2 可知定额表所列为普 C30 混凝土，而设计所需为普 C25 混凝土，故应抽换。

2)由基本定额[1 084-(一)-2-4]查得每立方米混凝土需 32.5 级水泥 368 kg，中(粗)砂 0.48 m³，20 mm 碎石 0.8 m³。

计算材料定额为

①混凝土(10 m³ 实体)。由定额表[684-4-7-12-1]直接查得：HPB300 钢筋 0.002 t，钢丝绳 0.004 t，钢板 0.03 t，钢模板 0.174 t，电焊条 4.3 kg，铁件 15.4 kg，水 16 m³，锯材 0.04 m³。

需要抽换的材料：

32.5 级水泥：368×10.1＝3 716.8(kg)

中(粗)砂：0.48×10.1＝4.848(m³)

20 mm 碎石：0.80×10.1＝8.08(m³)

其他材料费：28.3＋18.3－4＝42.6(元)

②钢筋(1 t)。HPB300 钢筋，0.246 t；HRB400 钢筋，0.779 t；20～22 号铁丝，2.07 kg；电焊条，5.93 kg。

(4)机械定额确定。

1)由定额表[685-4-7-12-1]查得混凝土所需机械：50 kN 以内单筒慢动卷扬机，3.59 台班；32 kV·A 以内交流电弧焊机，0.94 台班；小型机具使用费，46.9 元。

2)由定额表[685-4-7-12-2]查得钢筋所需机械：30 kN 以内单筒慢动卷扬机，0.14 台班；32 kV·A 以内交流电弧焊机，0.99 台班；75 kV·A 以内交流对焊机，0.14 台班；150 kV·A 以内交流对焊机，0.08 台班；小型机具使用费，20.5 元。

3)由[830-4-11-8-2]查得蒸汽养护所需机械：30 kN 以内单筒慢动卷扬机，0.64 台班；1 t/h 以内工业锅炉，1.7 台班。

【例 2-47】 某桥梁的台帽工程设计为普 C25 钢筋混凝土，采用 32.5 级水泥，4 cm 碎石，台帽钢筋为 HPB300 钢筋 25 t，HPB400 钢筋 30 t，试确定 10 m³ 混凝土实体及现场加工 1 t 钢筋的预算定额(非泵送混凝土)。

解：(1)由预算定额目录可知台帽定额在 620 页。

(2)确定定额表号为[620-4-6-3-1]和[622-4-6-3-5]。

(3)由表[620-4-6-3-1]之序号 2 可知定额表所列为普 C30 混凝土，而设计所需为普 C25 混凝土，故应抽换。由基本定额[1 085-(一)-2-21]查得每立方米混凝土需 32.5 级水泥335 kg，中(粗)砂 0.48 m³，20 mm 碎石 0.83 m³。

(4)计算混凝土的定额值。由定额表[620-4-6-3-1]直接查得：人工12.4工日，钢模板0.049 t，螺栓5.91 kg，铁件3.48 kg，水12 m³，其他材料费86.2元，25 t以内汽车式起重机0.66台班，小型机具使用费11.4元。

需要抽换的材料：

32.5级水泥：335×10.2＝3 417(kg)

中(粗)砂：0.48×10.2＝4.896(m³)

20 mm碎石：0.83×10.2＝8.466(m³)

(5)计算钢筋的定额值：

1)由定额表[622-4-6-3-5]直接查得：人工6.9工日，20～22号铁丝2.86 kg，电焊条2.23 kg，32 kV·A以内交流电弧焊机0.32台班，小型机具使用费18.8元。

2)定额中的HPB300钢筋与HPB400钢筋比例为0.17：0.855＝1：5.029；设计HPB300钢筋与HPB400钢筋比例为25：30＝1：1.2，钢筋比例不同需要换算。假设HPB300钢筋为x，HPB400钢筋比例为y，则

$$\begin{cases} \dfrac{x}{y}=\dfrac{25}{30} \\ x+y=1.025 \end{cases} \Rightarrow \begin{cases} x=0.466 \\ y=0.559 \end{cases}$$

HPB300钢筋，0.466 t；HRB400钢筋，0.559 t。

【例2-48】 某高速公路2孔石砌拱桥，墩台高度10 m，需制备满堂式木支架，支架有效宽度8.5 m，试确定其实际周转2次的周转性材料预算定额。

解：(1)桥梁木支架，应查《预算定额》表[774-4-9-3-2]。

(2)查定额，每10 m²立面积的定额值：8～12铁丝0.5 kg；铁件10 kg；铁钉0.1 kg；原木0.69 m³；锯材0.07 m³。

(3)由《预算定额》第1 099页附录三"材料周转及摊销"定额表查得，支架的周转次数定额值n为：原木、锯材5次，铁件5次，铁钉4次，8～12铁丝1次。

(4)实际周转次数$n'=2$，根据式(2-11)，实际周转次数周转性材料的定额值$E'=E×K$(其中：$K=n/n'$)。

8～12铁丝：$E'=0.5×1÷2=0.25$(kg)

铁件：$E'=10×5÷2=25$(kg)

铁钉：$E'=0.1×4÷2=0.2$(kg)

原木：$E'=0.69×5÷2=1.725$(m³)

锯材：$E'=0.07×5÷2=0.175$(m³)

学习效果评价

一、学生自评

【填空题】

1. 公路工程预算定额编制的原则有_____、_____、_____和_____。

2. 预算定额的作用主要有_____、_____、_____、_____和_____。

3. 预算定额是用于确定一定计量单位的分项工程的_____、_____和_____消耗的数量标准。

4. 公路工程预算定额包括_____、_____、_____和_____共四部分内容。

5. 土石方数量计算时，必须由施工组织设计提出的情况有_____、_____、_____、_____等几个方面。

【思考题】

1. 公路工程预算定额的含义是什么？

2. 公路工程预算定额编制的原则有哪些？

3. 公路工程预算定额的组成内容有哪些？

4. 公路工程预算定额的作用有哪些？

5. 如何正确查用公路工程预算定额？

【计算题】

1. 已知某中桥工程的预制预应力混凝土空心板梁混凝土设计标号50号，为自然养生。若采用蒸汽养生施工(不考虑蒸汽养生室建筑)，试确定其预算定额。

2. 已知某中桥桥台桩基采用回旋钻潜水钻孔(土层为黏性土，桩径1.2 m，钻孔总长20 m/根×12根＝240(m)；桩径1.5 m，钻孔总长21 m/根×6根＝126 m)，起重机配吊斗混凝土标号30号，工程量494.1 m³，光圆钢筋2 902.4 kg、带肋钢筋28 099 kg，试确定该项目的桩基预算定额基价。

3. 某路段共长2.0 km，基层采用35 cm厚、6%水泥碎石，基层宽度为9 m，施工采用稳定土厂拌，拌合厂设在路线桩号K1＋200外3 km处，12 t自卸汽车运输，120 kW平地机铺筑，试确定该项目的预算定额。

4. 某路段，挖方12 659.60 m³(其中I类土1 247.87 m³，Ⅱ类土6 413.85 m³，Ⅳ类土3 157.88 m³)，填方量为37 258.5 m³，本断面挖方可利用方量Ⅱ类2 457.58 m³、Ⅳ类898.1 m³，远运利用方量为Ⅱ类5 257 m³、Ⅳ类3 472 m³，试求借方数量、弃方数量及各类土石方计价内容。

5. 某桥主桥灌注桩采用回旋钻机钻孔，桩径140 cm，孔深40 m，砂土黏土，干处埋设钢护筒，灌注桩混凝土用回旋钻潜水钻起重机吊斗无拌合船施工，混凝土拌合站拌和(40 m³/s以内)，6 m³搅拌运输车运送，试确定其定额值。

6. 某桥采用在水中工作平台上打桩基础。已知地基土层次为亚黏土8.0 m、黏土2.0 m、干的固结黄土；设计垂直桩入土深为11.0 m，斜桩入土深为12 m，设计规定凿去桩头1.00 m，打桩工作平台160 m²，试确定打钢筋混凝土方桩及工作平台的预算定额。

7. 某桥预制构件场预制T梁的梁长19.96 m、梁肋底宽0.18 m、翼板宽1.60 m、共12个底座。试计算预制T梁的底座所需水泥用量和养生12片梁所需的蒸汽养生室工程量及其所需原木和锯材数。

二、学习小组评价

班级：_____   姓名：_____   学号：_____

学习内容	分值	评价内容	得分
基础知识	30	公路工程预算定额的含义；公路工程预算定额编制的原则；公路工程预算定额的作用；公路工程预算定额的组成内容；公路工程预算定额表的内容；公路工程预算定额的运用	
应会技能	10	能够准确解释公路工程预算定额	
	20	能够理解公路工程预算定额的编制原则、作用	
	10	了解公路工程预算定额的内容	
	20	能够正确地查用公路工程预算定额	
学习态度	10		
学习小组组长签字：		年　　月　　日	

工作任务四　公路工程概算定额运用

【思维导图】

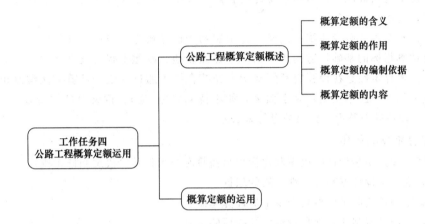

知识目标

(1)了解公路工程概算定额的含义。
(2)理解公路工程概算定额的编制依据、作用。
(3)叙述公路工程概算定额表的组成内容。
(4)分析公路工程概算定额的内容。
(5)正确地运用公路工程概算定额。

能力目标

(1)能够分析不同公路工程项目的特点和要求,以确定适当的概算定额的使用方式。
(2)能够运用概算定额进行成本估算,包括材料、机械和设备等方面的估算。
(3)能够根据概算定额的信息,做出合理的决策,包括项目的可行性和造价的合理性等方面的决策。

素质目标

(1)培养学生的社会责任感,积极参与公路工程项目建设,为社会经济发展做出贡献。
(2)培养学生的职业道德和职业操守,强调诚实、公正、透明等价值观。

一、公路工程概算定额概述

(一)概算定额的含义

概算定额,是在预算定额基础上根据有代表性的通用设计图和标准图等资料,以主要工序为准综合相关工序,进行综合、扩大和合并而成的定额。概算定额是按照合理的施工组织和一般正常的资源消耗量标准,根据国家现行的公路工程施工技术及验收规范、质量评定标准及安全操作规程取定的。

概算定额是全国公路专业统一定额,是编制初步设计概算、修正概算的依据,也是编制建设项目投资估算指标的基础,适用于公路基本建设新建、改建工程。概算定额与预算定额都属于计价定额。概算定额是在预算定额的基础上经综合扩大通过一定的计算方法编制出来的,因而概算定额采用的产品单位比预算定额大,如小桥涵以座(道)、桥梁上部构造以 10 m 标准跨径、1 000 m² 黑色碎石路面、公路公里等来表示。

(二)概算定额的作用

(1)概算定额是初步设计阶段编制建设项目概算和技术设计阶段编制修正概算的依据。

(2)概算定额是设计方案经济性比较的依据。

(3)概算定额是编制主要材料需要量的计算基础。

(4)概算定额是编制建设项目投资估算指标的基础。

(5)在不具备施工图预算的情况下,概算定额还可以作为制订工程标底的基础。

(6)在实行建设项目投资包干时,其项目包干费用通常也以概算定额为计算依据。

(三)概算定额的编制依据

(1)国家有关方针、政策及规定。

(2)现行标准设计图纸或有代表性的设计图或施工详细图。

(3)现行的工程施工技术及验收规范、质量评定标准及安全操作规程。

(4)现行预算定额。

(5)施工方案、施工工艺及方式、机械的选择。

(6)编制期的人工工资标准、材料预算价格、机械台班单价。

(四)概算定额的内容

现行的《公路工程概算定额(上、下册)》(JTG/T 3831—2018)(以下简称《概算定额》),由交通运输部 2018 年 12 月 17 日发布,2019 年 5 月 1 日起实施。概算定额的内容、格式与预算定额基本相同,《概算定额》包括路基工程、路面工程、隧道工程、桥涵工程、交通工程及沿线实施、绿化及环境保护工程、临时工程共七章。概算定额的组成及表现形式如下。

1. 概算定额的总说明及各章、节说明

总说明的内容包括:

(1)概算定额的适用范围及包括的内容。

(2)对各章、节都适用的统一规定。

(3)概算定额所采用的标准及抽换的统一规定。

(4)概算定额的材料名称在预算定额的基础上综合情况的说明,以及对应于预算定额材料名称的统一规定。

(5)概算定额中未包括的内容。

(6)概算定额中未包括的项目,须编制补充定额的规定。

章、节说明包括：各章、节的工作内容、工作范围、工程项目的统一规定、工程量的计算规则等。

2. 概算定额项目表

(1)工程项目名称及定额单位。

(2)工程项目包括的工程内容。

(3)完成定额单位工程的人工消耗量的单位、代号、数量，数量中包括预算定额综合为概算定额项目的人工幅度差。

(4)完成定额单位工程的材料消耗量的名称、单位、代号、数量。其中主要材料以定额消耗量或周转使用量表示，主要材料中数量很小的材料及次要材料以其他材料费表示，吊装等金属设备的折旧费以设备摊销费表示。在桥涵及隧道工程中还包括预算定额综合为概算定额的材料幅度差。

(5)完成定额单位工程的机械名称、单位、代号、数量。其中主要机械以台班消耗数量表示，数量中包括预算定额综合为概算定额的机械幅度差。次要机械以小型机械使用费的形式表示。

(6)完成定额单位工程的定额基价，定额基价是人工费、材料费、机械使用费的合计价值。定额基价可作为各项目间技术经济比较的参考。

(7)有些定额项目下还列有在章、节说明中未包括的使用本概算定额项目的注解。

二、概算定额的运用

《概算定额》由说明和定额项目表两部分组成，与《预算定额》相比，没有附录部分。与《预算定额》类似，《概算定额》的运用方法可分为定额的直接套用、定额的抽换、定额的补充、定额的综合运用四种。

概算定额综合性很强，套用概算定额时，计算工作量也比套用预算定额简单，但应注意以下三点，防止漏项和重复。

(1)注意定额项目的综合内容。有的概算定额，直接将预算定额中所综合进来的项目名称和工程量等标注在分项概算定额表内，有的概算定额只是在分项定额表上的工程内容和子项栏内作简单标注。凡内容中未包括的应另列项计算。

(2)注意工程量计算规则。概算定额对工程量的取定尺寸，与预算定额大不相同。

(3)注意定额单位。因为概算定额有很强的综合性，故计量单位与预算定额也不相同。

【例 2-49】 某三级公路路基工程总长 15 km，山岭重丘区，其中包括整修路拱 122 500 m^2、人工挖土质台阶 6 500 m^2、人工挖截水沟 950 m^3、40 cm×40 cm 路基碎石料盲沟 106 m、填前压实 65 000 m^2。试列出其人工概算定额，并计算人工劳动量。

解： 查《概算定额》第 2 页第一章第一节说明 8 的规定，可知这些工程项目都属于"路基零星工程"，编制概算时不应单独列项，由《概算定额》表[36-1-1-22-6](定额单位为 1 km)可得该工程项目所需人工总劳动量为

$$15×189.2＝2 838(工日)$$

【例 2-50】 某路基工程土方，人工挖运普通土 7 500 m^3，运距 100 m，升坡 3%，试确定其概算定额值。

解： (1)根据题意查《概算定额》表[4-1-1-2-2＋4](定额单位为 1 000 m^3 天然密实土)。

(2)根据本表附注 3 的规定，如遇升降坡时，除按水平距离计算运距外，还应按表中规定另加运距。

(3)运距 100 m 升坡 3% 时，高度差 $H=100\times3\%=3(\mathrm{m})$。

(4)因升坡而另加的运距为 $3\times15=45(\mathrm{m})$。

(5)故人工挖运土的总运距为 $100+45=145(\mathrm{m})$。

(6)挖运普通土的概算定额值(定额单位为 1 000 m^3 天然密实土)为

人工：$[157.3+5.9\div10\times(145-40)]\times7\ 500\div1\ 000=1\ 644.375(工日)$

【例 2-51】 某级配碎石路面宽为 8 m，长为 8 km，人工铺料，压实厚度为 28 cm，需分层拌和碾压，试确定其概算定额。

解：(1)摊铺碾压的工程量为 $8\times8\ 000=64\ 000(\mathrm{m}^2)$。

(2)根据题意，确定该项目《概算定额》表号[187-2-2-2-1+4×18]。

(3)查看《概算定额》第 185 页第二章第二节说明 1 可知，配碎石路面面层的压实厚度超过 20 cm 进行分层拌和碾压时，拖拉机、平地机、摊铺机和压路机的台班消耗按定额数量加倍，每 1 000 m^2 增加 3 工日。

(4)计算其人工、材料、机械台班数量(定额单位为 1 000 m^2)：

人工：$(14.5+1.2\times18+3)\times64\ 000\div1\ 000=2\ 502.4(工日)$

材料——黏土：$(18.32+1.83\times18)\times64\ 000\div1\ 000=3\ 280.64(\mathrm{m}^3)$

材料——碎石：$(153.31+15.34\times18)\times64\ 000\div1\ 000=27\ 483.52(\mathrm{m}^3)$

设备摊销费：$(23+0.1\times18)\times64\ 000\div1\ 000=1\ 587.2(元)$

机械——75 kW 以内履带式拖拉机 $0.24\times2\times64\ 000\div1\ 000=30.72(台班)$

机械——12~15 t 光轮压路机：$0.12\times2\times64\ 000\div1\ 000=15.36(台班)$

机械——18~21 t 光轮压路机：$0.93\times2\times64\ 000\div1\ 000=119.04(台班)$

机械——10 000 L 以内洒水汽车：$(0.1+0.01\times18)\times64\ 000\div1\ 000=17.92(台班)$

【例 2-52】 某二灰碎石路面基层施工，施工方法为路拌法，采用稳定土拌合机拌和。定额规定的配合比(石灰：粉煤灰：碎石)5：15：80，基本压实厚度为 20 cm；本例设计配合比为 7：13：80，设计厚度 26 cm，求各种材料调整后的概算定额数量。

解：(1)根据题意，确定本项目的《概算定额》表号为[148-2-1-4(Ⅲ)-35+36×6]。

(2)根据《概算定额》第 129 页第二章第一节说明 2 的计算式

$$C_i=\left[C_d+B_d\times(H-H_0)\times\frac{L_i}{L_d}\right]$$

计算得石灰、粉煤灰、碎石调整后的数量分别为

$$C_1=[22.77+1.139\times(26-20)]\times7/5=41.446(\mathrm{t})$$
$$C_2=[63.963+3.198\times(26-20)]\times13/15=72.064(\mathrm{m}^3)$$
$$C_3=[222.11+11.11\times(26-20)]\times80/80=288.77(\mathrm{m}^3)$$

【例 2-53】 某隧道工程洞内路面采用 10 cm 厚砂砾垫层，试确定其路面垫层定额值。

解：查《概算定额》第三章隧道工程和第二章路面工程。

(1)路面砂砾垫层应采用《概算定额》表[130-2-1-1-2-7×5]，即"路面垫层定额"。

(2)按《概算定额》第 257 页第三章说明 9 之(2)规定，洞内工程项目如需采用其他章节中有关项目时，所采用定额的人工工日、机械台班数量及小型机具使用费应乘以 1.26 系数(此规定与预算定额相同)。

(3)计算定额值为(定额单位为 1 000 m^2)：

人工：$[18.7-1.1\times(15-10)]\times1.26=16.632(工日/1\ 000\ \mathrm{m}^2)$

水：$19-1\times(15-10)=14(\mathrm{m}^3)$

砂砾：$191.25-12.75\times(15-10)=127.5(\text{m}^3/1\,000\,\text{m}^2)$

$12\sim15\,\text{t}$光轮压路机：$0.16\times1.26=0.202(\text{台班}/1\,000\,\text{m}^2)$

$18\sim21\,\text{t}$光轮压路机：$0.31\times1.26=0.391(\text{台班}/1\,000\,\text{m}^2)$

【例 2-54】 某预应力混凝土箱梁预制工程，设计规定采用波纹管成孔，钢筋为 520 根/10 t。试列出后张法制作、张拉预应力钢筋的概算定额。

解： (1)根据《概算定额》第 693 页第四章第五节说明 2，当每吨钢筋根数与定额规定不符时，可根据定额进行抽换。

(2)查《概算定额》表[701-4-5-2-1-2×10]（定额单位为 10 t 预应力钢筋），根据题目内容钢筋为 520 根/10 t，与定额所列钢筋为 530 根/10t 不符，故其计算为

人工：$211.7-(530-520)\times0.2=209.7(\text{工日})$

材料：

预应力粗钢筋，10.4 t

波纹管钢带，0.983 t

水，2 m³

32.5 级水泥，1.941 t

精轧螺纹钢锚具，$1\,121.6-(530-520)\times2.1=1\,100.6(\text{套})$

其他材料费，$245.4-(530-520)\times0.5=240.4(\text{元})$

机械：

900 kN 以内预应力拉伸机，$17.78-(530-520)\times0.03=17.48(\text{台班})$

波纹管卷制机，7.86 台班

50 kN 以内单筒慢动电动卷扬机，3.7 台班

小型机具使用费，$927.1-(530-520)\times1.7=910.1(\text{元})$

【例 2-55】 某工程施工需临时钢便桥 1 座，桥长为 190 m，桩长为 10 m 以内，试求其概算定额的工、料、机消耗(设备使用期为 5 个月)。

解： 由《概算定额》第 903 页第七章说明 3 可知，该便桥长 190 m，而定额是以单孔跨径 21 m 编制的，故该桥应设 $190\div21\approx9(\text{座})$墩，又由表[907-7-1-2]临时便桥定额备注 1 可知，设备摊销费按 4 个月编制，该项目为 5 个月，应调整。

根据《概算定额》表[815-7-1-2-1+2]查得

人工：$28.7\times190\div10+1.5\times9=558.8(\text{工日})$

型钢：$0.09\times9=0.81(\text{t})$

钢管桩：$0.152\times9=1.368(\text{t})$

电焊条：$1.4\times9=12.6(\text{kg})$

铁件：$16.1\times190\div10+13.3\times9=425.6(\text{kg})$

原木：$0.171\times190\div10+0.21\times9=5.139(\text{m}^3)$

锯材：$5.165\times190\div10+0.11\times9=99.125(\text{m}^3)$

其他材料费：$372.8\times190\div10+6.1\times9=7\,138.1(\text{元})$

设备摊销费：$3\,128.8\times4\div5\times190\div10=47\,557.76(\text{元})$

25 t 以内轮胎式起重机：$0.09\times9=0.81(\text{台班})$

50 kN 以内单筒慢动卷扬机：$2.36\times190\div10=44.84(\text{台班})$

300 kN 以内振动打拔桩锤：$0.21\times9=1.89(\text{台班})$

32 kV·A 以内交流电弧焊机：$0.16\times9=1.44(\text{台班})$

44 kW 以内内燃拖轮：$0.08 \times 9 = 0.72$（台班）

80 t 以内工程驳船：$0.51 \times 9 = 4.59$（台班）

小型机具使用费：$5.6 \times 190 \div 10 + 7.1 \times 9 = 170.3$（元）

学习效果评价

一、学生自评

【填空题】

1. 概算定额是全国公路专业统一定额，是编制_____和_____的依据。

2. 概算定额的作用主要有_____、_____、_____、_____和_____。

3. 概算定额是根据国家现行的_____、_____、_____和_____取定的。

4. 概算定额的编制依据主要有_____、_____、_____、_____和_____。

5. 概算定额包括_____、_____、_____、_____四个方面。

【思考题】

1. 公路工程概算定额的含义是什么？

2. 公路工程概算定额编制的依据有哪些？

3. 公路工程概算定额的作用有哪些？

4. 公路工程概算定额的组成内容有哪些？

5. 运用公路工程概算定额的步骤有哪些？

6. 如何正确查用公路工程概算定额？

【计算题】

某公路建设项目沥青路面基层为二灰碎石，二灰碎石施工方法为路拌法，采用稳定土拌合机拌和。定额规定的配合比为（石灰∶粉煤灰∶碎石）5∶15∶80，基本压实厚度 15 cm；本例设计配合比为 8∶14∶78，设计厚度为 20 cm，求各种材料调整后的概算定额数量。

二、学习小组评价

班级：_____　　　　姓名：_____　　　　学号：_____

学习内容	分值	评价内容	得分
基础知识	30	公路工程概算定额的含义；公路工程概算定额编制的依据；公路工程概算定额的作用；公路工程概算定额表的组成内容；公路工程概算定额的内容；公路工程概算定额的运用	
应会技能	10	能够准确解释公路工程概算定额	
	20	能够理解公路工程概算定额的编制依据、作用	
	10	了解公路工程概算定额的内容	
	20	能够正确地查用公路工程概算定额	
学习态度	10		
学习小组组长签字：			年　月　日

工作任务五　公路工程估算指标运用

【思维导图】

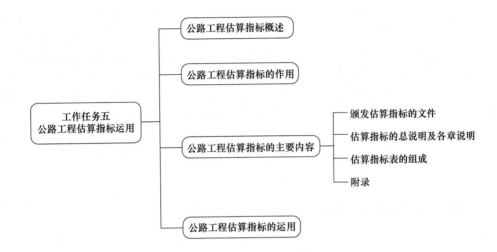

工作任务五 公路工程估算指标运用
- 公路工程估算指标概述
- 公路工程估算指标的作用
- 公路工程估算指标的主要内容
  - 颁发估算指标的文件
  - 估算指标的总说明及各章说明
  - 估算指标表的组成
  - 附录
- 公路工程估算指标的运用

知识目标

(1)了解公路工程估算指标的含义。
(2)理解公路工程估算指标的作用。
(3)叙述公路工程估算指标的内容。
(4)正确地运用公路工程估算指标。

能力目标

(1)培养学生分析和解决公路工程估算问题的能力,包括根据项目需求选择合适的估算指标、进行估算计算等。
(2)能够运用所学知识,评估公路工程项目的成本,确保项目在可控范围内。
(3)具备数据分析和推理能力,以便进行估算指标的合理预测和调整。

素质目标

(1)培养学生的社会责任感,使其明白在工程领域的职责和使命。
(2)培养学生在分析和解决估算问题的过程中,具备团队合作精神和协作能力。
(3)在数据分析和估算指标的预测和调整过程中,培养学生具备创新思维,寻找新的解决方案。

一、公路工程估算指标概述

公路建设项目从立项到竣工要经过多个不同的阶段，为了满足各阶段的造价控制和管理的需要，要求编制与之相适应的造价文件，以不同的表现形式反映不同阶段的工作深度和工程价格。前期准备阶段的造价编制，是指依据公路建设项目建议书编制项目建议书投资估算，并依据审批的公路项目建议书编制公路工程可行性研究报告和投资估算。

公路工程估算指标是以独立的建设项目、单位工程或单项工程为对象，综合项目全过程投资和建设中的各类成本和费用的技术经济指标，它是编制项目建议书和可行性研究报告投资估算的依据，也可作为技术方案比较的参考。估算指标既是定额的一种表现形式，又不同于其他的计价定额，它是从项目建设的全过程出发估算全部投资额的，因此具有更大的综合性和概括性。

现行的《公路工程估算指标》(JTG/T 3821—2018)(以下简称《估算指标》)和《公路工程建设项目投资估算编制办法》(JTG 3820—2018)是公路建设行业推荐性标准，由交通运输部于2018年12月17日发布，自2019年5月1日起施行。估算指标是交通运输部根据公路建设项目建议书和可行性研究报告的工作深度要求，以公路工程行业标准、规范的规定以及近年来公路建设项目的设计和竣工资料为依据而制定的。

二、公路工程估算指标的作用

公路工程估算指标在固定资产形成的过程中起着投资预测、投资控制、投资效益分析、确定工程造价的作用，具体表现如下：

(1)在编制项目建议书和可行性研究报告阶段，它是多方案比选、优化设计方案、正确编制投资估算、合理确定项目投资额的重要基础。

(2)在建设项目评价、决策过程中，它是评价建设项目投资可行性、分析投资效益的主要经济指标。

(3)在实施阶段，它是限额设计和工程造价确定与控制的依据。

(4)估算指标是固定资产投资管理和控制的重要手段。

(5)估算指标是控制固定资产投资规模、引导投资方向、制订中长期投资计划工作的重要依据。

(6)在项目投资决策的实施阶段，估算指标是强化投资项目管理的重要手段。

三、公路工程估算指标的主要内容

现行的《估算指标》内容包括路基工程、路面工程、隧道工程、桥涵工程、交叉工程、交通工程、临时工程七章及附录。

《估算指标》的组成部分包括颁发指标的文件、目录、总说明、各类工程的章说明、指标表和附录六部分。

(一)颁发估算指标的文件

颁发估算指标的文件，是指中华人民共和国交通运输部2018年12月17日发布的第86号公告。它明确规定了估算指标发布和实施的日期，以及编委会成员的组成。

(二)估算指标的总说明及各章说明

在现行的《估算指标》中编有11条总说明，7个章说明。

1. 总说明

总说明是涉及估算指标使用方面的全面性规定和解释，综合阐述了估算指标的编制原则、指导思想、编制依据、适用范围及估算指标的作用，并对编制估算指标时已经考虑和没有考虑的因素、使用方法及有关规定作了介绍。要想准确而又熟练地运用估算指标，在使用估算指标时必须反复阅读总说明，真正理解这部分内容。

2. 章说明

章说明是本章工程项目的统一规定。各章说明主要介绍各章的工程内容及主要施工过程、工程子目的划分依据、工程量计算方法和规定、计算单位、应扣除和应增加的部分，以及计算公式和附表等。这部分内容是工程量计算及应用估算指标的基准，必须全面准确地掌握。

3. 附注

附注是针对某一项指标的补充说明或规定，并非所有指标都有附注，附注仅在那些需要说明而估算指标表中又难以表示清楚的指标后才出现。附注一般放在需要说明的估算指标表的左下方。

(三)估算指标表的组成

估算指标表是各类指标的最基本的组成部分，是估算指标数额的具体表示。在每个估算指标表中，人工的表现形式是以合计工日数的形式表示；材料部分只列出主要材料消耗量，次要、零星材料以"其他材料费"的形式表示；机械部分只列出主要施工机械台班数量，非主要施工机械以"小型机具使用费"的形式表示。估算指标表的构成及主要栏目如下。

(1)表号及指标表名称，位于指标表的最上端，是某项工程的项目名称，如《估算指标》第9页中表[1-6](表2-12)。

表 2-12 填石路堤

工程内容：机械整平石方，人工解小并摊平石方；碾压等全部内容　　　　　　　单位：1 000 m³ 压实方

顺序号	项目	单位	代号	公路等级		
				高速、一级公路	二级公路	三、四级公路
				1	2	3
1	人工	工日	1001001	10.5	8.4	5.3
2	105 kW 以内履带式推土机	台班	8001004	1.34	1.47	1.61
3	10 t 以内振动压路机(单钢轮)	台班	8001088	—	2.65	2.68
4	20 t 以内振动压路机	台班	8001090	2.32	—	—
5	9 m³/min 以内机动空压机	台班	8017049	1.06	0.85	—
6	小型机具使用费	元	8099001	94.1	75.2	—
7	基价	元	9999001	6 956	5 708	4 885

(2)工程内容，位于表的左上方，主要说明本指标表所包括的操作内容。查估算指标时，必须将实际发生的项目操作内容与指标表的左上方工程内容进行比较，若不一致时，应按指标说明进行换算或采取其他调整措施。

(3)工程项目计量单位，位于表的右上方，是指标中规定的计量单位，如 10 m³、100 m² 桥面、1 000 m²、1 km、1公路公里、每条收费车道等。

(4)顺序号，位于指标表的最左侧，表征人工、材料、机械及费用的顺序号，起简化说明的作用。

(5)项目，即本指标表的工程所需人工、材料、机具、费用的名称、规格。

(6)项目单位，是与指标单位不同的概念，一般指与项目内容相对应的资源消耗的计量单位。指标表中除人工和机械消耗以工日和台班为单位外，材料等实物消耗均采用国际单位。

(7)代号，当采用电算方法编制公路工程投资估算时，可引用表中代号作为对工、料、机名

称的识别符号，一般不应随意变动，如遇有新增材料或机械时，可取相近品种材料或机械代号间的空号增加。指标表中的工、料、机代号是由小到大的顺序排列的，各种工、料、机所对应的代号详见《预算定额》附录四。

(8)工程细目，表征本指标表所包括的工程细目，如《估算指标》第11页表[1-8]中的"砌石圬工""混凝土圬工""其他排水工程"等。

(9)栏号，指工程细目编号，如表2-12所示定额中"高速、一级公路"栏号为1，"二级公路"栏号为2。

(10)指标值，即指标表中各种资源的消耗量数值。

(11)基价，也称定额基价，是指人工费、材料费、机械使用费的合计价值。基价中的人工费是按106.28元/工日计算的；材料费和设备费按现行《预算定额》中附录四的材料、设备单价计算；施工机械使用费按现行《公路工程机械台班费用定额》(JTG/T 3833—2018)计算。项目所在地海拔超过3 000 m时，人工、材料、设备以及机械台班基价在上述单价的基础上乘以系数1.3。

(四)附录

附录为设备购置费参考值。

估算指标与概算定额、预算定额一样，是以人工、材料、机械台班消耗量表现的指标。编制估算时，其人工费、材料费、机械使用费应按《公路工程建设项目投资估算编制办法》(JTG 3820—2018)的规定计算。

编制投资估算时，应按指标的说明及附注正确使用指标，不要随意抽换指标的内容，以免造成重算或漏算的失误。指标中缺少的项目，可以编制补充指标。补充指标应按照指标的编制原则、方法进行编制，由各省、自治区、直辖市交通运输主管部门批准执行，并报交通运输部公路局备案。

当可行性研究报告的工作深度已达到初步设计的深度时，可采用现行《概算定额》编制可行性研究报告投资估算。

四、公路工程估算指标的运用

【例2-56】 某一级公路水泥稳定碎石基层$3.6×10^4$ m³，压实厚度32 cm，试用估算指标确定其工、料、机消耗量。

解：(1)根据题意查《估算指标》第32页，定额表号为[2-2-3+4×12]。

(2)查《估算指标》第30页说明1，各类稳定土压实厚度在20 cm以内，如超过规定值20 cm分层碾压时，拖拉机、平地机、摊铺机和压路机的台班消耗按定额数量加倍计算，每1 000 m²增加1.5个工日。

(3)工程量实际基层面积：36 000÷0.32＝112 500(m²)。

(4)计算工、料、机消耗量：

人工：(7.6+0.3×12+1.5)×112 500÷1 000＝1 428.75(工日)

铁件：(0.33+0.03×12)×112 500÷1 000＝77.625(kg)

水：(29.4+1.13×12)×112 500÷1 000＝4 833(m³)

中(粗)砂：(0.9+0.08×12)×112 500÷1 000＝209.25(m³)

片石：(1.11+0.1×12)×112 500÷1 000＝259.875(m³)

碎石(4 cm)：(0.34+0.03×12)×112 500÷1 000＝78.75(m³)

碎石：(296.73+14.84×12)×112 500÷1 000＝53 416.125(m³)

块石：(1.02＋0.09×12)×112 500÷1 000＝236.25(m³)

32.5 级水泥：(22.844＋1.153×12)×112 500÷1 000＝4 126.5(t)

其他材料费：(301.7＋0.1×12)×112 500÷1 000＝34 076.25(m³)

0.6 m³ 以内履带式液压单斗挖掘机：0.02×112 500÷1 000＝2.25(台班)

3.0 m³ 以内轮胎式装载机：(0.44＋0.03×12)×112 500÷1 000＝90(台班)

12～15 t 光轮压路机：0.08×2×112 500÷1 000＝18(台班)

20 t 以内振动压路机：0.43×2×112 500÷1 000＝96.75(台班)

300 t/h 以内稳定土厂拌设备：0.09×112 500÷1 000＝10.125(台班)

400 t/h 以内稳定土厂拌设备：(0.12＋0.01×12)×112 500÷1 000＝27(台班)

9.5 m 以内稳定土摊铺机：0.14×2×112 500÷1 000＝31.5(台班)

12.5 m 以内稳定土摊铺机：0.07×2×112 500÷1 000＝15.75(台班)

16～20 t 轮胎式压路机：0.26×2×112 500÷1 000＝58.5(台班)

250 L 以内混凝土搅拌机：0.01×112 500÷1 000＝1.125(台班)

15 t 以内自卸汽车：(1.92＋0.1×12)×112 500÷1 000＝351(台班)

20 t 以内平板拖车组：0.03×112 500÷1 000＝3.375(台班)

10 000 L 以内洒水汽车：0.17×112 500÷1 000＝19.125(台班)

12 t 以内汽车式起重机：0.01×112 500÷1 000＝1.125(台班)

40 t 以内汽车式起重机：0.04×112 500÷1 000＝4.5(台班)

75 t 以内汽车式起重机：0.04×112 500÷1 000＝4.5(台班)

小型机具使用费：(1.3＋0.1×12)×112 500÷1 000＝281.25(台班)

学习效果评价

一、学生自评

【填空题】

1. 估算指标是以独立的_____、_____和_____为对象，综合项目全过程投资的技术性经济指标。

2. 公路工程估算指标的作用包括_____、_____、_____、_____和_____。

3. 估算指标是以_____、_____、_____和_____为依据而制定的。

4. 公路工程估算指标的附录包括_____、_____和_____三个方面。

5. 估算指标包括_____、_____、_____、_____四个方面。

【思考题】

1. 公路工程估算指标的含义是什么？

2. 公路工程估算指标的作用有哪些？

3. 公路工程估算指标的内容有哪些？

4. 运用公路工程估算指标的步骤有哪些？

5. 如何正确查用公路工程估算指标？

【计算题】

某一级公路沥青路面采用二灰碎石做基层，二灰碎石基层总量为 4.8×10⁴ m³，压实厚度 26 cm，试用估算指标确定其工、料、机消耗量。

二、学习小组评价

班级：_____　　　　　姓名：_____　　　　　学号：_____

学习内容	分值	评价内容	得分
基础知识	30	公路工程估算指标的含义；公路工程估算指标的作用；公路工程估算指标的组成内容；公路工程估算指标的运用	
应会技能	10	能够明确公路工程估算指标的含义	
	20	能够理解公路工程估算指标的作用	
	10	了解公路工程估算指标的内容	
	20	能够正确地查用公路工程估算指标	
学习态度	10		
学习小组组长签字：		年　月　日	

工作任务六　公路工程机械台班费用定额运用

【思维导图】

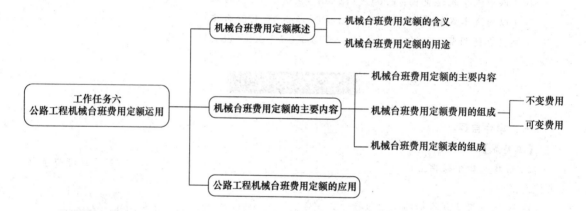

知识目标

(1)了解公路工程机械台班费用定额的概念和基本原理。

(2)掌握不同类型的机械台班费用定额及其计算方法。

(3)理解公路工程机械台班费用的重要性和作用。

(4)掌握如何根据项目需求选择合适的机械设备和费用定额。

能力目标

(1)能够独立计算和分析公路工程机械台班费用定额。

(2)具备选择适当机械设备和费用定额的能力，最大程度提高工程效率和降低成本。

(3)能够运用所学知识解决实际工程中的机械费用相关问题。

(4)具备团队合作能力，与工程团队协作，共同制定机械台班费用计划。

(1)培养学生的责任意识，理解工程建设对社会的重要性。

(2)培养学生的诚信意识，要求在费用定额运用中遵守规定，避免不正当手段的发生。

(3)培养学生的环保意识，引导学生思考工程建设对环境和可持续发展的影响。

一、机械台班费用定额概述

1. 机械台班费用定额的含义

机械台班费用定额是以机械的一个台班为单位，规定其所消耗的工时、燃料及费用等数量标准，并可折算成货币形式表现的定额。它是《公路工程建设项目投资估算编制办法》(JTG 3820—2018)、《公路工程建设项目概算预算编制办法》(JTG 3830—2018)、《估算指标》《概算定额》《预算定额》的配套定额，是编制公路建设估算、概算、预算的依据。

2. 机械台班费用定额的用途

机械台班费用定额是编制公路基本建设工程设计概算和施工图预算的依据，其主要用途如下：

(1)分析计算台班单价。即按照《概算定额》总说明第十四条的规定编制预算的台班单价，应按该定额分析计算。

(2)计算台班消耗人工、燃料等实物量。为了编制施工组织设计，需要统计人工、材料、机械的实物量，以确保劳动力和材料等的供应。有关机械所消耗的各种物资的实物量，要根据本定额分析计算确定。

(3)直接引用编制预算。某些省、市或地方，可按当地交通运输厅的规定，直接引用定额中的基价作为台班单价来编制预算。

二、机械台班费用定额的主要内容

(一)机械台班费用定额的主要内容

现行的《公路工程机械台班费用定额》(JTG/T 3833—2018)(以下简称《机械台班费用定额》)是交通运输部 2018 年 12 月 17 日第 86 号公告所公布的、2019 年 5 月 1 日起实施的定额。定额的内容包括总说明，土石方工程机械，路面工程机械，混凝土及灰浆机械，水平运输机械，起重及垂直运输机械，打桩、钻孔机械，泵类机械，金属、木、石料加工机械，动力机械，工程船舶，工程检测仪器仪表，通风机，其他机械共 13 类 972 个子目。

(二)机械台班费用定额费用的组成

机械台班费用由不变费用和可变费用组成。

1. 不变费用

不变费用包括折旧费、检修费、维护费、安拆辅助费。

(1)折旧费：指施工机械在规定的耐用总台班内，陆续收回其原值(含智能信息化管理设备费)的费用。

(2)检修费：指施工机械在规定的耐用总台班内，按规定的检修间隔进行必要的检修，以恢复其正常功能所需的费用。

(3)维护费：指施工机械在规定的耐用总台班内，按规定的维护间隔进行各级维护和临时故障排除所需的费用。包括为保障机械正常运转所需替换设备与随机配备工具附具的摊销费用、机械运转及日常维护所需润滑与擦拭的材料费用及机械停滞期间的维护费用等。

(4)安拆辅助费：指施工机械在现场进行安装与拆卸所需的人工、材料、机械和试运转费用以及机械辅助设施的折旧、搭设、拆除等费用。

编制机械台班单价时，除青海、新疆、西藏等边远地区外，不变费用应直接采用。至于边远地区因机械使用年限差异及维修工资、配件材料等价差较大而需调整不变费用时，可根据具体情况，由各省级交通运输主管部门制定系数并执行。

2. 可变费用

可变费用包括人工费、动力燃料费、车船税。

(1)人工费：指随机操作人员的工作日工资(包括工资、各类津贴、补贴、辅助工资、劳动保护费等)。

(2)动力燃料费：指机械在运转施工作业中所耗用的电力、固体燃料(煤、木柴)、液体燃料(汽油、柴油、重油)和水的费用。

(3)车船税：指施工机械按照国家、省(自治区、直辖市)规定应缴纳的车船税。

编制机械台班单价时，人工及动力燃料消耗量应以本定额中的数值为准。人工单价、动力燃料单价按《公路工程建设项目概算预算编制办法》(JTG 3830—2018)的规定计算。工程船舶和潜水设备的工日单价，按地方有关部门规定计算。其他费用，如需缴纳时，应根据各省、自治区、直辖市及国务院有关部门规定的标准，按机械的年工作台班计入台班费中。

(三)机械台班费用定额表的组成

机械台班费用定额表是《机械台班费用定额》的主要组成部分。机械台班费用定额表是按机械分类编制的，共13个表。每个表又根据机械的规格分为若干子目的定额。

(1)表名。如"一、土、石方工程机械"，是指《机械台班费用定额》第3～16页所列的各种规格土、石方工程机械的台班费用定额。

(2)序号。位于定额表的第一列，表示定额表内不同机械的顺序号。

(3)代号。位于定额表第二列，是指每种规格的机械在用计算机编制概、预算时对机械的识别符号，也就是该子目机械的代号。各子目所示的代号与《概算定额》《预算定额》中该子目所示机械的代号是一致的。代号不允许变动，而且在各类机械之间，留有一些空号，以备补充之用。

(4)子目。每个代号为一个子目，表示一种规格的机械。如代号8001006表示135 kW以内T180带松土器的履带式推土机。

三、公路工程机械台班费用定额的应用

【例2-57】 试确定135 kW履带式推土机的机械台班费用定额值和机械台班单价。已知当地规定的人工工日单价为80元/工日，柴油单价为8.2元/kg。

解：(1)查《机械台班费用定额》"一、土、石方工程机械"135 kW履带式推土机的定额代号为8001006。

(2)在代号8001006子目查得定额值并计算机械台班单价(不变费用为658.46元)。

人工：$2 \times 80 = 160$(元)

柴油：$98.06 \times 8.2 = 804.09$(元)

定额基价：1 600.59元

台班单价：$658.46 + (160 + 804.09) = 1 622.55$(元/台班)

一、学生自评

【填空题】

1. 机械台班费用定额是以机械的一个台班为单位，规定其所消耗的_____、_____和_____等数量标准。

2. 机械台班费用定额是编制公路基本建设工程_____、_____进行_____和_____的基础。

3. 机械台班费用定额的用途包括_____、_____和_____三个方面。

4. 机械台班费用由_____和_____组成。

5. 机械台班费用定额表由_____、_____、_____、_____四个方面组成。

【思考题】

1. 公路工程机械台班费用定额的含义是什么？

2. 公路工程机械台班费用定额的用途有哪些？

3. 公路工程机械台班费用定额的主要内容有哪些？

4. 公路工程机械台班费用定额中的不变费用与可变费用有哪些？

5. 如何正确查用公路工程机械台班费用定额？

【计算题】

已知当地规定的人工工日单价为62.8元/工日，柴油单价为9.6元/kg。试确定135 kW履带式推土机的机械台班费用定额值和机械台班单价。

二、学习小组评价

班级：_____　　　　姓名：_____　　　　学号：_____

学习内容	分值	评价内容	得分
基础知识	30	公路工程机械台班费用定额的含义；公路工程机械台班费用定额的用途；公路工程机械台班费用定额的组成内容；公路工程机械台班费用定额的费用组成；公路工程机械台班费用定额的运用	
应会技能	10	能够准确解释公路工程机械台班费用定额	
	20	能够理解公路工程机械台班费用定额的用途	
	10	了解公路工程机械台班费用定额的主要内容	
	20	能够正确地查用公路工程机械台班费用定额	
学习态度	10		
学习小组组长签字：			年　月　日

学习情境三　公路工程工程量计量

工作任务一　路基路面工程工程量计量

【思维导图】

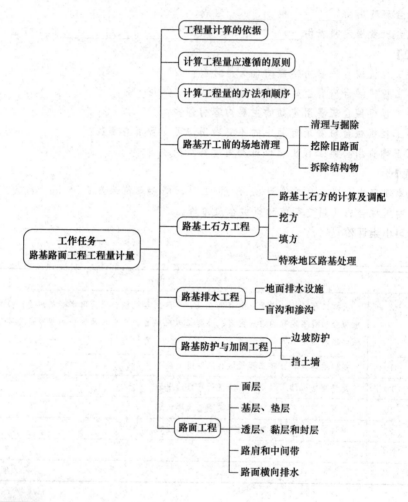

```
                                    ┌─ 工程量计算的依据
                                    │
                                    ├─ 计算工程量应遵循的原则
                                    │
                                    ├─ 计算工程量的方法和顺序
                                    │                              ┌─ 清理与掘除
                                    ├─ 路基开工前的场地清理 ──┼─ 挖除旧路面
                                    │                              └─ 拆除结构物
                                    │                              ┌─ 路基土石方的计算及调配
                                    │                              ├─ 挖方
  工作任务一          ────────────┤─ 路基土石方工程 ────────┤
  路基路面工程工程量计量            │                              ├─ 填方
                                    │                              └─ 特殊地区路基处理
                                    │                              ┌─ 地面排水设施
                                    ├─ 路基排水工程 ──────────┤
                                    │                              └─ 盲沟和渗沟
                                    │                              ┌─ 边坡防护
                                    ├─ 路基防护与加固工程 ────┤
                                    │                              └─ 挡土墙
                                    │                              ┌─ 面层
                                    │                              ├─ 基层、垫层
                                    └─ 路面工程 ──────────────┼─ 透层、黏层和封层
                                                                   ├─ 路肩和中间带
                                                                   └─ 路面横向排水
```

▶知识目标◀

(1)描述工程量计算的重要性。

(2)叙述工程量计算的依据、工程量计算应遵循的原则。

(3)理解工程量计算的方法和顺序。

(4)了解路基工程的工程内容及计量方式。

(5)了解路面工程的工程内容及计量方式。

(6)论述工程计量的基本原理和方法。

(1)能够独立进行工程量计算,确保准确性和一致性。

(2)具备分析工程设计文件和规范要求的能力,以便正确地进行工程量计算。

(3)能够对路基路面各施工过程进行工程量计量,并提高计算效率和精确度。

(1)培养学生的职业操守和诚信意识,不进行工程量计算的舞弊行为。

(2)强调质量和安全意识,确保工程量计算符合工程质量和安全要求。

(3)培养学生的团队协作和合作精神,能够在项目中积极参与,为项目的成功做出贡献。

工程造价的确定,要以该工程所完成的工程实体数量为依据,对实体数量做出正确的计算,并以一定的计量单位表述工程量是工程造价计算过程中的一个重要环节。以物理计量单位或自然计量单位表示的各分项工程或结构构件数量的过程就是工程量计算。

工程量计算是编制公路工程施工图预算和工程量清单的基础工作,是预算文件和工程量清单的重要组成部分。能否正确计算工程量,直接关系到编制概、预算文件等造价文件的正确性和编制结果的准确性。工程量又是施工企业编制施工计划、组织劳动力和供应材料、机具的重要依据。同时,工程量也是基本建设管理职能部门(如计划和统计部门)工作的重要内容之一。因此,正确计算工程量对建设单位和施工企业加强管理,对正确确定工程造价都具有重要的现实意义。

一、工程量计算的依据

1. 经审定的施工设计图纸及设计说明

施工设计图纸是计算工程量的基础资料,因为施工图纸反映工程实物的构造和各种部位尺寸,是计算工程量的基本依据。在取得施工图纸和设计说明等资料后,必须全面、细致地熟悉和核对有关图纸和资料,检查图纸是否齐全、正确。如果发现设计图纸有错漏或相互间有矛盾,应及时向有关部门提出修改意见,予以更正,只有经过审核、修正后的施工图才能作为计算工程量的依据。

2. 工程量清单计价规范、工程定额

《公路工程工程量清单计量规则》和省、自治区、直辖市颁发的地区性工程定额中比较详细地规定各个分部、分项工程量的计算规则和计算方法。计算工程量时必须严格按照工程适用的规定中的计量单位、计算规则和方法进行;否则,将可能出现计算结果的数据和单位等的不一致。

3. 经审定的施工组织设计或施工技术措施方案和施工现场情况

计算工程量时,除直接计算施工图纸中的实物工程量外,还必须参照施工组织设计或施工技术措施方案进行。例如,计算挖基坑土方工程量仅仅依据施工图是不够的,因为施工图中并未标明实际施工场地土壤的类别及施工中是否放坡开挖或者是否采用基坑支挡防护、围堰等方式。对这类问题就需要借助于施工组织设计或施工技术措施方案加以解决。

4. 经确定的其他有关技术经济文件

其他有关技术经济文件是指国家和行业主管部门发布的、现行的、与概预算等造价文件编制有关的法规、规范、规程等技术经济文件，如当地规定的征地拆迁费用、土地青苗补偿等。招标文件中的计量规定及计量方法等有关技术经济文件也是工程量计算的依据。

二、计算工程量应遵循的原则

为了保证工程量计算方法的合理性、计算结果的准确性，计算工程量时必须遵循以下原则。

1. 工程量计算所用原始数据必须和设计图纸相一致

工程量是按每一分项工程，根据设计图纸进行计算的，计算时所采用的原始数据都必须以施工图纸所表示的尺寸或施工图纸能读出的尺寸为准进行计算，不得任意加大或缩小各部位尺寸。

特别对工程量有重大影响的尺寸(如建筑物的外包尺寸、轴线尺寸等)以及价值较大的分项工程(如钢筋混凝土工程等)的尺寸，其数据的取定，均应根据图纸所注尺寸线及尺寸数字，通过计算确定。

2. 计算口径必须与有关的工程量清单计价规范或预算定额一致

计算工程量时，根据施工图纸列出的工程子目的口径(指工程子目所包括的工作内容)，必须与预算定额中相应的工程子目的口径相一致。不能将定额子目中已包含了的工作内容拿出来另列子目计算。工程量清单项目的划分，一般以一个"综合实体"进行设置，每一清单项目包括多个分项工程内容，据此规定的工程量计算规则与预算定额的计算规则有所区别。

3. 工程量的计算单位必须与工程量清单计价规范或预算定额一致

按施工图纸计算工程量时，所计算工程子目的工程量单位必须与预算定额表中右上角的单位相一致。例如，预算定额是以 100 m^3 作单位的，所计算的工程量也必须以 100 m^3 作单位。

4. 工程量计算规则必须与工程量清单计价规范或预算定额一致

工程量计算必须与定额中规定的工程量计算规则(或计算方法)相一致，这样才符合定额的要求。预算定额中对分项工程的工程量计算规则和计算方法都作了具体规定，计算时必须严格按规定执行。

5. 工程量计算的准确度

工程量的数字计算要准确，一般应精确到小数点后三位，汇总时，其准确度取值要达到：立方米(m^3)、平方米(m^2)及米(m)以下取两位小数；吨(t)以下取三位小数；千克(kg)、件、建筑面积等取整数。

三、计算工程量的方法和顺序

(1)按图纸顺序计算，即由路线施工图到结构施工图，由前到后依次计算。用这种方法计算工程量，要求对定额的章节内容要很熟，否则容易出现项目间的混淆及漏项。

(2)按工程量清单编码或定额编码的顺序计算，即按清单或定额的章节、子目次序由前到后，逐项对照计算。要求首先熟悉图纸，要有很好的工程设计基础知识。使用这种方法要注意，工程图纸是按使用要求设计的，有些设计采用了新工艺、新材料，或有些零星项目可能没有相应的清单编码或定额编码，在计算工程量时应单列出来，不能因缺项而漏掉。

(3)按施工顺序计算，即由场地清理算起，直到全部施工内容结束为止。用这种方法计算工程量，要求具有一定的施工经验，能掌握组织施工的全过程，并且要求对定额及图纸内容要十分熟悉，否则容易漏项。

在计算工程量时，要参考路线施工图及结构施工图纸的设计总说明、每张图纸的说明及选用标准图集的总说明和分项说明等，因为很多项目的做法及工程量来自此处。此外，在计算每项工程的同时，要准确而详细地填写"工程量清单"或"工程量计算表"中的各项内容，尤其要填写各项目名称、项目特征。如对于钢筋混凝土工程，要填写现浇、预制、断面形式和尺寸等字样；对于砌筑工程，要填写砌体类型、厚度和砂浆强度等级等字样，以此类推，目的是为报价或选套定额项目提供方便，加快编制速度。

需要指出的是，虽然在公路工程不同设计阶段的设计图表中，已经由设计人员计算出了相应分项工程的工程数量并用表格的形式在设计文件中给出，并且在结构设计图中，也给出了相应的工程数量。但需要注意的是，在设计图中给出的工程数量往往不能直接作为造价文件编制的工程数量，其原因在于设计人员在工程数量计算中采用的工程量计算规则或计算方法可能会与造价文件编制中要求的工程量计算方法、计算规则有出入；且设计图中的单位工程量往往与造价文件编制中要求的单位工程量不一致。因此，在造价文件编制的工程量计算中，首先应认真熟悉并读懂设计文件，正确计算或在设计图中正确摘取工程数量。

四、路基开工前的场地清理

路基开工前的场地清理主要包括清理与掘除、挖除旧路面和拆除结构物(参见《公路工程工程量清单计量规则》中路基的 202 节)。

(一)清理与掘除

1. 清理现场

(1)工程内容。工程内容主要包括清除路基范围内的垃圾、草皮、表土(10～30 cm 厚)和清除 15 cm 直径以下树木、掘除树根、竹根，查《预算定额》表[379-4-1-1-1]，还包括移运利用或废弃、坑穴回填、整平(包括必要的翻松)、地面压实等一切与此有关的作业。

(2)工程计量。清单工程量是按投影水平面积，以 m^2 为单位计量。定额工程量中清除表土是以 m^3 为单位来计量的，清除表土的厚度按招标文件要求的厚度和实际调查来综合确定。报价时，清除表土的费用除以水平投影面积得到其单价。施工现场计量时，按现场量测并经监理工程师书面签认的水平投影面积计量。

2. 砍树、挖根

砍树、挖根主要是指胸径≥15 cm 树木的砍伐，按现场清点，以株为单位计量；胸径超过 15 cm 的树木，按胸径每增加 5 cm，增加一株计量。包括砍树、截锯、挖根、运输堆放，坑穴回填压实等一切与此有关的作业。

(二)挖除旧路面

(1)工程内容。工程内容包括挖除、移运利用或废弃、坑穴回填、整平、压实等一切与此有关的作业，查《预算定额》表[271-2-3-1]。

(2)工程计量。其清单工程量是分别按不同的路面结构类型的水平面积，以 m^2 为单位计量，同时要考虑挖除厚度。其定额工程量以 m^3 为单位进行计量，挖除旧路面的厚度按设计图纸的要求确定。报价时，挖除旧路面的费用除以水平投影面积得到其单价。

(三)拆除结构物

(1)工程内容。工程内容包括拆除、移运、挖土、坑穴回填、压实等一切与此有关的作业，查《预算定额》表[850-4-11-17]。

(2)工程计量。分别按不同的结构物类型的体积，以 m³ 为单位计量。

五、路基土石方工程

(一)路基土石方的计算及调配

1. 土石方数量的计算

(1)平均断面法。若相邻两断面均为填方或均为挖方且面积大小相近，则可假定两断面之间为一棱柱体，其体积的计算公式为

$$V = \frac{1}{2} \sum_{i=1}^{n} L_{i,\,i+1}(F_i + F_{i+1}) \tag{3-1}$$

式中　V——体积，即土石方数量(m³)；

　　　F_i，F_{i+1}——分别为相邻两断面的面积(m²)；

　　　$L_{i,i+1}$——相邻断面之间的距离(m)。

(2)似棱体法。若 F_i 和 F_{i+1} 相差甚大，则采用似棱体法。其计算公式为

$$V = \frac{1}{3} \sum_{i=1}^{n} L_{i,\,i+1}(F_i + F_{i+1}) \left[1 + \frac{m^{\frac{1}{2}}}{(1+m)}\right] \tag{3-2}$$

式中，$m = F_i / F_{i+1}$，且 $F_i < F_{i+1}$。

用平均断面积法计算与似棱体公式计算结果比较，如果误差超过 5% 时，应采用似棱体公式计算。

2. 计价土石方数量

在路基土石方调配中，所有挖方，无论是弃方或是调运至其他路段的方量，都属于计价方；但对于填方则不然，它要根据用土来决定；如果是路外借土就需要计价；如果是移挖作填、调配利用则不应计价。因此，计价土石方的数量必须通过土石方调配后来确定。其土石方数量关系如下：

$$设计断面方数量 = 挖方(天然密实方)数量 + 填方(压实方)数量 \tag{3-3}$$

$$计价方数量 = 挖方(天然密实方)数量 + 填方(压实方)数量 - 利用方(压实方)数量$$
$$= 挖方(天然密实方)数量 + 借方(压实方)数量 \tag{3-4}$$

$$借方 = 填方(压实方)数量 - 利用方(压实方)数量 \tag{3-5}$$

$$弃方 = 挖方(天然密实方)数量 - 利用方(天然密实方)数量 \tag{3-6}$$

(二)挖方

挖方是指横断面顶面设计线低于处理后的地面线而带来的土石方开挖。挖方主要包括路基挖方，改路、改河、改渠挖方，借土挖方(参见《公路工程工程量清单计量规则》中路基的 203 节)。

1. 工程内容

挖方包括施工防排水、开挖、装卸、运输、弃方处理及其路床顶面与边坡(含无铺砌的边沟)的整理、碾压(含挖方路床顶面以下 30 cm 范围内的翻松)等一切与此有关的作业，查《预算定额》表[5-1-1-2]~表[25-1-1-16]。

(1)路基挖方除包括路堑挖方以外，还包括边沟、排水沟、截水沟等排水设施的挖方和填挖交界处的挖台阶以及挖除非适用筑路材料。

(2)改路(改河)挖方包括改路、改河、改渠的挖方以及挖除非适用筑路材料。

(3)借土挖方中，除包括挖方作业以外，尚包括借土场或取土坑中非适用材料的挖除、弃运及场地清理、地貌恢复、施工便道便桥的修建与养护、临时排水与防护等作业。

2. 工程计量

挖方以批准的路基设计图纸所示界限为限，均按天然密实方计量，以 m^3 为单位计量。

(1)报价时，一般以清单工程量为准。

(2)施工现场计量时，按路线中线长度乘以经监理工程师签认的横断面面积计算。计算横断面面积时，应扣除 $10 \sim 30$ cm 厚度的清表土面积，加上路面结构层所占的面积；孤石按量测的体积，以 m^3 为单位计量。

1)挖方作业应保持边坡稳定，应做到开挖与防护同步施工，如因施工方法不当、排水不良或开挖后未按设计及时进行防护而造成的塌方，则塌方的清除和回填由承包人负责。

2)借土场或取土坑中非适用材料的挖除、弃运及场地清理、地貌恢复、施工便道便桥的修建与养护、临时排水与防护作为借土挖方的附属工程，不另行计量。

(3)挖方在其免费运距内不计运费；运距超过免费运距时，计超运距运费以 $m^3 \cdot km$ 为单位计量。

(三)填方

填方是指横断面顶面设计线高于处理后的地面线而带来的土石方填筑。填方主要包括路基填筑、改路改河填筑、结构物台背及锥坡填筑。路基填筑和改路改河填筑可分为回填土、土方填筑及石方填筑；结构物台背可分为涵洞和通道台背回填、桥梁台背回填(参见《公路工程工程量清单计量规则》中路基的 204 节)。

1. 工程内容

填方包括施工防、排水，填前碾压或挖台阶，摊平、洒水或晾晒、压实，整修路基和边坡等一切与此有关作业，查《预算定额》表[27-1-1-18]～表[33-1-1-22]。

(1)回填土是指零填挖以下(或填方)路段，在场地清理或挖除非适用筑路材料土的回填。

(2)结构物台背及锥坡填筑，包括挖运、掺配、拌和，填前挖台阶，摊平、压实、洒水、养护，整形等一切与此有关作业。

(3)土石方填筑通过土石方调配完成，包括本桩利用和远运利用土石填筑；借土填筑。

2. 工程计量

(1)清单工程量以批准的路基设计图纸所示界限为限，按路床顶面设计高程计算。填方按压实的体积，以 m^3 为单位计量。

(2)定额工程量根据设计图纸和招标文件要求计算，按压实的体积，以 m^3 为单位计量。

1)应扣除跨径大于 5 m 的通道、涵洞空间体积，跨径大于 5 m 的桥则按桥长的空间体积扣除。

2)应考虑为保证压实度，路基两侧宽填而增加的土石方量和零填挖的翻松压实等增加的费用。

3)应考虑清理场地(如存在)后所增加的土石方量。

(3)施工现场计量时，其实际尺寸应以图纸所示界线为限，并在清理场地(如存在)后经实地测量报监理工程师批准的横断面图上标明，并以此计算工程量。

1)为保证压实度两侧加宽超填的增加体积和零填零挖的翻松压实，不单独计量，其工作费用包含在填方单价中。

2)临时排水以及超出图纸要求以外的超填挖，均不计量与支付。

(四)特殊地区路基处理

特殊地区路基主要包括软土地基、黄土、盐渍土、改良土和滑坡、岩溶洞等(参见《公路工程工程量清单计量规则》中路基的 205 节）。

1. 软土地段处理

（1）抛石挤淤。

1）工程内容。工程内容包括排水清淤、抛填片石、整平、压实、沉降观测等一切与此有关的作业，查《预算定额》表[47-1-2-11]。

2）工程计量。按换算并经压实的体积，以 m³ 为单位计量。

（2）袋装砂井。

1）工程内容。工程内容包括材料的采购、供应、运输、装砂、套管的沉入、放置砂袋、拔出套管、沉降观测等一切与此有关的作业，查《预算定额》表[34-1-2-1]。

2）工程计量。按袋装砂井的长度（从井底到砂砾垫层顶面），以 m 为单位计量。

（3）塑料排水板。

1）工程内容。工程内容包括材料的采购、供应、运输、塑料板的插入、沉降观测等一切与此有关的作业，查《预算定额》表[36-1-2-2]。

2）工程计量。按塑料排水板的长度（从排水板底到砂砾垫层顶面），以 m 为单位计量。

（4）土工织物。

1）工程内容。工程内容包括土工织物的采购、供应、运输、原地面整平、铺筑土工织物、沉降观测等一切与此有关的作业，查《预算定额》表[44-1-2-9]。

2）工程计量。按土工织物铺筑的面积（不计搭接），以 m² 为单位计量。

（5）袋装砂井、塑料排水板和土工织物的砂砾垫层。

1）工程内容。包括砂砾材料的采备、运输、摊铺、整平、压实等一切与此有关的作业，查《预算定额》表[48-1-2-12]。

2）工程计量。按铺筑并经压实的体积，以 m³ 为单位计量。

（6）路堤预压填方。

1）路堤预压填方工程内容为：

①借（取）土场中不适用材料的挖除、运弃，填方材料的开挖、免费运距以内的运输、摊铺、整平、压实、整形、沉降观测等一切与此有关的作业，查《预算定额》表[49-1-2-13]。

路堤预压填方，在其免费运距内不计运费；运距超过免费运距时，计超运距运费，以 m³ · km 为单位计量。

②挖除预压多余填料，按受测的体积，以 m³ 为单位计量。包括挖除、运弃（不计运距）等一切与此有关的作业。

2）路堤预压填方工程计量：按预压填筑压实的体积（压实体积根据施工中沉降观测标志标示的沉降量所绘制的横断面计算），以 m³ 为单位计量。

2. 黄土、盐渍土、改良土和滑坡、岩溶洞的处理

其工程内容包括排水、挖运、取料回填、压实等，按实际情况计量。

六、路基排水工程

为了保证路基路面的使用功能，需修筑必要的排水设施。其地面排水的工程设施有边沟、截水沟、排水沟、急流槽；其地下排水的工程设施有盲沟、渗沟、渗井等。

（一）地面排水设施

1. 工程内容

工程内容包括沟的扩挖、整形、夯实，材料的采购、供应、加工、运输，砌体的砌筑或混凝土的预制、养生（灌溉沟包括防水层的铺设）等一切与此有关的作业，查《预算定额》表[61-1-3-1]～表[68-1-3-5]。

2. 工程计量

(1)沟的挖方量在路基挖方中计算，其工程量为设计水沟断面积乘以水沟长度与水沟坞工体积之和。

(2)对于砌体或混凝土的工程量，分别各类沟的标准横断面，按量测的轴线长度，以 m³ 为单位计量。

(二)盲沟和渗沟

1. 工程内容

工程内容包括沟槽的挖基、整形、夯实、铺筑垫层，材料的采购、供应、加工、运输，沟道或管道的铺设、安装、土工布、反滤层的设置等一切与此有关作业，查《预算定额》表[72-1-3-6]～表[74-1-3-7]。

2. 工程计量

(1)按量测的轴线长度，以 m 为单位计量。

(2)路基盲沟的工程量按设计设置盲沟的长度计量。

七、路基防护与加固工程

(一)边坡防护

边坡防护用以防护易受自然因素影响而破坏的土质与岩质边坡，常用的类型有种草、铺草皮、植树、抹面、勾缝、灌浆和石砌护坡、护面墙等。

1. 种草、种灌木、铺草皮

(1)工程内容。包括坡面的整理，种植土的挖取、运输、加铺，草种、灌木、草皮的供应、铺种、浇水、养护等一切与此有关作业，查《预算定额》表[78-1-4-1]～表[79-1-4-2]。

(2)工程计量。按边坡铺种的面积，以 m² 为单位计量。

2. 浆(干)砌片石(或混凝土)护坡

(1)工程内容。包括坡面的整理，材料的采备、供应、运输、加工，挖槽、铺垫层、铺滤水层、制作安装沉降缝、伸缩缝、泄水孔，砌体的砌筑、勾缝(或混凝土浇筑)，养生，支架搭设与拆除等一切与此有关的作业，查《预算定额》表[83-1-4-3]～表[107-1-4-11]。

对于岸坡防护和导流构造物，除包括上述工程内容外，还包括基础的围堰、开挖、排水、基底处理、废方弃运等一切与此有关的作业。

对于抛石、石笼，分岸坡防护和导流构造物，包括材料(石笼含铁丝等)的采备、供应、运输、石料抛掷或堆码或石笼的制作、笼内装石、捆扎安放等一切与此有关的作业。

(2)工程计量。按铺砌(或浇筑)的体积，以 m³ 为单位计量。

(二)挡土墙

挡土墙用以防止路基变形或支挡路基本身以保证其稳定，常用的类型有各种挡土墙，土垛，石垛及其他具有承重作用的构造物。

1. 工程内容

工程内容包括基坑的开挖、整平、夯实、废方运弃、基底处理、回填压实，材料的采备、供应运输、加工，砌体的砌筑、勾缝(或混凝土浇筑)，养生，支架、模板的制作、搭设与拆除等一切与此有关的作业，查《预算定额》表[123-1-4-16]~表[145-1-4-26]。

对于锚杆混凝土挡土墙所用的钢筋和锚杆包括钢筋和锚杆的供应、运输、除锈、加工、焊（搭）接、绑扎、安装、注浆、张拉等一切与此有关的作业。

2. 工程计量

挡土墙按砌筑的体积，以 m³ 为单位计算；钢筋和锚杆按不同级号的质量，以 t 为单位计量。

八、路面工程

路面是道路的主要结构，包括面层、基层、垫层、透层、黏层、封层、路肩、中间带及路面其他工程。

(一)面层

1. 面层类型

面层是路面结构层最上面的一个层次，直接承受车辆荷载及自然因素的影响，并将荷载传递到基层。面层依据使用材料的不同可分为沥青类面层和水泥类面层。

2. 沥青类面层(参见《公路工程工程量清单计量规则》中路面的 308 节~310 节)

(1)类型。高级面层有沥青混凝土、沥青碎石；次高级面层有沥青贯入碎（砾）石、沥青碎（砾）石、沥青表面处治。

(2)工程内容。工程内容包括基层准备，材料的采购、供应、加工、运输、摊铺、碾压及初期养护等一切与此有关作业，查《预算定额》表[204-2-2-1]~表[255-2-2-15]。

(3)工程计量。根据不同厚度，按量测的中线长度与宽度相乘的面积进行计量，沥青混凝土（定额计量单位为 m³）、沥青贯入式和沥青表面处治面层以 m² 为单位。

1)沥青混凝土路面和水泥混凝土路面所需的外掺剂不另行计量。

2)沥青混合料、水泥混凝土和(底)基层混合料拌合站、储料场的搭设、拆除、恢复均包括在相应工程项目中，不另行计量。

3)计算面积时，其宽度应按图纸所示净尺寸线，或按监理工程师指令计量。对于面积在 1 m² 以下的固定物(如检查井等)不予扣除。

3. 水泥类面层(参见《公路工程工程量清单计量规则》路面的 311 节)

(1)工程内容。水泥类面层包括基层的准备，材料的采备、供应、加入、运输，模板的制作、安装、拆除，混凝土的拌和、运输、浇筑或摊铺、捣实、抹面、养生、接缝施工等一切与此有关作业，查《预算定额》表[260-2-2-17]~表[266-2-2-19]。

对于钢筋网、纵缝拉杆、横向胀缝传力杆、面板的角隅钢筋和边缘钢筋等所用的钢筋，包括钢筋的供应、运输、加工、搭(焊)接、绑扎、布设等一切与此有关的作业。

(2)工程计量。面层分为不同强度等级和厚度，按量测的中线长度与宽度相乘的面积，以 m² 为单位计量；钢筋按图纸或有关资料标示的直径和净长计算，按不同强度等级的质量，以 kg 为单位计量。

1)水泥混凝土路面养生用的养护剂、覆盖的麻袋、养护器材等，均包括在浇筑不同厚度水泥混凝土面层的工程项目中，不另行计量。

2)施工缝所用钢材及封缝料，均不单独计量与支付。

(二)基层、垫层(参见《公路工程工程量清单计量规则》路面的 302 节、303 节、304 节)

基层是面层以下的结构层。它主要承受由面层传递的车辆荷载垂直力，并将它分布到土基或垫层上。

1. 基层和垫层的类型

(1)基层按主要材料的不同有各种结合料(如石灰、水泥或沥青等)稳定土或碎(砾)石或工业废渣组成的混合料，贫水泥混凝土，各种碎(砾)石混合料或天然砂砾及片石，块石或圆石等。

(2)垫层按主要材料的不同有砂砾，炉渣或片(圆)石组成的透水性垫层和石灰土或炉渣石灰土等组成的稳定性垫层。

为了保护路面面层的边缘，一般公路的基层宽度应比面层每边至少宽出 25 cm，垫层宽度也应比基层每边至少宽出 25 cm，或与路基同宽，以便排水。

2. 工程内容

工程内容包括下承层的准备，材料的采备、供应、加工、运输，铺筑中的拌和、运输、布料、摊铺、整形、碾压、养生等一切与此有关作业，查《预算定额》表[151-2-1-1]～表[202-2-1-15]。

3. 工程计量

根据图纸要求的不同厚度，按量测的中线长度与宽度相乘的面积，以 m² 为单位计量。

(三)透层、黏层和封层(参见《公路工程工程量清单计量规则》路面的 307 节)

1. 工程内容

工程内容包括材料的供应、加热、运输，下承层的清扫，喷洒养护等一切与此有关作业，查《预算定额》表[257-2-2-16]。

2. 工程计量

按工作面积，以 m² 为单位计量。

(四)路肩和中间带(参见《公路工程工程量清单计量规则》路面的 312 节)

1. 培土路肩和中央分隔带填土

(1)工程内容。工程内容包括挖运土、培土、整形、压实等一切与此有关作业，查《预算定额》表为[273-2-3-2]。

(2)工程计量。根据不同结构类型和厚度，按铺筑面积所得的体积，以 m³ 为单位计量。

2. 路缘石

(1)工程内容。工程内容包括为铺筑所进行的开挖与回填，材料的采备、供应、加工、运输，缘石的预制、运输、安装等一切与此有关作业，查《预算定额》表为[274-2-3-3]。

(2)工程计量。根据不同断面，按量测的长度，以 m 为单位计量。

(五)路面横向排水(参见《公路工程工程量清单计量规则》路面的 312 节)

路面横向排水结构主要包括中央分隔带排水结构、超高排水结构和路肩排水结构。

1. 工程内容

工程内容包括施工前现场准备，材料的采备、供应、加工、运输，施工、养生等一切与此有关作业，查《预算定额》表为[151-2-1-1]～[202-2-1-15]。

2. 工程计量

根据不同结构，按量测的长度，以 m 为单位计量。其中混凝土集水井以座为单位计量。

一、学生自评

【填空题】

1. 计算土石方数量的方法主要有_____和_____两种方法。

2. 路面横向排水的工程内容包括_____、_____和_____。

3. 设计断面方数量＝_____＋_____。

4. 计价方数量＝_____－_____＋_____。

5. 借方＝_____－_____。

【判断题】

1. 工程量的计算单位必须与工程量清单计价规范或预算定额一致。（   ）

2. 工程量计算时对于"米"的数据精确到小数点后一位即可。（   ）

3. 路基开工前需要对场地进行清理，包括清理与掘除、挖除旧路面和拆除结构物。（   ）

4. 计算土石方数量时，用平均断面法与似棱体法计算结果比较，如果误差超过5%，应采用平均断面法。（   ）

5. 挖方是指横断面顶面设计线高于处理后的地面线而带来的土石方开挖。（   ）

【思考题】

1. 工程量计算的重要性有哪些？

2. 工程量计算的依据有哪些？

3. 工程量计算应遵循哪些原则？

4. 工程量计算的方法和顺序是什么？

5. 路基开工前场地清理的工程内容及计量方式有哪些？

6. 路基土石方工程的工程内容及计量方式有哪些？

7. 路基排水工程的工程内容及计量方式有哪些？

8. 路面工程的工程内容及计量方式有哪些？

二、学习小组评价

班级：_____　　　　　姓名：_____　　　　　学号：_____

学习内容	分值	评价内容	得分
基础知识	30	工程量计算的重要性；工程量计算的依据、工程量计算遵循的原则；工程量计算的方法和顺序；路基工程的工程内容及计量方式；路面工程的工程内容及计量方式；工程计量的基本原理和方法	
应会技能	10	能够明确工程量计算的重要性、工程量计算的依据及原则	
	20	了解工程量计算的方法和顺序	
	10	掌握路基工程的工程内容及计量方式	
	20	掌握路面工程的工程内容及计量方式	
学习态度	10		
学习小组组长签字：		年　　月　　日	

工作任务二　桥涵工程工程量计量

【思维导图】

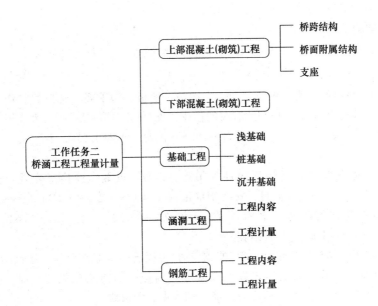

知识目标

(1)描述桥跨结构、桥面附属结构、支座等桥梁上部结构的工程内容和计量方式。

(2)叙述桥墩、桥台、系梁、翼墙等桥梁下部结构的工程内容和计量方式。

(3)理解浅基础、桩基础、沉井基础等桥梁基础的工程内容和计量方式。

(4)了解涵洞工程的工程内容和计量方式。

(5)了解钢筋工程的工程内容和计量方式。

能力目标

(1)能够根据工程图纸和规范要求，编制上部混凝土砌筑工程、下部混凝土砌筑工程、基础工程、涵洞工程、钢筋工程的工程量清单。

(2)能够掌握桥涵工程中各结构的工程内容并查询相应的预算定额进行工程量清单的编制。

(3)能够区分不同的基础工程以选用正确的工程量计量方法。

(4)能够识别和解决在桥涵工程的工程量计算过程中可能出现的问题和错误。

素质目标

(1)培养学生的法律意识和职业道德，使其在工程量计量过程中能够遵守法规和伦理规范。

(2)培养学生的独立思考能力，使其能够在工程量计量中优选计量方法。

(3)培养学生的终身学习意识，使其能够不断更新知识和技能，适应工程领域的发展和变化。

桥涵工程是指为了保证道路的连续性，充分发挥其正常的使用功能，供交通车辆通行并跨越障碍物的结构物。

一、上部混凝土(砌筑)工程

上部结构是指桥梁结构中直接承受和传递车辆和其他荷载，并跨越各种障碍物的主要承重结构，包括桥跨结构、桥面附属结构、支座。

(一)桥跨结构

桥跨结构包括梁板桥的行车道梁(板)、拱桥的拱圈(肋箱)、拱上建筑等。

1. 工程内容

工程内容包括材料的采购、供应、加工、运输，模板、脚手架、支架的制作、安装、拆除，混凝土的浇筑、修饰、养护等一切与此有关的作业，查《预算定额》表[626-4-6-5]～表[648-4-6-12](现浇钢筋混凝土)、表[770-4-9-2]～表[776-4-9-6](拱盔、支架工程)、表[833-4-11-11](混凝土拌和及运输)。

(1)预制梁、板等构件，还包括构件的吊运、堆放、安装、连接等作业，查《预算定额》表[673-4-7-9]～表[700-4-7-18](预制、安装钢筋混凝土构件)、表[827-4-11-8]～表[831-4-11-10](预制钢筋混凝土构件的底座及蒸汽养护)、表[737-4-7-28]～表[747-4-7-31](安装设备)、表[754-4-8-1]～表[767-4-8-7](构件运输)。

(2)预应力混凝土结构，除包括一般(非预应力)混凝土的全部作业外，还包括预应力管道的供应、加工、运输、预设、孔道压浆以及混凝土封锚等一切与此有关的作业，查《预算定额》表[703-4-7-19]～表[716-4-7-20](预应力钢筋、钢丝束、钢绞线)。

(3)钢结构工程，还包括材料的采购、供应、加工、运输、安装、连接等作业，查《预算定额》表[737-4-7-28]～表[747-4-7-31](安装设备)、表[754-4-8-1]～表[767-4-8-7](构件运输)、表[779-4-10-1]～表[808-4-10-16](安装构件)。

2. 工程计量

(1)分别按不同结构类型以及不同强度等级混凝土的体积，以 m^3 为单位计算。其中，钢筋的体积不扣除，倒角不超过 0.1 m×0.1 m 时不扣除，体积不超过 0.03 m^2 的井孔、开口及空穴不扣除，面积不超过 0.1 m×0.1 m 的填角部分也不增加。

(2)工程项目涉及的养护、场地清埋、吊装设备、拱盔、支架、工作平台、脚手架的搭设及拆除、模板的安装及拆除，均包括在相应工程项目内，不另行计量。

(3)混凝土拌合场(站)、构件预制场、储料场的建设、拆除、恢复，安装架设设备摊销，预应力张拉台座的设置及拆除均包括在相应的工程项目中，不另行计量。

(二)桥面附属结构

通常包括桥面铺装、防水和排水设施、伸缩缝、人行道(或安全带)、缘石、栏杆和灯柱、抗震挡块、支座垫块等构造。

1. 行车道面层

(1)工程内容。工程内容包括材料的采备、供应、加工、运输，模板的制作、安装、拆除，水泥混凝土(或沥青混凝土)的拌和、运输、浇筑(或摊铺)、振捣(或碾压)、压实(或整形)、养护等一切与此有关的作业，查《预算定额》表[652-4-6-13]。

(2)工程计量。根据不同强度等级或类型和厚度的水泥混凝土(或沥青混凝土)，按设计图纸计算面积，以 m^2 为单位计量。

2. 防水和排水设施

(1)各类防水层。各类防水层包括在相应的混凝土构造中，不单独计量与支付。

(2)泄水管。泄水管包括泄水管的供应、运输、安装等一切与此有关的作业，查《预算定额》表[822-4-11-7]。分别按不同直径，以个为单位计量。

3. 伸缩缝

伸缩缝的构造形式主要有U形锌铁皮伸缩装置、钢板式伸缩装置、橡胶伸缩装置、橡胶和钢板或型钢组合的橡胶伸缩装置。

(1)工程内容。工程内容包括伸缩缝材料或成品的供应、运输、安装，排水系统的设置，表面防护层的设置和修补等一切与此有关的作业，查《预算定额》表[822-4-11-7]。

(2)工程计量。根据不同类型，按长度以m为计量单位。

4. 预制混凝土栏杆及钢质护栏

(1)工程内容。工程内容包括材料的供应、加工、运输，混凝土构件的预制、养护、安装，钢材的加工、制作、喷涂、安装及现场修补、施工缝处理等一切与此有关的作业。

(2)工程计量。按两端栏杆中心之间单边的长度，以m为单位计量。

5. 混凝土人行道梁、板、缘石

(1)工程内容。工程内容工程内容包括结构混凝土预制构件的全部与之有关的作业，查《预算定额》表[728-4-7-24]～表[732-4-7-26]。

(2)工程计量。根据不同强度等级，按体积以m³单位计量。

6. 灯柱

(1)工程内容。工程内容包括灯柱、灯具、预埋孔道、电线、钢盖板等附件供应、运输、安装及防锈处理等与此有关的作业，查《预算定额》表[969-5-5-7(Ⅰ)]～表[976-5-5-7(Ⅷ)]。

(2)工程计量。根据不同类型，以根为单位计量。

(三)支座

桥梁支座设在墩(台)顶。桥梁支座的主要作用是将上部结构上的恒载与活载反力传递到桥梁的墩台上去，同时保证上部结构所要求的位移与转动。

1. 工程内容

工程内容包括支座的供应、运输和安装等一切与此有关的作业，查《预算定额》表[733-4-7-27]。

2. 工程计量

工程计量各项工作应根据合同规定，按实际完成并经监理工程师检验签认的数量，分别按不同类型、规格，固定支座、圆形板式支座、球冠圆板式支座，以体积立方分米(dm³)计量，盆式支座按套计量。

二、下部混凝土(砌筑)工程

桥墩、桥台为桥梁的下部结构，是桥梁的重要组成部分，下部结构包括墩台身、墩台帽(盖梁)、系梁、翼墙、耳墙、锚碇板等。其工程内容和工程量的计算参照"上部结构"的内容，查《预算定额》表[599-4-6-2]～表[623-4-6-4]。

三、基础工程

基础工程是桥梁的重要组成部分。基础主要承受上部结构及下部结构传来的荷载，并将它及本身自重传递给地基。按基础的埋置深度分为浅基础和深基础。而深基础又包括桩基础和沉井基础。

(一)浅基础

1. 基础挖方及回填

(1)工程内容。工程内容包括为完成基础挖方所做的地面排水及围堰、坑壁支承、抽水及错台开挖、斜坡开挖、废方运弃、回填取料、铺筑压实与基底处理、地表恢复等一切与此有关的作业，查《预算定额》表[379-4-1-1]～表[384-4-1-4]。

基底处理片石、碎石包括片石、碎石的采购、运输、铺(填)筑、夯(压)实等全部有关的作业。

(2)工程计量。

1)清单工程量。按图纸所示的原地表面高程线为上界，基础底面高程线为下界，以及按超出基底周边之外 0.5 m 处的垂直面所限定的棱柱体积，以 m³ 为单位计量；并以常水位为界，分别干处(常水位以上)和水下(常水位以下)，以及土方和石方。

2)定额工程量。根据施工方法、土壤类别及地下水水位高度来确定放坡系数，进而计算挖基土石方工程量。其综合放坡系数确定公式如下：

$$K = \frac{\sum_{i=1}^{n} H_i K_i}{\sum_{i=1}^{n} H_i} \tag{3-7}$$

式中　i——土层数；

　　　H_i——第 i 层土的厚度；

　　　K_i——第 i 层土的放坡系数(表 3-1)。

表 3-1　挖土深度在 5 m 以内的放坡系数

土类	人工挖土	机械挖土	
		在坑底	在坑边
普通土	1∶0.67	1∶0.50	1∶0.75
硬土	1∶0.33	1∶0.35	1∶0.67
砂砾土	1∶0.35	1∶0.10	1∶0.33

基坑土石方工程量的计算公式如下：

①对于矩形基坑：

$$V = (a+2c)(b+2c)H + (a+2c)KH^2 + \frac{4}{3}K^2H^3$$

$$= (a+2b+KH)(b+2c+KH)H + \frac{1}{3}K^2H^3 \tag{3-8}$$

式中　a——基底宽度；

　　　b——基底长度；

　　　c——基底工作面宽度；

　　　H——基坑深度；

　　　K——基坑的综合放坡系数。

②对于圆形基坑：

$$V=\frac{1}{3}\pi H(R_1{}^2+R_2{}^2+R_1R_2) \tag{3-9}$$

式中　R_1——基底半径；

　　　R_2——基坑口半径，$R_2=R_1+KH$；

　　　其他符号意义同前。

3）结算工程量。结算工程量是指按图纸所示和监理工程师签认的工程量。

①计量体积中不包括水或其他液体，但包括淤泥、腐殖土和其他类似的半固体。

②当承包人遇到特殊或非常情况应立即通知监理工程师，由监理工程师定出特殊的基础挖方界限。未取得监理工程师批准，承包人以特殊情况为理由而完成的任何挖方均不予以计量。

③设计图纸标明的及由于地基出现溶洞等情况而进行的桥涵基底处理计量规则见路基工程中特殊路基处理。

2. 基础混凝土

（1）工程内容。工程内容包括墩台基础、桩基承台、支撑梁（小桥）、河床铺砌等，查《预算定额》表[594-4-6-1]。

（2）工程计量。

1）分别按不同结构类型以及不同混凝土强度等级的体积，以 m³ 为单位计算。其中，钢筋的体积不扣除；倒角不超过 0.1 m×0.1 m 时不扣除；体积不超过 0.03 m³ 的井孔、开口及空穴不扣除；面积不超过 0.1 m×0.1 m 的填角部分不增加。

2）工程项目涉及的养护、场地清埋、吊装设备、支架、工作平台、脚手架的搭设及拆除、模板的安装及拆除，均包括在相应工程项目内，不另行计量。

3）混凝土拌合场（站）、储料场的建设、拆除、恢复，安装架设设备摊销均包括在相应的工程项目中，不另行计量。

（二）桩基础

桩按施工方法可分为灌注桩和沉桩。

1. 灌注桩

灌注桩是在现场地基中钻（挖）桩孔，然后向孔内放置钢筋笼再灌注混凝土而成的桩。按成孔方式可分为沉管灌注桩、钻孔灌注桩、挖孔灌注桩。

（1）工程内容。

1）钻（挖）桩孔。钻（挖）桩孔包括施工平台及支架设备的安装、拆除，临时护筒的沉入，挖土围堰，钻孔，泥浆护壁，清孔等一切与此有关的作业，查《预算定额》表[441-4-4-1]～表[567-4-4-7]和表[573-4-4-9]～表[577-4-4-10]。

2）灌注桩混凝土。灌注桩混凝土包括材料的采购、供应、加工、运输，钢筋笼骨架的制作、安放，混凝土的灌注、养护，凿桩头等一切与此有关的作业，查《预算定额》表[568-4-4-8]。

（2）工程计量。

1）清单工程量分不同桩径，按桩身（从承台或系梁下缘至桩底基面）的长度，以 m 为单位计量。

2）定额工程量分为以下两部分：

①钻（挖）桩孔工程量分不同桩径、不同土石类别，按桩身（从承台或系梁下缘至桩底基面）的长度，以 m 为单位计量。

②灌注桩混凝土按桩身（从承台或系梁下缘至桩底基面）的体积，以 m³ 为单位计量。

2. 沉桩

(1)工程内容。工程内容包括材料的采备、供应、加工、运输，桩的制作(包括混凝土浇筑)、运输，沉入、桩头处理等一切与此有关的作业，查《预算定额》表[423-4-3-1]～表[437-4-3-7]。桩的制作按材料可分为钢筋混凝土桩、钢管混凝土桩、钢桩。

(2)工程计量。

1)清单工程量分不同桩径，按桩身(从承台或系梁下缘至桩尖)的长度，以 m 为单位计量。

2)定额工程量。

①预制桩混凝土按设计图纸计算体积，以 m³ 为单位计量。

②沉入工程量分不同桩径、不同土石类别，按桩身(从承台或系梁下缘至桩尖)的长度，以 m 为单位计量。

(三)沉井基础

沉井是一种井筒状结构物，是依靠在井内挖土，借助井体自重及其他辅助措施而逐步下沉至预定设计高程点形成的建筑物基础的一种深基础形式。

1. 工程内容

工程内容包括材料的采备、供应、加工、运输，围堰筑岛，沉井的制作、接高，模板和支撑的安装、拆除，入土下沉，基底处理、封底混凝土，井孔填充，顶板浇筑等一切与此有关的作业，查《预算定额》表[394-4-2-7]～表[411-4-2-10]。

2. 工程计量

按就位后顶面以下分别不同体积，以 m³ 为单位计量。

四、涵洞工程

1. 工程内容

工程内容包括基坑的开挖、整形、夯实，废方弃运，地基处理，回填压实，材料的采购、供应、加工、运输，支架模板的制作、安装、拆除，混凝土的就地浇筑或预制安装、养护等与此有关的作业。

2. 工程计量

(1)清单工程量按平行于该结构物轴线的基底面或基础的方向计量，以 m 为单位计量。

(2)定额工程量应按施工工艺特点分别计算其工程量，查《预算定额》表[379-4-1-1]～表[384-4-1-4](基坑开挖)、表[594-4-6-1](基础)、表[633-4-6-7](现浇箱涵)、表[667-4-7-4]～表[675-4-7-9](预制及安装)。

五、钢筋工程

桥梁所用的钢筋包括基础、下部结构、上部结构钢筋。钢筋按其使用功能可分为普通钢筋和预应力钢筋两大类。

(一)工程内容

工程内容包括钢筋的供应、运输、除锈、加工、焊(搭)接、绑扎、安装、预应力钢筋张拉和锚固等一切与此有关的作业。

(二)工程计量

1. 清单工程量

按图纸或有关资料表示的直径和净长计算，按不同级号的单位质量，以 kg 为单位计量。

(1)其搭接、下脚料和定位钢筋以及预应力钢筋的工作长度等，均不单独计量。

(2)钢筋骨架所用的分离隔板、支撑钢筋和所有固定位置的钢材、垫块以及焊接、绑扎材料等，均不单独计量。

(3)施工接缝处使用的钢材也不单独计量。

(4)预应力锚板和锚夹具等，包括在预应力钢材的计价中，均不单独计量与支付。

(5)预应力张拉台座的设置及拆除均包括在相应工程项目中，不另行计量。

2. 定额工程量

(1)现浇混凝土钢筋、预制构件钢筋、钢筋网片、钢筋笼。

1)按设计图示钢筋长度乘以单位理论质量计算。

2)各种结构及构件的钢筋由若干不同规格、不同形状的单根钢筋所组成。

(2)先张法预应力钢筋。按设计图示钢筋长度乘以单位理论质量计算。

(3)后张法预应力钢筋、预应力钢丝、预应力钢绞线按设计图示钢筋(丝束、绞线)长度乘以单位理论质量计算。

1)低合金钢筋两端采用螺杆锚具时，预应力钢筋按预留孔道长度减 0.35 m，螺杆锚具另行计算。

2)低合金钢筋一端采用镦头插片，另一端采用螺杆锚具时，应力钢筋长度按预留孔道长度计算，螺杆锚具另行计算。

3)低合金钢筋一端采用镦头插片，另一端采用帮条锚具时，应力钢筋增加 0.15 m，两端均采用帮条锚具时，预应力钢筋共增加 0.3 m 计算。

4)低合金钢筋采用后张法混凝土自锚时，预应力钢筋增加 0.35 m 计算。

5)低合金钢筋或钢绞线采用 JM、XM、QM 型锚具，孔道长度在 30 m 以内时，预应力钢筋长度增加 1 m；孔道长度 30 m 以上时，预应力钢筋长度增加 1.8 m 计算。

6)碳素钢丝采用锥型锚具，孔道长度 30 m 以内时，预应力钢筋长度增加 1 m；孔道长度在 30 m 以上时，预应力钢筋长度增加 1.8 m 计算。

7)碳素钢丝两端采用镦头锚具时，预应力钢丝长度增加 0.35 m 计算。

学习效果评价

一、学生自评

【填空题】

1. 桥梁上部混凝土结构中直接_____和_____车辆和其他荷载，包括_____、_____和_____结构。

2. 桥跨结构包括_____、_____和_____等。

3. 桥梁基础工程的主要作用是承受_____和_____传来的荷载，并将它及本身自重传给荷载。按埋置深度包括_____和_____。

4. 桩按基础可分为_____和_____。

5. 桥梁结构的钢筋工程包括_____、_____和_____钢筋。

【判断题】

1. 对于桥梁上部结构的工程计量，要扣除钢筋的体积及体积超过 0.03 m³ 的井孔。（　　）

2. 桥梁结构基础工程计量按图纸所示的原地表面高程线为上界，基础底面高程线为下界，以及按超出基底周边之外 1 m 处的垂直面所限定的棱柱体积。（　　）

3. 桥梁结构基础工程计量以常水位为界，分为干处和水下，以及土方和石方。　　　　（　　　）

4. 桥梁结构基础工程的混凝土体积不能扣除钢筋的体积。　　　　　　　　　　　　　（　　　）

5. 桥梁桩基础按照施工方法可分为灌注桩和沉桩。　　　　　　　　　　　　　　　　（　　　）

【思考题】

1. 桥跨结构、桥面附属结构、支座等桥梁上部结构的工程内容和计量方式有哪些？

2. 桥墩、桥台、系梁、翼墙等桥梁下部结构的工程内容和计量方式有哪些？

3. 浅基础、桩基础、沉井基础等桥梁基础的工程内容及计量方式有哪些？

4. 涵洞工程的工程内容及计量方式有哪些？

5. 钢筋工程的工程内容及计量方式有哪些？

二、学习小组评价

班级：_____　　　　　姓名：_____　　　　　学号：_____

学习内容	分值	评价内容	得分
基础知识	30	桥跨结构、桥面附属结构、支座等桥梁上部结构的工程内容和计量方式；桥墩、桥台、系梁、翼墙等桥梁下部结构的工程内容和计量方式；浅基础、桩基础、沉井基础等桥梁基础的工程内容及计量方式；涵洞工程的工程内容及计量方式；钢筋工程的工程内容及计量方式	
应会技能	10	能够明确桥梁上部结构的工程内容及计量方式	
	20	了解桥梁下部结构的工程内容及计量方式	
	10	学会桥梁基础工程的工程内容及计量方式	
	20	掌握涵洞及钢筋工程的工程内容及计量方式	
学习态度	10		
学习小组组长签字：			年　　月　　日

工作任务三　隧道工程工程量计量

【思维导图】

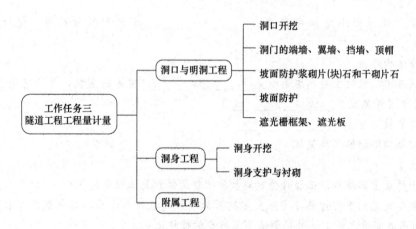

(1)了解隧道工程的基本概念。
(2)掌握隧道各结构的工程内容及工程量计量方法。
(3)了解运距超过免费运距时应如何处理。

能力目标

(1)能够运用所学知识，正确计算隧道工程的各项工程量。
(2)具备分析和解决与隧道工程量计量相关问题的能力。
(3)能够掌握各种工程结构的工程内容以确保计量的准确性。

素质目标

(1)培养学生的职业道德和责任感，鼓励他们在工程领域中遵守法规和伦理标准。
(2)培养学生的综合素养和社会责任感，引导他们思考工程与社会、政治、文化等方面的关联。
(3)培养学生对环境保护和可持续发展的重要性认识，以及在工程量计算中考虑环境因素的能力。

　　隧道工程是指供交通车辆通行并穿过障碍物的结构物。隧道可分为洞口(明洞)工程、洞身工程、附属工程。
　　洞身衬砌、洞门和明洞组成了隧道的主体支护结构，作用是保持岩体的稳定和行车安全。为了保证隧道的正常使用，还需设置一些附属建筑物。
　　隧道的主体支护结构和隧道的附属建筑物组成了隧道建筑物。

一、洞口与明洞工程

(一)洞口开挖

1. 工程内容

工程内容包括土石方的开挖、弃运(免费运距以内)、整修、监测等一切与此有关的作业，查《预算定额》表[283-3-1-1]~表[297-3-1-4]。

2. 工程计量

按设计开挖断面计算的体积，以 m^3 为单位计量。弃方运距超过免费运距时，另计超运距运费，以 $m^3 \cdot km$ 计量。

(二)洞门的端墙、翼墙、挡墙、顶帽

1. 工程内容

工程内容包括基槽的开挖、整平、夯实，材料的采购、供应、加工、运输，模板、支架和脚手架的制作、安装、拆除，混凝土的浇筑或砌体的砌筑、养护，墙背回填等一切与此有关的作业，查《预算定额》表[325-3-2-1]~表[340-3-3-2]。

2. 工程计量

根据混凝土的强度等级和砌体的类别，按浇筑或砌筑的体积，以 m^3 为单位计量。

(三)坡面防护浆砌片(块)石和干砌片石

1. 工程内容

工程内容包括坡面的整平，材料的采购、供应、加工、运输，脚手架的制作、安装、拆除，

砂垫层的铺设，砌体的砌筑、养护等一切与此有关的作业。

2．工程计量

根据不同的铺砌厚度，按边坡铺砌的面积，以 m^2 为单位计量。

(四)坡面防护

1．工程内容

工程内容包括边坡的修整、铺设种植土，草籽的采购、运输、播种、浇水、养护等一切与此有关的作业。

2．工程计量

按边坡播种的面积，以 m^2 为单位计量。

(五)遮光栅框架、遮光板

1．工程内容

工程内容包括基桩的开挖、回填夯实、废方弃运，材料(包括钢筋)的采购、供应、加工、运输，模板、支架的制作、安装与拆除，钢筋的绑扎、安装，混凝土的浇筑、养护等一切与此有关的作业。

2．工程计量

根据混凝土不同的强度等级，以 m^3 为单位计量。钢筋按不同的级号，以 kg 为单位计量。

二、洞身工程

洞身工程包括洞身开挖、洞身支护与衬砌、防水与排水、洞内防火涂料和装饰工程等。

(一)洞身开挖

洞身开挖包括主洞、竖井、斜井开挖。

1．工程内容

工程内容包括土石方的开挖、弃渣(免费运距以内)运输，支撑的制作、安装、拆除，断面修整，施工的照明、通风等一切与此有关的作业，查《预算定额》表[283-3-1-1]～表[297-3-1-4]。

2．工程计量

根据土方与石方的种类，按设计图纸和监理工程师确认的开挖断面乘以轴线的长度计算的体积，以 m^3 为单位计量。弃方运距超过免费运距时，另计超运距运费，以 $m^3 \cdot km$ 计量。

(二)洞身支护与衬砌

1．洞身支护工程内容及计量

(1)喷射混凝土。

1)工程内容。工程内容包括材料的采购、供应、运输，岩面坑洼的处理，喷射混凝土的拌制、养护，施工的照明、通风等一切与此有关的作业，查《预算定额》表[303-3-1-8]。

2)工程计量。根据不同强度等级，按喷射面平均厚度乘以喷射面积计算喷射体积，以 m^3 为单位计量。

(2)锚杆。

1)工程内容。工程内容包括材料的采购、供应、运输、除锈加工、制作、钻眼、安设、注浆、施工的照明、通风等一切与此有关的作业，查《预算定额》表[299-3-1-6]。

2)工程计量。根据锚杆不同的直径，按长度以 m 为单位计量。

(3)钢筋网。

1)工程内容。工程内容包括材料的供应、运输、除锈、加工、绑扎等一切与此有关的作业。

2)工程计量。按质量以 kg 为单位计量。连接钢板、螺栓、螺帽、拉杆、垫圈等作为钢支护的附属构件，不另行计量。

2. 洞身衬砌工程内容及计量

(1)洞身(含明洞)衬砌的拱部、边墙、仰拱及底部填充、铺底。

1)工程内容。工程内容包括材料的采购、供应、加工、运输，模板、支架、拱架和脚手架的制作、安装和拆除，混凝土的浇筑或砌体的砌筑、养护(防水混凝土含所用材料)，施工的照明、通风等一切与此有关的作业，查《预算定额》表[304-3-1-9]～表[322-3-1-21]。

2)工程计量。根据不同混凝土强度和砌石类型，按浇(砌)筑的体积，以 m³ 为单位计量。石质地段，按规范规定并得到批准的突入衬砌厚度的岩石体积，计算衬砌数量时不予扣除；任何情况下衬砌厚度超出规定轮廓线的部分都不予计量；衬砌内各种洞室所占体积应予扣除。

混凝土拌合场站、储料场的建设、拆除、恢复均包括在相应工程项目内，不另行计量。

(2)侧沟砌筑。

1)工程内容。工程内容包括浆砌砌体和混凝土盖板、缘石沟槽的整平，材料的采购、供应、运输、加工制作，模板的制作、安装、拆除，砌体的砌筑或混凝土的浇筑、养护、安装，施工的照明、通风等一切与此有关的作业。

铸铁算包括铁算的供应、运输、安装等一切与此有关的作业。

2)工程计量。砌筑或安装的体积，以 m³ 为单位计量；铸铁算以块为单位计量。

(3)洞内装饰。

1)工程内容。工程内容包括墙面修整、材料的采购、供应、运输、加工，脚手架的搭设、拆除、铺设或涂刷、养护，施工的照明、通风等一切与此有关的作业。

2)工程计量。所用泡沫混凝土、水泥砂浆按装饰面积乘以平均厚度计算的体积，以 m³ 为单位计量；瓷面砖、喷涂料按装饰面积，以 m² 为单位计量。

三、附属工程

隧道的附属工程是为了运营管理、维修养护、给水排水、供蓄发电、通风、照明、通信、安全等而修建的建筑物。

1. 洞身防水塑料板

(1)工程内容。工程内容包括混凝土表面的整修，防水塑料板的供应、运输、加工、制作、铺设、固定等一切与此有关的作业。

(2)工程计量。洞身防水塑料板按铺设的面积，以 m² 为单位计量。

2. 止水带、排水塑料管和深水注浆钻孔

(1)工程内容。工程内容包括材料的采购、供应、运输、加工、制作、安装、试验、钻孔等一切与此有关的作业。

(2)工程计量。止水带、排水塑料管和深水注浆钻孔根据规格或直径，按长度以 m 为单位计量。

3. 压浆防水材料

(1)工程内容。工程内容包括材料的采购、供应、运输、配制、拌和、试验、注浆等一切与此有关的作业。

(2)工程计量。防水材料按设计配合比混合料，以 m³ 为单位计量。

风水电作业及通风、照明、防尘为不可缺少的附属设施和作业，均应包括在有关工程细目中，不另行计量。

一、学生自评

【填空题】

1. 洞身工程包括_____、_____、_____、_____和_____。

2. 洞身开挖包括_____、_____和_____。

3. _____、_____和_____组成了隧道的主题支护结构,作用是_____和_____。

4. 洞身衬砌的工程内容包括_____、_____、_____和_____。

5. 隧道的附属工程是为了_____、_____、_____、_____、通风、照明、通信、安全等而修建的建筑物。

【判断题】

1. 隧道工程的洞口开挖工程内容主要包括土石方的开挖、弃运、整修、监测等一切与此有关的作业。　　　　　　　　　　　　　　　　　　　　　　　　　　　　（　　）

2. 弃方运距超过免费运距时,需要另外计算超运距运费。　　　　　　　　（　　）

3. 坡面防护的工程计量根据不同的铺砌厚度,按照边坡铺砌的面积计算。　（　　）

4. 洞身支护与衬砌按喷射面积平均厚度乘以喷射面积来计算最后的喷射混凝土体积。

　　　　　　　　　　　　　　　　　　　　　　　　　　　　　　　　（　　）

5. 压浆防水材料按照设计配合比混料计算,以 kg 为计量单位。　　　　　（　　）

【思考题】

1. 隧道工程中洞口与明洞工程需要计算哪些工程量?

2. 简述洞口开挖的工程内容及计量方式。

3. 简述洞身支护工程的工程内容及计量方式。

4. 简述洞身衬砌工程的工程内容及计量方式。

5. 隧道工程的附属结构需要计算哪些工程量?

二、学习小组评价

班级：_____　　　　　姓名：_____　　　　　学号：_____

学习内容	分值	评价内容	得分
基础知识	30	隧道工程中洞口工程的工程内容和计量方式；隧道工程中明洞工程的工程内容和计量方式；隧道工程中洞身工程的工程内容和计量方式；隧道工程中附属工程的工程内容和计量方式	
应会技能	10	领会洞口工程的工程内容及计量方式	
	20	了解明洞工程的工程内容及计量方式	
	10	学会洞身工程的工程内容及计量方式	
	20	掌握附属工程的工程内容及计量方式	
学习态度	10		
学习小组组长签字：			年　月　日

工作任务四 沿线其他工程工程量计量

【思维导图】

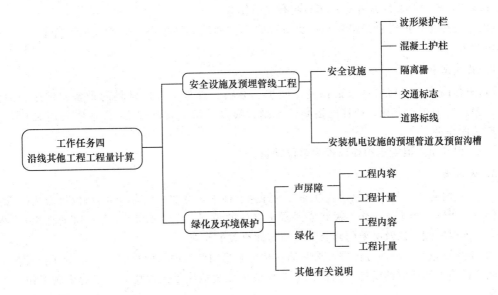

(1)理解沿线其他工程的概念和特点。

(2)掌握安全设施及预埋管线工程的工程内容和计量方式。

(3)掌握绿化及环境保护工程的基本概念和计量方式。

(4)了解环境保护工程的工程内容和计量方式。

能力目标

(1)能够独立进行沿线其他工程的工程量计算。

(2)具备分析和解决安全设施及预埋管线工程和绿化及环境保护工程问题的能力。

(3)能够编制相关工程量清单。

素质目标

(1)培养学生的社会责任感,引导他们注重公路工程建设对社会环境的影响。

(2)培养学生的环境保护意识,引导他们思考公路工程建设对环境的影响,促进可持续发展。

(3)培养学生遵守工程伦理和法规的意识,推崇诚信和负责任的工程建设。

一、安全设施及预埋管线工程

安全设施及预埋管线工程包括护栏、隔离设施、道路交通标志、道路诱导设施、防眩设施、通信管道及电力管道、预埋(预留)基础、收费设施和地下通道工程。

凡未列入计量项目的零星工程，均含在相关工程项目内，不另行计量。

(一)安全设施

1. 波形梁护栏

(1)工程内容。工程内容包括立柱基坑的开挖、回填夯实、废方弃运，材料(合成品)的采备、供应、运输、加工制作和镀锌，立柱、波形梁和端面的埋设(含基座的浇筑)、连接、安装、锚固和端部处理及必要的修补等一切与此有关的作业。

(2)工程计量。护栏根据路侧和中央分隔带，按两端立柱中心之间距离的单面长度，以 m 为单位计量。

2. 混凝土护柱

(1)工程内容。工程内容包括挖基、回填、夯实、废方运弃，材料的采备、供应、加工、运输，钢筋的加工、绑扎，护柱的混凝土预制、喷涂油漆、安装埋设(含基座的浇筑)等一切与此有关的作业。

(2)工程计量。混凝土护柱以根为单位计量。

3. 隔离栅

(1)工程内容。工程内容包括立柱基坑的开挖、回填、夯实、废方运弃，材料(合成品)的采备、供应、运输、加工、制作，镀锌或混凝土立柱的预制，立柱的埋设(含基座的浇筑)、栅栏的安装、连(焊)接，以及必要的修补等一切与此有关的作业。

(2)工程计量。隔离栅分类型，按两端立柱中心之间距离的单面长度，以 m 为单位计量。

隔离设施工程所需的清场、挖根、土地平整和设置地线等工程均为安装的附属工作，不另行计量。

4. 交通标志

(1)交通标志。交通标志工程所有支承结构、底座、硬件和为完成组装而需要的附件，均不另行计量。

1)工程内容。工程内容包括支柱基坑的开挖、回填、夯实，立柱、牌板等各类材料(含成品)的采备、供应、运输，标志牌的加工、制作、镀锌(门式标志还应包括支架和脚手架的制作、安装、拆除)，或混凝土支柱的构件预制，支柱的埋设(含混凝土底座)，标志牌的安装、连接，防腐、涂刷等一切与此有关的作业。

2)工程计量。交通标志分别按不同的结构类型，以个为单位计量。

(2)里程碑、公里界碑、百米桩，以个为单位计量。

1)工程内容。工程内容包括挖基、回填、夯实，材料的采备、运输、加工，碑桩的预制、埋设及必要的加固等一切与此有关的作业。

2)工程计量。里程碑、公里界碑、百米桩，以个为单位计量。

5. 道路标线

道路诱导设施中路面标线玻璃珠包含在涂敷面积内，附着式轮廓标的后底座、支架连接件，均不另行计量。

(1)纵、横向路面标线。

1)工程内容。工程内容包括材料的供应、运输、配制、试验、放线、喷涂或铺设、修整等一切与此有关的作业。

2)工程计量。按实际测量的喷涂面积，以 m² 为单位计量；导向箭头、斑马线、出入口、文字图案等路面标线按外缘轮廓线的矩形面积，以 m² 为单位计量。

(2)突起路标、路过线轮廓标和立面标记。

1)工程内容。工程内容包括材料(合成品)的供应、运输、放线、涂刷或埋设安装、修整等一切与此有关的作业。

2)工程计量。突起路标、路过线轮廓标以个为单位计量；立面标记，以处为单位计量。

(二)安装机电设施的预埋管道及预留沟槽

1. 预埋的管道

(1)工程内容。工程内容包括基槽的开挖、整平、回填夯实、废方运弃，材料(含成品)的采备、供应、运输、加固，管道铺设、安装，基座的砌筑或浇筑、养护等一切与此有关的作业。

(2)工程计量。管道分为不同材料和管径，按沿管道轴线量测的长度，以 m 为单位计量。

为管道铺设所做的检查(修)井、拉线等附属工作均不单独计量与支付。

2. 预留的沟槽

(1)工程内容。工程内容包括沟、槽的开挖、整形、回填夯实、废方运弃，材料的采备、供应、加工、运输，砌体的砌筑或混凝土的浇筑、养护等一切与此有关的作业。

(2)工程计量。沟槽分别不同铺砌类型和端面尺寸，按沟、槽轴线量测的长度，以 m 为单位计量。

二、绿化及环境保护

此绿化工程是指为植树及中央分隔带及互通立交范围内和服务区、管养工区、收费站、停车场的绿化种植区。其工作包括撒播草种和铺植草皮，人工种乔木、灌木，声屏障工程。

(一)声屏障

1. 工程内容

工程内容包括基坑的开挖、回填、夯实、废方弃运，材料的采备、供应、运输，脚手架的制作、安装、拆除，声屏障体的砌筑、饰面、养护等有关作业。

2. 工程计量

声屏障体按不同的结构的体积，以 m^3 为单位计量。

(二)绿化

1. 工程内容

工程内容包括树木、草皮、草籽的供应、运输，挖坑，种植，浇水，施肥，铺撒表土，防虫修剪，管理等一切与此有关的作业。

2. 工程计量

种植乔木按不同的树种，以株为单位计量；灌木、草皮以 m^2 为单位计量。

(三)其他有关说明

(1)除按图纸施工的永久性环境保护工程外，其他采取的环境保护措施已包含在相应的工程项目中，不另行计量。

(2)由于承包人的过失、疏忽或者未及时按设计图纸做好永久性的环境保护工程，导致需要另外采取环境保护措施，这部分额外增加的费用应由承包人负担。

(3)在公路施工及缺陷责任期间，绿化工程的管理与养护以及任何缺陷的修正与弥补，是承包人完成绿化工程的附属工作，均由承包人负责，不另行计量。

一、学生自评

【填空题】

1. 混凝土护柱以_____为单位计量。

2. 波形梁护栏根据_____和_____，按两端_____之间距离的单面长度计算。

3. 隔离栅按_____之间的距离的单面长度，以_____为单位计量。

4. 沟槽分别按不同_____和_____，按沟、槽轴线量测的长度计算。

5. 绿化种植乔木按不同的树种，以_____为单位计量；灌木、草皮以_____为单位计量。

【判断题】

1. 公路沿线的混凝土护栏按体积以 m^3 为计量单位。 （   ）

2. 交通标志的计量单位为个。 （   ）

3. 波形梁护栏根据路侧和中央分隔带，按两端立柱中心之间距离的单面长度计算工程量。 （   ）

4. 计算预埋管道工程量时，要将为管道铺设所做的检查井、拉线等单独计量。 （   ）

5. 在公路施工及缺陷责任期间，绿化工程的管理与养护需由承包人负责。 （   ）

【思考题】

1. 安全设施工程的工程内容和计量方式有哪些？

2. 交通标志工程中需要计算的工程量有哪些？

3. 预埋管道及预留沟槽工程的工程内容和计量方式有哪些？

4. 绿化工程及环境保护工程的工程内容和计量方式有哪些？

二、学习小组评价

班级：_____　　　　姓名：_____　　　　　　学号：_____

学习内容	分值	评价内容	得分
基础知识	30	安全设施工程的工程内容和计量方式；预埋管道及预留沟槽工程的工程内容和计量方式；绿化工程的工程内容和计量方式；环境保护工程的工程内容和计量方式；清单的工程量计算规则与定额的工程量计算规则的区别	
应会技能	10	明确安全设施工程的工程内容和计量方式	
	20	领会预埋管道及预留沟槽工程的工程内容和计量方式	
	10	了解绿化工程的工程内容和计量方式	
	20	明确环境保护工程的工程内容和计量方式	
学习态度	10		
学习小组组长签字：			年　　月　　日

学习情境四　公路工程概、预算编制

工作任务一　认知公路工程概、预算

【思维导图】

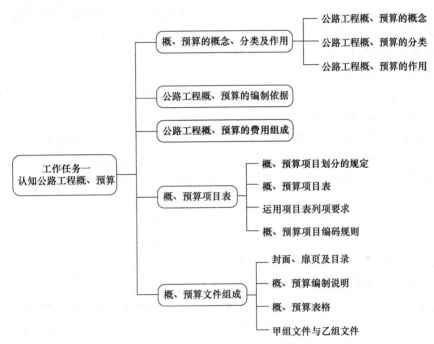

知识目标

(1)理解概、预算的概念。

(2)掌握概、预算的分类。

(3)理解概、预算的编制依据。

(4)理解概、预算的费用组成。

(5)熟悉概、预算项目表格的结构和内容。

(6)了解概、预算文件的组成，包括相关文档和报表。

能力目标

(1)能够根据工程项目的特点和需求，选择合适的概、预算类型。

(2)能够编制概、预算，包括收集必要的数据并进行费用计算。

(3)能够分析概、预算项目表，识别潜在的成本风险和节约机会。

(4)能够准确计算和复核概、预算文件，确保项目的成本控制和监管。

素质目标

(1)强调诚信和道德原则，使学生能够诚实地处理概、预算数据和信息。

(2)提高学生对资源管理和环境保护的意识，鼓励他们在概、预算编制中考虑可持续发展的因素。

(3)引导学生关注社会责任，意识到概、预算的正确编制对社会和经济发展的重要性。

一、概、预算的概念、分类及作用

(一)公路工程概、预算的概念

公路工程概、预算是指在执行基本建设程序的过程中，根据公路工程各个阶段的设计内容和国家规定的定额、编制办法、指标及各项费用的取费标准，预先计算和确定每项新建、扩建、改建和重建工程所需的全部建设费用的文件。公路工程概、预算是公路工程造价管理的重要环节，它是国家对公路基本建设实行科学管理和监督的一种重要手段。

(二)公路工程概、预算的分类

根据不同的建设内容、不同的设计阶段、不同的建设项目组成，概、预算的具体分类如下。

1. 按不同的建设内容分类

(1)公路基本建设工程概、预算，是计算整个基本建设项目全部投资额的文件。

(2)公路大、中修工程概、预算，是计算公路大、中修工程全部概、预算费用的文件。

(3)公路小修保养工程概、预算，是计算公路小修保养工程概、预算费用的文件。

2. 按不同的建设项目组成分类

(1)单位工程概、预算，是计算单位工程建设费用的文件。

(2)单项工程概、预算，是由若干个单位工程概、预算综合而成的文件。

(3)建设项目概、预算，是计算整个建设项目全部投资额的文件。

3. 按不同的设计阶段分类

(1)设计概算。设计概算是公路工程初步设计文件的重要组成部分。设计概算是设计单位根据建设项目初步设计、《概算定额》《公路工程建设项目概算预算编制办法》(JTG 3830—2018)(以下简称《编制办法》)及有关文件编制的计算工程投资额的文件。设计概算应控制在批准的建设项目可行性研究报告投资估算允许幅度范围之内，概算经批准后是基本建设项目投资的最高限额。

(2)修正概算。修正概算是三阶段设计中技术设计阶段文件的重要组成部分。修正概算是设计单位根据建设项目技术设计、《概算定额》《编制办法》及有关文件，对建设工程项目中重大、复杂的技术问题，根据初步设计批复的意见，进一步进行技术设计之后编制的计算工程项目修正投资额的文件。

(3)施工图预算。施工图预算是施工图设计文件的重要组成部分。施工图预算是设计单位根据施工图设计的工程量和施工方法，根据《预算定额》《编制办法》及有关文件编制的，用于控制其投资额度在批准的设计概算范围之内的计算工程项目全部建设费用的造价文件。

(三)公路工程概、预算的作用

1. 设计概算、修正概算的作用

(1)概算一经批准，即作为基本建设项目投资的最高限额。

(2)设计概算、修正概算是编制建设项目计划、签订建设项目总包合同、实行建设项目包干、控制预算的依据。

(3)设计概算、修正概算是考核设计经济合理性和建设成本的依据。

(4)以批准的初步设计进行施工招标的工程,概算价值是控制标底的最高限额。

2. 施工图预算的作用

(1)对于按施工图预算承发包的工程,经审定的施工图预算是确定工程造价、签订建筑安装工程合同、实行建设单位和施工单位投资包干及办理工程结算的依据。

(2)施工图预算是施工单位进行经济核算和考核工程成本的依据。

(3)施工图预算是考核施工图设计经济合理性的依据。

(4)以施工图设计进行施工招标的工程,施工图预算经审定后,是编制工程标底的依据。

二、公路工程概、预算的编制依据

公路工程概、预算的编制是一项十分细致的工作,编制前应全面了解工程所在地的建设条件,掌握各种基础资料,正确引用规定的定额、取费标准和材料及设备价格。在编制时严格执行国家的方针、政策和有关制度,符合公路设计规范和施工技术规范。

(1)设计概、预算的编制依据。

1)国家发布的有关法律、法规等。

2)《公路工程建设项目概算预算编制办法》及配套定额。

3)工程所在地省级交通运输主管部门发布的补充规定和定额等。

4)可行性研究报告的批(核)准文件(修正概算时为初步设计批复文件)等有关资料。

5)初步设计(或技术设计)图纸等设计文件、工程施工方案(含施工组织设计)。

6)工程所在地的人工、材料与设备、施工机械价格等。

7)有关合同、协议等。

8)其他有关资料。

(2)施工图预算的编制依据。

1)国家发布的有关法律、法规等。

2)《公路工程基本建设项目概算预算编制办法》及配套定额。

3)工程所在地省级交通运输主管部门发布的补充规定和定额等。

4)批准的初步设计文件(或技术设计文件,若有)等有关资料。

5)施工图设计图纸等设计文件、工程施工方案(含施工组织设计)。

6)工程所在地的人工、材料与设备、施工机械价格等。

7)有关合同、协议等。

8)其他有关资料。

三、公路工程概、预算的费用组成

根据交通运输部 2018 年 12 月 17 日第 86 号公告发布的《编制办法》的规定,公路工程概、预算费用由建筑安装工程费、土地使用及拆迁补偿费、工程建设其他费、预备费、建设期贷款利息共五大部分费用组成,如图 4-1 所示。

四、概、预算项目表

1. 概、预算项目划分的规定

建筑安装工程是相当数量的分项工程组成的庞大复杂的综合体,直接计算出它的全部人工、材料和机械台班的消耗量及价值,是一项极为困难的工作。为了准确无误地计算和确定建筑安装工程的造价，必须对公路工程建设项目进行科学的分析与分解，使之有利于公路工程概、预算的编审，以及公路工程建设项目的计划、统计和基建拨款贷款等各方面的工作。同时，为了便于同类工程之间进行比较和对不同分项工程进行技术经济分析，更为了使全国公路工程建设项目概算预算编制规范化，在《编制办法》中对工程项目和费用项目的名称、层次做了统一的规定，从而防止列项时出现混乱、漏列、重列、错列的现象。

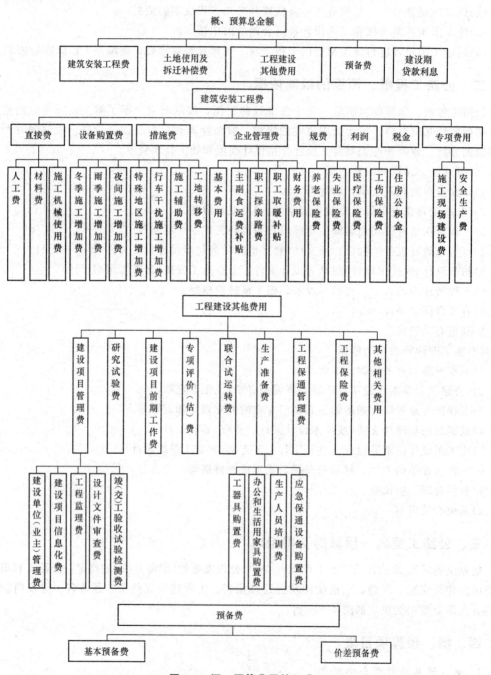

图 4-1　概、预算费用的组成

概、预算项目主要包括内容：

第一部分　建筑安装工程费

  第一项　临时工程

  第二项　路基工程

  第三项　路面工程

  第四项　桥梁涵洞工程

  第五项　隧道工程

  第六项　交叉工程

  第七项　交通工程及沿线设施

  第八项　绿化及环境保护工程

  第九项　其他工程

  第十项　专项费用

  1. 施工场地建设费

  2. 安全生产费

第二部分　土地使用及拆迁补偿费

第三部分　工程建设其他费

第四部分　预备费

第五部分　建设期贷款利息

2. 概、预算项目表

公路工程概、预算应按项目表的序列及内容编制，概、预算项目表的详细内容见《编制办法》附录 B。概、预算各种表格的计算顺序及相互关系如图 4-2 所示。

3. 运用项目表列项要求

按《编制办法》的要求，编制概、预算时，原则上概、预算项目应按项目表的序列及内容编制。当实际出现的工程和费用项目与项目表的内容不完全相符时，应按下列原则确定项目的序列。

(1)"第一、二、三、四、五部分"和"项"的序号、内容应保留不变，如第二部分，土地使用及拆迁补偿费，在该项工程中不发生时，第三部分工程建设其他费用仍为第三部分。同样，路线工程第一部分第六项为交叉工程，第七项为交通工程及沿线设施，若路线中无交叉工程项目，但其序号仍保留，交通工程及沿线设施仍为第七项。

(2)项目表中的"项"以下的分项在引用时应保持序号、内容不变，缺少的分项内容可随需要就近增加，并按项目表的顺序以实际出现的级别依次排列，不保留缺少的"项"以下的项目序号。

4. 概、预算项目编码规则

概、预算分项编号由部(1 位数)、项(2 位数)、目(2 位数)、节(2 位数)、细目(2 位数)组成，以部、项、目、节、细目等依次逐层展开。概、预算分项编号详见《编制办法》附录 B。

五、概、预算文件组成

概、预算文件由封面，扉页，目录，概、预算编制说明及全部概、预算计算表格组成。

1. 封面、扉页及目录

概、预算文件的封面和扉页应按现行《公路工程基本建设项目设计文件编制办法》中的规定制作。扉页的次页和目录应按《编制办法》附录 A 的规定制作。扉页的次页应有建设项目名称，编制单位，编制、复核人员姓名并加盖执业(从业)资格印章，编制日期及第几册等内容。目录应按概、预算表的表号顺序编排。

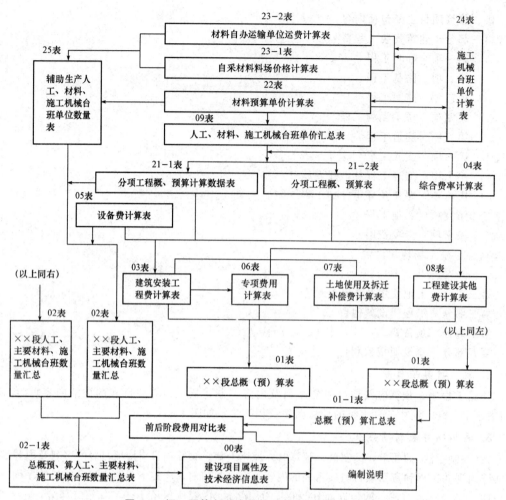

图 4-2　概、预算各种表格的计算顺序及相互关系

2. 概、预算编制说明

概、预算编制完成后，应写出编制说明，文字力求简明扼要。应叙述的内容一般包括：

(1)建设项目设计文件的依据。

(2)编制范围、工程概况等。

(3)采用的定额、费用标准，人工、材料与设备、施工机械台班预算单价的依据或来源，新增工艺的单价分析等。

(4)有关的协议书、会议纪要的主要内容。

(5)概、预算总金额，人工、钢材、水泥、沥青等的总量。

(6)各设计方案的经济比较。

(7)项目综合经济技术指标统计，对比分析本阶段与上阶段工程数量、造价的变化情况。

(8)其他有关费用计算项及计价依据的说明。

(9)采用的公路工程造价软件名称及版本号。

(10)其他需要说明的问题。

3. 概、预算表格

公路工程概、预算应按统一的概、预算表格计算。概、预算表格样式应符合本书附录一的规定，概、预算表格是一个有机的整体，它们互相关联，共同反映工程的费用。概、预算的材料与设备、施工机械台班单价及各项费用的计算均应通过规定的统一表格表述，其中概、预算相同的表式，在印制表格时，应将概算表与预算表分别印制。各种表格的计算顺序及相互关系，如图 4-2 所示。

4. 甲组文件与乙组文件

概、预算文件是设计文件的组成部分，按不同的需要分为甲、乙组文件，并应符合下列规定：

(1)甲组文件为各项费用计算表，乙组文件为建筑安装工程费各项基础数据计算表。甲、乙组文件应按《公路工程基本建设项目设计文件编制办法》中关于设计文件报送份数的要求，随设计文件一并报送，并同时提交可计算的造价电子数据文件和新工艺单价分析的详细资料。

(2)乙组文件中的"分项工程概、预算表"(21-2 表)可只提交电子版，或按需要提交纸质版。

(3)概、预算应按一个建设项目[如一条路线或一座独立大(中)桥、隧道]进行编制。当一个建设项目需要分段或分部编制时，应根据需要分别编制，但必须汇总编制"总概、预算汇总表"。

(4)甲、乙组文件包括的内容。

甲组文件包括的内容如下：

1)编制说明。

2)前后阶段费用对比表。

3)建设项目属性及技术经济信息表(00 表)。

4)总概、预算汇总表(01-1 表)。

5)总概、预算人工、主要材料、施工机械台班数量汇总表(02-1 表)。

6)概、预算表(01 表)。

7)人工、主要材料、施工机械台班数量汇总表(02 表)。

8)建筑安装工程费计算表(03 表)。

9)综合费率计算表(04 表)。

10)综合费用计算表(04-1 表)。

11)设备费计算表(05 表)。

12)专项费用计算表(06 表)。

13)土地使用及拆迁补偿费计算表(07 表)。

14)工程建设其他费计算表(08 表)。

15)人工、材料、施工机械台班单价汇总表(09 表)。

乙组文件包括的内容如下：

1)分项工程概、预算计算数据表(21-1 表)。

2)分项工程概、预算表(21-2 表)。

3)材料预算单价计算表(22 表)。

4)自采材料料场价格计算表(23-1 表)。

5)材料自办运输单位运费计算表(23-2 表)。

6)施工机械台班单价计算表(24 表)。

7)辅助生产人工、材料、施工机械台班单位数量表(25 表)。

学习效果评价

一、学生自评

【填空题】

1. 按不同的设计阶段，公路工程概、预算可分为 _____、_____ 和 _____。

2. 概预算总金额包括 _____、_____、_____、_____ 和 _____。

3. 建设项目管理费包括 _____、_____、_____、_____ 和 _____。

4. 直接费由 _____、_____ 和 _____ 三项费用组成。

5. 企业管理费包括 _____、_____、_____、_____ 和 _____。

【判断题】

1. 预备费包括价差预备费和基本预备费两部分。 （　　　　）

2. 公路工程概、预算项目表中如果第二部分在该项工程中不发生时，则将第三部分提到第二部分上来。 （　　　　）

3. 印制概预算表格时，应将两份表格分别印制。 （　　　　）

4. 概、预算文件中的甲组文件为建筑安装工程费各项基础数据计算表。 （　　　　）

5. 与概、预算有关的委托书、协议书、会议记录的主要内容要放在概、预算的编制说明里。 （　　　　）

【思考题】

1. 公路工程概、预算的概念是什么？

2. 公路工程概、预算的分类及作用有哪些？

3. 公路工程概、预算的编制依据有哪些？

4. 公路工程概、预算由哪些费用组成？

5. 公路工程概、预算项目表有哪些组成内容？

6. 如何正确运用公路工程概、预算项目表进行建设项目的列项？

7. 公路工程概、预算由哪些文件组成？

二、学习小组评价

班级：_____　　　　姓名：_____　　　　学号：_____

学习内容	分值	评价内容	得分
基础知识	30	公路工程概、预算的概念；公路工程概、预算的分类及作用；公路工程概、预算的编制依据；公路工程概、预算的费用组成；公路工程概、预算项目表的组成内容；运用公路工程概、预算项目表列项的基本要求；公路工程概、预算文件的组成及各表格之间的关系	
应会技能	10	能够明确公路工程概、预算各项费用内容	
	20	能够正确地查取公路工程概、预算项目表	
	10	在掌握公路工程概、预算项目表组成内容的基础上，会正确地运用概、预算项目表进行列项	
	20	学会分析公路工程概、预算各表格之间的关系	
学习态度	10		
学习小组组长签字：		年　　月　　日	

工作任务二　建筑安装工程费计算

【思维导图】

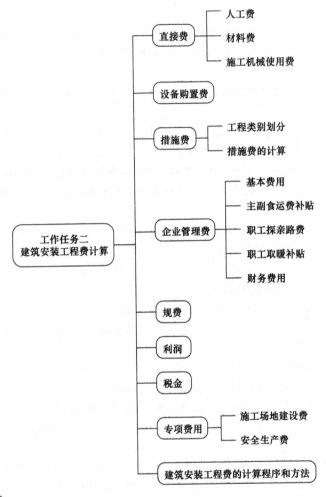

知识目标

(1)了解建筑安装工程费的各项费用组成及内容。

(2)掌握人工费的内容、计算方法及人工工日单价的确定。

(3)掌握材料费的组成及材料预算单价的计算方法。

(4)描述设备购置费的费用组成及内容。

(5)掌握措施费的内容及计算方法。

(6)熟悉企业管理费的内容及各项费用的计算方法。

(7)明确规费的费用内容及计算方法。

(8)学会计算利润、税金及专项费用。

(1)掌握建筑安装工程费的各项费用的计算技能，能够准确计算各项费用的金额。

(2)能够分析和评估不同项目的建筑安装工程费用，为项目决策提供参考依据。

(3)具备在建筑安装工程项目中编制预算和控制费用的能力，以确保项目的可行性和可持续性。

(1)培养学生的社会发展意识，需要考虑工程项目对社会和经济发展的影响。

(2)提高学生的法律法规意识，让他们了解在费用计算和项目管理中需要遵守的相关法律法规。

(3)培养学生的社会责任感和道德观念，引导他们在费用计算中考虑公共利益和社会责任。

建筑安装工程费，简称建安费，是指概、预算中直接用于形成工程实体所发生的费用。建筑安装工程费包括直接费、设备购置费、措施费、企业管理费、规费、利润、税金和专项费用。建筑安装工程费除专项费用外，其他均按"价税分离"计价规则计算，即各项费用均以不含增值税可抵扣进项税额的价格(费率)进行计算，具体要素价格适用增值税税率执行财税部门的相关规定。

定额建筑安装工程费是取费基数，包括定额直接费、定额设备购置费的40%、措施费、企业管理费、规费、利润、税金和专项费用。

定额直接费是定额人工费、定额材料费、定额施工机械使用费之和，按工程量乘以现行《概算定额》或《预算定额》中的基价进行计算。

定额人工费是指按《预算定额》附录四"定额人工、材料、设备单价表"和现行《公路工程机械台班费用定额》(JTG/T 3833—2018)规定的人工工日基价计算的费用，即定额中人工消耗量乘以人工工日基价计算的费用。

定额材料费是指按《预算定额》附录四"定额人工、材料、设备单价表"中规定的材料基价计算的费用，即定额中材料消耗量乘以材料基价计算的费用。

定额施工机械使用费是指按现行《公路工程机械台班费用定额》(JTG/T 3833—2018)中规定的施工机械台班基价计算的费用，即定额中施工机械消耗量乘以施工机械台班基价计算的费用。

定额设备购置费均按《预算定额》附录四"定额人工、材料、设备单价表"中规定的设备基价计算费用的40%计算，即设备数量乘以设备基价计算费用的40%。

一、直接费

直接费是指施工过程中耗费的构成工程实体和有助于工程形成的各项费用，包括人工费、材料费、施工机械使用费。

(一)人工费

人工费是指列入概、预算定额的直接从事建筑安装工程施工的生产工人开支的各项费用。

1. 人工费的内容

(1)计时工资或计件工资：指按计时工资标准和工作时间或对已做工作按计件单价支付给个

人的劳动报酬。

(2)津贴、补贴：指为了补偿职工特殊或额外的劳动消耗和因其他特殊原因支付给个人的津贴，以及为了保证职工工资水平不受物价影响支付给个人的物价补贴，如流动施工津贴、特殊地区施工津贴、高温(寒)作业临时津贴、高空津贴等。

(3)特殊情况下支付的工资：指根据国家法律、法规和政策规定，因病、工伤、产假、计划生育假、婚丧假、事假、探亲假、定期休假、停工学习、执行国家或社会义务等原因按计时工资标准或计时工资标准的一定比例支付的工资。

2. 人工费的计算

人工费以概、预算定额人工工日数乘以综合工日单价计算。

$$人工费 = \sum (分项工程数量 \times 定额人工消耗量 \times 人工工日单价) \tag{4-1}$$

式中各项说明如下：

(1)分项工程数量。分项工程数量是由设计图纸按工程量计算规则计算的定额单位工程数量。

(2)定额人工消耗数量。定额人工消耗数量是指完成一定数量单位的分项工程量(如 10 m^3 实体等)定额规定所需人工工日数量，由定额表直接查得。例如，《预算定额》第9页第一章第一节表 1-1-6 规定人工挖运 1 000 m^3 天然密实的普通土(第一个 20 m 挖运)需 145.5 工日。

(3)人工工日单价。人工费标准按照本地区公路建设项目的人工工资统计情况以及公路建设劳务市场情况进行综合分析、确定人工工日单价。人工工日单价由省级交通运输主管部门制定发布，并适时进行动态调整。人工工日单价仅作为编制概算、预算的依据，不作为施工企业实发工资的依据。

有关人工工日单价相关说明：

1)公路概、预算定额人工工日单价为综合工日单价，不区分工种，即公路建设所有用工(如小工、混凝土工、钢筋工、木工、起重工、张拉工、隧道掌子面开挖工、交通工程安装工、施工机械工等)都采用同一综合工日单价。

2)综合工日单价已包括由个人缴纳的社会保险费中的养老保险费、失业保险费、医疗保险费(生育保险除外)和住房公积金。

3)综合工日单价不同于公路建设人工劳务市场价，其主要区别在于：

①工作时间不同。综合工日单价通常按每天工作 8 h，隧道按每天工作 7 h，潜水工按每天工作 6 h 考虑；公路建设市场劳务用工每天工作时间普遍与综合工日有差异。

②企业应支出的"四险一金"不同。编制公路工程概、预算时，由企业支付的社会保险费和住房公积金需单独计算，而公路建设人工劳务市场价一般已包含上述费用。

③其他费用计算不同。公路工程概、预算的工人的冬、雨、夜施工的补助，工地转移、取暖补贴、主副食补贴、探亲路费等单独计算，而公路建设人工劳务市场价不再单独计算。

【例 4-1】 某二级公路全长为 9.8 km，路基宽为 12 m，基层采用石灰粉煤灰碎石，厚度为 26 cm，厂拌法施工，基层配合比为 5∶15∶80，若人工预算单价为 80.4 元/工日，试计算预算人工费。

解：(1)由式(4-1)可知：

$$人工费 = \sum (分项工程数量 \times 定额人工消耗量 \times 人工工日单价)$$

(2)由《预算定额》第 149 页第二章第一节说明 1 可知，各类稳定土基层的压实厚度在 20 cm以内，拖拉机、平地机、摊铺机和压路机的台班消耗按定额数量计算。如超过上述压实厚度进行分层拌和、摊铺、碾压时，拖拉机、平地机、摊铺机和压路机的台班消耗按定额数量加倍计算，每1 000 m³增加1.5个工日。

（3）根据分项工程内容，查《预算定额》第184页，定额表号为[184-2-1-7(Ⅲ)-31＋32×6]，每1 000 m²需要消耗的人工定额值为

人工＝2.2＋0.1×6＋1.5＝4.3（工日）

（4）工程数量＝9 800×12÷1 000＝117.6（m²）

（5）人工费＝117.6×4.3×80.4＝40 656.67（元）

（二）材料费

材料费是指施工过程中耗用的构成工程实体的原材料、辅助材料、构配件、零件、半成品或成品的用量和周转材料的摊销量，按工程所在地的材料价格计算的费用。

材料费在建筑安装工程费中占主要地位，其比重达到40%左右，因此，准确计算材料费对概、预算费用有很大的影响。

材料费按下式计算：

材料费＝∑[分项工程数量×(∑定额材料用量×材料单价＋其他材料费＋设备摊销费)]

(4-2)

1. 分项工程数量

分项工程数量是由设计图纸按工程量计算规则计算的定额单位工程数量。

2. 定额材料用量

定额材料用量是指完成一定数量单位的分项工程量（如10 m³实体等）定额规定所需消耗的材料数量，由定额表直接查得，如《预算定额》表[583-4-5-2-2]规定浆砌片石护拱（10 m³）需片石11.5 m³。

3. 材料单价

材料单价即材料预算价格，是由材料原价、运杂费、场外运输损耗、采购及保管费组成。

材料预算价格有两种确定办法：一种是公式计算；另一种是地区规定的材料预算价格。但其价格组成内容是一致的。《编制办法》采用的是第一种方法。由于材料预算价格的重要性及其计算的复杂性，还专门设计了"材料预算单价计算表"（22表）来进行计算。

材料预算价格＝(材料原价＋运杂费)×(1＋场外运输损耗率)×(1＋采购及保管费费率)－
包装品回收价值

(4-3)

（1）材料原价。材料原价又称材料供应价格。公路建设工程所耗用的各种建筑材料，按其来源可分为外购材料和自采材料两部分。外购材料预算单价直接填入"材料预算单价计算表"（22表）进行计算，自采材料预算单价应先在"自采材料料场价格计算表"（23-1表）中计算其料场开采价格，再并入"材料预算单价计算表"（22表）进行计算，最后汇总到"人工、材料、施工机械台班单价汇总表"（09表）。材料供应价格可按下列要求计算。

1）外购材料：外购材料价格参照本行政区域内交通运输主管部门发布的价格和按调查的市场价格进行综合取定。

2）自采材料：自采的砂、石、黏土等自采材料，按定额中开采单价加辅助生产间接费和矿产资源税（如有）计算。

材料供应价格应按实计取。各省、自治区、直辖市公路（交通）工程造价（定额）管理站应通

过调查，编制本地区的材料价格信息，供编制概、预算时使用。

（2）运杂费。运杂费是指材料自供应地点至工地仓库（施工地点存放材料的地方）的费用。其包括装卸费、运费，如果发生，还应计囤存费及其他杂费（如过磅、标签、支撑加固、路桥通行等费用）。材料的运输流程如图4-3所示。

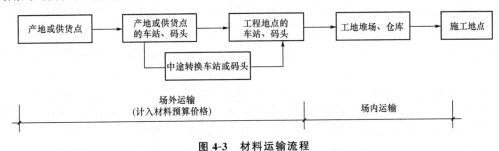

图 4-3　材料运输流程

1）运杂费计算。

材料单位运杂费＝（运价率×运距＋装卸费＋吨次费＋杂费）×毛质量系数×单位质量　　（4-4）

式中　运价率——运输每吨公里物资金额[元/(t·km)]，按各地运输部门规定计列；

运距——由运料起点至运料终点间的里程(km)；

装卸费——一次装车、卸车每吨材料的费用(元/t)，按工程所在地的实际发生值计划；

吨次费——整车短途吨次附加费的简称，指因短途运输所增加的费用[元/(吨·次)]，按当地运输部门规定计列；

杂费——过磅、标签、支撑加固等费用；

毛质量系数——有容器或包装的材料及长大轻浮材料，为了计算其运输的实际质量而考虑的系数，毛质量系数按表4-1计列；

单位质量——单位材料的质量，按《预算定额》第1 108页附录四确定。

表 4-1　材料毛质量系数及单位毛质量表

材料名称	单位	毛质量系数/%	单位毛质量/t
爆破材料	t	1.35	—
水泥、块状沥青	t	1.01	—
铁钉、铁件、焊条	t	1.10	—
液体沥青、液体燃料、水	t	桶装 1.17，油罐车装 1.00	—
木料	m³	—	原木 0.075，锯材 0.650
草袋	个	—	0.004

2）运杂费计算中的有关规定。

①通过铁路、水路和公路运输的材料，按调查的市场运价计算运费。

②当一种材料有两个以上的供应点时，应根据不同的运距、运量、运价采用加权平均的方法计算运费。由于概、预算定额中已考虑了工地运输便道的特点，以及定额中已计入了"工地小搬运"的费用，因此汽车运输平均运距中不得乘调整系数，也不得在工地仓库或堆料场之外再加场内运距或二次倒运的运距。

③有容器或包装的材料及长大轻浮材料，应按表 4-1 规定的毛质量计算。桶装沥青、汽油、柴油按每吨摊销一个旧汽油桶计算包装费(不计回收)。

④材料运输的运价率必须结合材料的等级、运输路线等级来确定。材料等级、运输路线等级及各等级的运价率可按地方的"补充规定"计取。

⑤在各个运输环节中，过路、过桥、过闸(船舶)费、调车和驳船费、专用车辆运输增加费等，均应视同运费一并计算。至于装卸费要考虑不同的装卸方法、环节、次数，以及物品的单件质量、危险物品等不同计算规定。如钢筋一般都成捆以吊车进行装车，其装卸费就应按吊车装吊价格计算。

⑥装卸费应按实际发生的费用计取。有些材料只发生装车的费用，而不发生卸车的费用；有些材料则只发生卸车的费用，而不发生装车的费用，这时装卸费应折半计取。如砂、石材料，一般采用自卸汽车运输，装卸费中只有装车的费用，没有卸车的费用。

运杂费的计算是比较复杂烦琐的，除应正确选择材料来源地以缩短运距外，还应综合考虑其他因素，如运输方式、运输条件是否方便等，这对降低材料单价有着特别重要的现实意义。

【例 4-2】 某工程需用汽车运原木，运距为 60 km，按当地的《补充规定》查得原木为二级货物，运输路线为三级，运价率为 0.86 元/(t·km)，装卸费为 9 元/t，路桥通行费(往返)为 2.5 元/t。试计算原木的单位运杂费。

解： 由表 4-1 可知原木的单位毛质量为 0.075 t/m³，则

原木的单位运杂费 $=(0.86 \times 60 + 9 + 2.5) \times 0.075 = 4.733$(元/m³)

(3)材料运距的确定。在计算材料费时，涉及材料运距计算问题。《编制办法》第 10 页规定："一种材料当有两个以上的供应点时，应根据不同的运距、运量、运价采用加权平均的方法计算运费"。下面对材料供应经济范围的确定和平均运距的计算作一一介绍。

1)运料终点的确定。由于路线工程是线形构造物，所以材料运料终点的确定对运距的确定影响极大。原则上，运料终点是工地仓库或工地堆料点。但是，当施工组织设计不能提供工地仓库或堆料地点的具体位置时，其运料终点如下：

①独立大中桥为桥梁的中心桩号，大型隧道为隧道的中心桩号，集中型工程为范围中心桩的桩号。

②路线工程，对于外购材料一般以路线中点里程作为运料终点，当工程用料分布不均衡时，可按加权平均法确定材料的卸料重心点位置作为运料终点；对于自采材料，则应根据料场供应范围及各工程点用料量、距料场运距等情况具体计算确定。

2)材料经济供应范围的确定。当一条路线工程，在其沿线有多个供应同种材料的料场，则应在各相邻料场之间确定一个经济供应分界点，即经济合理地确定各采料场的经济供应范围。

料场供应范围的经济划分，与料场开采价格、沿路线(各段)各点的用料量、料场至卸料点的运距、运价等有关。

自采材料经济供应范围的划分，有两种方法可供选择，即最大运距相等法和平均运距相等法，这两种方法的计算结果相差不大。

①最大运距相等法。最大运距相等法是指相邻两个料场至经济供应分界点的最大运距相等。用最大运距相等法确定料场(或供料点)间的经济分界点 K 时，一般认为：

a. 各料场的开采价格(供应价格)相等；

b. 某种材料沿线的用量是比较均匀的(个别用量特别大的路段，材料用量超出平均用量的

部分，应另按点式卸料计算）；

c.各料场至用料地点之间的运价是相等的。

按最大运距相等法确定料场间经济分界点的原则：当 A 料场与 B 料场相邻，且料价、运价率相等，沿线材料用量均匀，则 A、B 两料场至分界点 K 的最大运距相等，如图 4-4 所示。

当 $a>(b+L_{AB})$ 时，取消 A 料场，由 B 料场供料；

当 $b>(a+L_{AB})$ 时，取消 B 料场，由 A 料场供料；

当 $a<(b+L_{AB})$ 且 $b<(a+L_{AB})$ 时，应确定两料场的经济分界点 K，其计算表达式如下：

根据定义：
$$L_{max}=a+L'_A=b+L_B \tag{4-5}$$

则
$$L'_A=[L_{AB}+(b-a)]/2 \tag{4-6}$$

$$L_B=[L_{AB}-(b-a)]/2 \tag{4-7}$$

式中 a——A 料场至上路点桩号的运距；

b——B 料场至上路点桩号的运距；

L_{AB}——A 料场支线上路点 K_a 至 B 料场支线上路点 K_b 之间的运距；

L'_A——K_a 点至 K 点运距；

L_B——K 点至 K_b 点运距；

L_{max}——最大运距。

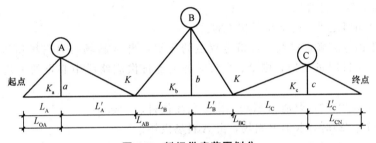

图 4-4 料场供应范围划分

【例 4-3】 某公路工程的料场分布如图 4-5 所示。已知 A 料场的上路点桩号为 K2+100，支线运距为 1.60 km；B 料场上路点桩号为 K7+900，支线运距为 2.5 km。试用最大运距相等法确定 A、B 料场间的经济分界点桩号。

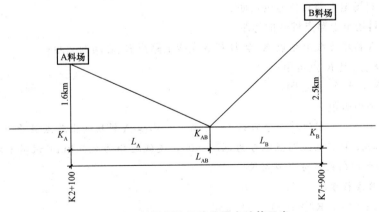

图 4-5 料场间的经济分界点计算示意

解：（1）求路线长度。

$$L_{AB}=(K7+900)-(K2+100)=5.8(km)$$

（2）判断是否满足应用条件。

$$a+L_{AB}=1.6+5.8=7.4(km)>b=2.5\ km$$

（3）计算。

$$L_A=[L_{AB}+(b-a)]/2=[5.8+(2.5-1.6)]/2=3.35(km)$$
$$L_B=[L_{AB}-(b-a)]/2=[5.8-(2.5-1.6)]/2=2.45(km)$$

（4）经济分分界点桩号。

$$K_{AB}=(K2+100)+(K3+350)=K5+450$$

（5）复核。

$$1.6+3.35=2.5+2.45=4.95(km)（正确）$$

②平均运距相等法。平均运距相等法是指相邻两个料场至各自供应路段中心点的平均运距相等。

用平均运距相等法确定料场（或供料点）间的经济分界点 K 时，一般认为：

a. 各料场的开采价格（供应价格）相等；

b. 某种材料沿线的用量是比较均匀的（个别用量特别大的路段，材料用量超出平均用量的部分，应另按点式卸料计算）；

c. 各料场至用料地点间的运价是相等的。

按平均运距相等法确定料场间经济分界点的原则：当 A 料场与 B 料场相邻，且料价、运价率相等，沿线材料用量均匀，则 A、B 两料场至各自供应路段中心点的平均运距相等，如图 4-4 所示。

当 $a>(b+L_{AB}/2)$ 时，取消 A 料场，由 B 料场供料；

当 $b>(a+L_{AB}/2)$ 时，取消 B 料场，由 A 料场供料；

当 $a<(b+L_{AB}/2)$ 且 $b<(a+L_{AB}/2)$ 时，应确定两料场的经济分界点 K，其计算表达式如下：

根据定义：

$$L_{CP}=a+L'_A/2=b+L_B/2 \tag{4-8}$$

则

$$L'_A=L_{AB}/2+(b-a) \tag{4-9}$$

$$L_B=L_{AB}/2-(b-a) \tag{4-10}$$

式中　a——A 料场至上路点桩号的运距；

b——B 料场至上路点桩号的运距；

L_{AB}——A 料场支线上路点 K_a 至 B 料场支线上路点 K_b 之间的运距；

L'_A——K_a 点至 K 点运距；

L_B——K 点至 K_b 点运距；

L_{CP}——平均运距。

【例 4-4】 某公路工程的料场分布如图 4-5 所示。已知 A 料场的上路点桩号为 K2+100，支线运距为 1.60 km；B 料场上路点桩号为 K7+900，支线运距为 2.5 km。试用平均运距相等法确定 A、B 料场之间的经济分界点桩号。

解：（1）求路线长度。

$$L_{AB}=(K7+900)-(K2+100)=5.8(km)$$

（2）判断是否满足应用条件。

$$a+L_{AB}/2=1.6+5.8/2=4.5(km)>b=2.5(km)$$

(3)计算。

$L_A = L_{AB}/2 + (b-a) = 5.8/2 + (2.5-1.6) = 3.8(\text{km})$

$L_B = L_{AB}/2 - (b-a) = 5.8/2 - (2.5-1.6) = 2(\text{km})$

(4)经济分界点桩号。

$K_{AB} = (K2+100) + (K3+800) = K5+900$

(5)复核。

$1.6 + 3.8/2 = 2.5 + 2/2 = 3.5(\text{km})$(正确)

确定相邻两个料场之间的经济分界点的注意事项：

①路线起点或终点之外无料场时，则路线的起点和终点为自然分界点；若有料场，则应视为路线供应料场之一，按上述方法确定经济分界点。

②计算运距时，要考虑断链影响。

③支线等运距以调查的实际运距为准(不是距离)。

④确定料场的取舍，尚应充分考虑料场开发、运输的可行性；还要考虑运料重载升坡的影响。

⑤若料场料价、运价差异很大时，可按两料场至分界点间加权最大运距相等的原则来划分。

3)路线材料平均运距计算。为了计算构成材料单价的运杂费，必须首先确定各种材料的平均运距。当一种材料有多个供应点时，必须首先确定各供应点的经济供应范围；当一种材料有多个卸料点时，必须计算其平均运距(图4-6)。

①自采材料平均运距计算。

a. 加权平均法。当料场供应范围及各卸料点的位置、运距、用料数量确定后，可按式(4-11)计算该种材料的全路线加权平均运距。

$$L = \frac{\sum\limits_{i=1}^{n} M_i}{\sum\limits_{i=1}^{n} Q_i} = \frac{\sum\limits_{i=1}^{n} Q_i L_i}{\sum\limits_{i=1}^{n} Q_i} \tag{4-11}$$

式中 L——某种材料全路线加权平均运距(km)；

n——卸料点个数；

M_i——各卸料点材料运量(t·km)；

Q_i——各卸料点某种材料数量，路面材料卸料点为路段中心点，构造物用料卸料点为仓库或料堆；

L_i——各供料点至卸料点间运距(km)。

【例4-5】 试计算图4-6所示路段的某种自采材料的加权平均运距。

解：

$$L = \frac{\sum\limits_{i=1}^{n} Q_i L_i}{\sum\limits_{i=1}^{n} Q_i} = \frac{6\,800 + 2\,700 + \cdots + 3\,080 + 2\,000}{850 + 450 + \cdots + 560 + 400} = 5.47(\text{km})$$

b. 算术平均值法。如图4-6所示，路线材料平均运距可采用算术平均值法计算：

$$L' = \frac{\sum\limits_{i=1}^{n} L_i}{n} \tag{4-12}$$

式中 L'——某种材料全路线算术平均运距(km)；

式中其他符号意义同前。

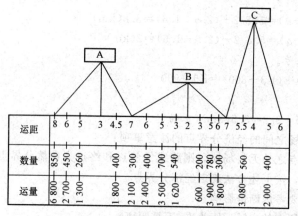

图 4-6 平均运距计算示意

【例 4-6】 试计算图 4-6 所示路段的某种自采材料的算术平均运距。

$$L' = \frac{\sum\limits_{i=1}^{n} L_i}{n} = \frac{8+6+\cdots+5.5+5}{13} = 5.31(\text{km})$$

由上述两例可知：加权平均运距与算术平均运距仅相差 3% 左右，考虑到运距不一定经过丈量，本身的误差就可能大于计算误差，特别是加权平均法需待各分项预算编完后才有条件计算运距，故在工程用料量分布不是十分不均衡的情况下，以用算术平均法较为简便。

②外购材料平均运距计算。外购材料一般只有一个供应点，却具有一个或多个用料点（仓库、料堆），如图 4-7 所示。

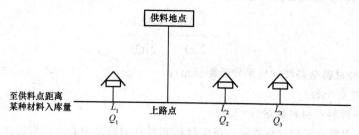

图 4-7 外购材料平均运距计算

外购材料平均运距可按下列公式计算：

a. 加权平均运距：

$$L = \frac{\sum\limits_{i=1}^{n} Q_i L_i}{\sum\limits_{i=1}^{n} Q_i} \tag{4-13}$$

b. 算术平均运距：

$$L' = \frac{\sum\limits_{i=1}^{n} L_i}{n} \tag{4-14}$$

式中 L——某种外购材料全线加权平均运距（km）；

n——卸料仓库（或料堆）个数；

Q_i——某种材料各仓库入库量(t);

L_i——卸料仓库距供料地点运距(km);

L'——某种外购材料全线算术平均运距(km)。

(4)场外运输损耗。场外运输损耗是指有些材料在正常的运输过程中发生的损耗,这部分损耗应摊入材料单价内。材料场外运输损耗以损耗率表示,具体可参考表 4-2。其计算公式如下:

$$材料场外运输损耗＝(材料的供应价格＋运杂费)×场外运输损耗率 \qquad (4-15)$$

表 4-2　材料场外运输操作损耗率表　　　　　　　　　　　　　%

材料名称		场外运输(包括一次装卸)	每增加一次装卸
块状沥青		0.5	0.2
石屑、碎砾石、砂砾、煤渣、工业废渣、煤		1.0	0.4
砖、瓦、桶装沥青、石灰、黏土		3.0	1.0
草皮		7.0	3.0
水泥(袋装、散装)		1.0	0.4
砂	一般地区	2.5	1.0
	风沙地区	5.0	2.0

注:汽车运水泥,如果运距超过 500 km 时,袋装水泥损耗率增加 0.5 个百分点。

(5)材料采购及保管费。材料采购及保管费是指在组织采购、保管材料过程中,所需的各项费用及工地仓库的材料储存损耗。

$$材料采购及保管费＝(材料原价＋运杂费＋场外运输损耗)×采购保管费费率 \qquad (4-16)$$

钢材的采购及保管费费率为 0.75%,燃料、爆破材料为 3.26%,其余材料为 2.06%。商品水泥混凝土、沥青混合料和各类稳定土混合料、外购的构件、成品及半成品的预算价格计算方法与材料相同。商品水泥混凝土、沥青混合料和各类稳定土混合料不计采购及保管费,外购的构件、成品及半成品的采购及保管费费率为 0.42%。

(6)包装品的回收价值。如主管部门有规定者,应按规定计算。如无规定时,可参考表 4-3数据计算。

表 4-3　包装品的回收价值

包装品的种类	回收量	回收价值
木材制品包装	70%	原价的 20%
铁桶、铁皮、铁丝制品包装	铁桶 95%,铁皮 50%,铁丝 20%	原价的 50%
纸皮、纤维品包装	60%	原价的 50%
草绳、草袋制品包装	0	0

(三)施工机械使用费

施工机械使用费是指列入概、预算定额的工程机械和工程仪器仪表台班数量,按相应的施工机械台班费用定额计算的费用等。

1. 工程机械使用费

工程机械使用费的计算公式为

工程机械使用费＝∑(分项工程数量×相应项目定额单位机械台班消耗量×机械台班单价)＋
小型机具使用费　　　　　　　　　　　　　　　　　　　　　　　　　　　　(4-17)

式中各项说明如下：

(1)分项工程数量：由设计图纸按工程量计算规则计算的定额单位工程数量。

(2)定额单位机械台班消耗量：由定额直接查得完成一定数量单位的分项工程定额所规定消耗机械种类和台班数量。

(3)机械台班单价：施工机械台班单价按市场价格计算或按交通运输部颁布的《公路工程机械台班费用定额》(JTG/T 3833—2018)计算。在编制公路工程造价时，施工机械台班单价不得采用社会出租台班单价计价。

机械台班单价由不变费用和可变费用两部分组成。

1)不变费用包括折旧费、检修费、维护费、安拆辅助费等。编制机械台班单价时，除青海、新疆、西藏等边远地区外，均应直接采用。至于边远地区因机械使用年限差异及维修工资、配件材料等价差较大而需调整不变费用时，可根据具体情况，由各省级交通运输主管部门制定系数并执行。

2)可变费用包括机上人员人工费、动力燃料费、车船税。可变费用中的人工工日数及动力燃料消耗量，应以机械台班费用定额中的数值为准。台班人工费工日单价同生产工人人工费单价。动力燃料费用则按材料费的计算规定计算。

各种机械台班单价计算可通过"机械台班单价计算表"(24表)，按下式计算：

施工机械台班单价＝不变费用×调整系数＋可变费用

＝不变费用×调整系数＋(定额人工消耗量×人工单价＋定额动力燃料消耗量×动力燃料单价＋运输机械的车船使用税)　　　　　(4-18)

(4)小型机具使用费是指未列入机械台班费用定额，但实际使用的小型机具的费用。

2. 工程仪器仪表使用费

工程仪器仪表使用费是指机电工程施工作业所发生的仪器仪表使用费。其计算公式为

工程仪器仪表使用费＝∑(分项工程数量×相应项目定额单位施工仪器仪表台班消耗量×工程仪器仪表台班单价)　　　　　　　　　　　　　(4-19)

式中各项说明如下：

(1)分项工程数量：由设计图纸按工程量计算规则计算的定额单位工程数量。

(2)定额单位施工仪器仪表台班消耗量：由定额直接查得完成一定数量单位的分项工程定额所规定消耗施工仪器仪表台班消耗量。

(3)工程仪器仪表台班单价：工程仪器仪表台班预算价格应按现行《公路工程机械台班费用定额》(JTG/T 3833—2018)计算。台班人工费工日单价同生产工人人工费单价。动力燃料费用则按材料费的计算规定计算。

当工程用电为自发电时，电动机械每 kW·h(度)电的单价，应按《公路工程机械台班费用定额》(JTG/T 3833—2018)计算所选定的发电机组的台班单价，然后按下列公式进行换算确定：

$$A = 0.15K/N \qquad (4-20)$$

式中　A——每 kW·h(度)电的单价(元)；

　　　K——发电机组的台班单价(元)；

　　　N——发电机组的总功率(kW)。

1)若采用多台发电机组联合发电时，应将其价格和功率分别汇总，作为计算依据。

2)当工程用电采用电网供电时，则应计算电能损耗。

3) 当同时使用自发电和电网供电时，可按各自供电的电动机械的总功率所占的比重计算综合电价，也可按各自供电时间的长短作为计算综合电价的依据。

4) 运输机械的车船使用税，应根据各省、自治区、直辖市及国务院有关部门规定的标准，按机械的年工作台班(表 4-4)计入台班费中。

表 4-4 年工作台班参考

机械种类	年工作台班
沥青洒布车、汽车式划线车	150 台班
平板拖车组	160 台班
液态沥青运输车、散装水泥运输车、混凝土搅拌运输车、混凝土输送泵车、自卸汽车、运油汽车、加油汽车、洒水汽车、拖拉机、汽车式起重机、轮胎式起重机、汽车式钻孔机、内燃拖轮、起重船	200 台班
载货汽车、机动翻斗车	220 台班
工程驳船、抛锚船、机动艇、泥浆船	230 台班

二、设备购置费

设备购置费是指为满足公路初期运营、管理需要购置的构成固定资产标准的设备和虽低于固定资产标准但属于设计明确列入设备清单的设备的费用，包括渡口设备，隧道照明、消防、通风的动力设备，公路收费、监控、通信、路网运行监测、供配电及照明设备等。该项费用计算可通过"设备费计算表"(05)表计算完成。

设备购置费应列出计划购置的清单(包括设备的规格、型号、数量)，以设备原价加综合业务费和运杂费按以下公式计算：

设备购置费=设备原价+运杂费(运输费+装卸费+搬运费)+运输保险费+采购及保管费 (4-21)

需要安装的设备应按第一部分建筑安装工程费的有关规定计算设备的安装工程费。

设备与材料的划分标准见《编制办法》附录 C。

三、措施费

措施费是指为了完成工程项目施工，发生于该工程施工前和施工过程中非工程实体项目的费用。措施费按其工程所在地及施工季节等情况，包括冬期施工增加费、雨期施工增加费、夜间施工增加费、特殊地区施工增加费、行车干扰施工增加费、施工辅助费、工地转移费。

1. 工程类别划分

由于措施费是以各类工程的定额人工费和定额施工机械使用费之和或定额直接费为基数，以规定的费率计算的，而工程项目内容千差万别，无法个别地按各具体工程项目来制定费率标准。因此，要将性质相近的工程项目合并成若干类别来制定费率(包括后面企业管理费的计算)。工程类别可划分为 10 类，见表 4-5。

表 4-5 工程类别划分

工程类别	内容
土方	指人工及机械施工的土方工程、路基掺灰、路基换填及台背回填
石方	指人工及机械施工的石方工程
运输	指用汽车、拖拉机、机动翻斗车、船舶等运送土石方、路面基层和面层混合料、水泥混凝土及预制构件、绿化苗木等
路面	指路面所有结构层工程(包括隧道路面、桥面铺装工程)、路面附属工程、便道以及特殊路基处理(不含特殊路基处理中的圬工构造物)
隧道	指隧道土建工程(不含隧道的钢材及钢结构)
构造物Ⅰ	指砍树挖根、拆除工程、排水、防护、特殊路基处理(不包含土石方和换填工程)中的圬工构造物、涵洞、交通安全设施[不包括金属标志牌、防撞钢护栏、防眩板(网)、隔离栅、防护网等钢结构工程]、拌合站(楼)安拆工程、便桥、便涵、临时电力和电信设施、临时轨道、临时码头、绿化工程等工程
构造物Ⅱ	指小桥、中桥、大桥、特大桥工程(不包括技术复杂大桥工程)
构造物Ⅲ	指商品水泥混凝土的浇筑、商品沥青混合料和各类商品稳定土混合料的铺筑、外购混凝土构件、设备安装工程等
技术复杂大桥	指钢管拱桥、斜拉桥、悬索桥、单孔跨径在 120 m 以上(含 120 m)和基础水深在 10 m 以上(含 10 m)的大桥主桥部分的基础、下部和上部工程(不含桥梁的钢材及钢结构)
钢材及钢结构	指所有工程的钢材及钢结构(含钢筋及预应力钢材,钢沉井、钢围堰、钢套箱及钢护筒)等基础工程,钢构件[含钢索塔、钢管拱、钢锚箱、钢锚梁、钢箱(桁)梁、索鞍、斜拉索、索股、索夹、吊杆、系杆]等安装工程,伸缩缝,支座,路基和隧道工程的锚杆、隧道管棚及钢支撑、金属标志牌、防撞钢护栏、防眩板(网)、隔离栅、防护网等等工程

注:购买的路基填料、绿化苗木、商品水泥混凝土、商品沥青混合料和各类稳定土混合料、外购混凝土构件不作为措施费及企业管理费的计算基数。

2. 措施费的计算

(1)冬期施工增加费。冬期施工增加费是指按照公路工程施工及验收规范所规定的冬期施工要求,为保证工程质量和安全生产所需采取的防寒保温设施、工效降低和机械作业效率降低,以及技术操作过程的改变等所增加的有关费用。

冬期施工增加费的内容包括:

1)因冬期施工所需增加的一切人工、机械与材料的支出。

2)施工机具所需修建的暖棚(包括拆、移),增加其他保温设备购置费用。

3)因施工组织设计确定,需增加的一切保温、加温等有关支出。

4)清除工作地点的冰雪等与冬期施工有关的其他各项费用。

冬季气温区的划分,根据气象部门提供的满15年的气温资料确定。从每年秋冬第一次连续

5 d 出现室外日平均温度在 5 ℃以下、日最低温度在 −3 ℃以下的第一天算起，至第二年春夏最后一次连续 5 d 出现同样温度的最末一天为冬季期。冬季期内平均气温在 −1 ℃以上者为冬一区，−1 ~ −4 ℃者为冬二区，−4 ~ −7 ℃者为冬三区，−7 ~ −10 ℃者为冬四区，−10 ~ −14 ℃者为冬五区，−14 ℃以下者为冬六区。冬一区内平均气温低于 0 ℃的连续天数在 70 d 以内的为 I 副区，70 d 以上的为 II 副区；冬二区内平均气温低于 0 ℃的连续天数在 100 d 以内的为 I 副区，100 d 以上的为 II 副区。

气温高于冬一区，但砖石混凝土工程施工需采取一定措施的地区为准冬季区。准冬季区分两个副区，简称准一区和准二区。凡一年内日最低气温在 0 ℃以下的天数多于 20 d 的，日平均气温在 0 ℃以下的天数少于 15 d 的为准一区，多于 15 d 的为准二区。

全国冬期施工气温区划分见本书附录二。若当地气温资料与本书附录二中划定的冬季气温区划分有较大出入时，可按当地气温资料及上述划分标准确定工程所在地的冬季气温区。

冬期施工增加费的计算方法，是根据各类工程的特点规定各气温区的取费标准的。为了简化计算手续，采用全年平均摊销的方法，即无论是否在冬期施工，均按规定的取费标准计取冬期施工增加费。

一条路线穿过两个以上的气温区时，可分段计算或按各区的工程量比例求得全线的平均增加率，计算冬期施工增加费。

冬期施工增加费以各类工程的定额人工费和定额施工机械使用费之和为基数，按工程所在地的气温区选用表 4-6 的费率计算。

表 4-6 冬期施工增加费费率　　　　　　　　　　　　　　　　　　　　%

工程类别 \ 气温区	冬季期平均温度/℃								准一区	准二区
	−1 以上		−1 ~ −4		−4 ~ −7	−7 ~ −10	−10 ~ −14	−14 以下		
	冬一区		冬二区		冬三区	冬四区	冬五区	冬六区		
	I	II	I	II						
土方	0.835	1.301	1.800	2.270	4.288	6.094	9.140	13.720	—	—
石方	0.164	0.266	0.368	0.429	0.859	1.248	1.861	2.801	—	—
运输	0.166	0.25	0.354	0.437	0.832	1.165	1.748	2.643	—	—
路面	0.566	0.842	1.181	1.371	2.449	3.273	4.909	7.364	0.073	0.198
隧道	0.203	0.385	0.548	0.710	1.175	1.52	2.269	3.425		
构造物 I	0.652	0.940	1.265	1.438	2.607	3.527	5.291	7.936	0.115	0.288
构造物 II	0.868	1.240	1.675	1.902	3.452	4.693	7.028	10.542	0.165	0.393
构造物 III	1.616	2.296	3.114	3.523	6.403	8.680	13.020	19.520	0.292	0.721
技术复杂大桥	1.019	1.444	1.975	2.230	4.057	5.479	8.219	12.338	0.170	0.446
钢材及钢结构	0.04	0.101	0.141	0.181	0.301	0.381	0.581	0.861	—	—
注：绿化工程不计冬期施工增加费。										

（2）雨期施工增加费。雨期施工增加费是指雨季期间施工为保证工程质量和安全生产所需采取的防雨、排水、防潮和防护措施，工资降低和机械作业率降低以及技术操作过程的改变等，

所需增加的有关费用。

雨期施工增加费的内容包括以下几项：

1）因雨期施工所需增加的工、料、机费用的支出，包括工作效率的降低及易被雨水冲毁的工程所增加的清理坍塌基坑和堵塞排水沟、填补路基边坡冲沟等工作内容。

2）路基土方工程的开挖和运输，因雨期施工（非土壤中水影响）而引起的黏附工具、降低工效所增加的费用。

3）因防止雨水必须采取的挖临时排水沟、防止基坑坍塌所需的支撑、挡板等防护措施费用。

4）材料因受潮、受湿的耗损费用。

5）增加防雨、防潮设备的费用。

6）因河水高涨致使工作困难等其他有关雨期施工所需增加的费用。

雨量区和雨季期的划分，根据气象部门提供的满 15 年的降雨资料确定。凡月平均降雨天数在 10 d 以上，月平均日降雨量在 3.5～5 mm 者为Ⅰ区，月平均日降雨量在 5 mm 以上者为Ⅱ区。全国雨期施工雨量区及雨季期划分见本书附录三。若当地气象资料与本书附录三所划定的雨量区及雨季期出入较大时，可按当地气象资料及上述划分标准确定工程所在地的雨量区及雨季期。

雨期施工增加费的计算方法，是将全国划分为若干雨量区和雨季期，并根据各类工程的特点规定各雨量区和雨季期的取费标准的。为了简化计算手续，采用全年平均摊销的方法，即无论是否在雨期施工，均按规定的取费标准计取雨期施工增加费。

一条路线通过不同的雨量区和雨季期时，应分别计算雨期施工增加费或按工程量比例求得平均的增加率，计算全线雨期施工增加费。

雨期施工增加费以各类工程的定额人工费和定额施工机械使用费之和为基数，按工程所在地的雨量区、雨季期选用表 4-7 的费率计算。

表 4-7　雨期施工增加费费率

%

工程类别	1	1.5	2		2.5		3		3.5		4		4.5		5		6		7	8
雨量区	I	I	I	II	I	II	I	II	I	II	I	II	I	II	I	II	I	II	II	II
土方	0.140	0.175	0.245	0.385	0.315	0.455	0.385	0.525	0.455	0.595	0.525	0.700	0.595	0.805	0.665	0.939	0.764	1.114	1.289	1.499
石方	0.105	0.140	0.212	0.349	0.280	0.420	0.349	0.491	0.418	0.563	0.487	0.667	0.555	0.772	0.626	0.876	0.701	1.018	1.194	1.373
运输	0.142	0.178	0.249	0.391	0.320	0.462	0.391	0.568	0.462	0.675	0.533	0.781	0.604	0.888	0.675	0.959	0.781	1.136	1.314	1.527
路面	0.115	0.153	0.230	0.366	0.306	0.480	0.366	0.557	0.425	0.634	0.501	0.710	0.578	0.825	0.654	0.940	0.749	1.093	1.267	1.459
隧道	—	—	—	—	—	—	—	—	—	—	—	—	—	—	—	—	—	—	—	—
构造物 I	0.098	0.131	0.164	0.262	0.196	0.295	0.229	0.360	0.262	0.426	0.327	0.491	0.393	0.557	0.458	0.622	0.524	0.753	0.884	1.015
构造物 II	0.106	0.141	0.177	0.282	0.247	0.353	0.282	0.424	0.318	0.494	0.388	0.565	0.459	0.636	0.530	0.742	0.600	0.883	1.059	1.201
构造物 III	0.200	0.266	0.366	0.565	0.466	0.699	0.565	0.832	0.665	0.998	0.765	1.164	0.898	1.331	1.031	1.497	1.164	1.730	1.996	2.295
技术复杂大桥	0.109	0.181	0.254	0.363	0.290	0.435	0.363	0.508	0.435	0.580	0.508	0.689	0.580	0.798	0.653	0.907	0.725	1.052	1.233	1.414
钢材及钢结构	—	—	—	—	—	—	—	—	—	—	—	—	—	—	—	—	—	—	—	—

注：室内和隧道内工程及设备安装工程不计雨期施工增加费。

（3）夜间施工增加费。夜间施工增加费是指根据设计、施工技术规范和合理的施工组织要求，必须在夜间施工或必须昼夜连续施工而发生的夜班补助费、夜间施工降效、施工照明设备摊销及照明用电等费用。

夜间施工增加费以夜间施工工程项目的定额人工费与定额施工机械使用费之和为基数，按表 4-8 的费率计算。

表 4-8　夜间施工增加费费率　　　　　　　　　　　%

工程类别	费率	工程类别	费率
构造物Ⅱ	0.903	技术复杂大桥	0.928
构造物Ⅲ	1.702	钢材及钢结构	0.874
注：设备安装工程及金属标志牌、防撞钢护栏、防眩板（网）、隔离栅、防护网等不计夜间施工增加费。			

（4）特殊地区施工增加费。特殊地区施工增加费包括高原地区施工增加费、风沙地区施工增加费和沿海地区施工增加费三项。

1）高原地区施工增加费。高原地区施工增加费是指在海拔高度 2 000 m 以上地区施工，由于受气候、气压的影响，致使人工、机械效率降低而增加的费用。

一条路线通过两个以上（含两个）不同的海拔高度分区时，应分别计算高原地区施工增加费或按工程量比例求得平均的增加率，计算全线高原地区施工增加费。

高原地区施工增加费以各类工程的定额人工费与定额施工机械使用费之和为基数，按表 4-9 的费率计算。

表 4-9　高原地区施工增加费费率　　　　　　　　　　　%

工程类别	海拔高度/m						
	2 001～2 500	2 501～3 000	3 001～3 500	3 501～4 000	4 001～4 500	4 501～5 000	5 000 以上
土方	13.295	19.709	27.455	38.875	53.102	70.162	91.853
石方	13.711	20.358	29.025	41.435	56.875	75.358	100.223
运输	13.288	19.666	26.575	37.205	50.493	66.438	85.040
路面	14.572	21.618	30.689	45.032	59.615	79.500	102.640
隧道	13.364	19.850	28.490	40.767	56.037	74.302	99.259
构造物Ⅰ	12.799	19.051	27.989	40.356	55.723	74.098	95.521
构造物Ⅱ	13.622	20.244	29.082	41.617	57.214	75.874	101.408
构造物Ⅲ	12.786	18.985	27.054	38.616	53.004	70.217	93.371
技术复杂大桥	13.912	20.645	29.257	41.670	57.134	75.640	100.205
钢材及钢结构	13.204	19.622	28.269	40.492	55.699	73.891	98.930

2）风沙地区施工增加费。风沙地区施工增加费是指在沙漠地区施工时，由于受风沙影响，按照施工及验收规范的要求，为保证工程质量和安全生产而增加的有关费用。内容包括防风、防沙及气候影响的措施费，人工、机械效率降低增加的费用，以及积沙、风蚀的清理修复等费用。

风沙地区施工增加费中风沙地区的划分，根据《公路自然区划标准》（JTJ 003—1986）、《沙漠地区公路建设成套技术研究报告》的公路自然区划和沙漠公路区划,结合风沙地区的气候状况将风沙地区分为三区九类,即半干旱、半湿润沙地为风沙一区,干旱、极干旱寒冷沙漠地区为风沙二区,极干旱炎热沙漠地区为风沙三区;根据覆盖度(沙漠中植被、戈壁等覆盖程度)又将每区分为固定沙漠(覆盖度>50%)、半固定沙漠(覆盖度为10%～50%)、流动沙漠(覆盖度<10%)三类。覆盖度由工程勘察设计人员在公路工程勘察设计时确定。

全国风沙地区公路施工区划见本书附录四。当地气象资料及自然特征与附录四中的风沙地区划分有较大出入时,由项目所在地省级交通运输主管部门按当地气象资料和自然特征及上述划分标准确定工程所在地的风沙区划。

一条路线穿过两个以上不同风沙区时,按路线长度经过不同的风沙区加权计算项目全线风沙地区施工增加费。

风沙地区施工增加费以各类工程的定额人工费和定额施工机械使用费之和为基数,根据工程所在地的风沙区划及类别,按表4-10的费率计算。

表4-10　风沙地区施工增加费费率　　　　　　　　%

风沙区划　　　工程类别	风沙一区			风沙二区			风沙三区		
	沙漠类型								
	固定	半固定	流动	固定	半固定	流动	固定	半固定	流动
土方	4.558	8.056	13.674	5.618	12.614	23.426	8.056	17.331	27.507
石方	0.745	1.490	2.981	1.014	2.236	3.959	1.490	3.726	5.216
运输	4.304	8.608	13.988	5.38	12.912	19.368	8.608	18.292	27.976
路面	1.364	2.727	4.932	2.205	4.932	7.567	3.365	7.137	11.025
隧道	0.261	0.522	1.043	0.355	0.783	1.386	0.522	1.304	1.826
构造物Ⅰ	3.968	6.944	11.904	4.96	10.912	16.864	6.944	15.872	23.808
构造物Ⅱ	3.254	5.694	9.761	4.067	8.948	13.828	5.694	13.015	19.523
构造物Ⅲ	2.976	5.208	8.928	3.720	8.184	12.648	5.208	11.904	17.226
技术复杂大桥	2.778	4.861	8.333	3.472	7.638	11.805	8.861	11.110	16.077
钢材及钢结构	1.035	2.07	4.14	1.409	3.105	5.498	2.07	5.175	7.245

3)沿海地区施工增加费。沿海地区施工增加费是指工程项目在沿海地区施工,受海风、海浪和潮汐的影响,致使人工、机械效率降低等所需增加的费用。本项费用由沿海各省级交通运输主管部门制定具体的适用范围(地区)。

沿海地区施工增加费以各类工程的定额人工费和定额施工机械使用费之和为基数,按表4-11的费率计算。

表4-11　沿海地区施工增加费费率　　　　　　　　%

工程类别	费率	工程类别	费率
构造物Ⅱ	0.207	技术复杂大桥	0.212
构造物Ⅲ	0.195	钢材及钢结构	0.200
注:1. 表中的构造物Ⅲ是指桥梁工程所用的商品水泥混凝土浇筑及混凝土构件、钢构件的安装。			
2. 表中的钢材及钢结构是桥梁工程所用的钢材及钢结构。			

(5)行车干扰施工增加费。行车干扰施工增加费是指由于边施工边维持通车，受行车干扰的影响，致使人工、机械效率降低而增加的费用。该费用以受行车影响部分的工程项目的定额人工费和定额施工机械使用费之和为基数，按表 4-12 的费率计算。

表 4-12　行车干扰施工增加费费率　　　　　　　　　　　　　%

工程类别	施工期间平均每昼夜双向行车次数(机动车、非机动车车合计)							
	51~100	101~500	501~1 000	1 001~2 000	2 001~3 000	3 001~4 000	4 001~5 000	5 000 以上
土方	1.499	2.343	3.194	4.118	4.775	5.314	5.885	6.468
石方	1.279	1.881	2.618	3.479	4.035	4.492	4.973	5.462
运输	1.451	2.230	3.041	4.001	4.641	5.164	5.719	6.285
路面	1.390	2.098	2.802	3.487	4.046	4.496	4.987	5.475
隧道	—	—	—	—	—	—	—	—
构造物 I	0.924	1.386	1.858	2.320	2.693	2.988	3.313	3.647
构造物 II	1.007	1.516	2.014	2.512	2.915	3.244	3.593	3.943
构造物 III	0.948	1.417	1.896	2.365	2.745	3.044	3.373	3.713
技术复杂大桥	—	—	—	—	—	—	—	—
钢材及钢结构	—	—	—	—	—	—	—	—

注：新建工程、中断交通进行封闭施工或为保证交通正常通行而修建保通便道改的扩建工程，不计行车干扰施工增加费。

(6)施工辅助费。施工辅助费包括生产工具用具使用费、检验试验费和工程定位复测、工程点交、场地清理等费用。

1)生产工具用具使用费是指施工所需不属于固定资产的生产工具，检验、试验用具及仪器、仪表等的购置、摊销和维修费，以及支付给生产工人自备工具的补贴费。

2)检验试验费是指施工企业对建筑材料、构件和建筑安装工程进行一般鉴定、检查所发生的费用，包括自设试验室进行试验所耗用的材料和化学药品的费用，以及技术革新和研究试验费，不包括新结构、新材料的试验费和建设单位要求对具有出厂合格证明的材料进行检验、对构件破坏性试验及其他特殊要求检验的费用。

3)高填方和软基沉降监测、高边坡稳定监测、桥梁施工监测、隧道施工监控量测、超前地质预报等施工监控费含在施工辅助费中，不得另行计算。

施工辅助费以各类工程的定额直接费为基数，按表 4-13 的费率计算。

表 4-13　施工辅助费费率表　　　　　　　　　　　　　%

工程类别	费率	工程类别	费率
土方	0.521	构造物 I	1.201
石方	0.470	构造物 II	1.537
运输	0.154	构造物 III	2.729
路面	0.818	技术复杂大桥	1.677
隧道	1.195	钢材及钢结构	0.564

(7)工地转移费。工地转移费是指施工企业迁至新工地的搬迁费用。

1)施工单位职工及随职工迁移的家属向新工地转移的车费、家具行李运费、途中住宿费、行程补助费、杂费等。

2)公物、工具、施工设备器材、施工机械的运杂费,以及外租机械的往返费及施工机械、设备、公物、工具的转移费等。

3)非固定工人进退场的费用。

工地转移费以各类工程的定额人工费和定额施工机械使用费之和为基数,按表4-14的费率计算。

表 4-14　工地转移费费率　　　　　　　　　　　　　　%

工程类别	工地转移距离/km					
	50	100	300	500	1 000	每增加 100
土方	0.224	0.301	0.470	0.614	0.815	0.036
石方	0.176	0.212	0.363	0.476	0.628	0.030
运输	0.157	0.203	0.315	0.416	0.543	0.025
路面	0.321	0.435	0.682	0.891	1.191	0.062
隧道	0.257	0.351	0.549	0.717	0.959	0.049
构造物Ⅰ	0.262	0.351	0.552	0.720	0.963	0.051
构造物Ⅱ	0.333	0.449	0.706	0.923	1.236	0.066
构造物Ⅲ	0.622	0.841	1.316	1.720	2.304	0.119
技术复杂大桥	0.389	0.523	0.818	1.067	1.430	0.073
钢材及钢结构	0.351	0.473	0.737	0.961	1.288	0.063

注:1. 高速公路、一级公路及独立大桥、独立隧道项目转移距离按省会城市至工地的里程计算;二级及二级以下公路项目转移距离按地级城市所在地至工地的里程计算。

2. 工地转移里程数在表列里程之间时,费率可内插计算。工地转移距离在 50 km 以内的工程按 50 km 计算。

(8)辅助生产间接费。辅助生产间接费是指由施工单位自行开采加工的砂、石等自采材料及施工单位自办的人工、机械装卸和运输的间接费。

1)辅助生产间接费按定额人工费的 3% 计。该项费用并入材料预算单价内构成材料费,不直接出现在概、预算中。

2)高原地区施工单位的辅助生产,可按高原地区施工增加费费率,以定额人工费与施工机械费之和为基数计算高原地区施工增加费(其中,人工采集、加工材料、人工装卸、运输材料按土方费率计算;机械采集、加工材料按石方费率计算;机械装、运输材料按运输费费率计算)。辅助生产高原地区施工增加费不作为辅助生产间接费的计算基数。

措施费每项费率的计算可通过"综合费率计算表"(04 表)计算,措施费用的计算可通过"综合费用计算表"(04-1 表)(见本书附录一)进行计算。

【例 4-7】 某公路桥桩基础工程,卷扬机带冲抓锥冲孔施工,已知桩径为 1.5 m,水深为

30 m，全桥共 40 根桩。经概算分析其定额人工费为 20 万元、定额材料费为 46 万元、定额机械使用费为 75 万元。该桥位于东部沿海地区，地理位置为冬一区Ⅱ副区，雨季期 2 个月雨量区Ⅱ。由于工期紧张，工程需昼夜连续施工，施工期间有行车干扰，昼夜双向行车 800 辆。施工单位为本地企业距离工地 40 km，试按《编制办法》的规定计算该工程的措施费。

解：(1)根据题意，由表 4-5 可知，该工程项目工程类别属于构造物Ⅱ。应该计算的内容是冬期施工增加费、雨期施工增加费、夜间施工增加费、沿海地区施工增加费、行车干扰施工增加费、施工辅助费、工地转移费。而高原地区、风沙地区施工增加费不计。

(2)各项费用内容计算如下：

1)冬期施工增加费。根据工程地理位置为冬一区Ⅱ副区，查表 4-6 得冬期施工增加费费率为 1.240%，则

$$冬期施工增加费＝(20＋75)×1.240\%＝1.178(万元)$$

2)雨期施工增加费。根据本工程雨季期 2 个月，雨量区Ⅱ，查表 4-7 得雨期施工增加费费率为 0.282%，则

$$雨期施工增加费＝(20＋75)×0.282\%＝0.268(万元)$$

3)夜间施工增加费。根据本工程需昼夜连续施工，查表 4-8 得夜间施工增加费费率为 0.903%，则

$$夜间施工增加费＝(20＋75)×0.903\%＝0.858(万元)$$

4)沿海地区施工增加费。根据该桥位于东部沿海地区，查表 4-11 得沿海地区施工增加费费率为 0.207%，则

$$沿海地区施工增加费＝(20＋75)×0.207\%＝0.197(万元)$$

5)行车干扰施工增加费。根据本工程施工期间有行车干扰，昼夜双向行车 800 辆，查表 4-12 得行车干扰施工增加费费率为 2.014%，则

$$行车干扰施工增加费＝(20＋75)×2.014\%＝1.913(万元)$$

6)施工辅助费。查表 4-13 得施工辅助费费率为 1.537%，则

$$施工辅助费＝(20＋46＋75)×1.537\%＝2.167(万元)$$

7)工地转移费。根据表 4-14 表备注②可知，工地转移距离在 50 km 以内的工程按 50 km 计算。查表 4-14 得工地转移费费率为 0.333%，则

$$工地转移费＝(20＋75)×0.333\%＝0.316(万元)$$

(3)措施费合计：

$$1.178＋0.268＋0.858＋0.197＋1.913＋2.167＋0.316＝6.897(万元)$$

四、企业管理费

企业管理费由基本费用、主副食运费补贴、职工探亲路费、职工取暖补贴和财务费用五项组成。

1. 基本费用

基本费用是指建筑安装企业组织施工生产和经营管理所需的费用，内容包括以下几项：

(1)管理人员工资。管理人员的基本工资、绩效工资、津贴补贴及特殊情况下支付的工资以及缴纳的养老、医疗、失业、工伤保险费和住房公积金等。

(2)办公费。企业管理办公用的文具、纸张、账表、印刷、通信、网络、书报、办公软件、会议、水电、烧水和集体取暖降温(包括现场临时宿舍取暖降温)用煤(电、气)等费用。

(3)差旅交通费。职工因公出差、调动工作的差旅费、住勤补助费，市内交通费和误餐补助

费，劳动力招募费，职工退休、退职一次性路费，工伤人员就医路费以及管理部门使用的交通工具的油料、燃料等费用。

(4)固定资产使用费。管理部门及附属生产单位使用的属于固定资产的房屋、设备等的折旧、大修、维修或租赁费。

(5)工具用具使用费。企业管理使用的不属于固定资产的工具、器具、家具、交通工具和检验、试验、测绘、消防用具等的购置、维修和摊销费。

(6)劳动保险费。企业支付的离退休职工的易地安家补助费、职工退职金、6个月以上的病假人员工资、职工死亡丧葬补助费、抚恤费、按规定支付给离休干部的各项经费。

(7)职工福利费。按国家规定标准计提的职工福利费。

(8)劳动保护费。企业按国家有关部门规定标准发放的劳动保护用品的购置费及修理费、防暑降温费、在有碍身体健康环境中施工的保健费用等。

(9)工会经费。工会经费是指企业根据《中华人民共和国工会法》的规定按全部职工工资总额比例计提的工会经费。

(10)职工教育经费。按职工工资总额的规定比例计提，企业为职工进行专业技术和职业技能培训，专业技术人员继续教育、职工职业技能鉴定、职业资格认定以及根据需要对职工进行各类文化教育所发生的费用，不含职工安全教育、培训费。

(11)保险费。企业财产保险、管理用及生产用车辆等保险费用及人身意外伤害险的费用。

(12)工程排污费。施工现场按规定缴纳的排污费用。

(13)税金。税金是指企业按规定缴纳的城市维护建设税、教育费附加、地方教育附加、房产税、车船使用税、土地使用税、印花税等。

(14)其他费。上述项目以外的其他必要的费用支出，包括技术转让费、技术开发费、竣(交)工文件编制费、招投标费、业务招待费、绿化费、广告费、公证费、定额测定费、法律顾问费、审计费、咨询费，以及施工标准化、规范化、精细化管理等费用。

基本费用以各类工程的定额直接费为基数，按表 4-15 的费率计算。

表 4-15　基本费用费率　　　　　　　　　　　　　　　%

工程类别	费率	工程类别	费率
土方	2.747	构造物Ⅰ	3.587
石方	2.792	构造物Ⅱ	4.726
运输	1.374	构造物Ⅲ	5.976
路面	2.427	技术复杂大桥	4.143
隧道	3.569	钢材及钢结构	2.242

2. 主副食运费补贴

主副食运费补贴是指施工企业在远离城镇及乡村的野外施工购买生活必需品所需增加的费用。该费用以各类工程的定额直接费为基数，按表 4-16 的费率计算。

表 4-16　主副食运费补贴费率　　　　　　　　　　　　%

工程类别	综合里程/km										
	3	5	8	10	15	20	25	30	40	50	每增加 10
土方	0.122	0.131	0.164	0.191	0.235	0.284	0.322	0.377	0.444	0.519	0.07

工程类别	综合里程/km										
	3	5	8	10	15	20	25	30	40	50	每增加10
石方	0.108	0.117	0.149	0.175	0.218	0.261	0.293	0.346	0.405	0.473	0.063
运输	0.118	0.13	0.166	0.192	0.233	0.285	0.322	0.379	0.447	0.519	0.073
路面	0.066	0.088	0.119	0.13	0.165	0.194	0.224	0.259	0.308	0.356	0.051
隧道	0.096	0.104	0.13	0.152	0.185	0.229	0.26	0.304	0.359	0.418	0.054
构造物Ⅰ	0.114	0.12	0.145	0.167	0.207	0.254	0.285	0.338	0.394	0.463	0.062
构造物Ⅱ	0.126	0.14	0.168	0.196	0.242	0.292	0.338	0.394	0.467	0.54	0.073
构造物Ⅲ	0.225	0.248	0.303	0.352	0.435	0.528	0.599	0.705	0.831	0.969	0.132
技术复杂大桥	0.101	0.115	0.143	0.165	0.205	0.245	0.28	0.325	0.389	0.452	0.063
钢材及钢结构	0.104	0.113	0.146	0.168	0.207	0.247	0.281	0.331	0.387	0.449	0.062

注：综合里程＝粮食运距×0.06＋燃料运距×0.09＋蔬菜运距×0.15＋水运距×0.70，粮食、燃料、蔬菜、水的运距均为全线平均运距；如综合里程数在表列里程之间时，费率可内插，综合里程在3km以内的工程，按3km计取本项费用。

3. 职工探亲路费

职工探亲路费是指按照有关规定发放给施工企业职工在探亲期间发生的往返交通费和途中住宿费等费用。该费用以各类工程的定额直接费为基数，按表4-17的费率计算。

表4-17　职工探亲路费费率　　　　　　　　　　%

工程类别	费率	工程类别	费率
土方	0.192	构造物Ⅰ	0.274
石方	0.204	构造物Ⅱ	0.348
运输	0.132	构造物Ⅲ	0.551
路面	0.159	技术复杂大桥	0.208
隧道	0.266	钢材及钢结构	0.164

4. 职工取暖补贴

职工取暖补贴是指按规定发放给施工企业职工的冬季取暖费和为职工在施工现场设置的临时取暖设施的费用。该费用以各类工程的定额直接费为基数，按工程所在地的气温区（见本书附录二）选用表4-18的费率计算。

表4-18　职工取暖补贴费费率　　　　　　　　　　%

工程类别	气温区						
	准二区	冬一区	冬二区	冬三区	冬四区	冬五区	冬六区
土方	0.060	0.130	0.221	0.331	0.436	0.554	0.663
石方	0.054	0.118	0.183	0.279	0.373	0.472	0.569
运输	0.065	0.130	0.228	0.336	0.444	0.552	0.671
路面	0.049	0.086	0.155	0.229	0.302	0.376	0.456

工程类别	气温区						
	准二区	冬一区	冬二区	冬三区	冬四区	冬五区	冬六区
隧道	0.045	0.091	0.158	0.249	0.318	0.409	0.488
构造物Ⅰ	0.065	0.130	0.206	0.304	0.390	0.499	0.607
构造物Ⅱ	0.070	0.153	0.234	0.352	0.481	0.598	0.727
构造物Ⅲ	0.126	0.264	0.425	0.643	0.849	1.067	1.297
技术复杂大桥	0.059	0.120	0.203	0.310	0.406	0.501	0.609
钢材及钢结构	0.047	0.082	0.141	0.222	0.293	0.363	0.433

5. 财务费用

财务费用是指施工企业为筹集资金提供投标担保、预付款担保、履约担保、职工工资支付担保等所发生的各种费用,包括企业经营期间发生的短期贷款利息净支出、汇兑净损失、调剂外汇手续费、金融机构手续费,以及企业筹集资金发生的其他财务费用。

财务费用以各类工程的定额直接费为基数,按表 4-19 的费率计算。

表 4-19　财务费用费率　　　　　　　　　　　　　　　　　　　%

工程类别	费率	工程类别	费率
土方	0.271	构造物Ⅰ	0.466
石方	0.259	构造物Ⅱ	0.545
运输	0.264	构造物Ⅲ	1.094
路面	0.404	技术复杂大桥	0.637
隧道	0.513	钢材及钢结构	0.653

企业管理费每项费率的计算可通过"综合费率计算表"(04 表)计算,企业管理费费用的计算可通过"分项工程概、预算表"(21-2 表)进行计算。

五、规费

规费是指按法律、法规、规章、规程规定施工企业必须缴纳的费用。

(1)养老保险费,是指施工企业按规定标准为职工缴纳的基本养老保险费。

(2)失业保险费,是指施工企业按规定标准为职工缴纳的失业保险费。

(3)医疗保险费,是指施工企业按规定标准为职工缴纳的医疗保险费(含生育保险费)。

(4)工伤保险费,是指施工企业按规定标准为职工缴纳的工伤保险费(含流动作业人员的工伤强制险)。

(5)住房公积金,是指施工企业按规定标准为职工缴纳的住房公积金。

各项规费以各类工程的人工费之和为基数,按国家或工程所在地法律、法规、规章、规程规定的标准计算。例如,吉林省交通厅吉交发〔2008〕19 号文件"吉林省交通厅关于印发《吉林省〈公路工程基本建设项目概算、预算编制办法〉补充规定》的通知"规定:各项规费以各类工程的人工费之和为基数,按表 4-20 的费率计算。

表 4-20　吉林省规费费率 　　　　　　　　　 %

名称	养老保险费	失业保险费	医疗保险费	住房公积金	工伤保险费
费率	21	2	6.7	8	1
注：1. 医疗保险费中含生育保险费0.7%。 　　 2. 各项规费将按国家、省政府的政策变化适时调整。					

规费每项费率的计算可通过"综合费率计算表"(04表)计算，规费费用的计算可通过"分项工程概、预算表"(21-2表)进行计算。

【例4-8】 某省公路工程公司，承包沥青混凝土路面施工(冬三区)，公司驻地距工地75 km，其中粮食运距80 km，燃料运距65 km，蔬菜运距50 km，水运距15 km。经预算分析其定额人工费25万元、定额材料费130万元、定额机械使用费90万元。试计算该路面工程的企业管理费。

解：(1)根据题意，由表4-5可知，该工程项目工程类别属于路面。其基本费用费率、职工探亲路费费率、职工取暖补贴费费率、财务费用费率，可直接查相应费率表；主副食运费补贴费费率需计算确定。

(2)基本费用计算。查表4-15，基本费用费率为2.427%，由此得

基本费用=(25+130+90)×2.427%=5.946(万元)

(3)主副食运费补贴计算。根据已知条件，先计算综合里程，再查表内插计算主副食运费补贴费率。按表4-16备注可知：

综合里程=粮食运距×0.06+燃料运距×0.09+蔬菜运距×0.15+水运距×0.70，则

综合里程=80×0.06+65×0.09+50×0.15+15×0.7=28.65(km)

查表4-16，根据综合里程内插算得主副食运费补贴费率为0.204%，由此得

主副食运费补贴=(25+130+90)×0.204%=0.50万元

(4)职工探亲路费。查表4-17，职工探亲路费费率为0.159%，由此得

职工探亲路费=(25+130+90)×0.159%=0.39(万元)

(5)职工取暖补贴。本工程所在地为冬三区，查表4-18，职工取暖补贴费费率为0.229%，由此得

职工取暖补贴=(25+130+90)×0.229%=0.561(万元)

(6)财务费用。查表4-19，财务费用费率为0.404%，由此得

财务费用=(25+130+90)×0.404%=0.99(万元)

(7)企业管理费=5.946+0.5+0.39+0.561+0.99=8.387(万元)

六、利润

利润是指施工企业完成所承包工程获得的盈利，按定额直接费及措施费、企业管理费之和的7.42%计算。

$$利润=(定额直接费+措施费+企业管理费)×7.42\% \tag{4-22}$$

利润的计算可通过"分项工程概、预算表"(21-2表)进行计算。

七、税金

税金是指国家税法规定应计入建筑安装工程造价的增值税销项税额。

$$税金=(直接费+设备购置费+措施费+企业管理费+规费+利润)×10\% \tag{4-23}$$

税金的计算可通过"分项工程概、预算表"(21-2表)进行计算。

八、专项费用

专项费用包括施工场地建设费和安全生产费。

1. 施工场地建设费

(1)施工场地建设费有以下几项：

1)按照工地建设标准化要求进行承包人驻地、工地试验室建设，钢筋集中加工、混合料集中拌制、构件集中预制等所需的办公、生活居住房屋(包括职工家属房屋及探亲房屋)，公用房屋(如广播室、文体活动室、医疗室等)和生产用房屋(如仓库、加工厂、加工棚、发电站、变电站、空压机站、停机棚、值班室等)等费用。

2)包括场区平整(山岭重丘区的土石方工程除外)、场地硬化、排水、绿化、标志、污水处理设施、围墙隔离设施等的费用，不包括钢筋加工的机械设备、混合料拌合设备及安拆、预制构件台座、预应力张拉设备、起重及养护设备，以及概算、预算定额中临时工程的费用。

3)包括以上范围内的各种临时工作便道(包括汽车、人力车道)、人行便道，工地临时用水、用电的水管支线和电线支线，临时构筑物(如水井、水塔等)、其他小型临时设施等的搭设或租赁、维修、拆除、清理的费用；但不包括红线范围内贯通便道、进出场的临时道路、保通便道。

4)工地试验室所发生的属于固定资产的试验设备和仪器等折旧、维修或租赁费用。

5)施工扬尘污染防治措施费，是指裸露的施工场地覆盖防尘网、施工便道和施工场地洒水或喷洒抑尘剂，运输车辆的苫盖和冲洗、环境敏感区设置围挡，防尘标识设置，环境监控与检测等所需要的费用。

6)文明施工、职工健康生活的费用。

(2)施工场地建设费说明如下：

1)山岭重丘区的土石方工程需要单独计算。

2)施工场地内的场地硬化、各种临时便道已含在费率中，不单独计算。

3)施工场地的厂房、加工棚等已含在费率中，不单独计算。

(3)施工场地建设费计算如下：

施工场地建设费以施工场地计费基数，按表 4-21 的费率，以累进法计算。施工场地计费基数为定额建筑安装工程费扣除专项费。编制概、预算时，施工场地建设费单独计列，分项工程费中不再计取。

$$施工场地建设费＝(定额直接费＋定额设备购置费×40\%＋措施费＋企业管理费＋规费＋$$
$$利润＋税金)×累进费率 \tag{4-24}$$

表 4-21 施工场地建设费费率

施工场地计费基数 /万元	费率/%	算例/万元	
		施工场地计费基数	施工场地建设费
500 以下	5.338	500	500×5.338%＝26.69
500～1 000	4.228	1 000	26.69＋(1 000－500)×4.228%＝47.83
1 000～5 000	2.665	5 000	47.83＋(5 000－1 000)×2.665%＝154.43
5 000～10 000	2.222	10 000	154.43＋(10 000－5 000)×2.222%＝265.53

施工场地计费基数 /万元	费率/%	算例/万元	
		施工场地计费基数	施工场地建设费
10 000~30 000	1.785	30 000	265.53+(30 000-10 000)×1.785%=622.53
30 000~50 000	1.694	50 000	622.53+(50 000-30 000)×1.694%=961.33
50 000~100 000	1.579	100 000	961.33+(100 000-50 000)×1.579%=1 750.83
100 000~150 000	1.498	150 000	1 750.83+(150 000-100 000)×1.498%=2 499.83
150 000~200 000	1.415	200 000	2 499.83+(200 000-150 000)×1.415%=3 207.33
200 000~300 000	1.348	300 000	3 207.33+(300 000-200 000)×1.348%=4 555.33
300 000~400 000	1.289	400 000	4 555.33+(400 000-300 000)×1.289%=5 844.33
400 000~600 000	1.235	600 000	5 844.33+(600 000-400 000)×1.235%=8 314.33
600 000~800 000	1.188	800 000	8 314.33+(800 000-600 000)×1.188%=10 690.33
800 000~1 000 000	1.149	1 000 000	10 690.33+(1 000 000-800 000)×1.149%=12 988.33
1 000 000 以上	1.118	1 200 000	12 988.33+(1 200 000-1 000 000)×1.118%=15 224.33

2. 安全生产费

安全生产费包括完善、改造和维护安全设施设备费用，配备、维护、保养应急救援器材、设备费用，开展重大危险源和事故隐患评估和整改费用，安全生产检查、评价、咨询费用，配备和更新现场作业人员安全防护用品支出，安全生产宣传、教育、培训费用，安全设施及特种设备检测检验费用，施工安全风险评估、应急演练等有关工作及其他与安全生产直接相关的费用。

安全生产费按建筑安装工程费乘以安全生产费费率计算，费率按不少于1.5%计取。编制概算、预算时，安全生产费单独计列，分项工程费中不再计取。

$$安全生产费=建筑安装工程费(不含安全生产费本身)×(\geq 1.5\%) \qquad (4\text{-}25)$$

专项费用可通过"专项费用计算表"(06表)计算完成。

【例4-9】 某矿区矿山公路上的中桥，桥型为装配式钢筋混凝土空心板桥，跨径为3 m×16 m，工程属于冬三区，雨量Ⅰ区，雨季期1.5个月，构造物Ⅱ类。无行车干扰，夜间连续施工，主副食综合里程50 km，工地转移300 km，定额人工费为8万元、定额材料费为50万元、定额机械使用费为12万元，设备购置费为25万元。按当地社会保险的规定施工企业所缴纳的各项规费15万元。试计算该工程的定额直接费、措施费、企业管理费、利润及税金。

解：(1)计算定额直接费。

定额直接费=定额人工费+定额材料费+定额机械使用费

$$=8+50+12=70(万元)$$

(2)计算措施费。根据题意，由表4-5可知，该工程项目工程类别为构造物Ⅱ、属于冬三区，查表4-6可知，冬季施工增加费费率为3.452%；根据雨量Ⅰ区，雨季期1.5个月，查表4-7可知，雨期施工增加费费率为0.141%；夜间连续施工，查表4-8可知，夜间施工增加费费率为0.903%；根据题意，特殊地区施工增加费和行车干扰工程施工增加费不计；查表4-13可知，施工辅助费费率为1.537%；工地转移300 km，查表4-14可知，工地转移费费率为0.706%，则

措施费=(80 000+120 000)×(3.452%+0.141%+0.903%+0.706%)+700 000×1.537%

$$=21\ 163(元)$$

（3）计算企业管理费。根据题意，查表4-15可知，基本费用费率为4.726%；根据主副食综合里程50 km，查表4-16可知，主副食运费补贴费费率为0.54%；查表4-17可知，职工探亲路费费率为0.348%；本工程属于冬三区，查表4-18可知，职工取暖补贴费费率为0.352%；查表4-19可知，财务费用费率为0.545%，则

企业管理费＝700 000×（4.726%＋0.54%＋0.348%＋0.352%＋0.545%）＝45 577（元）

（4）计算利润。

利润＝（定额直接费＋措施费＋企业管理费）×7.42%

＝（700 000＋21 163＋45 577）×7.42%＝56 892.11（元）

（5）计算税金。

税金＝（直接费＋设备购置费＋措施费＋企业管理费＋规费＋利润）×10%

＝（700 000＋250 000＋21 163＋45 577＋150 000＋56 892.11）×10%＝122 363.21（元）

【例4-10】 某交通建设集团一公司，承包吉林省辽源市某新建高速公路路面工程，路面形式为粗粒式沥青碎石混合料路面。该工程综合里程以50 km计，工地转移里程以100 km计，路面工程量为90 000 m³路面实体，人工日单价为96元/工日，材料费为15 600 000元（可看作定额材料费），机械使用费为1 600 000元（可看作定额机械使用费）。按拌和生产能力30 t/h，机械摊铺施工，设备购置费为3 200 000元（可看作定额设备购置费）。试计算该工程预算的直接费、措施费、企业管理费、规费、利润、税金及专项费用（规费标准按表4-20查取）。

解：（1）工程类别确定。由表4-5可知，该工程项目工程类别属于路面。

（2）定额编号。由《预算定额》可知：

1）拌和：定额表号为[223-2-2-10-7]，查得人工消耗量为119.4工日/1 000 m³。

2）摊铺：定额表号为[249-2-2-14-7]，查得人工消耗量为41.4工日/1 000 m³。

3）拌合设备的安装、拆除：定额表号为[255-2-2-15-1]，查得人工消耗量为721.2工日/1座。

（3）人工费计算。

1）拌和：人工费＝119.4÷1 000×90 000×96＝1 031 616（元）

2）摊铺：人工费＝41.4÷1 000×90 000×96＝357 696（元）

3）拌合设备的安装、拆除：人工费＝721.2÷1×1×96＝69 235.2（元）

（4）定额人工费计算。

根据《预算定额》第1 108页附录四可知，每工日人工基价为106.28元，则定额人工费计算如下：

1）拌和：定额人工费＝119.4÷1 000×90 000×106.28＝1 142 084.88（元）

2）摊铺：定额人工费＝41.4÷1 000×90 000×106.28＝395 999.28（元）

3）拌合设备的安装、拆除：定额人工费＝721.2÷1×1×106.28＝76 649.14（元）

定额表中材料、机械及其他项目的定额数量（略）。

由题示条件，查附录二可知，该工程属于冬四区；查附录三可知，该工程属于雨量区Ⅰ区，雨季期2个月。

（5）各项措施费费率及综合费率见表4-22。

（6）各项企业管理费费率及综合费率见表4-23。

（7）各项规费费率及综合费率见表4-23。表4-22中根据工程的要求，夜间施工增加费费率不计；特殊地区施工增加费费率不计；因属新线，行车干扰工程施工增加费不计。

表 4-22 各项措施费及综合费费率计算(一)

序号	工程类别	措施费/%									综合费费率	
		冬季施工增加费	雨季施工增加费	夜间施工增加费	高原地区施工增加费	风沙地区施工增加费	沿海地区施工增加费	行车干扰施工增加费	施工辅助费	工地转移费	Ⅰ	Ⅱ
1	拌和	3.273	0.230	—	—	—	—	—	0.818	0.435	3.938	0.818
2	摊铺	3.273	0.230	—	—	—	—	—	0.818	0.435	3.938	0.818
3	设备安装拆除	3.273	0.230	—	—	—	—	—	0.818	0.435	3.938	0.818

表 4-23　各项措施费及综合费费率计算(二)

序号	工程类别	企业管理费/%						规费/%					
		基本费用	主副食运费补贴	职工探亲路费	职工取暖补贴	财务费用	综合费费率	养老保险费	失业保险费	医疗保险费	工伤保险费	住房公积金	综合费费率
1	拌和	2.427	0.356	0.159	0.302	0.404	3.648	21	2	6.7	8	1	38.7
2	摊铺	2.427	0.356	0.159	0.302	0.404	3.648	21	2	6.7	8	1	38.7
3	设备安装拆除	2.427	0.356	0.159	0.302	0.404	3.648	21	2	6.7	8	1	38.7

(8)各工程项目的直接费计算。

1)拌和：1 031 616＋15 600 000＋1 600 000＝18 231 616(元)

2)摊铺：357 696＋15 600 000＋1 600 000＝17 557 696(元)

3)拌合设备的安装、拆除：69 235.2＋15 600 000＋1 600 000＝17 269 235.2(元)

该路面工程直接费的总金额：18 231 616＋17 557 696＋17 269 235.2＝53 058 547.2(元)

(9)各工程项目的措施费计算。

1)拌和：(1 142 084.88＋1 600 000)×3.938％＋(1 142 084.88＋15 600 000＋1 600 000)×0.818％＝258 021.56(元)

2)摊铺：(395 999.28＋1 600 000)×3.938％＋(395 999.28＋15 600 000＋1 600 000)×0.818％＝222 537.72(元)

3)拌合设备的安装、拆除：(76 649.14＋1 600 000)×3.938％＋(76 649.14＋15 600 000＋1 600 000)×0.818％＝207 349.43(元)

该路面工程措施费的总金额：258 021.55＋222 537.72＋207 349.43＝687 908.7(元)

(10)各工程项目的企业管理费计算。

1)拌和：(1 142 084.88＋15 600 000＋1 600 000)×3.648％＝669 119.26(元)

2)摊铺：(395 999.28＋15 600 000＋1 600 000)×3.648％＝641 902.05(元)

3)拌合设备的安装、拆除：(76 649.14＋15 600 000＋1 600 000)×3.648％＝630 252.16(元)

该路面工程企业管理费的总金额：669 119.26＋641 902.05＋630 252.16＝1 941 273.47(元)

(11)各工程项目的规费计算。

1)拌和：$1\ 031\ 616\times38.7\%=399\ 235.39$(元)

2)摊铺：$357\ 696\times38.7\%=138\ 428.35$(元)

3)拌合设备的安装、拆除：$69\ 235.2\times38.7\%=26\ 794.02$(元)

该路面工程规费的总金额：$399\ 235.39+138\ 428.35+26\ 794.02=564\ 457.76$(元)

(12)各工程项目的利润计算。

$$利润=(定额直接费+措施费+企业管理费)\times7.42\%$$

1)拌和：$(1\ 142\ 084.88+15\ 600\ 000+1\ 600\ 000+258\ 021.55+669\ 119.26)\times7.42\%=1\ 429\ 776.55$(元)

2)摊铺：$(395\ 999.28+15\ 600\ 000+1\ 600\ 000+222\ 537.72+641\ 902.05)\times7.42\%=1\ 369\ 764.58$(元)

3)拌合设备的安装、拆除：$(76\ 649.14+15\ 600\ 000+1\ 600\ 000+207\ 349.43+630\ 252.16)\times7.42\%=1\ 344\ 077.4$(元)

该路面工程利润的总金额：$1\ 429\ 776.55+1\ 369\ 764.58+1\ 344\ 077.4=4\ 143\ 618.53$(元)

(13)各工程项目的税金计算。

$$税金=(直接费+设备购置费+措施费+企业管理费+规费+利润)\times10\%$$

1)拌和：$(18\ 231\ 616+3\ 200\ 000+258\ 021.55+669\ 119.26+399\ 235.39+1\ 429\ 776.55)\times10\%=2\ 418\ 776.88$(元)

2)摊铺：$(17\ 557\ 696+3\ 200\ 000+222\ 537.72+641\ 902.05+138\ 428.35+1\ 369\ 764.58)\times10\%=2\ 313\ 032.87$(元)

3)拌合设备的安装、拆除：$(17\ 269\ 235.2+3\ 200\ 000+207\ 349.43+630\ 252.16+26\ 794.02+1\ 344\ 077.4)\times10\%=2\ 267\ 770.82$(元)

该路面工程税金的总金额：$2\ 418\ 776.88+2\ 313\ 032.87+2\ 267\ 770.82=6\ 999\ 580.57$(元)

(14)各工程项目的专项费用计算。

专项费用包括施工场地建设费和安全生产费。

1)施工场地建设费。

$$施工场地建设费=(定额直接费+定额设备购置费\times40\%+措施费+企业管理费+$$
$$规费+利润+税金)\times累进费率$$

施工场地建设费是以施工场地计费基数，按表4-21的费率，以累进法计算。

①拌和：

施工场地计费基数$=1\ 142\ 084.88+15\ 600\ 000+1\ 600\ 000+3\ 200\ 000\times40\%+258\ 021.55+$
$669\ 119.26+399\ 235.39+1\ 429\ 776.55+2\ 418\ 776.88=2\ 479.7$(万元)

施工场地建设费$=47.83+(2\ 479.7-1\ 000)\times2.665\%=87.26$(万元)

②摊铺：

施工场地计费基数$=395\ 999.28+15\ 600\ 000+1\ 600\ 000+3\ 200\ 000\times40\%+222\ 537.72+$
$641\ 902.05+138\ 428.35+1\ 369\ 764.58+2\ 313\ 032.87$
$=2\ 356.17$(万元)

施工场地建设费$=47.83+(2\ 356.17-1\ 000)\times2.665\%=83.97$(万元)

③拌合设备的安装、拆除：

施工场地计费基数$=76\ 649.14+15\ 600\ 000+1\ 600\ 000+3\ 200\ 000\times40\%+207\ 349.43+$
$630\ 252.16+26\ 794.02+1\ 344\ 077.4+2\ 267\ 770.82$
$=2\ 303.29$(万元)

施工场地建设费＝47.83＋(2 303.29－1 000)×2.665％＝82.56(万元)

2)安全生产费。

$$安全生产费＝建筑安装工程费(不含安全生产费本身)×1.5％$$

建筑安装工程费＝直接费＋设备购置费＋措施费＋企业管理费＋规费＋利润＋税金＋专项费用(不含安全生产费本身)

①拌和：(18 231 616＋3 200 000＋258 021.55＋669 119.26＋399 235.39＋1 429 776.55＋2 418 776.88＋872 600)×1.5％＝412 187.18(元)＝41.22(万元)

②摊铺：(17 557 696＋3 200 000＋222 537.72＋641 902.05＋138 428.35＋1 369 764.58＋2 313 032.87＋839 700)×1.5％＝394 250.42(元)＝39.43(万元)

③拌合设备的安装、拆除：(17 269 235.2＋3 200 000＋207 349.43＋630 252.16＋26 794.02＋1 344 077.4＋2 267 770.82＋825 600)×1.5％＝386 566.19(元)＝38.66(万元)

该路面工程专项费用的总金额：87.26＋83.97＋82.56＋41.22＋39.43＋38.66＝373.1(万元)

九、建筑安装工程费的计算程序和方法

公路工程建筑安装工程费的编制，是按照实物量法的计价方法进行的，是由单个到总体，即按照分项工程、分部工程、工程项目，逐项计算，层层汇总，可以用下述一系列的公式来表达。

(1)分项工程建筑安装工程费，如路基土方，要按人工挖运松土、普通土、硬土，或推土机推运松土、普通土、硬土等，分别逐项进行计算，其计算过程如下：

1)定额直接费＝∑人工消耗量×人工基价＋∑(材料消耗量×材料基价＋机械台班消耗量×机械台班基价)。

2)定额设备购置费＝∑设备购置数量×设备基价。

3)直接费＝∑人工消耗量×人工单价＋∑(材料消耗量×材料预算单价＋机械台班消耗量×机械台班预算单价)。

4)设备购置费＝∑设备购置数量×预算单价。

5)措施费＝定额直接费×施工辅助费费率＋定额人工费和定额施工机械使用费之和×其余措施费×综合费率。

6)企业管理费＝定额直接费×企业管理费综合费费率。

7)规费＝各类工程人工费(含施工机械人工费)×规费综合费费率。

8)利润＝(定额直接费＋措施费＋企业管理费)×利润率。

9)税金＝(直接费＋设备购置费＋措施费＋企业管理费＋规费＋利润)×10％。

10)专项费用：

施工场地建设费＝(定额直接费＋措施费＋企业管理费＋规费＋利润＋税金)×累进费率；

安全生产费＝建筑安装工程费(不含安全生产费本身)×(≥1.5％)。

11)定额建筑安装工程费＝定额直接费＋定额设备购置费×40％＋措施费＋企业管理费＋规费＋利润＋税金＋专项费用。

12)建筑安装工程费＝直接费＋设备购置费＋措施费＋企业管理费＋规费＋利润＋税金＋专项费用。

(2)分部工程的建筑安装工程费，就是指将上述人工挖松土、普通土、硬土综合为人工土方一项。不过这种综合，要根据工程造价项目表的规定和要求与建设工程的实际情况来确定，其

综合的内容就是将各分项工程的各种材料和机械台班数量及其各项金额分别进行汇总。

(3)工程项目的建筑安装工程费，是指将分部工程的建筑安装工程费进一步汇总。如将人工土方和机械土方综合为土方一项，其汇总的内容，也要包括各种实物量(工、料、机)和各种金额。

(4)最后将各工程项目的金额进行汇总，即建筑安装工程费，而建筑安装工程费的编制工作通过"建筑安装工程费计算表"(03表)进行计算完成(见本书附录一)。

计算建筑安装工程费时，人工、各种材料和机械台班的数量，应取两位小数，金额以元为单位，可取整数。

学习效果评价

一、学生自评

【填空题】

1. 直接费包括 _____ 、 _____ 和 _____ 。

2. 机械台班单价由 _____ 和 _____ 两部分费用组成。

3. 特殊地区施工增加费包括 _____ 、 _____ 和 _____ 。

4. 企业管理费由 _____ 、 _____ 、 _____ 和 _____ 五项费用组成。

5. 专项费用包括 _____ 和 _____ 两项费用。

【思考题】

1. 建筑安装工程费由哪些费用组成？

2. 直接费的含义是什么？直接费包括哪些费用？

3. 如何计算工、料、机预算单价？

4. 在确定材料平均运距时，运料终点如何确定？

5. 简述措施费的组成及计算方法。

6. 直接费的计算步骤有哪些？

7. 规费和企业管理费各包括哪些费用？

8. 如何正确选用费率计算措施费、规费及企业管理费？

9. 利润和税金如何计算？

10. 建筑安装工程费的计算步骤有哪些？

【计算题】

1. 某省高速公路上的中桥，桥型为装配式预应力钢筋混凝土梁桥，跨径为 3 m×26 m，工程属于冬四区，雨量Ⅰ区，雨季期 2 个月，构造物Ⅱ类。无行车干扰，夜间连续施工，主副食综合里程 38 km，工地转移 200 km，定额人工费为 12 万元、定额材料费为 120 万元、定额机械使用费为 18 万元，设备购置费为 460 000 元。按当地社会保险的规定施工企业所缴纳的各项规费为 18 万元。试计算该工程的定额直接费、措施费、企业管理费、利润及税金。

2. 某市新建二级公路路面工程，路面基层为厂拌二灰碎石，设计厚度为 26 cm，设计配合比为 5∶15∶80。该工程综合里程以 80 km 计，工地转移里程以 120 km 计，工程量为 100 000 m³，人工工日单价为 100 元/工日，材料费为 18 600 000 元(可看作定额材料费)，机械使用费为 1 800 000 元(可看作定额机械使用费)。按拌和生产能力 300 t/h，平地机摊铺，设备购置费为 800 000 元。试计算该工程预算的建筑安装工程费(规费标准按表 4-20 查取)。

班级：_____　　　　　姓名：_____　　　　　学号：_____

学习内容	分值	评价内容	得分
基础知识	30	人工费的内容、计算方法及人工工日单价的确定；材料费的组成及材料预算单价的计算方法；材料运杂费的构成及运杂费的有关规定；材料经济供应范围的确定；设备购置的费用组成及内容；措施费的内容及计算；企业管理费的内容及各项费用的计算；规费的费用内容及计费；利润、税金及专项费用的含义及计算	
应会技能	10	能够正确计算工程项目工、料、机预算单价	
	20	学会进行料场间经济分界点的确定及路线材料平均运距的计算	
	10	能够正确判断工程项目分项工程类别	
	20	能够正确选用费率，计算直接费、设备购置费、措施费、企业管理费、规费、利润、税金、专项费用及分项工程建筑安装工程费	
学习态度	10		
学习小组组长签字：			年　月　日

工作任务三　土地使用及拆迁补偿费

【思维导图】

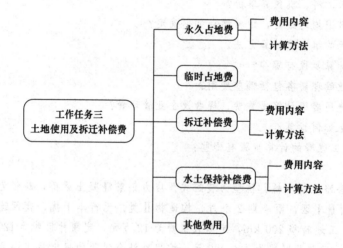

知识目标

(1)描述土地使用及拆迁补偿费的费用组成。

(2)掌握永久占地费的费用内容及计算方法。

(3)熟悉临时占地费的费用内容及含义。

(4)熟悉拆迁补偿费的费用内容及计算方法。

(5)明确水土保持补偿费的费用内容及计算方法。

(1)能够运用公路工程概、预算定额,计算和评估不同类型土地使用和拆迁补偿费的金额。

(2)能够正确计算永久占地费及水土保持补偿费的费用。

(3)能够区分永久占地费和临时占地费,并正确选择相应的计算方法进行计费。

■素质目标■

(1)培养学生的社会责任感和法律意识,正确认识土地使用和拆迁补偿问题。

(2)培养学生分析和评估土地使用和拆迁补偿费对公路工程预算影响的能力。

(3)培养学生沟通与谈判的技巧。

土地使用及拆迁补偿费是概、预算费用的第二部分费用,包括永久占地费、临时占地费、拆迁补偿费、水土保持补偿费、其他费用。该项费用计算可通过"表 A.0.2-12 土地使用及拆迁补偿费计算表"(07表)(见本书附录一)计算完成。下面将分别介绍各项费用的内容及计算方法。

一、永久占地费

永久占地费包括土地补偿费、征用耕地安置补助费、耕地开垦费、森林植被恢复费、失地农民养老保险费。

1. 费用内容

(1)土地补偿费包括征地补偿费、被征用土地上的青苗补偿费,征用城市郊区的菜地等缴纳的菜地开发建设基金,耕地占用税,用地图编制费及勘界费等。

(2)征用耕地安置补助费是指征用耕地需要安置农业人口的补助费。

(3)耕地开垦费是指公路建设项目占用耕地的,应由建设项目法人(业主)负责补充耕地所发生的费用;没有条件开垦或者开垦的耕地不符合要求的,按规定缴纳耕地开垦费。

(4)公路建设项目发生跨省域补充耕地国家统筹的,应执行《关于印发跨省域补充耕地国家统筹管理办法和城乡建设用地增减挂钩节余指标跨省域调剂管理办法的通知》(国办发〔2018〕16号)的规定;发生省内跨区域补充耕地的,执行本省相关规定。

(5)森林植被恢复费是指公路建设项目需要占用、征用林地的,经县级以上林业主管部门审核同意或批准,建设项目法人(业主)单位按照省级人民政府有关规定向县级以上林业主管部门预缴的森林植被恢复费。

(6)失地农民养老保险费是指根据国家规定为保障依法被征地农民养老而缴纳的保险费。失地农民养老保险费按项目所在地省级人民政府的相关规定进行计算。

2. 计算方法

(1)土地使用费应根据设计文件确定的建设工程用地和临时用地面积,以及实际发生的费用项目,按国家有关规定及工程所在地的省(自治区、直辖市)颁布的有关规定和标准计算。

(2)森林植被恢复费应根据审批单位批准的建设工程占用林地的类型及面积,按国家有关规定及工程所在地的省(自治区、直辖市)颁布的有关规定和标准计算。

(3)当与原有的电力电信设施、管线、水利工程、铁路及铁路设施互相干扰时,应与有关部门联系,商定合理的解决方案和补偿金额,也可由这些部门按规定编制费用以确定补偿金额。

二、临时占地费

临时占地费包括临时征地使用费、复耕费。

(1)临时征地使用费是指为满足施工所需的承包人驻地、预制场、拌合场、仓库、加工厂(棚)、堆料场、取弃土场、进出场便道、便桥等所有的临时用地及其附着物的补偿费用。

(2)复耕费是指临时占用的耕地、鱼塘等,在工程交工后将其恢复到原有标准所发生的费用。

三、拆迁补偿费

1.费用内容

拆迁补偿费是指被征用或占用土地地上、地下的房屋及附属构筑物,公用设施、文物等的拆除、发掘及迁建补偿费,拆迁管理费等。

2.计算方法

拆迁补偿费应根据设计文件确定的建设工程用地和临时用地附着物的情况,以及实际发生的费用项目,按国家有关规定及工程所在地的省(自治区、直辖市)颁布的有关规定和标准计算。

四、水土保持补偿费

1.费用内容

水土保持补偿费是指根据《中华人民共和国水土保持法》《财政部、国家发展和改革委员会、水利部、中国人民银行关于印发〈水土保持补偿费征收使用管理办法〉的通知》等相关法律、法规的规定征收的水土保持补偿费。水土保持补偿费根据国家相关法律、法规规定缴纳。

2.计算方法

水土保持补偿费按各省(自治区、直辖市)制定的水土保持补偿费收费标准进行计算。

五、其他费用

其他费用是指国务院行政主管部门及省级人民政府规定的与征地拆迁相关的费用。

.... 学习效果评价 ....

一、学生自评

【填空题】

1.土地使用及拆迁补偿费是公路工程概、预算费用的第_____部分费用,包括永久占地费、临时占地费、_____、_____和_____共五部分费用。

2.永久占地费包括_____、_____、_____、失地农民养老保险费。

3.临时占地费包括_____和_____两项费用。

4.复耕费是指临时占用的_____、_____等,在工程交工后将其恢复到原有标准所发生的费用。

5.拆迁补偿费应根据设计文件确定的_____和_____的情况,以及实际发生的费用项目,按国家有关规定和标准计算。

6. 水土保持补偿费按各省(自治区、直辖市)制定的_____标准进行计算。

7. 其他费用是指_____及_____规定的与征地拆迁相关的费用。

【判断题】

1. 征用耕地安置补助费是指征用耕地需要安置城镇人口的补助费。 （   ）

2. 公路建设项目发生省内跨区域补充耕地的，执行本省相关规定。 （   ）

3. 失地农民养老保险费按项目所在地省级人民政府的相关规定进行计算。 （   ）

4. 当与原有的电力电信设施、管线、水利工程、铁路及铁路设施互相干扰时，应与有关部门联系，商定合理的解决方案和补偿金额，也可由这些部门按规定编制费用以确定补偿金额。

（   ）

5. 拆迁补偿费应根据设计文件确定的建设工程用地和临时用地附着物的情况，以及实际发生的费用项目计算。 （   ）

6. 水土保持补偿费按国务院行政主管部门及省级人民政府制定的水土保持补偿费收费标准进行计算。 （   ）

7. 其他费用是指按各省、自治区、直辖市规定的与征地拆迁相关的费用。 （   ）

【思考题】

1. 土地使用及拆迁补偿费由哪些费用组成？

2. 永久占地费包括哪些费用？如何计算？

3. 临时占地费包括哪几项费用？

4. 拆迁补偿费的费用内容及计算方法有哪些？

5. 水土保持补偿费的费用内容及计算方法有哪些？

二、学习小组评价

班级：_____　　　　姓名：_____　　　　学号：_____

学习内容	分值	评价内容	得分
基础知识	30	土地使用及拆迁补偿费的费用组成；永久占地费的费用内容及计算方法；临时占地费的费用内容及含义；拆迁补偿费的费用内容及计算方法；水土保持补偿费的费用内容及计算方法	
应会技能	10	能够明确土地使用及拆迁补偿费的费用组成	
	20	学会进行永久占地费的计算	
	10	能够正确进行拆迁补偿费的计算	
	20	正确掌握水土保持补偿费的费用内容及计算方法	
学习态度	10		
学习小组组长签字：		年　　月　　日	

工作任务四　工程建设其他费用计算

【思维导图】

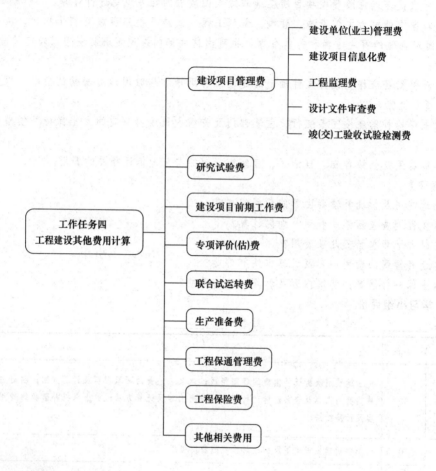

(1)描述工程建设其他费用的组成及内容。

(2)掌握建设项目管理费的费用内容及计算方法。

(3)熟悉研究试验费的费用内容及计算方法。

(4)熟悉建设项目前期工作费的费用内容及累进计算方法。

(5)明确专项评价(估)费、联合试运转费、生产准备费的费用内容及计算方法。

(6)了解工程保通管理费、工程保险费、其他相关费用的费用内容及计算方法。

(1)能够根据具体的公路工程项目,计算并制定工程建设其他费用,包括各项费用的具体金额和合理分配。

（2）具备分析和评估不同费用项目对公路工程项目总预算的影响能力，以便做出合理决策。

（3）具备计算、数据分析和处理的能力，以确保费用计算的准确性和可靠性。

▶ 素质目标

（1）培养学生的经济责任感和财务管理意识，能够在工作中诚信经营、合法合规。

（2）培养学生的问题解决能力和创新思维，在面对复杂的工程建设费用管理问题时能够提出创新的解决方案。

（3）培养学生的责任感和道德观念，以确保工程建设其他费用计算的准确性。

工程建设其他费用是概、预算费用的第三部分费用，包括建设项目管理费、研究试验费、建设项目前期工作费、专项评价（估）费、联合试运转费、生产准备费、工程保通管理费、工程保险费、其他相关费用。该项费用计算可通过"工程建设其他费计算表"（08表）（见本书附录一）计算完成。下面将分别介绍各项费用的内容及计算方法。

一、建设项目管理费

建设项目管理费包括建设单位（业主）管理费、建设项目信息化费、工程监理费、设计文件审查费、竣（交）工验收试验检测费。其中，建设单位（业主）管理费、建设项目信息化费和工程监理费均为实施建设项目管理的费用，可根据建设单位（业主）、施工、监理单位所实际承担的工作内容和工作量统筹使用。

1. 建设单位（业主）管理费

建设单位（业主）管理费是指建设单位（业主）为进行建设项目的立项、筹建、建设、竣（交）工验收、总结等工作所发生的费用。

该项费用包括工作人员的工资、工资性津贴、施工现场津贴，社会保险费用（基本养老、基本医疗、失业、工伤保险）、住房公积金、职工福利费、工会经费、劳动保护费、办公费、会议费、差旅交通费、固定资产使用费（包括办公及生活房屋折旧、维修或租赁费，车辆折旧、维修、使用或租赁费，通信设备购置、使用费，测量、试验设备仪器折旧、维修或租赁费，其他设备折旧、维修或租赁费等）、零星固定资产购置费、招募生产工人费，技术图书资料费、职工教育培训经费，招标管理费，合同契约公证费、法律顾问费、咨询费，建设单位的临时设施费、完工清理费、竣（交）工验收[含其他行业或部门要求的竣工验收费用、建设单位负责的竣（交）工文件编制费]、各种税费（包括房产税、车船使用税、印花税等），对建设项目前期工作、项目实施及竣工决算等全过程进行审计所发生的审计费用；境内外融资费用（不含建设期贷款利息）、业务招待费及工程质量、安全生产管理费和其他管理性开支。

建设单位（业主）管理费不包括应计入材料与设备预算价格的建设单位采购及保管材料与设备所需的费用。代建费用在建设单位（业主）管理费中开支；审计费为建设单位（业主）内部审计所发生的费用，施工单位所发生的审计费包括在建安费的企业管理费中。

建设单位（业主）管理费以定额建筑安装工程费为基数，按表4-24的费率，以累进方法计算。

表 4-24 建设单位(业主)管理费费率表

定额建筑安装工程费 /万元	费率 /%	算例/万元	
		定额建筑安装工程费	建设单位(业主)管理费
500 及以下	4.858	500	500×4.858%=24.29
500~1 000	3.813	1 000	24.29+(1 000−500)×3.813%=43.355
1 000~5 000	3.049	5 000	43.355+(5 000−1 000)×3.049%=165.315
5 000~10 000	2.562	10 000	165.315+(10 000−5 000)×2.562%=293.415
10 000~30 000	2.125	30 000	293.415+(30 000−10 000)×2.125%=718.415
30 000~50 000	1.773	50 000	718.415+(50 000−30 000)×1.773%=1 073.015
50 000~100 000	1.312	100 000	1 073.015+(100 000−50 000)×1.312%=1 729.015
100 000~150 000	1.057	150 000	1 729.015+(150 000−100 000)×1.057%=2 257.515
150 000~200 000	0.826	200 000	2 257.515+(200 000−150 000)×0.826%=2 670.515
200 000~300 000	0.595	300 000	2 670.515+(300 000−200 000)×0.595%=3 265.515
300 000~400 000	0.498	400 000	3 265.515+(400 000−300 000)×0.498%=3 763.515
400 000~600 000	0.450	600 000	3 763.515+(600 000−400 000)×0.45%=4 663.515
600 000~800 000	0.400	800 000	4 663.515+(800 000−600 000)×0.4%=5 463.515
800 000~1 000 000	0.375	1 000 000	5 463.515+(1 000 000−800 000)×0.375%=6 213.515
1 000 000 以上	0.350	1 200 000	6 213.515+(1 200 000−1 000 000)×0.35%=6 913.515

双洞长度超过 5 000 m 的独立隧道，水深大于 15 m，跨径大于或等于 400 m 的斜拉桥和跨径大于或等于 800 m 的悬索桥等独立特大型桥梁工程("独立隧道"和"独立特大型桥梁工程"是指按基本建设程序单独立项的项目，不包括路线项目中的隧道和桥梁)的建设单位(业主)管理费，按表 4-23 中的费率乘以系数 1.3 计算；海上工程[指由于风浪影响，工程施工期(不包括封冻期)全年月平均工作日少于 15 d 的工程]的建设单位(业主)管理费，按表 4-24 中的费率乘以系数 1.2 计算。

2. 建设项目信息化费

建设项目信息化费是指建设单位(业主)和各参建单位用于建设项目的质量、安全、进度、费用等方面的信息化建设、运维及各种税费等费用，包括建设项目全寿命周期的建筑信息模型(Building Information Modeling)等相关费用。建设项目信息化费以定额建筑安装工程费为基数，按表 4-25 的费率，以累进方法计算。

表 4-25 建设项目信息化费费率表

定额建筑安装工程费 /万元	费率 /%	算例/万元	
		定额建筑安装工程费	建设项目信息化费
500 及以下	0.600	500	500×0.6%=3
500~1 000	0.452	1 000	3+(1 000−500)×0.452%=5.26
1 000~5 000	0.356	5 000	5.26+(5 000−1 000)×0.356%=19.5
5 000~10 000	0.285	10 000	19.5+(10 000−5 000)×0.285%=33.75

定额建筑安装工程费/万元	费率/%	算例/万元	
		定额建筑安装工程费	建设项目信息化费
10 000～30 000	0.252	30 000	33.75＋(30 000－10 000)×0.252%＝84.15
30 000～50 000	0.224	50 000	84.15＋(50 000－30 000)×0.224%＝128.95
50 000～100 000	0.202	100 000	128.95＋(100 000－50 000)×0.202%＝229.95
100 000～150 000	0.171	150 000	229.95＋(150 000－100 000)×0.171%＝315.45
150 000～200 000	0.160	200 000	315.45＋(200 000－150 000)×0.16%＝395.45
200 000～300 000	0.142	300 000	395.45＋(300 000－200 000)×0.142%＝537.45
300 000～400 000	0.135	400 000	537.45＋(400 000－300 000)×0.135%＝672.45
400 000～600 000	0.131	600 000	672.45＋(600 000－400 000)×0.131%＝934.45
600 000～800 000	0.127	800 000	934.45＋(800 000－600 000)×0.127%＝1 188.45
800 000～1 000 000	0.125	1 000 000	1 188.45＋(1 000 000－800 000)×0.125%＝1 438.45
1 000 000 以上	0.122	1 200 000	1 438.45＋(1 200 000－1 000 000)×0.122%＝1 682.45

3. 工程监理费

工程监理费是指建设单位(业主)委托具有监理资格的单位，按施工监理规范进行全面的监督和管理所发生的费用。

该项费用包括工作人员的工资、工资性津贴、施工现场津贴、社会保险费用(基本养老、基本医疗、失业、工伤保险)、住房公积金、职工福利费、工会经费、劳动保护费、办公费、会议费、差旅交通费，办公、试验固定资产使用费(包括办公及生活房屋折旧、维修或租赁费，车辆折旧、维修、使用或租赁费，通信设备购置、使用费，测量、试验、检测设备仪器折旧、维修或租赁费，其他设备折旧、维修、租赁费等)、零星固定资产购置费、招募生产工人费，技术图书资料费、职工教育经费、投标费用，合同契约公证费、法律顾问费、咨询费、业务招待费，财务费用、监理单位的临时设施费、完工清理费、竣(交)工验收费、各种税费、安全生产管理费和其他管理性开支。

工程监理包括公路建设过程中的土建、机电、环保、水保、房建等所有监理内容。建设单位若委托有资质的单位承担试验检测、计量支付费用监理等，其费用应由工程监理费中支列。

工程监理费以定额建筑安装工程费为基数，按表4-26的费率，以累进方法计算。

表4-26 工程监理费费率表

定额建筑安装工程费/万元	费率/%	算例/万元	
		定额建筑安装工程费	工程监理费
500 及以下	3.00	500	500×3%＝15
500～1 000	2.40	1 000	15＋(1 000－500)×2.4%＝27
1 000～5 000	2.10	5 000	27＋(5 000－1 000)×2.1%＝111
5 000～10 000	1.94	10 000	111＋(10 000－5 000)×1.94%＝208
10 000～30 000	1.87	30 000	208＋(30 000－10 000)×1.87%＝582

定额建筑安装工程费/万元	费率/%	算例/万元	
		定额建筑安装工程费	工程监理费
30 000~50 000	1.83	50 000	582+(50 000−30 000)×1.83%=948
50 000~100 000	1.78	100 000	948+(100 000−50 000)×1.78%=1 838
100 000~150 000	1.72	150 000	1 838+(150 000−100 000)×1.72%=2 698
150 000~200 000	1.64	200 000	2 698+(200 000−150 000)×1.64%=3 518
200 000~300 000	1.55	300 000	3 518+(300 000−200 000)×1.55%=5 068
300 000~400 000	1.49	400 000	5 068+(400 000−300 000)×1.49%=6 558
400 000~600 000	1.45	600 000	6 558+(600 000−400 000)×1.45%=9 458
600 000~800 000	1.42	800 000	9 458+(800 000−600 000)×1.42%=12 298
800 000~1 000 000	1.37	1 000 000	12 298+(1 000 000−800 000)×1.37%=15 038
1 000 000 以上	1.33	1 200 000	15 038+(1 200 000−1 000 000)×1.33%=17 698

4. 设计文件审查费

设计文件审查费是指在项目审批前，建设单位（业主）为保证勘察设计工作的质量，组织有关专家或委托有资质的单位，对提交的建设项目可行性研究报告和勘察设计文件进行审查所需要的相关费用。

建设项目若有地质勘察监理、设计咨询（或称设计监理、设计双院制），其费用在此项目内开支。

设计文件审查费以定额建筑安装工程费为基数，按表 4-27 的费率，以累进方法计算。

表 4-27 设计文件审查费费率表

定额建筑安装工程费/万元	费率/%	算例/万元	
		定额建筑安装工程费	设计文件审查费
5 000 以下	0.077	5 000	5 000×0.077%=3.85
5 000~10 000	0.072	10 000	3.85+(10 000−5 000)×0.072%=7.45
10 000~30 000	0.069	30 000	7.45+(30 000−10 000)×0.069%=21.25
30 000~50 000	0.066	50 000	21.25+(50 000−30 000)×0.066%=34.45
50 000~100 000	0.065	100 000	34.45+(100 000−50 000)×0.065%=66.95
100 000~150 000	0.061	150 000	66.95+(150 000−10 000)×0.061%=97.45
150 000~200 000	0.059	200 000	97.45+(200 000−150 000)×0.059%=126.95
200 000~300 000	0.057	300 000	126.95+(300 000−200 000)×0.057%=183.95
300 000~400 000	0.055	400 000	183.95+(400 000−300 000)×0.055%=238.95
400 000~600 000	0.053	600 000	238.95+(600 000−400 000)×0.053%=344.95
600 000~800 000	0.052	800 000	344.95+(800 000−600 000)×0.052%=448.95
800 000~1 000 000	0.051	1 000 000	448.95+(800 000−600 000)×0.051%=550.95
1 000 000 以上	0.050	1 200 000	550.95+(800 000−600 000)×0.050%=650.95

5. 竣(交)工验收试验检测费

竣(交)工验收试验检测费是指在公路建设项目竣(交)工验收前，由建设单位(业主)或工程质量监督机构委托有资质的公路工程质量检测单位按照有关规定对建设项目的工程质量进行检测并出具检测试验意见，以及进行桥梁动(静)载试验或其他特殊检测等所需的费用。

竣(交)工验收试验检测费按表4-28规定的费率计算。道路工程按主线路基长度计算，桥梁工程以主线桥梁、分离式立交、匝道桥的长度之和进行计算，隧道按单洞长度计算。

表4-28 竣(交)工验收试验检测费

检测项目		竣(交)工验收试验检测费	备注
道路工程/(元·km⁻¹)	高速公路	23 500	包括路基、路面、涵洞、通道、路段安全设施和机电、房建、绿化、环境保护及其他工程
	一级公路	17 000	
	二级公路	11 500	
	三级及三级以下公路	5 750	
桥梁工程	一般桥梁/(元·延米⁻¹)	—	40
	技术复杂桥梁/(元·延米⁻¹)	钢管拱	750
		连续刚构	500
		斜拉桥	600
		悬索桥	560
隧道工程/(元·延米⁻¹)		单洞	80

注：桥梁工程备注：包括桥梁范围内的所有土建、安全设施和机电、声屏障等环境保护工程及必要的动(静)载试验。隧道工程备注：包括隧道范围内的所有土建、安全设施、机电、消防设施等。

道路工程，高速公路、一级公路按四车道计算，二级及二级以下公路按两车道计算，每增加1个车道，按表4-28的费用增加10%。桥梁和隧道按双向四车道计算，每增加1个车道费用增加15%。二级及二级以下公路的桥隧工程，按表4-28费用的40%计算。

【例4-11】 某一级公路工程，全长为320 km，定额建筑安装工程费为56 892.4万元。试计算该工程的建设单位(业主)管理费、建设项目信息化费、工程监理费、设计文件审查费以及竣(交)工验收试验检测费。

解：(1)建设单位(业主)管理费。

1)由题意已知该项目定额建筑安装费为56 892.4万元。

2)以定额建筑安装工程费为计算基数，按表4-24的费率，以累进方法进行计算。

建设单位管理费=1 073.015+(56 892.4-50 000)×1.312%=1 163.44(万元)

(2)建设项目信息化费。根据题意，以定额建筑安装工程费为计算基数，按表4-25的费率，以累进方法进行计算。

建设项目信息化费=128.95+(56 892.4-50 000)×0.202%=142.87(万元)

(3)工程监理费。根据题意，以定额建筑安装工程费为计算基数，按表4-26的费率，以累进方法进行计算。

工程监理费=948+(56 892.4-50 000)×1.78%=1 070.68(万元)

(4)设计文件审查费。根据题意，以定额建筑安装工程费为计算基数，按表4-27的费率，以累进方法进行计算。

设计文件审查费=34.45+(56 892.4-50 000)×0.065%=38.93(万元)

(5)竣(交)工验收试验检测费。根据题意，查表 4-28 可知，一级公路为 17 000 元/km。

竣(交)工验收试验检测费＝320×17 000＝544(万元)

二、研究试验费

研究试验费是指按项目特点和有关规定，在建设过程中必须进行的研究和试验所需的费用，以及支付科技成果、专利、先进技术的一次性技术转让费。研究试验费不包括的费用有以下几项：

(1)应由前期工作费(为建设项目提供或验证设计数据、资料等专题研究)开支的项目。

(2)应由科技三项费用(即新产品试制费、中间试验费和重要科学研究补助费)开支的项目。

(3)应由施工辅助费开支的施工企业对建筑材料、构件和建筑物进行一般鉴定、检查所发生的费用及技术革新研究试验费。

计算方法：按设计提出的研究试验内容和要求进行编制。

三、建设项目前期工作费

建设项目前期工作费是指委托勘察设计单位、咨询单位对建设项目进行可行性研究、工程勘察设计，以及设计、监理、施工招标文件及招标标底或造价控制值文件编制时，按规定应支付的费用。该费用包括以下几项：

(1)编制项目建议书(或预可行性研究报告)、可行性研究报告、投资估算，以及相应的勘察(勘察包括测量、水文气象调查、工程地质勘探、室内试验等内容)、设计等所需的费用。

(2)通过风洞试验、地震动参数、索塔足尺模型试验、桥墩局部冲刷试验、桩基承载力试验等为建设项目提供或验证设计数据所需的专题研究费用。

(3)初步设计和施工图设计的勘察费、设计费、概(预)算编制及调整概算编制费用等。

(4)设计、监理、施工招标及招标标底(或造价控制值或清单预算)文件编制费等。

计算方法：前期工作费以定额建筑安装工程费为基数，按表 4-29 的费率，以累进方法计算。

表 4-29　建设项目前期工作费费率表

定额建筑安装工程费 /万元	费率 /%	算例/万元	
		定额建筑安装工程费	建设项目前期工作费
500 及以下	3.00	500	500×3.00%＝15
500~1 000	2.70	1 000	15＋(1 000－500)×2.70%＝28.5
1 000~5 000	2.55	5 000	28.5＋(5 000－1 000)×2.55%＝130.5
5 000~10 000	2.46	10 000	130.5＋(10 000－5 000)×2.46%＝253.5
10 000~30 000	2.39	30 000	253.5＋(30 000－10 000)×2.39%＝731.5
30 000~50 000	2.34	50 000	731.5＋(50 000－30 000)×2.34%＝1 199.5
50 000~100 000	2.27	100 000	1 199.5＋(100 000－50 000)×2.27%＝2 334.5
100 000~150 000	2.19	150 000	2 334.5＋(150 000－100 000)×2.19%＝3 429.5
150 000~200 000	2.08	200 000	3 429.5＋(200 000－150 000)×2.08%＝4 469.5

定额建筑安装工程费 /万元	费率 /%	算例/万元	
		定额建筑安装工程费	建设项目前期工作费
200 000～300 000	1.99	300 000	$4\ 469.5+(300\ 000-200\ 000)\times1.99\%=6\ 459.5$
300 000～400 000	1.94	400 000	$6\ 459.5+(400\ 000-300\ 000)\times1.94\%=8\ 399.5$
400 000～600 000	1.86	600 000	$8\ 399.5+(600\ 000-400\ 000)\times1.86\%=12\ 119.5$
600 000～800 000	1.80	800 000	$12\ 119.5+(800\ 000-600\ 000)\times1.80\%=15\ 719.5$
800 000～1 000 000	1.76	1 000 000	$15\ 719.5+(1\ 000\ 000-800\ 000)\times1.76\%=19\ 239.5$
1 000 000 以上	1.72	1 200 000	$19\ 239.5+(1\ 200\ 000-1\ 000\ 000)\times1.72\%=22\ 679.5$

四、专项评价(估)费

专项评价(估)费是指依据国家法律、法规规定进行评价(评估)、咨询,按规定应支付的费用。该项费用包括环境影响评价费、水土保持评估费、地震安全性评价费、地质灾害危险性评价费、压覆重要矿床评估费、文物勘察费、通航论证费、行洪论证(评估)费、使用林地可行性研究报告编制费、用地预审报告编制费、项目风险评估费、节能评估费和社会风险评估费、放射性影响评估费、规划选址意见书编制费等费用。

计算方法:依据委托合同,或参照类似工程已发生的费用进行计列。

五、联合试运转费

联合试运转费是指建设项目的机电工程,按照有关规定标准,需要进行整套设备带负荷联合试运转所需的全部费用。该费用不包括应由设备安装工程费中开支的调试费用。

该项费用包括联合试运转期间所需的材料、燃料和动力的消耗,机械和检测设备使用费,工具用具和低值易耗品费,参加联合试运转的人员工资及其他费用等。

计算方法:联合试运转费以定额建筑安装工程费为基数,按0.04%费率计算。

六、生产准备费

生产准备费是指为保证新建、改建、扩建项目交付使用后满足正常的运行、管理发生的工器具购置,办公和生活用家具购置,生产人员培训,应急保通设备购置等费用。

工器具购置费是指建设项目交付使用后为满足初期正常运营必须购置的第一套不构成固定资产的设备、仪器、仪表、工卡模具、器具、工作台(框、架、柜)等的费用,不包括构成固定资产的设备、工器具和备品、备件,以及已列入设备费中的专用工具和备品、备件。工器具购置费由设计单位列出计划购置清单(包括规格、型号、数量),计算方法同设备购置费。

办公和生活用家具购置费是指新建、改建、扩建工程项目,为保证初期正常生产、使用和管理所购置的办公和生活用家具、用具的费用,包括行政、生产部门的办公室、会议室、资料档案室、阅览室、宿舍及生活福利设施等的家具、用具。办公和生活用家具购置费按表4-30的规定计算。

表 4-30　办公和生活用家具购置费标准表

工程所在地	路线/(元·公路公里⁻¹)				单独管理或单独收费的桥梁、隧道/(元·座⁻¹)	
	高速公路	一级公路	二级公路	三、四级公路	特大、大桥	特长隧道
内蒙古、黑龙江、青海、新疆、西藏	21 500	15 600	7 800	4 000	24 000　　60 000	78 000
其他省、自治区、直辖市	17 500	14 600	5 800	2 900	19 800　　49 000	63 700

注：改建、扩建工程按表列费用的70%计。

生产人员培训费是指为保证生产的正常运行，在工程交工验收交付使用前对运营部门生产人员和管理人员进行培训所需的费用，包括培训人员的工资、工资性津贴、职工福利费、差旅交通费、劳动保护费、培训及教学实习费等。该费用按设计定员和3 000元/人的标准计算。

应急保通设备购置费是指新建、改建、扩建工程项目，为满足初期正常营运，购置保障抢修保通、应急处置，且构成固定资产的设备所需的费用。该费用由设计单位列出计划购置清单，计算方法同设备购置费。

七、工程保通管理费

工程保通管理费是指新建或改建、扩建工程需边施工边维持通车或通航的建设项目，为保证公（铁）路运营安全、船舶航行安全及施工安全而进行交通（公路、航道、铁路）管制、交通（铁路）与船舶疏导所需的和媒体、公告等宣传费用及协管人员经费等。工程保通管理费应按设计需要进行列支。涉水项目施工期通航安全保障费用计算方法按《编制办法》附录G执行。

工程保通管理费仅为保通管理方面的费用，其他保通措施需要根据保通工程方案另行计算，例如保通便道、保通安全设施则需要根据设计方案单独计算。

八、工程保险费

工程保险费是指在合同执行期内，施工企业按合同条款要求办理保险的费用，包括建筑工程一切险和第三方责任险。

建筑工程一切险是指为永久工程、临时工程和设备及已运至施工工地用于永久工程的材料和设备所投的保险。

第三者责任险是指对因实施合同工程而造成的财产（本工程除外）损失或损害，或人员（业主和承包人雇员除外）的死亡或伤残所负责进行的保险。

工程保险费是指工地范围内发生的保险，材料和设备运输保险不在其中，施工企业的办公、生活、施工机械、员工的人身意外险在企业管理费中支出。设备的保险在设备单价中计列。

工程保险费以建筑安装工程费（不含设备费）为基数，按0.4%费率计算。

九、其他相关费用

其他相关费用是指国务院行政主管部门及省级人民政府规定的其他与公路建设相关的费用，按其相关规定计算。

学习效果评价

一、学生自评

【填空题】

1. 建设项目管理费包括_____、_____、_____、_____和_____。

2. 设计文件审查费以_____为计算基数，以_____方法计算。

3. 生产人员培训费按_____和_____的标准计算。

4. 工程监理费以_____为计算基数。

5. 工程保通管理费仅为_____方面的费用，其他保通措施需要根据_____另行计算。

6. 工程保险费以_____为基数，按_____费率计算。

7. 竣(交)工验收试验检测费，高速公路、一级公路按_____车道计算，二级及以下等级公路按_____车道计算。

【思考题】

1. 工程建设其他费用包括哪些费用？

2. 建设项目管理费包括哪几项费用？如何用累进办法计算相关费用？

3. 研究试验费中不包括哪些费用？

4. 建设项目前期工作费包括哪些费用？如何计算？

5. 生产准备费的费用内容有哪些？

6. 工程保通管理费和工程管理费的含义是什么？

【计算题】

某一六车道高速公路工程，全长为 560 km，定额建筑安装工程费为 196 585 万元。试计算该高速公路的建设单位(业主)管理费、建设项目信息化费、工程监理费、设计文件审查费以及竣(交)工验收试验检测费。

二、学习小组评价

班级：_____   姓名：_____   学号：_____

学习内容	分值	评价内容	得分
基础知识	30	工程建设其他费用的组成及内容；建设项目管理费的费用内容及计算方法；研究试验费的内容及计算方法；建设项目前期工作费的费用内容及累进计算方法；专项评价(估)费、联合试运转费、生产准备费的内容及计算方法；工程保通管理费、工程保险费、其他相关费用的内容及计算方法	
应会技能	10	能够明确工程建设其他费用的内容组成	
	20	学会进行建设项目管理费的累进计算	
	10	掌握建设项目前期工作费的累进计算方法	
	20	正确掌握生产准备费的内容及计算方法	
学习态度	10		
学习小组组长签字：			年　月　日

工作任务五 预备费及建设期贷款利息计算

【思维导图】

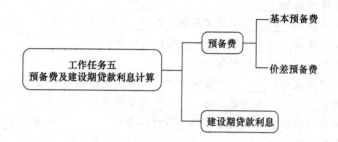

▶知识目标◀

(1)叙述预备费的组成及使用注意事项。

(2)解释基本预备费及价差预备费的含义。

(3)了解基本预备费包括的内容及计算方法。

(4)明确价差预备费的计算方法。

(5)熟悉建设期贷款利息的定义。

(6)掌握建设期贷款利息的计算方法。

▶能力目标◀

(1)能够区分基本预备费和价差预备费的使用条件及相关费率。

(2)能够在计算和确定公路工程项目预备费时考虑各种因素,如不确定性、风险和变化等。

(3)能够正确计算建设期贷款利息。

▶素质目标◀

(1)培养学生的法律意识和诚信意识,能够有效预算和管理项目中的预备费和贷款利息,遵守法律法规,避免不正当行为。

(2)培养学生的社会责任感,明白公路工程的财务管理对社会发展和资源利用的重要性,以及如何在项目中更好地履行社会责任。

一、预备费

预备费由基本预备费和价差预备费两部分组成。该项费用计算可通过"工程建设其他费计算表"(08表)(见本书附录一)计算完成。下面将分别介绍各项费用的内容及计算方法。

(一)基本预备费

基本预备费是指在初步设计和概算、施工图设计和施工图预算中难以预料的工程费用。基本预备费包括以下几项:

(1)在进行技术设计、施工图设计和施工过程中,在批准的初步设计和概算范围内所增加的工程费用。

(2)在设备订货时，由于规格、型号改变的价差，材料货源变更、运输距离或方式的改变以及因规格不同而代换使用等原因发生的价差。

(3)在项目主管部门组织竣(交)工验收时，验收委员会(或小组)为鉴定工程质量必须开挖和修复隐蔽工程的费用。

计算方法：基本预备费以建筑安装工程费、土地使用及拆迁补偿费、工程建设其他费之和为基数，按下列费率计算：

(1)设计概算按5%计列。

(2)修正概算按4%计列。

(3)施工图预算按3%计列。

(二)价差预备费

价差预备费是指设计文件编制年至工程交工年期间，建筑安装工程费用的人工费、材料费、设备费、施工机械使用费、措施费、企业管理费等由于政策、价格变化可能发生上浮而预留的费用，以及外资贷款汇率变动部分的费用。

(1)计算方法：价差预备费以建筑安装工程费用总额为基数，按设计文件编制年始至建设项目工程交工年终的年数和年工程造价增长率计算。计算公式见式(4-26)。

$$价差预备费 = P \times [(1+i)^{n-1} - 1] \tag{4-26}$$

式中 P——建筑安装工程费总额(元)；

     i——年工程造价增长率(%)；

     n——设计文件编制年至建设项目开工年＋建设项目建设期限(年)。

(2)年工程造价增长率按有关部门公布的工程投资价格指数计算。

(3)设计文件编制至工程交工在1年以内的工程，不列此项费用。

二、建设期贷款利息

建设期贷款利息是指工程项目使用的贷款部分在建设期内应计取的贷款利息，包括各种金融机构贷款、建设债券和外汇贷款等利息。该项费用计算可通过"工程建设其他费计算表"(08表)(见本书附录一)计算完成。

计算方法：根据不同的资金来源分年度计算所需支付的利息。计算公式见式(4-27)。

建设期贷款利息 = $\sum$ (上年年末付息贷款本息累计＋本年度付息贷款额÷2)×年利率

$$S = \sum_{n=1}^{N} (F_{n-1} + b_n \div 2) \times i \tag{4-27}$$

式中 S——建设期贷款利息(元)；

     N——项目建设期(年)；

     n——建设年度；

     F_{n-1}——建设期第$(n-1)$年末需付息贷款本息累计(元)；

     b_n——建设期第n年度付息贷款额(元)；

     i——中国人民银行公布的贷款基准年利率(%)。

一、学生自评

【填空题】

1. 预备费由_____和_____两部分组成。

2. 价差预备费以_____为计算基数，按_____和_____计算。

3. 基本预备费包括_____、_____和_____。

4. 建设期贷款利息包括_____、_____和_____等利息。

5. 建设期贷款利息可通过_____完成。

【判断题】

1. 设计文件编制至工程完工在一年以内的工程也要列入价差预备费中。 （　　）

2. 基本预备费是指在初步设计和概算中难以预料的工程和费用。 （　　）

3. 基本预备费的费率，设计概算按3%计列、修正概算按4%计列、施工图预算按5%计列。

（　　）

4. 年工程造价增长率只能按有关部门公布的工程投资价格指数计算。 （　　）

5. 由于一般自然灾害所造成的损失和预防自然灾害所采取的措施的费用计入基本预备费中。

（　　）

【思考题】

1. 预备费包括哪些内容？

2. 基本预备费和价差预备费的含义是什么？

3. 基本预备费的费用内容有哪些？

4. 如何计算基本预备费？

5. 如何计算价差预备费？

6. 建设期贷款利息的含义是什么？

7. 建设期贷款利息如何计算？

二、学习小组评价

班级：_____　　　　姓名：_____　　　　　　学号：_____

学习内容	分值	评价内容	得分
基础知识	30	预备费的组成；基本预备费及价差预备费的含义；基本预备费的费用组成及计算方法；价差预备费的计算方法；建设期贷款利息的含义及计算方法	
应会技能	10	能够明确预备费的组成	
	20	能够正确计算基本预备费	
	10	能够正确计算价差预备费	
	20	正确掌握建设期贷款利息的计算	
学习态度	10		
学习小组组长签字：			年　月　日

工作任务六 公路工程概、预算文件编制

【思维导图】

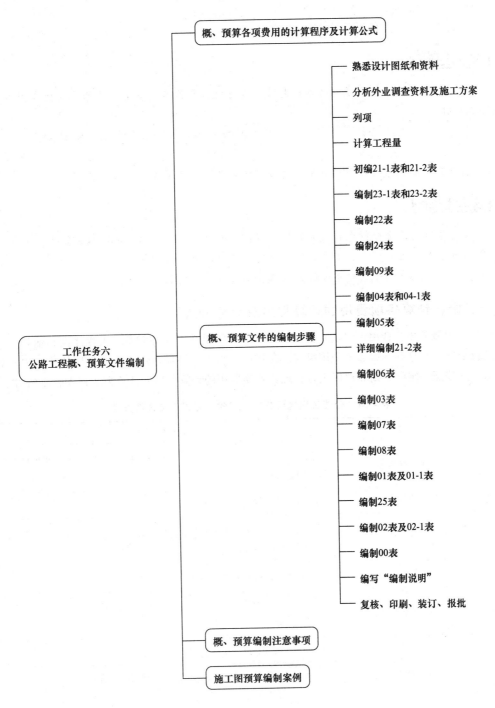

工作任务六
公路工程概、预算文件编制
- 概、预算各项费用的计算程序及计算公式
- 概、预算文件的编制步骤
  - 熟悉设计图纸和资料
  - 分析外业调查资料及施工方案
  - 列项
  - 计算工程量
  - 初编21-1表和21-2表
  - 编制23-1表和23-2表
  - 编制22表
  - 编制24表
  - 编制09表
  - 编制04表和04-1表
  - 编制05表
  - 详细编制21-2表
  - 编制06表
  - 编制03表
  - 编制07表
  - 编制08表
  - 编制01表及01-1表
  - 编制25表
  - 编制02表及02-1表
  - 编制00表
  - 编写"编制说明"
  - 复核、印刷、装订、报批
- 概、预算编制注意事项
- 施工图预算编制案例

(1)描述概、预算各项费用的计算程序及计算方式。

(2)熟悉概、预算各项费用的计算公式。

(3)叙述概、预算文件的编制步骤。

(4)说明概、预算编制时的注意事项。

(5)掌握概、预算文件的编制。

(1)能够根据公路工程项目的特点和要求，进行概、预算各项费用的计算，包括合理运用计算程序和公式。

(2)具备编制公路工程概、预算文件的实际操作能力，包括收集数据、编制文档、汇总费用等。

(3)能够分析和评估施工图预算编制案例，识别其中的关键要素和潜在的问题。

(1)培养学生的综合分析和解决问题的能力，提高公路工程造价的实际编制能力。

(2)培养学生的团队合作和沟通能力，以便在项目中有效协作。

(3)提高学生的文档编制和整理能力，培养细致和严谨的工作态度。

一、概、预算各项费用的计算程序及计算公式

公路工程概、预算费用由建筑安装工程费、土地使用及拆迁补偿费、工程建设其他费、预备费、建设期贷款利息共五大部分费用组成。在各项费用中，每项费用都有其具体的费用内容和计算方法，并按照一定的规则和程序进行。现将各项费用的计算程序和计算方式列入表 4-31 中。

表 4-31　公路工程建设各项费用的计算程序及计算方式

序号	项目	说明及计算式
(一)	定额直接费	$\sum$ 人工消耗量×人工基价＋$\sum$(材料消耗量×材料基价＋机械台班消耗量×机械台班基价)
(二)	定额设备购置费	$\sum$ 设备购置数量×设备基价
(三)	直接费	$\sum$ 人工消耗量×人工单价＋$\sum$(材料消耗量×材料预算单价＋机械台班消耗量×机械台班预算单价)
(四)	设备购置费	$\sum$ 设备购置数量×预算单价
(五)	措施费	(一)×施工辅助费费率＋定额人工费和定额施工机械使用费之和×其余措施费综合费费率
(六)	企业管理费	(一)×企业管理费综合费费率
(七)	规费	各类工程人工费(含施工机械人工费)×规费综合费费率
(八)	利润	[(一)＋(五)＋(六)]×利润率

序号	项目	说明及计算式
(九)	税金	$[(三)+(四)+(五)+(六)+(七)+(八)]×10\%$
(十)	专项费用	
	施工场地建设费	$[(一)+(五)+(六)+(七)+(八)+(九)]×累进费率$
	安全生产费	建筑安装工程费(不含安全生产费本身)$×(≥1.5\%)$
(十一)	定额建筑安装工程费	$(一)+(二×40\%)+(五)+(六)+(七)+(八)+(九)+(十)$
(十二)	建筑安装工程费	$(三)+(四)+(五)+(六)+(七)+(八)+(九)+(十)$
(十三)	土地使用及拆迁补偿费	按规定计算
(十四)	工程建设其他费	
	建设项目管理费	
	建设单位(业主)管理费	$(十一)×累进费率$
	建设项目信息化费	$(十一)×累进费率$
	工程监理费	$(十一)×累进费率$
	设计文件审查费	$(十一)×累进费率$
	竣(交)工验收试验检测费	按规定计算
	研究试验费	
	建设项目前期工作费	$(十一)×累进费率$
	专项评价(估)费	按规定计算
	联合试运转费	$(十一)×费率$
	生产准备费	
	工器具购置费	按规定计算
	办公和生活用家具购置费	按规定计算
	生产人员培训费	按规定计算
	应急保通设备购置费	
	工程保通管理费	按规定计算
	工程保险费	$[(十二)-(四)]×费率$
	其他相关费用	
(十五)	预备费	
	基本预备费	$[(十二)+(十三)+(十四)]×费率$
	价差预备费	$(十二)×费率$
(十六)	建设期贷款利息	按实际贷款额度及利率计算
(十七)	公路基本造价	$(十二)+(十三)+(十四)+(十五)+(十六)$

二、概、预算文件的编制步骤

概、预算文件的编制是一项十分严肃的工作，编制质量的高低及各项费用计算的准确性，直接关系着国家的经济利益。为了确保概、预算文件编制的质量，必须根据工程概、预算内在的规律和国家的有关规定，按一定的步骤进行。

1. 熟悉设计图纸和资料

在编制概、预算文件之前，应认真掌握设计文件、设计图纸、施工组织设计，以及概、预算调查资料，对工程的全局做到融会贯通、心中有数。

在编制概、预算文件之前，应将有关文件如《公路工程建设项目概算预算编制办法》(JTG 3830—2018)、《公路工程基本建设项目设计文件编制办法》(交公路发〔2007〕358 号)、国家及地方的有关文件等准备齐全。同时，也要把定额等工具书以及概、预算表格准备好。

2. 分析外业调查资料及施工方案

公路工程的外业资料调查的内容很广，原则上凡对施工生产有影响的一切因素都必须调查，主要是筑路材料的来源，材料运输方式及运距，运费标准，占用土地的补偿费、安置费及拆迁补偿费，沿线可利用房屋及劳动力供应情况等。对这些调查资料应进行分析，若有不明确或不全的部分，应另行调查，以保证概、预算的准确和合理。

对与相应设计阶段配套的施工组织设计文件(尤其是施工方案)应认真分析其可行性、合理性、经济性。因为施工方案将直接影响概、预算金额的高低和定额的查用，所以编制概、预算时，重点应对施工方案进行认真分析。

3. 列项

公路工程概、预算是以分项工程概、预算表为基础计算和汇总而来的，所以工程列项是概、预算工作中的一项重要基础工作。列项是根据工程设计的内容，按"概、预算项目表"的要求，将一个复杂的建设项目分解成若干个分项工程，并以项、目、节、细目的顺序依次列出，然后按定额项目表的要求，将分项后的每一个工程与相应的定额号一一对应。

一般公路工程分项时必须满足以下三个方面的要求：

(1)按照概、预算项目表的要求分项，这是基本要求。概、预算项目表实质上是将一个复杂的建设项目分解成许多分项工程的一种科学划分方法。

(2)符合定额项目表的要求。定额项目表是定额的主体内容，分项后的分项工程必须能够在定额项目表中直接查到。

(3)符合费率的要求。措施费、企业管理费和规费都是按不同工程类别确定的费率定额，因此，所分的项目应满足其要求。

按以上三个方面的要求分项后，便可将工程细目一一列出并填入"分项工程概(预)算表(21-2 表)"中。

4. 计算工程量

在编制概、预算时，应对各分项工程量按工程量计算原则进行计算：一是对设计中已有的工程量进行核对；二是对设计文件中缺少或未列的工程量进行补充计算。计算时应注意计算单位和计算规则与定额的计量单位及计算规则一致。将算得的分项工程量填入"分项工程概(预)算表(21-2 表)"中。

5. 初编 21-1 表和 21-2 表

21-1 表是"分项工程概（预）计算数据表"；21-2 表是"分项工程概（预）算表"。21-1 表主要为利用计算机软件编制概算、预算提供分项组价基础数据，列明工程项目全部计算分项的组价参数。根据工程项目的内容和有关要求，21-1 表中的"分项编号""定额""工料机"等的代号应根据实际需要按《编制办法》中概、预算项目表及现行《概算定额》《预算定额》的相关内容填写。

21-2 表主要确定直接费、措施费、企业管理费、规费、利润、税金及各分项工程的概（预）算金额。21-2 表按具体分项工程名称、数量、定额表号、定额值对应概（预）算定额的子目填写，单价由"人工、材料、施工机械台班单价汇总表（09 表）"转来。由于工、料、机的单价及各种费率尚未知，故只能初编 21-1 表和 21-2 表。

6. 编制 23-1 表和 23-2 表

23-1 表是"自采材料料场价格计算表"。根据初编"分项工程概（预）算表"（21-2 表）所发生的自采材料规格、名称，按照外业料场调查资料编制"自采材料料场价格计算表"（23-1 表），并将计算结果汇入"材料预算单价计算表"（22 表）的材料原价栏中。

23-1 表主要用于分析计算自采材料料场价格，应将选用的定额人工、材料、施工机械台班数量全部列出，包括相应的工、料、机单价。

材料规格用途相同而生产方式（如人工捶碎石、机械轧碎石）不同时，应分别计算单价，再以各种生产方式所占比重根据合计价格加权平均计算料场价格。

23-2 表是"材料自办运输单位运费计算表"，将计算的材料自办运输单位运费结果汇入"材料预算单价计算表"（22 表）的单位运费栏中。

23-2 表主要用于分析计算材料自办运输单位运费，应将选用的定额人工、材料、施工机械台班数量全部列出，包括相应的工、料、机单价。

材料运输地点或运输方式不同时，应分别计算单价，再按所占比重加权平均计算材料运输价格。

7. 编制 22 表

22 表是"材料预算单价计算表"，计算各种材料自供应地点或料场至工地的全部运杂费与材料原价及其他费用组成的预算单价。根据初编"分项工程概、预算表"（21-2 表）所出现的各种材料名称及其来源，先在 22 表上按外购、自采加工顺序并考虑其材料代号（代号可在《预算定额》附录四中查找）次序进行记录、填表计算，然后随着"分项工程概、预算表"（21-2 表）编制的需要不断记录、计算，最后在前面工作的基础上正式编制"材料预算单价计算表"（22 表）。22 表的编制要与"分项工程概、预算表"（21-2 表）的编制交叉进行。

8. 编制 24 表

24 表是"施工机械台班单价计算表"，应根据"分项工程概、预算表"（21-2 表）中出现的机械名称，按《公路工程机械台班费用定额》（JTG/T 3833—2018）的内容及"材料预算单价计算表"（22表）中的人工、动力燃料单价填写，按代号的顺序依次登记、计算机械台班单价，并将其值分别转入"分项工程概（预）算表"（21-2 表）"自采材料料场价格计算表"（23-1 表）相应的机械台班单价栏中。不变费用如有调整系数，应填入调整值。

9. 编制 09 表

09 表是"人工、材料、施工机械台班单价汇总表"。将人工单价及"材料预算单价计算表"（22 表）

中材料预算单价、"施工机械台班单价计算表"(24表)中机械台班单价,按人工、材料、施工机械的代号顺序依次汇总于09表中。

10. 编制04表和04-1表

04表是"综合费费率计算表",应根据工程的自然条件、施工条件、工程分类等具体情况,将措施费、企业管理费、规费所包含的分项内容,按《编制办法》有关规定的费率填写、计算。应注意:04表中措施费费率共9项内容,表中"综合费费率Ⅱ"采用的是第10栏"施工辅助费"费率的数值;表中"综合费费率Ⅰ"采用的是其余8栏费率之和,所以其综合费费率有Ⅰ、Ⅱ之分。

04-1表是"综合费计算表",应根据建设项目具体分项工程,将措施费、企业管理费、规费所包含的分项内容,按《编制办法》规定的计算方法分别计算。应注意:04-1表中措施费共9项内容,其计算基数不完全相同,表中的第10栏"施工辅助费"的计算基数是定额直接费,综合费Ⅱ采用的是第10栏"施工辅助费"的数值;其余8栏费用的计算基数是定额人工费和定额施工机械使用费之和,表中"综合费Ⅰ"采用的是其余8栏费用之和,所以其综合费也有Ⅰ、Ⅱ之分。

11. 编制05表

05表是"设备费计算表",根据工程的实际需要,按编制办法的规定及具体的设备购置清单进行计算,包括设备规格、单位、数量、设备基价、定额设备购置费、设备预算单价、税金以及定额设备费和设备费。设备购置费不计取措施费及企业管理费。

12. 详细编制21-2表

21-2表按具体分项工程项目数量,根据工程项目表、"分项工程概(预)计算数据表"(21-1表)、"人工、材料、施工机械台班单价汇总表"(09表)、"材料预算单价计算表"(22表)、"自采材料料场价格计算表"(23-1表)、"材料自办运输单位运费计算表"(23-2表)、"施工机械台班单价计算表"(24表)、"综合费计算表"(04-1表)、"设备费计算表"(05表),在初编"分项工程概(预)计算数据表"(21-1表)的过程中经过各表间的相互补充、交叉完成。

13. 编制06表

06表是"专项费用计算表",根据施工组织设计和外业调查资料(包括协议书),以及有关的政策性文件规定编制。06表应按《编制办法》规定的项目专项费用项目填写,在说明及计算式栏内填写需要说明的内容及计算式。

14. 编制03表

03表是"建筑安装工程费计算表",根据"设备费计算表"(05表)、"专项费用计算表"(06表)、"分项工程概、预算表"(21-2表)的计算结果,按分项工程内容把直接费、措施费、企业管理费、规费、利润、税金、专项费用等填写、计算。03表除列出具体分项外,还应列出子项(如临时工程、路基工程、路面工程……),并将子项下的具体分项的费用进行汇总。

15. 编制07表

07表是"土地使用及拆迁补偿费计算表",根据施工组织设计、外业调查资料(包括协议书)以及有关的政策性文件规定编制。07表按具体发生的土地使用项目、临时占地项目、拆迁补偿项目、水土保持项目填写,需要说明和具体计算的费用项目,依次在说明及计算式栏内填写或计算。

16. 编制 08 表

08 表是"工程建设其他费计算表",根据施工组织设计、外业调查资料(包括协议书)以及有关的政策性文件规定编制。08 表按具体发生的工程建设其他费用项目填写,需要说明和具体计算的费用项目,依次在说明及计算式栏内填写或计算。另外,预备费及建设期贷款利息的计算也在 08 表进行。

17. 编制 01 表及 01-1 表

01 表是"总概、预算表",根据经过复核的"建筑安装工程费计算表"(03 表)、"设备费计算表"(05 表)、"专项费用计算表"(06 表)、"土地使用及拆迁补偿费计算表"(07 表)、"工程建设其他费计算表"(08 表)、"分项工程概(预)算表"(21-2 表)汇编。01 表反映一个单项或单位工程的各项费用组成、概(预)算金额、技术经济指标、各项费用比例(%)等。

01-1 表是"总概、预算汇总表"。根据建设项目的要求,当一个建设项目分成若干单项工程编制概(预)算时,应通过 01-1 表汇总全部建设项目概(预)算金额。01-1 表反映一个建设项目的各项费用组成、概(预)算总值和技术经济指标。

至此,概(预)算总费用金额已得出结果,计算完毕。

18. 编制 25 表

25 表是"辅助生产人工、材料、施工机械台班单位数量表"。表中各栏数据由"自采材料料场价格计算表"(23-1 表)和"材料自办运输单位运费计算表"(23-2 表)统计而来。

19. 编制 02 表及 02-1 表

02 表是"人工、主要材料、施工机械台班数量汇总表"。表中各栏数据由"人工、材料、施工机械台班单价汇总表"(09 表)、"分项工程概(预)算表"(21-2 表)、"辅助生产人工、材料、施工机械台班单位数量表"(25 表)经分析计算后统计而来。各工程项目中所消耗的人工、主要材料、施工机械台班等规格名称按代号的顺序列入"规格名称"栏内,然后以"项"为单位,分别统计各实物的消耗量及总数量。

02-1 表是"总概(预)算人工、主要材料、施工机械台班数量汇总表"。

当一个建设项目按若干单项工程编制概(预)算时,应通过 02-1 表汇总全部建设项目的人工、主要材料、施工机械台班数量。表中各栏数据均由各单项或单位工程概(预)算中的"人工、主要材料、施工机械台班数量汇总表"(02 表)转来。"编制范围"指单项或单位工程。

20. 编制 00 表

00 表是"建设项目属性及技术经济信息表",由项目基本属性、项目工程数量信息、项目造价指标信息、分项造价指标信息、主要材料单价信息等内容组成。其中,项目基本属性可从工程项目概况中获得;项目工程数量信息可从"总概(预)算表"(01 表)、"总概(预)算汇总表"(01-1 表)、"建筑安装工程费计算表"(03 表)中获得;项目造价指标信息可从"总概(预)算表"(01 表)、"总概(预)算汇总表"(01-1 表)中获得;分项造价指标信息可从"分项工程概(预)算表"(21-2 表)中获得;主要材料单价信息可从"材料预算单价计算表"(22 表)中获得。

21. 编写"编制说明"

在编完概、预算全部计算表格后,应根据编制的全过程,阐述概、预算的编制内容、编制依据和编制成果,即工程总造价、各实物量消耗指标等。对编制中存在的问题以及与概、预算有关,但又不能在表格中反映的事项均应在"编制说明"中以文字的形式表述清楚。

22. 复核、印刷、装订、报批

当概、预算各表及编制说明全部完成后，应再进行一次全面的复核，当确认无误并签字后，即可按规定将甲、乙组文件印制规定份数，并分别装订成册，上报待批。

上述步骤并非一成不变，不仅有些表可以按规定不编，而且各表的编制次序也是可以变换的。为了正确地编制概、预算，最根本的还是要掌握编制办法的各项规定，明确各表的作用和相互关系，精通表中各栏的填列方法。具体的填写和计算可认真阅读各表附注的填写说明和表 4-30 的计算程序。

三、概、预算编制注意事项

为提高工程造价的编制质量，除掌握上述编制程序外，还必须注意以下问题。

(1)正确引用定额值。在引用定额值时，必须瞻前顾后，注意章、节说明和定额表下小注。特别是在每次编制之前都要查询是否有新的定额或文件下达，切不可墨守成规。

(2)正确计算工程量。正确计算工程量是工程造价计价至关重要的一环。在设计文件中，设计人员提供的工程数量与定额用的工程数量含义往往不尽相同。

例如，路基填方的工程量＝填方的设计断面方＋预计的沉降方＋表土清除和耕地填前压实后的回填量＋路基填方两边加宽以保证路基边缘压实的增加方。而设计人员提供的填方数量通常只是"设计断面方"，即按照设计的几何尺寸计算的填方量。而漏计了后面三项，即为保证"设计断面方"的质量而附加的填方数量。

(3)"分项工程概(预)算表"(21-2 表)的"分项编号"要按项目表顺序填写"细目"的名称，没"细目"的填写"节"的名称，没"节"的填写"目"的名称，应注意将费率相同的各"细目"填列于一张表中，不能将不同的"细目""节"或"目"填列于一张表内，以便小计。

(4)"分项工程概(预)算表"(21-2 表)与"材料预算单价计算表"(22 表)、"施工机械台班单价计算表"(24 表)、"自采材料料场价格计算表"(23-1 表)、"材料自办运输单位运费计算表"(23-2 表)、"人工、材料、施工机械台班单价汇总表"(09 表)在编制过程中是交叉进行、相互补充的。"材料预算单价计算表"(22 表)与"自采材料料场价格计算表"(23-1 表)、"材料自办运输单位运费计算表"(23-2 表)之间，"材料预算单价计算表"(22 表)与"施工机械台班单价计算表"(24 表)之间也是相互利用、相互补充的关系。

(5)按地方规定计算有关费用时，要注意各地规定中的细则要求，如各省地对人工工日单价计算、对各种费率的取费标准、对运杂费的计费标准等的规定和要求有所不同。

(6)要加强复核工作，这是由于概、预算编制是一项系统工程，须环环相扣的特点所决定的。每个表格均应由"编制"与"复核"两人完成，并应分步完成，每步复核无误后再进行下一步，不要未复核就引用。切勿单人自编自核。

四、施工图预算编制案例

本施工图预算案例由于篇幅原因，涉及该桥梁工程的项目概况、技术等级、费用标准等一概省略，各部分费用表格仅展示部分内容，见表 4-32～表 4-52。

表 4-32　总预算表（一）

建设项目名称：×××危桥改造工程
编制范围：×××危桥改造工程

分项编号	工程或费用名称	单位	数量	金额/元	技术经济指标	各项费用比例/%	备注
1	第一部分　建筑安装工程费	公路公里	0.248	14 023 357	42 029 663.55	73.62	建设项目路线总长度（主线长度）
101	临时工程	公路公里	0.248	1 037 029	4 181 567.74	7.32	
10101	临时道路	km	0.2	629 870	3 149 350.15	4.45	
1010101	临时便道（修建、拆除与维护）	km	0.2	629 870	3 149 350.15	4.45	
10102	临时便桥、便涵	m/座	40/1	78 941	1 973.52 / 78 940.98	0.56	
1010201	临时便桥	m/座	40/1	78 941	1 973.52 / 78 940.98	0.56	
10104	临时供电设施	总额	1	43 836	43 836.11	0.31	
10106	临时安全设施	套	10	132 403	13 240.26	0.94	
10107	拌合站	座	1	121 979	121 979.05	0.86	
10108	电机井	口	1	30 000	30 000.00	0.21	
102	路基工程	km	0.248	587 211	2 367 788.19	4.15	
LJ01	场地清理	km	0.248	1 007	4 061.21	0.01	
LJ0101	清理与掘除	棵	30	1 007	33.57	0.01	
LJ010102	伐树、挖根	棵	30	1 007	33.57	0.01	
LJ02	路基挖方	m³	495	10 202	20.61	0.07	
LJ0201	挖土方	m³	495	10 202	20.61	0.07	
LJ020101	挖路基土方	m³	495	1 717	3.47	0.01	
LJ020102	废方	m³	433.4	8 485	19.58	0.06	
LJ07	路基防护与加固工程	km	0.12	576 002	4 800 016.67	4.07	
LJ0705	挡土墙	m³/m	1 485 / 60	531 399	357.84 / 8 856.66	3.75	
LJ070501	浆砌片石挡土墙	m³/m	1 485 / 60	531 399	357.84 / 8 856.66	3.75	
LJ0706	防撞墙	m³/m	30.93 / 60	44 603	1 442.05 / 743.38	0.32	
103	路面工程	km	0.137	150 068	1 095 384.38	1.06	
LM01	沥青混凝土路面	m²	400	136 234	340.58	0.96	

编制：王雪　　复核：张擎祎

表 4-33 总预算表（二）

建设项目名称：×××危桥改造工程
编制范围：×××危桥改造工程

分项编号	工程或费用名称	单位	数量	金额/元	技术经济指标	各项费用比例/%	备注
LM0105	沥青混凝土面层	m²	400	136 234	340.58	0.96	
1	AC-13 细粒式沥青混凝土面层（4 cm）	m²	400	18 229	45.57	0.13	
2	AC-20 中粒式沥青混凝土面层（6 cm）	m²	400	25 963	64.91	0.18	
3	5∶95 水泥稳定碎石基层（33 cm）	m²	441	42 031	95.31	0.30	
4	4∶96 水泥稳定碎石底基层（18 cm）	m²	482	24 323	50.46	0.17	
5	防冻层（20 cm）	m²	523	18 192	34.78	0.13	
6	黏层	m²	400	756	1.89	0.01	
7	透层	m²	441	1 641	3.72	0.01	
8	封层	m²	441	2 311	5.24	0.02	
9	培路肩（81 cm）	m²	86	2 788	32.42	0.02	
LM07	人行道及路缘石	m	128	13 834	108.08	0.10	
104	桥梁涵洞工程	km	0.137	7 997 656	58 590 885.35	56.49	
10404	大桥工程	m/座	136.5/1	7 997 656	58 590.89/7 997 655.85	56.49	
1040401	连城桥（预应力混凝土空心板，左幅 7～16.5 m）	m²/m	1 536.15/136.5	7 997 656	5 206.30/58 590.89	56.49	
QL.01	基础工程	m³	604.8	1 051 061	1 737.87	7.42	
QL.0101	扩大基础	m³	321.46	184 100	572.70	1.30	
QL.010102	实体式	m³	321.46	184 100	572.70	1.30	
QL.0102	桩基础	m³/m	243.86	822 532	3 372.97	5.81	
QL.010201	灌注桩基础	m³	243.86	822 532	3 372.97	5.81	
QL.0106	系梁	m³	39.48	44 428	1 125.34	0.31	
QL.02	下部构造	m³	1 397.06	1 616 471	1 157.05	11.42	
QL.0201	桥台	m³	1 130.44	1 078 419	953.98	7.62	
QL.0202	桥墩	m³	266.62	538 052	2 018.05	3.80	
QL.03	上部构造	m³	939.2	2 874 087	3 060.14	20.30	

编制：王雪　　　　　　　　　　　　　　　　　　　　　　　复核：张馨梅

建设项目名称：×××危桥改造工程
编制范围：×××危桥改造工程

表4-34 人工、主要材料、施工机械台班数量汇总表（一）

代号	规格名称	单位	单价/元	总数量	分项统计										场外运输损耗	
					临时工程	路基工程	路面工程	桥梁涵洞工程	交叉工程	交通工程及沿线设施	绿化及环境保护工程	专项费用	辅助生产	其他	%	数量
1	人工	工日	105.49	9.046	3.000					6.046						
2	机械工	工日	105.49	4.255	2.370					1.885						
1001001	人工	工日	105.49	14 212.494	551.685	1 556.470	52.106	12 017.295	13.212	11.551	10.175					
1051001	机械工	工日	105.49	2 028.891	463.207	60.632	7.382	1 494.981	1.261	0.235	1.193					
226	花岗岩	m³	1 167.95	4.323			4.323									
387	矩形标志牌	个	344.83	8.000	8.000											
388	圆形标志牌	个	129.31	12.000	12.000											
389	路拦	片	517.24	4.000	4.000											
390	锥形交通标	个	56.03	150.000	150.000											
541	GQF-Z80型伸缩缝	m	1 814.74	54.200				54.200								
738	热熔涂料	kg	3.09	556.000	556.000					556.000						
739	反光玻璃珠	kg	2.60	43.864	43.864					43.864					1.000	0.001
832	32.5级水泥	t	397.17	0.079			0.078									
862	汽油（93号）	kg	8.35	47.400	47.400											
862	汽油	kg	8.35	49.535						49.535						
899	中（粗）砂	m³	112.37	0.327			0.319								2.500	0.008
996	其他材料费	元	1.00	230.224						230.224						
2006	三横梁	t	6 077.79	15.932				15.932								
2001001	HPB300钢筋	t	3 438.97	37.922		0.174		37.720	0.000	0.028						
2001002	HRB400钢筋	t	3 391.20	320.071		2.887		317.066		0.117						
2001008	钢绞线（普通、无松池）	t	4 646.24	26.150				26.150								

编制：王雪　　　　复核：张馨洁

表 4-35　人工、主要材料、施工机械台班数量汇总表（二）

建设项目名称：×××危桥改造工程
编制范围：×××危桥改造工程

代号	规格名称	单位	单价/元	总数量	临时工程	路基工程	路面工程	桥梁涵洞工程	交叉工程	交通工程及沿线设施	绿化及环境保护工程	专项费用	辅助生产	其他	场外运输损耗 %	场外运输损耗 数量
								分项统计								
2001019	钢丝绳	t	6 261.71	0.562				0.562								
2001021	8～12 号铁丝	kg	3.70	437.229	21.000	400.950		15.279								
2001022	20～22 号铁丝	kg	3.97	1 076.929		15.211		1 060.993		0.725						
2001026	铁丝编织网	m²	18.94	0.669				0.669								
2003004	型钢	t	3 625.71	9.494	0.200			9.287	0.004	0.003						
2003005	钢板	t	3 708.21	13.029	0.250			12.779								
2003008	钢管	t	4 594.12	1.346		0.137		1.209								
2003015	钢管立柱	t	6 261.71	13.350				12.507		0.843						
2003020	钢板桩	t	5 914.30	14.760				14.760								
2003021	钢管桩	t	5 914.30	0.152	0.152											
2003022	钢护筒	t	6 088.00	0.694				0.694								
2003025	钢模板	t	5 914.30	13.838		0.312		13.525								
2003026	组合钢模板	t	5 653.74	0.106	0.075			0.026		0.005						
2003028	安全爬梯	t	8 119.08	0.343				0.343								
2003040	铸铁	kg	3.80	246.104		246.104										
2003044	铁皮	m²	18.51	2.380				2.380								
2009002	钢钎	kg	5.55	89.352				89.352								
2009003	空心钢钎	kg	6.61	10.881				10.881								
2009004	φ50 mm 以内合金钻头	个	37.84	16.559				16.559								
2009011	电焊条	kg	3.80	1 180.112	1.400			1 178.636		0.076						

编制：王雪　　　　复核：张馨祐

建设项目名称:×××危桥改造工程
编制范围:×××危桥改造工程

表4-36 建筑安装工程费计算表(一)

序号	分项编号	工程名称	单位	工程量	定额直接费/元	定额设备购置费/元	直接费/元				设备购置费	措施费	企业管理费	规费	利润/元 费率/% 7.42%	税金/元 税率/% 9.0%	金额合计/元	单价
							人工费	材料费	施工机械使用费	合计							合计	
1	2	3	4	5	6	7	8	9	10	11	12	13	14	15	16	17	18	19
1	1010101	临时便道(修建、拆除与维护)	km	0.200	467 590		7 910	154 996	341 058	503 964		9 608	10 533	17 568	36 190	52 008	629 870	3 149 350.17
1	1~1~9~9	2.0 m³以内挖掘机挖密实土	1 000 m³ 天然密实方	7.875	20 224		2 824		16 871	19 695		1 387	764	1 706	1 660	2 269	27 482	3 489.83
2	1~1~11~7	12 t以内自卸汽车运土13 km	1 000 m³ 天然密实方	7.875	154 000				149 591	149 591		2 415	3 610	6 255	11 874	15 637	189 381	24 048.44
3	1	土底线	m³	7 875.000	76 466			76 466		76 466					5 674	7 393	89 533	11.37
4	1~1~18~10	10~12 t光轮压路机碾压压实土方	1 000 m³ 压实方	7.875	26 824		1 745		24 300	26 045		1 840	1 013	2 110	2 202	2 989	36 200	4 596.77
5	2~1~1~12	路面垫层机械铺砂碎(压实厚度50 cm)	1 000 m²	1.050	33 313		138	77 038	1 923	79 100		347	1 126	136	2 581	7 496	90 786	86 463.12
6	7~1~1~8	汽车便道养护路基宽4.5 m	1 km·月	1.200	1 458		190	1 492	474	2 155		43	71	108	117	224	2 716	2 263.73
7	1~1~9~9	2.0 m³以内挖掘机挖土	1 000 m³ 天然密实方	8.400	21 573		3 013		17 995	21 008		1 480	815	1 820	1 771	2 420	29 315	3 489.83
8	1~1~11~7	12 t以内自卸汽车运土10 km	1 000 m³ 天然密实方	8.400	133 732				129 903	129 903		2 097	3 135	5 432	10 311	13 579	164 457	19 578.16
9	1010201	临时便桥	m/座	40.000	61 641		11 794	45 406	1 936	59 135		1 251	2 982	4 167	4 888	6 518	78 941	1 973.52
10	7~1~2~1	简易汽车钢便桥	10 m	4.000	59 588		11 646	43 767	1 576	56 988		1 208	2 882	4 086	4 725	6 290	76 179	19 044.78
11	7~2~2	汽车便车墩(桩长10 m以内)	1座	1.000	2 052		148	1 639	360	2 147		44	99	81	163	228	2 762	2 761.86
12	10104	临时供电设施	总额	1.000	32 278		2 374	32 491		34 864		476	1 561	769	2 546	3 619	43 836	43 836.11
13	7~1~5~1	架设输电线路	100 m	5.000	32 278		2 374	32 491		34 864		476	1 561	769	2 546	3 619	43 836	8 767.22
14	10106	临时安全设施	套	10.000	126 954		316	127 084	808	128 208		262	914	184	1 175	1 660	132 403	13 240.26
15	借吉15普养青改增7~2~1	施工标志牌	10套	1.000	6 808		253	6 379	603	7 236		133	425	143	547	763	9 246	9 245.79

编制:王雪　　复核:张馨祎

表4-37　建筑安装工程费计算表(二)

建设项目名称:×××危桥改造工程

编制范围:×××危桥改造工程

序号	分项编号	工程名称	单位	工程量	定额直接费/元	定额设备购置费/元	直接费/元 人工费	材料费	施工机械使用费	合计	设备购置费	措施费	企业管理费	规费	利润/元 费率%7.42%	税金/元 税率%9.0%	金额合计/元 合计	单价
1	2	3	4	5	6	7	8	9	10	11	12	13	14	15	16	17	18	19
17	借昔15普养替改嘈 7~2~2	施工隔离标志	100个	3.000	7 845		63	8 405	205	8 672		129	490	41	628	896	10 857	3 618.95
18	1	水马	m	400.000	90 000			90 000		90 000							90 000	225.00
19	1	彩钢板雨挡	m	50.000	22 300			22 300		22 300							22 300	446.00
20	10 107	拌合站	座	1.000	85 720		36 120	40 822	6 592	83 534		3 801	5 349	12 184	7 039	10 072	121 979	121 979.05
21	4~11~11~8	25 m³/h以内混凝土搅拌站(制)安拆	1座	1.000	85 720		36 120	40 822	6 592	83 534		3 801	5 349	12 184	7 039	10 072	121 979	121 979.05
22	10 108	电机井	口	1.000	30 000			30 000		30 000							30 000	30 000.00
23	1	电机井	口	1.000	30 000			30 000		30 000							30 000	30 000.00
24	LJ010 102	伐树,挖根	棵	30.000	675		394		272	666		33	33	138	55	83	1 007	33.57
25	1~1~1~3	人工伐树,2.0 m³以内挖掘机挖树根	10棵	3.000	661		380		272	651		32	32	133	54	81	984	328.04
26	1~1~1~4	人工砍薪灌木林	1 000 m²	0.022	14		14			14		1	1	5	1	2	23	1 072.19
27	LJ020101	挖路基土方	m³	495.000	1 264		174		1 057	1 231		87	48	106	104	142	1 717	3.47
28	1~1~12~15	135 kW以内推土机推硬土第一个 20 m	1 000 m³ 然密实方	0.062	151		19		129	148		10	6	12	12	17	205	3 321.77
29	1~1~9~9	2.0 m³以内挖掘机挖装硬土	1 000 m³ 天然密实方	0.433	1 113		155		928	1 084		76	42	94	91	125	1 512	3 489.84
30	LJ020102	废方	m³	433.400	6 900				6 702	6 702		108	162	280	532	701	8 485	19.58
31	1~1~11~7	12 t以内自卸汽车运土 10 km	1 000 m³ 天然密实方	0.433	6 900				6 702	6 702		108	162	280	532	701	8 485	19 578.16
32	LJ070501	浆砌片石挡土墙	m³/m	1 485.000	343 507		155 246	204 882	21 206	381 334		10 373	16 376	51 967	27 473	43 877	531 399	357.84
33	1~4~16~7	浆砌身石挡土墙墙身(利用)	10 m³实体	103.950	176 066		74 567	112 825	7 984	195 376		5 191	8 516	25 048	14 081	22 339	270 552	2 602.71

编制:王雪　　复核:张馨祎

建设项目名称：×××危桥改造工程
编制范围：×××危桥改造工程

表 4-38　综合费率计算表

序号	工程类别	措施费/% 冬期施工增加费	雨期施工增加费	夜间施工增加费	高原地区施工增加费	风沙地区施工增加费	沿海地区施工增加费	行车干扰施工增加费	施工辅助费	工地转移费	综合费用 I	综合费用 II	企业管理费/% 基本费用	主副食运费补贴	职工探亲路费	职工取暖补贴	财务费用	综合费率	规费/% 养老保险费	失业保险费	医疗保险费	工伤保险费	住房公积金	综合费率
1	2	3	4	5	6	7	8	9	10	11	12	13	14	15	16	17	18	19	20	21	22	23	24	25
01	土方	6.09	0.25						0.52		6.34	0.52	2.75	0.13	0.19	0.44	0.27	3.78	16.00	0.70	6.70	1.00	8.00	32.40
02	石方	1.25	0.21						0.47		1.46	0.47	2.79	0.12	0.20	0.37	0.26	3.75	16.00	0.70	6.70	1.00	8.00	32.40
03	运输	1.17	0.25						0.15		1.41	0.15	1.37	0.13	0.13	0.44	0.26	2.34	16.00	0.70	6.70	1.00	8.00	32.40
04	路面	3.27	0.23						0.82		3.50	0.82	2.43	0.09	0.16	0.30	0.40	3.38	16.00	0.70	6.70	1.00	8.00	32.40
05	隧道	1.52							1.20	1.20	1.52	1.20	3.57	0.10	0.27	0.32	0.51	4.77	16.00	0.70	6.70	1.00	8.00	32.40
06	构造物 I	3.53	0.16						1.20	1.20	3.69	1.20	3.59	0.12	0.27	0.39	0.47	4.84	16.00	0.70	6.70	1.00	8.00	32.40
06-1	构造物 I (绿化)		0.16						1.20		0.16	1.20	3.59	0.12	0.27	0.39	0.47	4.84	16.00	0.70	6.70	1.00	8.00	32.40
07	构造物 II	4.69	0.18	0.90					1.54	1.54	5.77	1.54	4.73	0.14	0.35	0.48	0.55	6.24	16.00	0.70	6.70	1.00	8.00	32.40
08	构造物 III (一般)	8.68	0.37	1.70					2.73	2.73	10.75	2.73	5.98	0.25	0.55	0.85	1.09	8.72	16.00	0.70	6.70	1.00	8.00	32.40
08-1	构造物 III (室内)	8.68		1.70					2.73	2.73	10.38	2.73	5.98	0.25	0.55	0.85	1.09	8.72	16.00	0.70	6.70	1.00	8.00	32.40
08-2	构造物 III (桥梁)	8.68	0.37						2.73	2.73	10.75	2.73	5.98	0.25	0.55	0.85	1.09	8.72	16.00	0.70	6.70	1.00	8.00	32.40
08-3	构造物 III (设备安装)	8.68							2.73	2.73	8.68	2.73	5.98	0.25	0.55	0.85	1.09	8.72	16.00	0.70	6.70	1.00	8.00	32.40
09	技术复杂大桥	5.48	0.25	0.93					1.68	1.68	6.66	1.68	4.14	0.12	0.21	0.41	0.64	5.51	16.00	0.70	6.70	1.00	8.00	32.40
10	钢材及钢结构 (一般)	0.38		0.87					0.56	0.56	1.26	0.56	2.24	0.11	0.16	0.29	0.65	3.47	16.00	0.70	6.70	1.00	8.00	32.40
10-1	钢材及钢结构 (桥梁)	0.38		0.87					0.56	0.56	1.26	0.56	2.24	0.11	0.16	0.29	0.65	3.47	16.00	0.70	6.70	1.00	8.00	32.40
10-2	钢材及钢结构 (金属标志牌等)	0.38							0.56	0.56	0.38	0.56	2.24	0.11	0.16	0.29	0.65	3.47	16.00	0.70	6.70	1.00	8.00	32.40

编制：王雪　　　　复核：张馨祎

建设项目名称：×××危桥改造工程
编制范围：×××危桥改造工程

表4-39 综合费计算表（一）

序号	工程类别	措施费									综合费用		企业管理费						规费					综合费用
		冬期施工增加费	雨期施工增加费	夜间施工增加费	高原地区施工增加费	风沙地区施工增加费	沿海地区施工增加费	行车干扰施工增加费	施工辅助费	工地转移费	I	II	基本费用	主副食运费补贴	职工探亲路费	职工取暖补贴	财务费用	综合费用	养老保险费	失业保险费	医疗保险费	工伤保险费	住房公积金	
1	2	3	4	5	6	7	8	9	10	11	12	13	14	15	16	17	18	19	20	21	22	23	24	25
1	临时便道（修建、拆除与维护）	7 627	891						1 091		8 518	1 091	6 699	495	569	1 683	1 087	10 533	8 675	380	3 633	542	4 338	17 568
2	临时便桥	488	23						740		511	740	2 211	74	169	240	287	2 982	2 058	90	862	129	1 029	4 167
3	临时供电设施	84	4	6					388		88	388	1 158	39	88	126	150	1 561	380	17	159	24	190	769
4	临时安全设施	30	1						225		37	225	693	21	51	70	80	914	91	4	38	6	45	184
5	拌合站	2 019	76	389					1 318		2 484	1 318	4 051	120	298	412	467	5 349	6 017	263	2 520	376	3 008	12 184
6	电机井																							
7	伐树、挖根	24	1						8		25	8	24	1	2	3	3	33	68	3	29	4	34	138
8	挖路基土方	77	3						7		80	7	35	2	2	6	3	48	52	2	22	3	26	106
9	废方	80	17						11		98	11	95	9	9	31	18	162	138	6	58	9	69	280
10	浆砌片石挡土墙	6 050	301						4 023		6 350	4 023	12 111	413	928	1 345	1 580	16 376	25 663	1 123	10 746	1 604	12 831	51 967
11	防撞墙	242	13	28					288		283	288	943	37	71	112	169	1 332	1 373	60	575	86	686	2 780
12	AC—13细粒式沥青混凝土面层（4 cm）	28	2						7		30	7	21	1	1	3	3	29	76	3	32	5	38	153
13	AC—20中粒式沥青混凝土面层（6 cm）	38	3						10		41	10	29	1	2	4	5	40	113	5	47	7	57	229
14	5：95水泥稳定碎石基层（33 cm）	43	3						12		46	12	35	1	2	4	6	49	51	3	21	3	26	104
15	4：96水泥稳定碎石底基层（18 cm）	25	2						7		27	7	22	1	3	3	4	31	38	2	16	2	19	76
16	防冻层（20 cm）	16	1						55		18	55	163	6	11	20	27	227	15	1	6	1	8	31
17	黏层	0	0						6		0	6	19	1	1	2	3	26	0	0	0	0	0	0
18	透层	2	0						13		2	13	37	1	2	5	6	52	3	0	1	0	0	0
19	封层	8	1						17		8	17	51	2	3	6	8	71	23	1	10	1	1	6
20	培路肩（81 cm）	58	4						14		62	14	43	2	3	5	7	59	266	12	111	17	133	46
21	人行道及路缘石	90	6						55		96	55	166	6	12	20	25	229	420	18	176	26	210	538
22	实体式	1 564	82	276					1 791		1 922	1 791	5 607	176	416	604	658	7 462	3 503	153	1 467	219	1 752	850
																								7 094

编制：王雪 复核：张馨祎

表 4-40　综合费计算表（二）

建设项目名称：×××危桥改造工程
编制范围：×××危桥改造工程

序号	工程类别	措施费									综合费用		企业管理费						规费					综合费用
		冬期施工增加费	雨期施工增加费	夜间施工增加费	高原地区施工增加费	风沙地区施工增加费	沿海地区施工增加费	行车干扰施工增加费	施工辅助费	工地转移费	Ⅰ	Ⅱ	基本费用	主副食运费补贴	职工探亲路费	职工取暖补贴	财务费用	综合费用	养老保险费	失业保险费	医疗保险费	工伤保险费	住房公积金	
1	2	3	4	5	6	7	8	9	10	11	12	13	14	15	16	17	18	19	20	21	22	23	24	25
23	灌注桩基础	14 064	548	2 822					7 803		17 433	7 803	24 500	773	1 806	2 577	3 161	32 817	24 934	1 091	10 441	1 558	12 467	50 491
24	系梁	250	12	66					333		328	333	1 110	41	82	126	186	1 545	875	38	367	55	438	1 772
25	桥台	10 520	477	2 048					9 308		13 046	9 308	29 583	976	2 192	3 222	3 981	39 954	29 222	1 278	12 237	1 826	14 611	59 174
26	桥墩	3 014	126	915					3 760		4 054	3 760	12 753	488	939	1 467	2 341	17 987	12 518	548	5 242	782	6 259	25 349
27	预应力混凝土空心板	16 693	751	4 600					19 139		22 044	19 139	65 093	2 534	4 776	7 621	12 216	92 241	76 180	3 333	31 900	4 761	38 090	154 264
28	沥青混凝土铺装	243	16	5					537		264	537	1 642	50	119	172	201	2 185	702	31	294	44	351	1 421
29	板式橡胶支座	274	9	153					704		436	704	2 687	128	197	341	714	4 066	2 370	104	992	148	1 185	4 799
30	模数式伸缩缝	86	2	162					1 384		249	1 384	5 504	278	403	721	1 601	8 506	2 654	116	1 111	166	1 327	5 375
31	桥梁波形梁护栏	66							1 051		66	1 051	4 177	211	306	546	1 217	6 456	2 345	103	982	147	1 172	4 748
32	桥梁混凝土防撞护栏	240	12	52					353		304	353	1 208	51	91	147	249	1 745	1 749	76	732	109	874	3 541
33	其他工程	23 633	1 497	2 917					9 104		28 047	9 104	30 663	1 204	2 322	4 102	4 020	42 310	68 179	2 983	28 550	4 261	34 090	138 063
34	人行道	437	24	68					544		529	544	1 823	75	136	220	359	2 614	2 835	124	1 187	177	1 417	5 741
35	公路与等级公路平面交叉	65	5	2					49		72	49	149	6	10	20	25	209	244	11	102	15	122	495
36	单悬臂铝合金标志牌	6	0						69		6	69	273	14	20	36	79	421	199	9	83	12	99	403
37	附着式铝合金标志牌																							
38	热熔标线	35	1	7					60		43	60	186	6	14	19	21	245	134	6	56	8	67	271
39	防撞箱	67	5						14		71	14	58	3	5	10	8	82	174	8	73	11	87	352
40	撒播草种	0	0						2		0	2	7	0	1	1	1	9	18	1	8	1	9	37
41	小松树																							
42	合计	88 285	4 918	14 515					64 301		107 718	64 301	215 628	8 243	16 061	26 051	34 979	300 960	274 353	12 003	114 885	17 147	137 177	555 565

编制：王雪　　　　　　　　　　　　　　　　　　　　　　　　　　复核：张馨梧

表 4-41 土地使用及拆迁补偿费计算表

建设项目名称:×××危桥改造工程
编制范围:×××危桥改造工程

序号	费用名称	单位	数量	单价/元	金额/元	说明及计算式	备注
201	土地使用费	亩	4.800	5 167.00	24 801.60		
202	拆迁补偿费	公路公里	0.272	5 367 647.06	1 460 000.00		
203	其他补偿费	公路公里	0.272	1 286 747.71	350 000.00		

编制:王雪

复核:张馨祐

建设项目名称:×××危桥改造工程
建设项目范围:×××危桥改造工程

表 4-42　工程建设其他费用计算表

序号	费用名称项目	说明及计算式	金额/元	备注
301	建设项目管理费		768 804	
30101	建设单位(业主)管理费	部颁 2018 建设单位(业主)管理费	435 477	435 477.03
30102	建设项目信息化费	部颁 2018 建设项目信息化费	52 825	52 825
30103	工程监理费	部颁 2018 工程监理费	271 327	271 327.24
30104	设计文件审查费	部颁 2018 设计文件审查费	7 749	7 748.67
30105	竣(交)工验收试验检测费	0.25(公路公里)×5 750	1 426	
303	建设项目前期工作费		522 007	
1	勘察、设计费、钻探费	465 000	465 000	465 000
2	清单和清单预算编制费	57 007	57 007	57 007
304	专项评价(估)费		155 000	
30401	环境影响评价费	35 000	35 000	35 000
30402	水土保持评估费	20 000	20 000	
30408	行洪论证(评估)费	100 000	100 000	
308	工程保险费	(建安工程费-设备费)×0.4%	41 693	(10 423 356.56-0)×0.4%

编制:　　　　　　　　　　　　　　　　　　　　　　　　　　复核:

建设项目名称：×××危桥改造工程
编制范围：×××危桥改造工程

表 4-43 人工、材料、施工机械台班单价汇总表（一）

序号	名称	代号	单位	预算单价/元	备注	序号	名称	单位	代号	预算单价/元	备注
1	人工	1	工日	105.49		19	HPB300 钢筋	t	2001001	3 438.97	
2	机械工	2	工日	105.49		20	HRB400 钢筋	t	2001002	3 391.20	
3	人工	1001001	工日	105.49		21	钢绞线	t	2001008	4 646.24	
4	机械工	1051001	工日	105.49		22	钢丝绳	kg	2001019	6 261.71	
5	花岗岩	226	m³	1 167.95		23	8～12 号铁丝	kg	2001021	3.70	
6	矩形标志牌	387	个	344.83		24	20～22 号铁丝	kg	2001022	3.97	
7	圆形标志牌	388	个	129.31		25	铁丝编织网	m²	2001026	18.94	
8	路栏	389	片	517.24		26	型钢工字钢,角钢	t	2003004	3 625.71	
9	锥形交通标	390	个	56.03		27	钢板	t	2003005	3 708.21	
10	GQF-Z80 型伸缩缝	541	m	1 814.74		28	钢管无缝钢管	t	2003008	4 594.12	
11	热熔涂料	738	kg	3.09		29	钢管立柱	t	2003015	6 261.71	
12	反光玻璃珠	739	kg	2.60		30	钢板桩混合规格	t	2003020	5 914.30	
13	32.5 级水泥	832	t	397.17		31	钢管桩	t	2003021	5 914.30	
14	汽油 93 号	862	kg	8.35		32	钢护筒	t	2003022	6 088.00	
15	汽油	862	kg	8.35		33	钢模板各类定型大块钢模板	t	2003025	5 914.30	
16	中（粗）砂	899	m³	112.37		34	组合钢模板	t	2003026	5 653.74	
17	其他材料费	996	元	1.00		35	安全爬梯	t	2003028	8 119.08	
18	三横梁	2006	t	6 077.79		36	铸铁	kg	2003040	3.80	

编制：　　　　　　　　　　复核：

表 4-44　人工、材料、施工机械台班单价汇总表（二）

建设项目名称：×××危桥改造工程
编制范围：×××危桥改造工程

序号	名称	单位	代号	预算单价/元	备注
37	26号镀锌铁皮	m²	2003044	18.51	
38	钢钎	kg	2009002	5.55	
39	空心钢钎	kg	2009003	6.61	
40	φ50 mm以内合金钻头	个	2009004	37.84	
41	电焊条结422(502、506、507) 3.2/4.0/5.0	kg	2009011	3.80	
42	混合规格螺栓	kg	2009013	9.69	
43	铁件铁件	kg	2009028	3.97	
44	镀锌铁件	kg	2009029	5.73	
45	铁钉混合规格	kg	2009030	3.97	
46	铸铁管	kg	2009033	3.80	
47	U形锚钉	kg	2009034	4.46	
48	石油沥青	t	3001001	3 471.46	
49	阳离子类乳化沥青	t	3001005	2 802.79	
50	重油	kg	3003001	2.77	
51	汽油93号	kg	3003002	8.35	
52	0号、-10号、-20号柴油	kg	3003003	6.98	
53	煤	t	3005001	406.71	
54	电	kW·h	3005002	0.82	
55	水	m³	3005004	0.39	
56	原木	m³	4003001	934.09	
57	锯材	m³	4003002	1 397.17	
58	草籽	kg	4013001	54.20	
59	PVC塑料管(φ50 mm)	m	5001013	7.21	
60	PVC塑料管(φ100 mm)	m	5001014	11.36	
61	塑料波纹管 90 mm×25 mm	m	5001034	4.36	
62	塑料波纹管 SBG-60Y	m	5001036	4.40	
63	塑料编织袋	个	5001052	0.88	
64	压浆料	t	5003003	1 752.98	
65	硝铵炸药	kg	5005002	5.99	
66	非电毫秒雷管	个	5005008	0.72	
67	导爆索	m	5005009	0.82	
68	油漆	kg	5009002	10.56	
69	聚合物渗透水性桥面防水涂料	kg	5009005	5.42	
70	油毛毡	m²	5009012	2.22	
71	土路面用堆方	m³	5501002	23.79	
72	黏土堆方	m³	5501003	28.89	

编制：王雪　　　　　复核：张馨祎

表 4-45　分项工程预算计算数据表（一）

建设项目名称：×××危桥改造工程

编制范围：×××危桥改造工程

标准定额库版本号：　　　　　校验码：

分项编号/定额代号/工料机代号	项目·定额或工料机的名称	单位	数量	输入单价	输入定额	分项组价类型或定额子目取费类别	定额调整情况或成分项算式
1010101	临时便道	km	0.200	3 149 350.17	629 870.03		
1-1-9-9	2.0 m³以内挖掘机挖装硬土	1 000 m³天然密实方	7.875	3 489.83	27 482.43	01. 土方	
1-1-11-7换	12 t以内自卸汽车运土 13 km	1 000 m³天然密实方	7.875	24 048.44	189 381.47	03. 运输	实际运距(km):13 km;
1	土底线	m³	7 875.000	11.37	89 532.69	12. 利润和税金	
1-1-18-10	10～12 t光轮压路机碾压土方	1 000 m³压实方	7.875	4 596.77	36 199.56	01. 土方	
2-1-1-12换	机械铺砂砾(压实厚度 50 cm)	1 000 m²	1.050	86 463.12	90 786.28	04. 路面	实际厚度(cm):50 cm;分层拌和、碾压:分 2 层;
7-1-1-8	汽车便道养护	1 km·月	1.200	2 263.73	2 716.48	06. 构造物 I	
1-1-9-9	2.0 m³以内挖掘机挖装硬土	1 000 m³天然密实方	8.400	3 489.83	29 314.59	01. 土方	
1-1-11-7换	12 t以内自卸汽车运土 10 km	1 000 m³天然密实方	8.400	19 578.16	164 456.57	03. 运输	实际运距(km):10 km;
1010201	临时便桥	座	40.000	1 973.52	78 940.98		
7-1-2-1	简易汽车钢便桥	10 m	4.000	19 044.78	76 179.12	06. 构造物 I	
7-1-2-2	汽车便桥墩(桩长 10 m以内)	1座	1.000	2 761.86	2 761.86	06. 构造物 I	
10104	临时供电设施	总额	1.000	43 836.11	43 836.11	06. 构造物 I	[7901001]量 310.525;
7-1-5-1换	架设输电线路	100 m	5.000	8 767.22	43 836.11	06. 构造物 I	
10106	临时安全设施	套	10.000	13 240.26	132 402.63	07. 构造物 II	
借[吉营改增]7-2-1	施工安全标牌	10套	1.000	9 245.79	9 245.79	07. 构造物 II	
借[吉营改增]7-2-2	施工隔离标志	100个	3.000	3 618.95	10 856.84	07. 构造物 II	
1	水马	m	400.000	225.00	90 000.00	12. 利润和税金	
1	彩钢板围挡	m	50.000	446.00	22 300.00	12. 利润和税金	
10107	拌合站	座	1.000	121 979.05	121 979.05	07. 构造物 II	
4-11-11-8	25 m³/h以内混凝土搅拌站(楼)安装	1座	1.000	121 979.05	121 979.05	07. 构造物 II	
10108	电机井	口	1.000	30 000.00	30 000.00		

编制：王雪　　　　　复核：张馨祎

表4-46 分项工程预算计算数据表(二)

建设项目名称:×××危桥改造工程
编制范围:×××危桥改造工程
编制依据/定额... 标准定额版本号:
校验码:

分项编号/定额代号/工料机代号	项目、定额或工料机的名称	单位	数量	输入单价	输入定额	分项组价类型或定额子目取费类别	定额调整情况或成分项算式
LJ010102	电机井	口	1.000	30 000.00	30 000.00	12. 利润和税金	
1—1—3	伐树,挖根 人工伐树2.0 m³以内挖掘机挖树根	棵	30.000	33.57	1 007.18	06. 构造物I	
1—1—4	人工砍挖稀灌木林	10棵	3.000	328.04	984.13	06. 构造物I	
LJ020101	挖路基土方	1 000 m²	0.022	1 072.19	23.05	01. 土方	
1—1—12—15	135 kW以内推土机推硬土 第一个20 m	1 000 m³ 天然密实方	0.062	3 321.77	204.62	06. 构造物I	
1—1—9—9	2.0 m³以内挖掘机挖装硬土	1 000 m³ 天然密实方	0.433	3 489.84	1 512.50	06. 构造物I	
LJ020102	废方	m³	433.400	19.58	8 485.17	01. 土方	
1—1—11—7换	12 t以内自卸汽车运土10 km	1 000 m³ 天然密实方 / m	0.433 / 60.000	19 578.16	8 485.18	03. 运输	实际运距(km):10 km
LJ070501	浆砌片石挡土墙身	m³	1 485.000	357.84	531 399.39	06. 构造物I	
1—4—16—7换	浆砌片石挡土墙身	10 m³ 实体	103.950	2 602.71	270 551.55	06. 构造物I	[1501002]换[1501005];删:[1501003];[1501005]量3.57;[5505005]量0.0;
1—4—16—7换	浆砌片石挡土墙身	10 m³ 实体	44.550	3 769.54	167 933.13	06. 构造物I	[1501002]换[1501005]量3.57;删:[1501003];[1501005]量3.57;
4—11—5—2	涵管基础垫层	10 m³	0.432	2 051.65	886.31	06. 构造物I	
4—11—17—2	人工拆除浆砌旧建筑物	10 m³	148.500	536.12	79 613.63	06. 构造物I	
1—1—10—6	3 m³以内装载机装软石	1 000 m³ 天然密实方	0.446	2 431.99	1 083.45	02. 石方	
1—1—11—21换	12 t以内自卸汽车运石10 km	1 000 m³ 软石 / m	0.446 / 60.000	25 435.06	11 331.32	03. 运输	实际运距(km):10 km
LJ0706	防撞墙	m³	30.930	1 442.05	44 602.61	06. 构造物I	
5—1—1—5换	现浇钢筋混凝土防撞护栏墙体混凝土	10 m³ 实体	3.093	7 355.95	22 751.95	06. 构造物I	[1503033]换[1503035];删:[8005002];[8007046];
5—1—1—6	现浇钢筋混凝土防撞护栏墙体钢筋	1 t	0.166	5 791.28	963.21	10. 钢材及钢结构(一般)	

第2页 共14页 21-1表

编制:王雪　　复核:张馨梅

· 209 ·

表 4-47　分项工程预算表(一)

工程名称:临时便道(修建、拆除与维护)　单位:km　数量:0.2　单价:3149350

分项编号:1010101

代号	工料机名称	单位	单价/元	挖掘机挖装素土、石方 2.0 m³ 以内挖掘机挖装素土 1 000 m³ 天然密实方 7.875　1~1~9~9			自卸汽车运土、石方 12 t 以内自卸汽车运土 13 km 1 000 m³ 7.875　1~1~11~7改			土底线 土底线 m³ 7 875.000　7			填方路基 10~12 t 光轮压路机碾压土方 1 000 m³ 7.875　1~1~18~10		
				定额	数量	金额/元	定额	数量	金额/元	定额	数量	金额/元	定额	数量	金额/元
1001001	人工	工日	105.49	3.400	7.875	2 824.49							2.100	7.875	1 744.54
8001030	2.0 m³ 履带式单斗挖掘机	台班	1 457.36	1.470	7.875	16 870.76									
8001058	120 kW 以内平地机	台班	1 153.47										1.470	7.875	13 352.86
8001080	10~12 t 光轮压路机	台班	496.49										2.800	7.875	10 947.60
8007016	12 t 以内自卸汽车	台班	817.37				23.240	7.875	149 590.97						
9999001	定额基价	元	1.00	2 568.160	7.875	20 224.26	19 555.530	7.875	153 999.80	3 406.280	7 875.000	26 824.45	3 406.280	7.875	26 824.45
	直接费	元				19 695.26			149 590.97			76 466.25			26 045.00
	措施费 Ⅰ	元		20 224.261	6.339%	1 282.02	153 999.802	1.414%	2 177.56				26 824.453	6.339%	1 700.40
	措施费 Ⅱ	元		20 224.261	0.521%	105.37	153 999.802	0.154%	237.16				26 824.453	0.521%	139.76
	企业管理费	元		20 224.261	3.777%	763.87	153 999.802	2.344%	3 609.76				26 824.453	3.777%	1 013.16
	规费	元		5 266.852	32.4%	1 706.46	19 306.253	32.4%	6 255.23				6 512.954	32.4%	2 110.20
	利润	元		22 375.512	7.42%	1 660.26	160 024.272	7.42%	11 873.80	76 466.250	7.42%	5 673.80	29 677.776	7.42%	2 202.09
	税金	元		25 213.233	9.0%	2 269.19	173 744.467	9.0%	15 637.00	82 140.044	9.0%	7 392.60	33 210.611	9.0%	2 988.96
	金额合计	元				27 482.43			189 381.47			89 532.65			36 199.56

编制:王雪　　　　　　　　　　　　　　复核:张馨梓

表 4-48 分项工程预算表（二）

编制范围：×××危桥改造工程　　工程名称：临时便道（修建、拆除与维护）　单位：km　数量：0.2　单价：3149350

分项编号：1010101

代号	工、料、机名称	定额单位	单价/元	路面垫层机械辅砂砾（压实）厚度50cm　2-1-1-12改　1000 m²			汽车便道养护路基宽4.5 m　7-1-1-8改　1 km·月　数量1.200			2.0 m³以内挖掘机挖装硬土　1-1-9-9　1000 m³天然密实方　数量8.400			12 t以内自卸汽车运土 汽车运土10 km　1-1-11-7改　1000 m³天然密实方　数量8.400		
	工程项目 工程细目			定额	数量	金额/元	定额	数量	金额/元	定额	数量	金额/元	定额	数量	金额/元
1001001	人工	工日	105.49	1.250	1.050	138.46	1.500	1.200	189.88	3.400	8.400	3 012.79			
5503007	砂砾堆方	m³	115.09	637.500	1.050	77 038.37	10.800	1.200	1 491.57						
5503009	天然级配堆方	m³	115.09												
8001030	2.0 m³履带式单斗挖掘机	台班	1 457.36							1.470	8.400	17 995.48			
8001058	120 kW以内平地机	台班	1 153.47	0.440	1.050	532.90									
8001078	6~8 t光轮压路机	台班	351.40				1.123	1.200	473.55						
8001081	12~15 t光轮压路机	台班	567.90	0.460	1.050	274.30									
8001083	18~21 t光轮压路机	台班	724.91	0.660	1.050	502.36									
8007016	12 t以内自卸汽车	台班	817.37										18.920	8.400	129 902.98
8007043	10 000 L以内洒水汽车 YGJ5170GSSJN	台班	1 082.64	0.540	1.050	613.86									
9999001	定额基价	元	1.00	31 727.021	1.050	33 313.37	1 214.897	1.200	1 457.88	2 568.160	8.400	21 572.54	15 920.423	8.400	133 731.55

编制：王雪　　　　　　　　　　　　　　　　　　　　　　　　　　　复核：张馨祐

表4-49 材料预算单价计算表（一）

建设项目名称：×××危桥改造工程
编制范围：×××危桥改造工程

序号	规格名称	单位	原价/元	供应地点	运输方式、比重及运距/km	运杂费			原价运费合计/元	场外运输损耗		采购及保管费		预算单价/元
						毛质量系数、单位毛质量	运杂费构成说明或计算公式	运费单价/元		费率/%	金额/元	费率/%	金额/元	
226	花岗岩	m³	1 067.960	吉林天岗——工地	汽车,1.0,155.0	1.000 000	(0.48×155.0+2.02×1.0)×1×1	76.420	1 144.38			2.060	23.574	1 167.950
387	矩形标志牌	个	344.830		汽车,1.0,0.0				344.83					344.830
388	圆形标志牌	个	129.310		汽车,1.0,0.0				129.31					129.310
389	路栏	片	517.240		汽车,1.0,0.0				517.24					517.240
390	锥形交通标	个	56.030		汽车,1.0,0.0				56.03					56.030
541	GQF-Z80型伸缩缝	m	1 769.910	辽源市——工地	汽车,1.0,10.0	1.000 000	(0.48×10.0+2.02×1.0)×1×1	8.200	1 778.11			2.060	36.629	1 814.740
738	热熔涂料	kg	3.020	辽源市——工地	汽车,1.0,10.0	0.001 000	(0.67×10.0+2.02×1.0+1.38)×1×0.001	0.010	3.03			2.060	0.062	3.090
739	反光玻璃珠	kg	2.540	辽源市——工地	汽车,1.0,10.0	0.001 000	(0.67×10.0+2.02×1.0+1.38)×1×0.001	0.010	2.55			2.060	0.053	2.600
832	32.5级水泥	t	370.690	辽源金刚水泥厂——工地	汽车,1.0,25.0	1.010 000	(0.48×25.0+2.02×1.0+0.45)×1×1.01	14.610	385.30	1.000	3.853	2.060	8.017	397.170
862	汽油	kg	8.080	当地——工地	汽车,1.0,10.0	0.001 170	(0.67×10.0+1.38)×1×0.001 17	0.010	8.09			3.260	0.264	8.350
862	汽油	kg	8.080	当地——工地	汽车,1.0,10.0	0.001 000	(0.67×10.0+1.38)×1×0.001	0.010	8.09			3.260	0.264	8.350
899	中(粗)砂	m³	70.000	辽宁省西丰县振兴砂场——工地	汽车,1.0,50.0	1.500 000	(0.45×50.0+2.02×1.0)×1×1.5	36.780	106.78	2.500	2.670	2.670	2.922	112.370
2 006	三横梁	t	5 946.910	辽源市——工地	汽车,1.0,10.0	1.000 000	(0.48×10.0+2.02×1.0)×1×1	8.200	5 955.11			2.060	122.675	6 077.790
2001001	HPB300钢筋	t	3 405.170	辽源市——工地	汽车,1.0,10.0	1.000 000	(0.48×10.0+2.02×1.0)×1×1	8.200	3 413.37			0.750	25.600	3 438.970
2001002	HRB400钢筋	t	3 357.760	辽源市——工地	汽车,1.0,10.0	1.000 000	(0.48×10.0+2.02×1.0)×1×1	8.200	3 365.96			0.750	25.245	3 391.200
2001008	钢绞线	t	4 603.450	辽源市——工地	汽车,1.0,10.0	1.000 000	(0.48×10.0+2.02×1.0)×1×1	8.200	4 611.65			0.750	34.587	4 646.240
2001019	钢丝绳	t	6 206.900	辽源市——工地	汽车,1.0,10.0	1.000 000	(0.48×10.0+2.02×1.0)×1×1	8.200	6 215.10			0.750	46.613	6 261.710
2001021	8~12号铁丝	kg	3.620	辽源市——工地	汽车,1.0,10.0	0.001 000	(0.48×10.0+2.02×1.0+1.38)×1×0.001	0.010	3.63			2.060	0.075	3.700

编制：王雪　　复核：张馨菲

表4-50　材料预算单价计算表（二）

建设项目名称：×××危桥改造工程

编制范围：×××危桥改造工程

序号	规格名称	单位	原价/元	供应地点	运输方式、比重及运距/km	运杂费 毛质量系数或单位毛质量	运杂费构成 说明或计算式	单位 运费/元	原价运费合计/元	场外运输损耗 费率/%	场外运输损耗 金额/元	采购及保管费 费率/%	采购及保管费 金额/元	预算单价/元
2001022	20～22号铁丝	kg	3.880	辽源市——工地	汽车,1.0,10.0	0.001 000	(0.48×10.0+2.02×1.0+1.38)×1×0.001	0.010	3.89			2.060	0.080	3.970
2001026	铁丝编织网	m²	18.530	辽源市——工地	汽车,1.0,10.0	0.003 500	(0.48×10.0+2.02×1.0+1.38)×1×0.003 5	0.030	18.56			2.060	0.382	18.940
2003004	型钢	t	3 590.520	辽源市——工地	汽车,1.0,10.0	1.000 000	(0.48×10.0+2.02×1.0+1.38)×1×1	8.200	3 598.72			0.750	26.990	3 625.710
2003005	钢板	t	3 672.410	辽源市——工地	汽车,1.0,10.0	1.000 000	(0.48×10.0+2.02×1.0+1.38)×1×1	8.200	3 680.61			0.750	27.605	3 708.210
2003008	钢管	t	4 551.720	辽源市——工地	汽车,1.0,10.0	1.000 000	(0.48×10.0+2.02×1.0+1.38)×1×1	8.200	4 559.92			0.750	34.199	4 594.120
2003015	钢管立柱	t	6 206.900	辽源市——工地	汽车,1.0,10.0	1.000 000	(0.48×10.0+2.02×1.0+1.38)×1×1	8.200	6 215.10			0.750	46.613	6 261.710
2003020	钢板桩	t	5 862.070	辽源市——工地	汽车,1.0,10.0	1.000 000	(0.48×10.0+2.02×1.0+1.38)×1×1	8.200	5 870.27			0.750	44.027	5 914.300
2003021	钢管桩	t	5 862.070	辽源市——工地	汽车,1.0,10.0	1.000 000	(0.48×10.0+2.02×1.0+1.38)×1×1	8.200	5 870.27			0.750	44.027	5 914.300
2003022	钢护筒	t	6 034.480	辽源市——工地	汽车,1.0,10.0	1.000 000	(0.48×10.0+2.02×1.0+1.38)×1×1	8.200	6 042.68			0.750	45.320	6 088.000
2003025	钢模板	t	5 862.070	辽源市——工地	汽车,1.0,10.0	1.000 000	(0.48×10.0+2.02×1.0+1.38)×1×1	8.200	5 870.27			0.750	44.027	5 914.300
2003026	组合钢模板	t	5 603.450	辽源市——工地	汽车,1.0,10.0	1.000 000	(0.48×10.0+2.02×1.0+1.38)×1×1	8.200	5 611.65			0.750	42.087	5 653.740
2003028	安全爬梯	t	8 076.920	辽源市——工地	汽车,1.0,10.0	1.000 000	(0.48×10.0+2.02×1.0+1.38)×1×1	8.200	8 085.12			0.420	33.958	8 119.080
2003040	铸铁	kg	3.710	辽源市——工地	汽车,1.0,10.0	0.001 000	(0.48×10.0+2.02×1.0+1.38)×1×0.001	0.010	3.72			2.060	0.077	3.800
2003044	铁皮	m²	18.100	辽源市——工地	汽车,1.0,10.0	0.004 320	(0.48×10.0+2.02×1.0+1.38)×1×0.004 32	0.040	18.14			2.060	0.374	18.510
2009002	钢轩	kg	5.430	辽源市——工地	汽车,1.0,10.0	0.001 000	(0.48×10.0+2.02×1.0+1.38)×1×0.001	0.010	5.44			2.060	0.112	5.550
2009003	空心钢轩	kg	6.470	辽源市——工地	汽车,1.0,10.0	0.001 000	(0.48×10.0+2.02×1.0+1.38)×1×0.001	0.010	6.48			2.060	0.133	6.610
2009004	φ50 mm以内合金钻头	个	37.070	辽源市——工地	汽车,1.0,10.0	0.001 100	(0.48×10.0+2.02×1.0+1.38)×1×0.001 1	0.010	37.08			2.060	0.764	37.840

编制：王雪　　复核：张馨祎

表 4-51 施工机械台班单价计算表(一)

建设项目名称:×××危桥改造工程
编制范围:×××危桥改造工程

序号	代号	机械名称	台班单价/元	不变费用/元 定额	调整系数	调整	机械工 105.49元/工日 定额	机械工 费用	重油 2.77元/kg 定额	重油 费用	汽油 8.35元/kg 定额	汽油 费用	柴油 6.98元/kg 定额	柴油 费用	煤 一元/t 定额	煤 费用	电 0.81元/(kW·h) 定额	电 费用	水 一元/m³ 定额	水 费用	木柴 一元/kg 定额	木柴 费用	车船税	合计
1	1227	热熔标线设备	743.95	152.630	1.0	152.63	2.000	210.98			45.430	379.34											1.00	591.32
2	1369	1.5 t 双排座客货车	340.92	68.430	1.0	68.43	1.000	105.49			20.000	167.00												272.49
3	1372	4 t 以内载货汽车	451.50	58.290	1.0	58.29	1.000	105.49			34.280	286.24											1.48	393.21
4	8001002	75 kW 以内履带式推土机	857.34	262.670	1.0	262.67	2.000	210.98					54.970	383.69										594.67
5	8001006	135 kW 以内履带式推土机	1 558.64	658.460	1.0	658.46	2.000	210.98					98.060	684.46									4.74	900.18
6	8001030	2.0 m³ 履带式单斗挖掘机	1 457.36	604.710	1.0	604.71	2.000	210.98					91.930	641.67										852.65
7	8001035	1.0 m³ 履带式单斗挖掘机	1 020.86	358.340	1.0	358.34	2.000	210.98					64.690	451.54										662.52
8	8001037	2.0 m³ 履带式单斗挖掘机	1 597.66	745.010	1.0	745.01	2.000	210.98					91.930	641.67										852.65
9	8001045	1.0 m³ 轮胎式装载机	563.52	114.160	1.0	114.16	1.000	105.49					49.030	342.23									1.64	449.36
10	8001047	2.0 m³ 轮胎式装载机	945.23	188.380	1.0	188.38	1.000	105.49					92.860	648.16									3.20	756.85
11	8001049	3.0 m³ 轮胎式装载机	1 200.16	286.790	1.0	286.79	1.000	105.49					115.150	803.75									4.13	913.37
12	8001058	120 kW 以内平地机	1 153.47	365.130	1.0	365.13	2.000	210.98					82.130	573.27									4.09	788.34
13	8001078	6~8 t 光轮压路机	351.40	111.890	1.0	111.89	1.000	105.49					19.200	134.02										239.51
14	8001080	10~12 t 光轮压路机	496.49	156.470	1.0	156.47	1.000	105.49					33.600	234.53										340.02

可变费用/元

编制:王雪　　复核:张馨梓

表 4-52 施工机械台班单价计算表（二）

建设项目名称：×××危桥改造工程
编制范围：×××危桥改造工程

24 表

序号	代号	机械名称	台班单价/元	不变费用/元 调整系数 1.0 定额	调整	机械工 105.49元/工日 定额	费用	重油 2.77元/kg 定额	费用	汽油 8.35元/kg 定额	费用	柴油 6.98元/t 定额	费用	可变费用/元 煤 一元/t 定额	费用	电 0.81元/(kW·h) 定额	费用	水 一元/m³ 定额	费用	木柴 一元/kg 定额	费用	车船税	合计
15	8001081	12~15 t光轮压路机	567.90	183.210	183.21	1.000	105.49					40.000	279.20										384.69
16	8001083	18~21 t光轮压路机	724.91	206.200	206.20	1.000	105.49					59.200	413.22										518.71
17	8001085	0.6 t手扶式振动压路机	162.35	34.520	34.52	1.000	105.49					3.200	22.34										127.83
18	8001090	20 t以内振动压路机	1 416.33	468.260	468.26	2.000	210.98					105.600	737.09										948.07
19	8003030	1~3 m石屑撒布机	693.49	358.290	358.29	1.000	105.49					32.910	229.71										335.20
20	8003038	4 000 L以内沥青洒布车	590.66	197.330	197.33	1.000	105.49			34.280	286.24											1.60	393.33
21	8003040	8 000 L以内沥青洒布车	813.58	360.290	360.29	1.000	105.49					49.370	344.60									3.20	453.29
22	8003066	9~16 t轮胎式压路机	634.70	294.680	294.68	1.000	105.49					33.600	234.53										340.02
23	8003067	16~20 t轮胎式压路机	745.22	343.780	343.78	1.000	105.49					42.400	295.95										401.44
24	8003079	混凝土电动真空吸水机组	140.66	21.570	21.57	1.000	105.49									16.580	13.60						119.09
25	8003085	电动混凝土切缝机	208.92	87.890	87.89	1.000	105.49									18.950	15.54						121.03
26	8005002	250 L以内强制式混凝土搅拌机	175.44	25.510	25.51	1.000	105.49									54.200	44.44						149.93
27	8005010	400 L以内灰浆搅拌机	136.36	13.230	13.23	1.000	105.49									21.510	17.64						123.13
28	8005031	6 m³以内混凝土搅拌运输车	1 290.46	795.090	795.09	1.000	105.49					55.320	386.13									3.75	495.37

编制：王雪　　　　复核：张馨桔

一、学生自评

【填空题】

1. 公路工程概、预算总金额由_____、_____、_____、_____和_____五部分组成。

2. 在编制概、预算时，应对各分项工程量按_____进行计算。对设计中_____进行核对，对设计文件_____进行补充计算。

3. 编制概预算进行列项时，必须满足_____、_____和_____三个方面的要求。

4. 材料预算单价计算表（22表）是计算各种材料自供应地点或料场至工地的_____与_____及其他费用组成是预算单价。

5. 06表编制时，是根据_____和_____以及有关的政策性文件规定，编制此表。

【判断题】

1. 直接费用包括人工费、材料费和施工机械使用费的总和。 （   ）

2. 建设期贷款利息按照实际贷款数及利率计算。 （   ）

3. 总概、预算表反映一个单项或单位工程的各项费用组成。 （   ）

4. 根据施工组织设计和内业调查资料以及有关的政策性文件进行编制工程建设其他费计算表。 （   ）

5. 概、预算表格的复核工作应由"编制"和"复核"两人同时完成。 （   ）

【思考题】

1. 概、预算各项费用有哪些计算程序及计算方法？

2. 公路工程概、预算文件的编制步骤是什么？

3. 编制公路工程概、预算文件需要注意哪些事项？

4. 编制概、预算文件列项时，需要满足哪些要求？

5. 分析外业查资料及施工方案需要注意哪些事项？

二、学习小组评价

班级：_____   姓名：_____   学号：_____

学习内容	分值	评价内容	得分
基础知识	30	概、预算各项费用的计算程序及方法；概、预算各项费用的计算公式；概、预算文件的编制步骤；概、预算编制时的注意事项；概、预算文件的编制	
应会技能	10	能够明确概、预算各项费用的计算程序及计算方式	
	20	能够正确地计算概、预算的各项费用	
	10	了解编制概、预算时的注意事项	
	20	学会正确地编制概、预算文件	
学习态度	10		
学习小组组长签字：			年 月 日

学习情境五　公路工程施工招标、投标造价的编制

工作任务一　认知公路工程施工招标、投标

【思维导图】

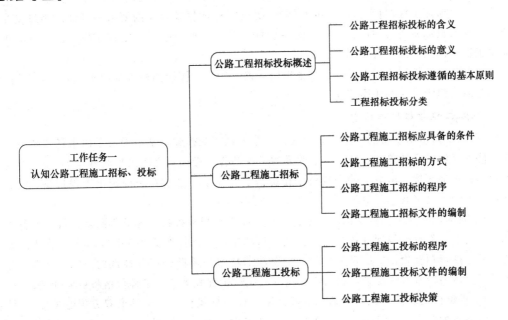

知识目标

(1)了解公路工程招标和投标的含义、基本原则和分类。
(2)理解公路工程施工招标应具备的条件、施工招标的方式。
(3)掌握公路工程施工招标的程序及招标文件的组成。
(4)掌握公路工程施工投标的程序及投标文件的编制步骤。
(5)论述公路工程施工投标决策。

能力目标

(1)能够识别和理解公路工程招标文件中的重要信息，包括技术规范、合同条款等。
(2)具备编制公路工程施工投标文件的能力，包括报价和技术方案的准备。
(3)能够运用造价知识，合理估算公路工程的成本，制订竞争性报价。

素质目标

(1)培养学生的法律意识，了解在招标和投标过程中需要遵守的法律法规。

（2）强调公平竞争和社会责任，以确保招标和投标过程的公正和透明。

（3）培养学生的分析和决策能力，在投标过程中做出明智的选择。

一、公路工程招标投标概述

1. 公路工程招标投标的含义

公路工程招标投标是指建设单位通过招标的方式，将公路工程项目的勘察、设计、施工、材料设备供应、工程监理等业务一次或分次发包，由具有相应资质的投标人参与投标竞争，招标人按照规定的程序和办法择优选择中标人的活动。其目的是通过引入竞争机制，择优选择工程项目的勘察、设计、施工材料设备供应、工程监理等承包服务单位，确保工程质量，合理缩短工期，节约建设投资，提高经济效益，保护国家、社会公共利益和招标投标当事人的合法权益。

公路工程招标是指招标人（或发包人）依法提出招标项目及相应的要求和条件，通过发布招标公告或发出投标邀请书的形式，吸引潜在投标人参加投标，按照法定程序择优选择承办单位完成工程建设任务的法律行为。

公路工程投标是指投标人（承包人）根据所掌握的信息，按照招标人的要求，参与投标竞争，以获得公路工程承包权的法律活动。

2. 公路工程招标投标的意义

（1）形成了由市场定价的价格机制。实行公路工程招标投标，基本形成了由市场定价的价格机制，使工程价格更加趋于合理。其最明显的表现是若干投标人之间出现激烈竞争（相互竞标），这种市场竞争最直接、最集中的表现就是在价格上的竞争。通过竞争确定出工程价格，使其趋于合理或下降，这将有利于节约投资、提高投资效益。

（2）不断降低社会平均劳动消耗水平。实行公路工程招标投标，能够不断降低社会平均劳动消耗水平，使工程价格得到有效控制。在建筑市场中，不同投标人的个别劳动消耗水平是有差异的。通过推行招标投标，最终是那些个别劳动消耗水平最低或接近最低的投标人获胜，这样便实现了生产力资源较优配置，也对不同投标人实行了优胜劣汰，工程价格将更为合理。

（3）工程价格更加符合价值基础。实行公路工程招标投标，便于供求双方更好地相互选择，使工程价格更加符合价值基础，进而更好地控制工程造价。采用招标投标方式可以为供求双方在较大范围内进行相互选择创造条件，为需求者（如建设单位、业主）与供给者（如勘察设计单位、施工单位）在最佳点上结合提供可能。需求者可以选择报价较低、工期较短、具有良好业绩和管理水平的供给者，这样就为合理控制工程造价奠定了基础。

（4）体现公开、公平、公正的原则。实行公路工程招标投标，有利于规范价格行为，使公开、公平、公正的原则得以贯彻。我国招标投标活动有特定的机构进行管理，有严格的程序，有高素质的专家支持系统、工程技术人员的群体评估与决策，能够避免盲目、过度的竞争和营私舞弊现象的发生，对建筑领域中的腐败现象也是强有力的遏制，使价格形成过程变得透明而规范。

（5）能够减少交易费用。实行公路工程招标投标，能够减少交易费用，节省人力、物力、财力，进而使工程造价有所降低。我国目前从招标、投标、开标、评标直至定标，均在统一的公路建设市场中进行，并有较完善的法律、法规规定，已进入制度化操作。在招标投标中，若干投标人在同一时间、地点报价竞争，在专家支持系统的评估下，以群体决策方式确定中标者，这必然减少交易过程的费用，这本身就意味着招标人收益的增加，对工程造价必然产生积极的影响。

3. 公路工程招标投标遵循的基本原则

（1）公开原则。公开原则即信息透明，要求招标投标活动必须具有高度的透明度，招标程序、投标人的资格条件、评标标准、评标方法、中标结果等信息都要公开，使每个投标人都能够及时获得有关信息，从而平等地参与投标竞争，依法维护自身的合法权益。同时，将招标投标活动置于公开透明的环境中，也为当事人和社会各界的监督提供了重要条件。从这个意义上讲，公开是公平、公正的基础和前提。

（2）公平原则。公平原则即机会均等，要求招标人一视同仁地给予所有投标人平等的机会，使其享有同等的权利并履行相应的义务，不歧视或者排斥任何一个投标人。按照公平原则，招标人不得在招标文件中要求或标明特定的生产供应者及含有倾向或排斥潜在投标人的内容，不得以不合理的条件限制或排斥潜在投标人，不得对潜在投标人实行歧视待遇。否则，招标人将承担相应的法律责任。

（3）公正原则。公正原则即程序规范、标准统一，要求所有招标投标活动必须按照规定的时间和程序进行，以尽可能保障招投标各方的合法权益，做到程序公正；招标评标标准应具有唯一性，对所有投标人实行同一标准，确保标准公正。按照公正原则，《中华人民共和国招标投标法》及其配套规定对招标、投标、开标、评标、中标、签订合同等都规定了具体程序和法定时限，明确了废标和否决投标的情形，评标委员会必须按照招标文件事先确定并公布的评标标准和方法进行评审、打分、推荐中标候选人，招标文件中没有规定的标准和方法不得作为评标与中标的依据。

（4）诚实信用原则。诚实信用原则即诚信原则，是民事活动的基本原则之一，是市场经济中诚实信用伦理准则法律化的产物，是以善意真诚、守信不欺、公平合理为内容的强制性法律原则。招投标活动本质上是市场主体的民事活动，必须遵循诚信原则，即要求招投标当事人应以善意的主观心理和诚实守信的态度来行使权利、履行义务，不能故意隐瞒真相或弄虚作假，不能言而无信甚至背信弃义。在追求自身利益的同时不应损害他人利益和社会利益，维持双方的利益平衡及自身利益与社会利益的平衡，遵循平等互利的原则，从而保证交易安全，促使交易实现。

4. 工程招标投标分类

（1）按照工程建设程序，工程招标投标可分为建设项目可行性研究招标投标、工程勘察设计招标投标、材料设备采购招标投标和工程施工招标投标。

1）建设项目可行性研究招标投标，是指对建设项目的可行性研究进行的招标投标。投标方一般为工程咨询企业。中标的承包方要根据招标文件的要求，向发包方提供拟建工程的可行性研究报告，并对其结论的准确性负责。承包方提供的可行性研究报告，应获得发包方的认可。

2）工程勘察设计招标投标，是指根据批准的可行性研究报告，择优选择勘察设计单位的招标投标。中标的承包方根据招标文件的要求，向发包方提供勘察设计成果，并对其负责。

3）材料设备采购招标投标，是指在工程项目初步设计完成后，对建设项目所需的建筑材料和设备采购进行的招标投标。

4）工程施工招标投标，是指用招标投标的方式择优选择施工单位的招标投标活动。施工单位最终须向业主交付按招标文件规定的建筑产品。

（2）按照工程承包的范围，建设工程招标投标可分为工程总承包招标投标、工程分承包招标投标和工程专项承包招标投标。

1）工程总承包招标投标，是指对工程建设项目的全过程或实施阶段的全过程进行的招标投标。对建设项目全过程的招标投标是从项目的可行性研究到交付使用进行的招标投标，其可行性研究、勘察设计、材料设备采购、土建施工、设备安装及调试、生产准备和试运行、交付使用等，均由一个总承包商负责完成，即"交钥匙工程"；实施阶段的全过程招标投标是在设计任务书完成后，从勘察、设计到施工等进行的一次性招标投标。

2)工程分承包招标投标，是指中标的工程总承包人作为其中标范围内的工程任务的招标人，通过招标投标的方式，将其中标的范围内的工程任务，分包给具有相应资质的分承包人，中标的分包人只对招标的总承包人负责。

3)工程专项承包招标投标，是指在工程承包招标投标中，对其中某些比较复杂或专业性较强、施工和制作要求特殊的单项工程进行单独的招标投标。

（3）按照与工程建设相关的行业或专业类别，建设工程招标投标可分为工程咨询招标投标、工程勘察设计招标投标、工程监理招标投标、工程施工招标投标、材料设备采购招标投标、设备安装招标投标和建筑装饰装修招标投标等。

（4）按照工程是否具有涉外因素，建设工程招标投标可分为国内工程招标投标和国际工程招标投标。

二、公路工程施工招标

（一）公路工程施工招标应具备的条件

根据交通运输部颁布的《公路工程建设项目招标投标管理办法》（交通运输部 2015 年第 24 号令）和《公路建设市场管理办法》（交通运输部 2015 年第 11 号令）的规定，结合公路建设项目招标承包实践的要求，公路工程项目在进行施工招标前，应具备以下条件：

（1）初步设计和概算文件已经审批。

（2）工程已正式列入国家或地方公路建设计划，业主已办理项目报建手续。

（3）建设资金和主要建筑材料、设备的来源已经落实。

（4）征地拆迁工作已基本完成或落实，能保证分年度连续施工。

（5）施工图设计已完成或能满足招标（编制招标文件）的需要，并能满足工程开工后连续施工的要求。

（6）已经过建设项目所在地规划部门批准，施工现场的"三通一平"已经完成或一并列入施工招标范围。

施工招标可采用项目的全部工程招标、单位工程招标、特殊专业工程招标等，但按照有关规定，不得对单位工程的分部工程、分项工程进行招标。

重视和充分注意施工招标的基本条件对搞好招标工作特别是保证合同的正常履行是很重要的，否则将严重影响施工的连续性和合同的严肃性，造成大量的施工索赔，甚至给业主自己（国家或社会）造成重大损失。

（二）公路工程施工招标的方式

根据《中华人民共和国招标投标法》的规定，招标方式分为公开招标和邀请招标两种。只有不属于法律规定必须招标的项目，如涉及国家安全、国家秘密、抢险救灾、利用扶贫资金以工代赈，以及低于国家规定必须招标标准的小型工程或投标单位较少的改建、扩建工程，可采用议标或直接委托的方式。

1. 公开招标

公开招标，是指招标人以招标公告的方式邀请不特定的法人或者其他组织投标。公开招标应当发布招标公告。招标公告应当通过国家指定的报刊、信息网络或其他媒体发布。凡具备相应资质符合招标条件的法人或其他组织不受地域和行业限制，均可申请投标。

公开招标是在市场经济条件下广泛采用的招标方式，能给投标人平等竞争的机会，最能体现出平等竞争的原则；同时，招标人可以在较广的范围内选择最有竞争实力的较好的承包单位。

但是对于保密工程、专业性较强的特殊工程和公开招标时费用较大的工程不易采用公开招标。

2. 邀请招标

邀请招标，是指招标人以投标邀请书的方式邀请特定的法人或者其他组织投标。邀请招标是招标人根据自己掌握的资料和信息，预选若干家具备承担招标项目能力、资信良好的法人或其他组织，并发出投标邀请函，将招标工程的概况、工作范围和实施条件等做出简要的说明，请他们参加投标竞争。邀请的对象不应少于3家。被邀请人同意参加投标后，从招标人处获取招标文件，按照招标程序和须知进行投标报价。邀请招标的优点是简化了招标程序，不需要发布公告和设置资格预审程序，节约了招标费用和时间。邀请招标的缺点是由于招标人掌握的资料和信息有限，往往邀请的范围较窄，可能失去了在技术上或报价上最有竞争能力的一些潜在投标人，因此这种竞争具有局限性。

(三)公路工程施工招标的程序

施工招标是建设单位选择施工单位并与其签订合同的过程，而投标是施工单位力争获取施工项目参加竞争的过程，建设单位和施工单位均须遵循招标投标法律和法规的规定进行招投标活动。图 5-1 所示为公开招标程序框图，邀请招标可以参照实行。

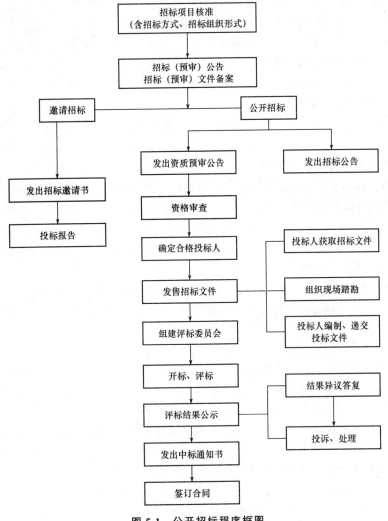

图 5-1 公开招标程序框图

(四)公路工程施工招标文件的编制

1. 公路工程施工招标文件的编制依据和编制原则

(1)编制依据。

1)严格遵守《中华人民共和国招标投标法》《中华人民共和国招标投标法实施条例》《中华人民共和国保险法》《中华人民共和国环境保护法》《中华人民共和国建筑法》《建设工程质量管理条例》等与公路工程建设有关的现行法律法规。

2)严格遵守《公路工程建设项目招标投标管理办法》(交通运输部令2015年第24号)、《公路工程标准施工招标文件》(2018年版)、《公路工程标准施工招标资格预审文件》(2018年版)等与公路工程建设有关的交通行业标准。

(2)编制原则。

1)遵守法律、法规、规章和有关方针、政策的规定,符合有关贷款组织的合法要求。不合法的招标文件是无效的,不受法律保护。

2)真实可靠、完整统一、具体明确、诚实信用。招标文件的内容应当全面系统、完整统一,各部分之间必须力求一致,避免相互矛盾或冲突,招标人或招标代理人对招标文件的真实性负责。招标文件确定的目标和提出的要求必须具体明确,不能发生歧义、模棱两可。

3)适当分标。工程分标是指招标人将准备招标的项目分成几个部分单独招标,即对几个部分(勘察、设计、施工等)编写独立的招标文件进行招标。这几个部分既可以同时招标,也可以分批招标,可以由数家承包商(或供应商)分别承包,也可由一家承包商(或承包商)全部中标。工程分标必须保证工程的完整性和专业性,不允许任意肢解工程,一般不能对单位工程再分部、分项招标以及编制分部、分项招标文件。

4)兼顾招标人和投标人双方利益。招标文件的规定要公平合理,应恰当地将招标人的风险转移给投标人。

2. 公路工程施工招标文件的组成

根据《公路工程标准施工招标文件》(2018年版),公路工程施工招标文件包括以下内容:

(1)招标公告或投标邀请书。对于未进行资格预审项目的公开招标项目,招标文件中应包括招标公告;对于已经进行资格预审的项目和邀请招标的项目,招标文件中应包括投标邀请书(可代替资格预审通过通知书),以明确投标人已具备了在某具体项目某具体标段的投标资格,其他内容包括文件的获取、投标文件的递交等。

(2)投标人须知。投标人须知主要包括对于项目概况的介绍和招标过程中的各种具体要求,在正文中的未尽事宜可以通过投标人须知前附表进一步明确,由招标人根据招标项目具体特点和实际需要编制和填写。

投标人须知包括投标人须知前附表、正文和附表格式等内容。

1)投标人须知前附表。投标人须知前附表的主要作用有两个方面:一是将投标人须知中的关键内容和数据摘要列表,起到强调和提醒的作用,为投标人迅速掌握投标人须知内容提供方便;二是对投标人须知正文中应由前附表明确的内容给予具体约定。

2)总则。总则主要包括项目概况、资金来源和落实情况、招标范围、计划工期和质量要求的描述,对投标人资格要求的规定,对费用承担、保密、语言文字、计量单位等内容的约定,对踏勘现场和投标预备会的要求,以及对分包和偏离问题的处理。

3)招标文件。招标文件主要包括招标文件的构成及澄清与修改的规定。

4)投标文件。投标文件主要包括投标文件的组成、投标报价编制的要求、投标有效期和投标保证金的规定、资格预审资料、是否允许提交备选投标方案，以及对投标文件的编制要求。

5）投标。投标主要包括投标文件的密封和标识、投标文件的递交时间和地点、投标文件的修改和撤回等规定。

6）开标。开标主要包括开标时间、地点和开标程序等规定。

7）评标。评标主要包括评标委员会的组建、评标原则和评标方法等规定。

8）合同授予。合同授予说明拟采用的定标方式、中标通知书的发出时间、要求承包人提交的履约担保和合同的签订时限。

9）重新招标和不再招标。重新招标和不再招标规定了重新招标和不再招标的情况。

10）纪律和监督。纪律和监督主要包括对招标人、投标人、评标委员会、与评标活动有关的工作人员的纪律要求及投诉监督。

11）附表格式。附表格式包括招标活动中需要使用的文件格式，通常有开标记录表、问题澄清通知、中标通知书、中标结果通知书、确认通知书等。

（3）评标办法。评标办法是评标委员会的评标专家在评标过程中对所有投标文件的评审依据，评标办法主要包括评标方法的选择、评审因素和标准的确定以及评标程序的确定三方面内容。

1）评标方法。评标方法一般包括经评审的最低投标价法和综合评估法。

2）评审因素和标准。招标文件应针对初步评审和详细评审分别制定相应的评审因素和标准。

3）评标程序。评标工作一般包括初步评审、详细评审、投标文件的澄清和补正及评标结果等具体程序。

（4）合同条款及格式。《公路工程标准施工招标文件》（2018 版）的通用合同条款包括一般约定，发包人义务，监理人，承包人，材料和工程设备，施工设备和临时设施，交通运输，测量放线，施工安全、治安保卫和环境保护，进度计划，开工和竣工，暂停施工，工程质量，试验和检验，变更，价格调整，计量与支付，竣工验收，缺陷责任与保修责任，保险，不可抗力，违约，索赔，争议的解决。

合同附件格式包括合同协议书、履约担保格式、预付款担保格式等。

（5）工程量清单。招标工程量清单是指招标人依据相关规范标准、招标文件、设计文件以及施工现场实际情况，对招标工程的全部项目，按统一的工程量计算规则、项目划分和计量单位计算出的工程数量列出的表格。其包括工程量清单封面、总说明，分部分项工程量清单，措施项目清单，其他项目清单，规费、税金清单。

招标文件中的工程量清单标明的工程量是招标人编制招标控制价和投标人投标报价的共同基础，是工程量清单编制人按施工图图示尺寸和工程量清单计算规则计算得到的工程净量。但该工程量不能作为承包人在履行合同义务中应予完成的实际和准确的工程量，发承包双方进行工程竣工结算时的工程量应按发承包双方在合同中约定应予计量且实际完成的工程量确定。

（6）图纸。图纸是指应由招标人提供的用于计算招标控制价和投标人计算投标标价所必需的各种详细程度的图纸。图纸是合同文件的重要组成部分，是具有合同约束力的文件资料，是编制工程量清单及投标报价的重要依据，也是进行施工及验收的依据。

（7）技术标准和要求。技术标准和要求也是构成合同文件的组成部分。技术标准的内容主要包括各项工艺指标、施工要求、材料检验标准，以及各分部、分项工程施工成型后的检验手段和验收标准等内容。

(8)投标文件格式。投标文件格式是由招标人在招标文件中提供的，其主要作用是为投标人编制投标文件提供固定的格式和编排顺序，以规范投标文件的编制，同时便于评标委员会评标。

三、公路工程施工投标

(一)公路工程施工投标的程序

公路工程施工投标的程序是指投标人在投标活动中从成立投标小组到正式递交投标文件参加开标会议的整个程序。投标既是一项严肃认真的工作，又是一项决策工作，需要周密思考、统筹安排，并且满足招标文件的各项要求，遵守有关法律法规的规定，按照一定的程序进行，只有这样才能保证招标的公正合理性与中标的可能性。公路工程施工投标程序如图5-2所示。

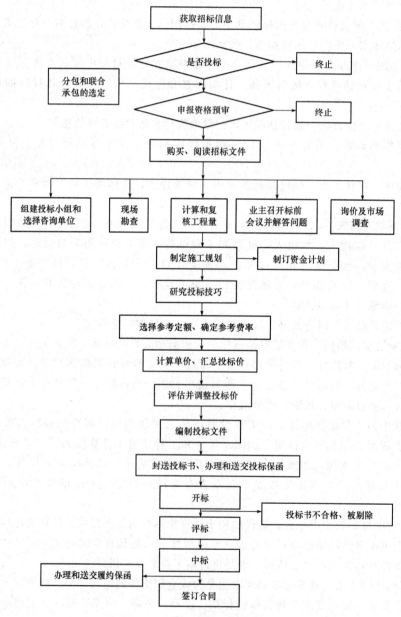

图 5-2 公路工程施工投标程序

(二)公路工程施工投标文件的编制

投标文件的编制是衡量一个企业的整体水平，包括企业的管理水平及企业发展能力的标志。投标人在开标前可能做了大量的工作，但最终投标人对招标的所有响应都是通过投标文件进行的。所以，投标人应对投标文件给予足够的重视，力求递交的是一份内容上完整、实质上响应、价格上有竞争力的投标文件。

1. 公路工程施工投标文件的组成

(1)投标函及投标函附录。投标函及投标函附录是投标文件的重要组成部分，投标人应按照格式文本如实填写。投标函的内容包括投标报价、工期、履约担保、投标担保等。投标函附录的内容包括投标人对开工日期、履约保证金、违约金等的具体承诺。

(2)法定代表人身份证明及授权委托书。法定代表人身份证明包括投标人名称，单位性质，单位地址，成立时间，经营期限，法定代表人的姓名、性别、年龄、职务等内容。授权委托书是投标单位法定代表人委托代理人处理有关招标项目事宜的委托书，应如实填写。

(3)联合体协议书。联合体投标是指两个以上法人或者其他组织组成一个联合体，以一个投标人的身份共同投标的行为。如果进行联合体投标，应签订联合体协议书。

(4)投标保证金。投标保证金是指投标人按照招标文件的要求向招标人出具的，以一定金额表示的投标责任担保。投标保证金的形式有现金、支票、汇票和银行保函。

(5)已标价的工程量清单。已标价的工程量清单应按《公路工程工程量清单计价规范》和招标单位编制的招标项目工程量清单进行编制，主要包括封面、总说明、工程项目投标报价汇总表、单项工程投标报价汇总表、单位工程投标报价汇总表、分部分项工程量清单计价表、工程量清单综合单价分析表、措施项目清单计价表、其他项目清单计价汇总表、规费、税金项目清单计价表。

(6)施工组织设计。施工组织设计是指导拟建工程施工全过程各项活动的技术、经济和组织的综合性文件，主要包含在技术标中，是投标文件的重要组成部分。投标人应结合招标项目特点、难点和需求，研究项目技术方案，并根据招标文件统一格式和要求编写。

(7)项目管理机构。项目管理机构的配备应根据工程规模大小和现场管理的需要确定，一般包括项目经理简历表、项目技术负责人简历表、项目管理班子配备情况辅助说明资料等。

(8)拟分包项目情况表。如有分包工程，投标人应说明工程的内容、分包人的资质及以往类似工程的业绩等，按规定格式如实填表。如果不分包，则在规定的表格内填写"无"。

(9)资格审查资料。资格审查资料包括投标人基本情况表、近年财务状况表、近年完成的类似项目情况表、正在施工和新承接的项目情况表、近年发生的诉讼及仲裁情况等内容。

(10)其他材料。其他材料包括投标人的营业执照、资质证书、近年获得的荣誉与奖励情况等。

2. 公路工程施工投标文件编制的步骤

(1)熟悉招标文件、图纸及资料。

(2)调查和了解人工、材料、机械设备的价格情况。

(3)收集现行定额标准、取费标准以及各类标准图集。

(4)复核清单中的工程量，计算施工工程量。

(5)根据招标文件和图纸研究情况、现场调查情况选择施工方案，编制施工组织设计。

(6)计算投标报价，并运用投标报价技巧及策略做出报价决策。

(7)填写各种投标表格，形成投标文件。

(8)投标文件的复核、装订、成册、签字、盖章及密封。

(三)公路工程施工投标决策

施工投标是施工企业为争取获得承包工程的竞争活动，是企业在公路建设市场竞争中承接任务的一种经营手段。但不是每标必投，必须根据市场行情和企业自身的实际情况进行决策。投标决策主要应针对具体项目分析研究做出是否投标的决定，而掌握信息和分析信息是决策的基础。

1. 信息的收集

信息在整个投标活动中占有举足轻重的地位，谁最先掌握全面准确的信息，谁就掌握了投标的主动权。投标信息内容包括来自企业内外的与投标有关的一切经济、技术和社会方面等信息，有条件的施工企业，应组织好信息网，通过各种渠道搜集有关项目信息及招标资料，为选择项目、决策投标提供可靠的依据。

(1)对信息的要求。对于信息的要求，可以归纳为"快、全、准、用"四个字。快，即迅速及时；全，即全面系统；准，即准确可靠；用，即便于利用。

(2)需要收集和掌握的信息内容。

1)当地建筑市场信息及投标建设项目的工程情况，如项目规模、资金来源、招标单位、名称、招标时间、项目是否列入国家计划等市场信息。

2)当地的法律、法规和风俗习惯。

3)当地劳动力、建筑材料和机械设备的供应情况和价格信息。

4)材料与施工技术发展动态。如招标项目有无新结构、新技术和新材料，需要采购的新设备和新工艺等情况。

5)招标单位的倾向性和困难。如招标单位倾向让哪个或哪类层次施工单位来承包工程，招标单位有投资不足、材料供应困难等。

6)各竞争对手的基本情况。有多少单位参加投标，每个标段各有几个单位投标，他们的名称、资质、技术水平高低、装备能力、管理水平、队伍作风、是否急于想中标、投标报价动向、与业主之间的人际关系等。

7)设计及其他协作单位的情况。

8)类似工程的施工方案、报价、工期等。本企业是否承担过类似的工程，其报价、施工方案、施工工期等情况。

9)本企业内部今年和明年任务是否饱满，是否有力量投入新的投标项目。

10)本企业欲完成本项目投标工程和同类已完工程的技术经济指标，如形象进度，成本降低率，单位面积人工、材料耗用定额和造价，劳动定额执行情况等。

11)企业为本投标项目购置新设备、采用新技术的可能性。

2. 投标决策——选择投标项目应考虑的因素

正确地选择投标项目，是企业的经营决策大事，直接影响到中标后企业的利益、生存和发展。选择投标项目时应考虑的因素大致有以下几个方面：

(1)项目的可行性与可能性。选择的投标项目是否可取，首先要从本企业的实际情况出发，实事求是，量力而行。应以保证均衡施工和连续施工为前提，防止铺摊太多，不能确保重点。

同时，根据本企业的施工力量、机械设备、技术力量、施工经验等方面的条件，考虑招标项目是否具有一定的利润，本企业能否保证工期和质量要求。其次要着重考虑能否发挥本企业的特点和特长、技术优势和装备优势，做到扬长避短，选择适合于发挥本企业优势的项目，避开本企业缺乏经验的项目。再次，要根据竞争对手的技术经济情报和市场投标报价动向，考虑这个项目是否有一定竞争取胜的把握和机会。反之，不宜进行勉强投标，更不宜陪标，以免有损企业的声誉，因而影响未来的投标机会。

(2)项目的可靠性。首先是充分了解建设项目是否已经正式批准，资金来源是否可靠，主要材料和设备供应是否落实，设计文件完成的情况等；其次是认真研究业主的资信条件及合同条件有无重大风险性等，以避免参加不可靠的项目竞争，造成不应有的损失。

(3)利润的测算。承包企业在确定投标前，除必须弄清楚招标文件内容和要求外，尚须研究项目中标后可获得的利润程度，通过工程技术和经济效益的分析，测算出工程中标后可获得的利润金额。

(4)本企业的近期利润目标和远期利润目标。施工企业只有建立起本企业的目标管理标准，制订出本企业的近期利润目标和远期利润目标，才能明确投标竞争的战略战术。不同时期，不同的竞争环境，企业可制定不同的近期和远期利润目标。因而在面临许多招标项目时，就可以很容易作出选择，得出参加投标的决策。

(5)本企业工人和技术人员的操作水平是否达到招标项目的要求。

(6)本企业投入招标项目所需机械设备的可能性。

(7)是否拥有符合项目要求的施工设计能力(有些工程要进行施工设计)。

(8)是否具有同类型工程的施工经验和管理经验。

(9)战胜竞争对手的可能性。

(10)是否有足够的资金为本工程新购器材、设备，新购器材、设备的交货时间是否满足项目的要求。

(11)中标承包后对本企业在该地区的影响。

(12)流动资金周转的可能性。

3. 应放弃的投标项目

一般情况下，下列招标项目应该放弃：

(1)本企业主营和兼营能力之外的项目。

(2)工程规模、技术要求远远超过本企业所能完成的规模等级和技术能力的项目。

(3)本企业的等级、信誉、能力、经验等明显不如竞争对手的项目。

(4)建设单位的工作态度不利于本企业承包的项目。

(5)本企业生产任务饱满，而招标项目的工程量不大，可能获得的盈利水平不高，并且风险较大的项目。

(6)建设单位在资金和主要材料方面不落实；而本企业又无资金和材料垫支的项目。

对于以上项目，了解清楚后应予放弃。

在确定投标项目后，即可按要求参加投标单位的资格预审，取得投标资格。

一、学生自评

【填空题】

1. 公路工程施工招标方式分为＿＿＿＿＿＿和＿＿＿＿＿＿两种。

2. 公路工程招标投标应遵循的基本原则有＿＿＿＿＿＿、＿＿＿＿＿＿、＿＿＿＿＿＿和＿＿＿＿＿＿。

3. 评标办法主要包括＿＿＿＿＿＿、＿＿＿＿＿＿以及＿＿＿＿＿＿三方面内容。

4. 投标保证金的形式有＿＿＿＿＿＿、＿＿＿＿＿＿、＿＿＿＿＿＿和＿＿＿＿＿＿。

5. 选择投标项目需考虑企业的＿＿＿＿＿＿和＿＿＿＿＿＿。

6. 公开招标的公告应当通过＿＿＿＿＿＿、＿＿＿＿＿＿和＿＿＿＿＿＿发布。

【判断题】

1. 工程施工招标之前，建设资金必须落实。主要建筑材料、设备的来源可以在施工过程中陆续确定。 （　　）

2. 招标可以通过秘密招标的方式进行。 （　　）

3. 涉及国家安全、国家秘密的工程可以采用议标或直接委托的方式进行。 （　　）

4. 投标机构由经理或业务经理决定施工组织设计方案等技术问题。 （　　）

5. 工程规模、技术要求远远超过本企业所能完成的规模等级和技术能力的项目应放弃投标。 （　　）

6. 建设单位的工作态度不利于本企业承包的项目应放弃投标。 （　　）

【思考题】

1. 公路工程施工招标有哪些条件？

2. 公路工程施工项目招标有哪几种方式？

3. 公路工程施工招标文件由哪几部分组成？

4. 公路工程施工招标有哪些程序？

5. 公路工程施工投标有哪些程序？

6. 公路工程投标决策有哪几方面？

二、学习小组评价

班级：＿＿＿＿＿＿　　　　姓名：＿＿＿＿＿＿　　　　学号：＿＿＿＿＿＿

学习内容	分值	评价内容	得分
基础知识	30	公路工程施工招标应具备的条件、施工项目招标的方式；公路工程施工招标文件组成；公路工程施工招标的程序；公路工程施工投标的程序；公路工程施工投标文件的编制步骤；公路工程投标决策	
应会技能	10	能够明确公路工程施工招标应具备的条件	
	20	掌握公路工程施工投标文件的编制过程	
	10	通过投标决策的分析，能对建设项目是否投标做出初步的决定	
	20	在掌握公路工程招标与投标程序内容的基础上，能够正确进行公路工程招标投标	
学习态度	10		
学习小组组长签字：			年　月　日

工作任务二 公路工程施工招标造价的编制

【思维导图】

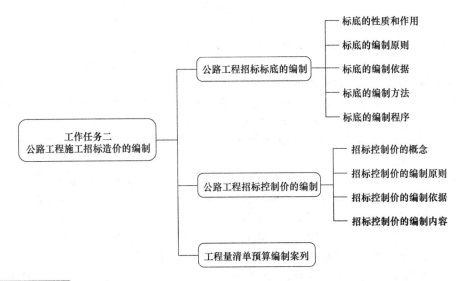

知识目标

(1)描述标底和招标控制价的含义。

(2)叙述标底的作用及编制原则。

(3)掌握标底编制的方法和程序。

(4)描述招标控制价的编制原则及依据。

(5)掌握招标控制价的编制内容。

能力目标

(1)能够独立或协作编制公路工程招标标底,确保标底的准确性和合理性。

(2)具备制订公路工程招标控制价的能力,综合考虑各项成本因素。

(3)能够应用工程量清单预算编制案例,进行实际项目的造价估算和预算制订。

素质目标

(1)培养学生的分析问题和解决问题的能力,提高公路工程造价和招标方面的实践能力。

(2)培养学生的责任意识和道德意识,确保在招标过程中遵守相关法规和伦理准则,维护工程的公平性和诚信性。

(3)培养学生的创新思维,在招标文件的编制过程中寻求有效的方法和解决方案,推动行业的发展与进步。

一、公路工程招标标底的编制

根据《中华人民共和国招标投标法实施条例》的规定,招标人可以自行决定是否编制标底,一个招标项目只能有一个标底,且标底必须保密。

1. 标底的性质和作用

(1)标底的性质。标底是指招标人根据招标项目的具体情况，依据国家统一的工程量计算规则、计价依据和计价办法计算出来的工程造价，是公路建筑产品在建设市场交易中的一种预期价格。招标项目设有标底的，应根据批准的初步设计、投资概算，依据有关计价办法，参照有关工程定额，结合市场供求状况，综合考虑投资、工期和质量与实际变化相吻合，要有利于开展竞争和保证工程质量，使承包商有利可图。标底中的市场价格可参考有关建设工程价格信息服务机构向社会发布的价格行情。

在建设工程招标投标活动中，标底的编制是工程招标中重要的环节之一，是评标、定标的重要参考，且工作时间紧、保密性强，是一项比较繁重的工作。标底的编制一般由招标单位委托由住房城乡建设主管部门批准的具有与建设工程相应造价资质的中介机构代理编制，标底应客观、公正地反映建设工程的预期价格，也是招标单位掌握工程造价的重要依据，使标底在招标过程中显示其重要的作用。因此，标底编制的合理性、准确性将直接影响工程造价。

(2)标底的作用。标底是招标工程的预期价格，能反映出拟建工程的资金额度，以明确招标单位在财务上应承担的义务。

按规定，我国国内工程施工招标的标底，应在批准的工程概算或修正概算以内，招标单位用它来控制工程造价，并以此为尺度来参考投标人的报价是否合理，但不能以是否接近标底作为投标人的加分或减分项。中标都要按照报价签订合同。这样，业主就能掌握控制造价的主动权。标底的使用可以相对降低工程造价；标底是衡量投标单位报价的准绳，有了标底，才能正确判断投标报价的合理性和可靠性；标底是评标、定标的重要依据。

科学合理的标底能为业主在评标、定标时正确选择出标价合理、保证质量、工期适当、企业信誉良好的施工企业。招投标体现了优胜劣汰、公开公平的竞争机制。一份好的标底，应该从实际出发，体现科学性和合理性，把中标的机会摆在众多企业的面前，使之可以凭借各自的人员技术、管理、设备等方面的优势，参与竞标，最大限度地获取合法利润。而业主也可以得到优质服务，节约基建投资。可见，编制好标底是控制工程造价的重要基础工作。

2. 标底的编制原则

在编制标底的过程中，应遵循以下原则：

(1)根据设计图纸及有关资料、工程招标文件，参照国家、行业、地方标准发布的定额、技术标准规范确定工程量和编制标底。

(2)标底作为招标人的期望价格，应力求与市场的实际变化吻合，要有利于竞争和保证工程质量。

(3)标底价格应由成本、利润、税金组成。一般应控制在批准的总概算(或修正概算)价格以内。

(4)标底价格应考虑人工、材料、机械台班等价格变动因素，还应包括施工不可预见费、包干费和措施费等。

(5)一个工程只能编制一个标底。

(6)工程标底价格完成后应及时封存，在开标前应严格保密，不得泄露。

3. 标底的编制依据

标底编制的依据主要有以下六个方面。

(1)招标文件。标底作为衡量和评审投标价的尺度，要将招标文件作为编制标底必须遵守的主要依据。另外，对于招标期间业主发出的修改书和标前会的问题解答，也是招标文件的一部分，同样是标底编制的依据。

(2)概、预算定额。概、预算定额是国家各专业部委或各地区根据专业和地区的特点，对本专业或本地区的建筑安装工程按照合理的施工组织和一般正常的施工条件编制的专业或地区的统一定额，是一种具有法定性的指标。标底要起到控制投资额和作为招标工程的预期价格，就应该按颁布的现行概、预算定额来编制。标底和投标报价编制的不同点之一，就是投标人可根据自己企业的技术措施、管理水平、企业定额或以往的工作经验来编制报价书，而不受国家规定计价依据的约束，而标底则必须根据国家规定的计价依据编制。

（3）费用定额。费用定额也是编制标底的依据。编制标底时，费用定额的项目和费率的取定可根据招标工程的工程规模、招标方式、招标文件的有关规定以及参加投标的各施工企业的情况而定，但其基本费率的取费依据是费用定额。

（4）工、料、机价格。工、料、机价格是计算直接费的主要依据。人工工资应按国家规定的计价依据和当地规定的有关工资标准（如工资性津贴）计算；材料应按编制概、预算时材料预算价格调查的原则进行实地调查和计算，特别要核实路基土石方的取土坑、废土堆场和运输条件，砂、石料的料场的位置、储量、开采量、质量、运输条件和料场价格，当地电力、汽油、柴油、煤等的价格；机械价格应按交通运输部颁布的《公路工程机械台班费用定额》（JTG/T 3833—2018）确定。

（5）初步设计文件或施工图设计文件。经上级主管部门或有关方面审查批准的初步设计和概算文件或施工图设计和预算文件，也是标底编制的主要依据。

（6）施工组织方案。具备完善的施工组织方案或施工组织设计，才能编制较好标底。标底的许多方面都与施工组织方案有关，如临时工程的数量，路基、路面采用的施工机械，钻孔桩的钻机型号，架梁方案等。

4. 标底的编制方法

目前我国建设工程标底的编制，主要采用定额计价法和工程量清单计价法两种。

（1）定额计价法。定额计价法，也称工料单价法，是指根据招标文件，按照省级建设行政主管部门发布的建设工程计价定额中的工程量计算规则，同时参照省级建设行政主管部门发布的人工工日单价、机械台班单价、材料和设备价格信息以及同期市场价格，计算出人工费、材料费、施工机具使用费，然后依次计算企业管理费、利润、规费和税金，最后汇总得出建筑工程标底的方法。

（2）工程量清单计价法。工程量清单计价法也称综合单价法，是指招标人按照国家统一的《建设工程工程量清单计价规范》（GB 50500—2013）、《公路工程工程量清单计价规范》计算出工程量清单，然后依据工程量清单计算所需的包括分部分项工程费、措施项目费、其他项目费、规费和税金在内的全部费用。其中，综合单价包括人工费、材料费、施工机具使用费、企业管理费和利润以及一定范围的风险费用。

5. 标底的编制程序

（1）准备工作。

1）熟悉招标图纸和说明。标底编制前，应仔细阅读招标图纸和说明，如发现图纸、说明和技术规范有矛盾或不符、不够明确的地方，应要求招标文件编制单位给予交底或澄清。

2）熟悉招标文件内容。对投标须知、合同条款、工程量清单和辅助资料表中与报价有关的内容要搞清楚，对业主"三通一平"的提供程度、价格调整的有关规定、预付款额度、工程质量和工期要求等都要明确。

3）考察工程现场。对工程施工现场条件和周围环境进行实地考察，以作为考虑施工方案、工程特殊技术措施费和临时工程设置等的依据。

4）进行材料价格调查。掌握当地材料、设备的实际市场价格，砂、石等地方材料的料场价、运距、运费和料源等也要调查收集。

（2）工程量计算。

1）复核工程量清单。首先要弄清楚工程量清单中工程数量的范围，应根据图纸和技术规范中计量支付的规定计算复核工程数量，如与工程量清单有出入，必须弄清楚出入的原因。

2）按定额计算工程量。以工程量清单的每一个细目作为一个项目，根据图纸和施工组织方案，考虑其由几个定额子目组成，并计算这几个定额项目的工程量。

（3）确定工、料、机单价。根据准备工作中收集到的资料，计算和确定人工、材料、机械台班单价。

（4）计算综合费费率。综合费费率由措施费、企业管理费、规费等组成，要根据招标文件中有关条款和工程的自然条件、施工条件、工程分类等具体情况以及《编制办法》的有关规定计算其综合费率。

（5）计算工程项目总金额。按《编制办法》计算各工程项目的总金额，也就是编制一个完整的概、预算。

（6）编制标底单价。根据工程量清单各工程细目所包含的工作内容及相应的计量与支付办法，在概、预算工作的基础上，对"分项工程概（预）算表"（21-2表）中的分项工程进行适当合并、分解或用其他技术处理，然后按综合费率再增加税金、包干费等项目后确定出各工程细目的标底单价。也可直接利用标底03表，在增加包干费等项目后算出每项的合计金额除以该项工程量则得出单价。以上表格请参照《公路工程标准施工招标文件》（2018年版）。

（7）计算标底总金额。按工程量清单计算各章金额，其中100章总则中的保险费、临时工程与设施费、工程管理费、承包人驻地建设费等按实际费用计算列入，其余各章按工程量清单中的数量乘以计算得出的单价计算，然后计算工程量清单汇总表，得出标底总金额。

（8）编写标底说明。计算出标底总金额后，应写出标底编制说明。编制说明的内容与概、预算编制说明差不多，主要涉及编制依据、费率取定、问题说明等有关内容。最后将编制说明、标价的工程量清单、人工和主要材料数量汇总表等合订在一起，就完成一份完整的标底文件。

二、公路工程招标控制价的编制

根据《中华人民共和国招标投标法实施条例》（2019年修订）的规定，招标人设有最高投标限价（招标控制价）的，应当在招标文件中明确最高投标限价或最高投标限价的计算方法，招标人不得规定最低投标限价。

1. 招标控制价的概念

《建设工程工程量清单计价规范》（GB 50500—2013）中给出了招标控制价的概念，招标控制价是指招标人根据国家或省级、行业建设主管部门颁发的有关计价依据和办法，以及拟定的招标文件和招标工程量清单，结合工程具体情况编制的招标工程的最高投标限价，也可称为拦标价、预算控制价等。在《建设工程工程量清单计价规范》（GB 50500—2013）中，为了避免与《中华人民共和国招标投标法》（2017修正）关于标底必须保密的规定相违背，采用了"招标控制价"这一概念。

2. 招标控制价的编制原则

（1）国有资金投资的工程建设项目应实行工程量清单招标，招标人必须编制招标控制价。若投标人的投标报价超过公布的招标控制价，则其投标作为废标处理。

（2）招标控制价应由具有编制能力的招标人或受其委托具有相应资质的工程造价咨询人员编制和复核。工程造价咨询人接受招标人委托编制招标控制价的，不得再就同一工程接受投标人委托编制投标报价。

（3）招标人应在发布招标文件时公布招标控制价。同时，招标人应将招标控制价及有关资料报送工程所在地或有该工程管辖权的行业管理部门的工程造价管理机构备查。

（4）招标人不得对所编制的招标控制价进行上浮或下调。在公布招标控制价时，除公布招标控制价的总价外，还应公布各单位工程的分部分项工程费、措施项目费、其他项目费、规费和税金等。

（5）招标控制价超过批准的设计概算时，招标人应将其报原概算审批部门审核。这是由于我国对国有资金投资项目的投资控制实行的是设计概算审批制度，国有资金投资的工程的招标控制价原则上不能超过批准的设计概算。

（6）投标人经复核认为招标人公布的招标控制价未按照《建设工程工程量清单计价规范》（GB 50500—2013）的规定进行编制的，应在招标控制价公布后5天内向招标投标监督机构和工程造价管理机构投诉。工程造价管理机构受理投诉后，应立即对招标控制价进行复查，组织投诉人、被投诉人或其委托的招标控制价编制人等单位人员对投诉问题逐一核对。当招标控制价复查结论与原公布的招标控制价误差大于±3％时，应责成招标人改正。当重新公布招标控制价时，若自重新公布之日起至原投标截止期不足15天，应延长投标截止期。

3. 招标控制价的编制依据

（1）《建设工程工程量清单计价规范》（GB 50500—2013）。

（2）国家或省级、行业住房城乡建设主管部门颁发的计价定额和计价方法。

（3）建设工程设计文件及相关资料。

（4）拟定的招标文件及招标工程量清单。

（5）与建设项目相关的标准、规范、技术资料。

（6）施工现场情况、工程特点及常规施工方案。

（7）工程造价管理机构发布的工程造价信息；工程造价信息没有发布的参照市场价。

（8）其他相关资料。

4. 招标控制价的编制内容

招标控制价的编制内容包括分部分项工程费、措施项目费、其他项目费、规费和税金。

（1）分部分项工程费。分部分项工程费应根据招标文件中的分部分项工程量清单项目的特征描述及有关要求，按规定确定的综合单价计算。综合单价应根据招标文件中的分部分项工程量清单的特征描述及有关要求、行业建设主管部门颁发的计价定额和计价办法等编制依据进行编制。综合单价中应包括招标文件中要求投标人承担的风险费用。

（2）措施项目费。措施项目中的单价项目，应根据拟定的招标文件和招标工程量清单项目中的描述特征及有关要求确定综合单价计算；措施项目中的总价项目应根据拟定的招标文件和常规施工方案按《建设工程工程量清单计价规范》（GB 50500—2013）中的有关规定计价。措施项目费中的安全文明施工费应当按照国家或省级、行业建设主管部门的规定标准计价。

（3）其他项目费。其他项目费包括暂列金额、暂估价、计日工、总承包服务费。暂列金额由招标人根据工程特点按有关计价规定进行估算确定，一般可以分部分项工程项目清单的10％～15％作为参考；暂估价中的材料单价应按照工程造价管理机构发布的工程造价信息或参考市场价格确定，专业工程暂估价应分不同专业，按有关计价规定估算；计日工应根据工程特点，按照招标工程量清单中列出的项目和有关计价依据计算；总承包服务费应按照省级或行业建设主管部门的规定，根据招标文件中列出的内容及要求计算。

（4）规费和税金。招标控制价的规费和税金必须按国家或省级、行业建设主管部门的规定计算。

三、工程量清单预算编制案例

某桥梁工程，根据项目招标文件和《公路工程标准施工招标文件》（2018年版），编制工程量清单预算，见表 5-1～表 5-26。

表 5-1　总预算表（一）

建设项目名称：×××桥

编制范围：×××桥

分项编号	工程或费用名称	单位	数量	金额/元	技术经济指标	各项费用比例/%	备注
1	第100章至第700章合计			2 076 560		98.04	
101	第100章　总　则			212 126		10.01	
101—1	通则			9 701		0.46	
	保险费			9 701		0.46	
一a	按合同条款规定，提供建筑工程一切险	总额		6 201		0.29	
一b	按合同条款规定，提供第三者责任险	总额		3 500		0.17	
102	工程管理			34 145		1.61	
102—1	竣工文件	总额		1 800		0.08	
102—2	施工环保费	总额		1 800		0.08	
102—3	安全生产费	总额		30 545		1.44	
102—4	信息化系统（暂估价）	总额					
102—5	新设备、新材料、新工艺定额测定费用（暂估价）	总额					
103	临时工程与设施			73 926		3.49	
103—1	临时道路维修建、养护与拆除（包括原道路的养护）	总额		65 732		3.10	
103—2	临时占地	总额					
103—3	临时供电设施架设、维护与拆除	总额					
103—4	电信设施的提供、维修与拆除	总额					
103—5	临时供水与排污设施	总额					
103—6	临时交通工程			8 194		0.39	
一a	施工标志牌	套	2	1 868	933.96	0.09	
一b	锥形标	个	50	1 892	37.83	0.09	
一c	彩色呢绒绳	m	500	4 435	8.87	0.21	
104	承包人驻地建设			94 354		4.45	
104—1	承包人驻地建设	总额		94 354		4.45	
	第 200 章　路　基			608 249		28.72	

编制：张馨祎　　　　　　复核：任翠茹

表 5-2 总预算表（二）

建设项目名称：×××桥

编制范围：×××桥

分项编号	工程或费用名称	单位	数量	金额/元	技术经济指标	各项费用比例/%	备注
202	场地清理			120 787		5.70	
202—1	清理与掘除			303		0.01	
—a	清理现场			303		0.01	
—a—1	清理表土	m³	61	303	4.96	0.01	
202—2	挖除旧路面			17 433		0.82	
—a	水泥混凝土路面	m³	68.4	13 912	203.39	0.66	
—d	稳定土基层	m³	77.52	2 205	28.45	0.10	
—f	垫层及土基	m³	86.84	1 316	15.15	0.06	
	拆除结构物			103 051		4.87	
202—3	钢筋混凝土结构	m³	220	79 215	360.07	3.74	
—a	砖、石及其他砌体结构	m³	330	23 836	72.23	1.13	
—c	挖方路基			30 393		1.43	
203	路基挖方			30 393		1.43	
203—1	挖土方	m³	24	78	3.25	0.00	
—a	挖淤泥	m³	1 500	30 315	20.21	1.43	
—d	填方路基			206 898		9.77	
204	路基填筑（包括填前压实）			206 898		9.77	
204—1	借土填方	m³	138	11 573	83.86	0.55	
—d	结构物台背回填			63 388		2.99	
—h	砂砾	m³	549	63 388	115.46	2.99	
—h—1	锥坡及台前溜坡填土	m³	1 115	131 938	118.33	6.23	
—i	坡面排水			16 087		0.76	
207	踏步			16 087		0.76	
207—11	C25 混凝土	m³	20.8	16 087	773.41	0.76	
—a	导流设施（护岸墙、顺坝、丁坝、调水坝、锥坡）			234 085		11.05	
215—1							

编制：张馨祎　　　　　　　　　　　　　　　　　　　　　　　　　　　　　　复核：任翠茹

· 235 ·

表 5-3　人工、主要材料、施工机械台班数量汇总表(一)

建设项目名称:×××桥
编制范围:×××桥

代号	规格名称	单位	单价/元	总数量	分项统计						场外运输损耗	
					第100章 总则	第200章 路基	第300章 路面	第400章 桥梁、涵洞	第600章 安全设施及预埋管线	辅助生产	%	数量
1	人工	工日	105.49	0.980	0.980							
1001001	人工	工日	105.49	3 201.255		1 424.291	115.351	1 656.290	5.323			
1051001	机械工	工日	105.49	259.707		107.822	7.721	143.927	0.237			
211	钢钎	kg	37.16	91.600	91.600							
670	矩形标志牌	个	353.45	1.600	1.600							
671	圆形标志牌	个	132.54	2.400	2.400							
672	路栏	片	530.17	0.800	0.800							
673	锥形交通标	个	57.43	25.000	25.000							
817	彩条尼龙绳	m	1.09	408.000	408.000							
2001001	HPB300钢筋	t	3 459.83	3.525			0.617	2.908				
2001002	HRB400钢筋	t	3 412.06	68.743			2.918	65.783	0.042			
2001008	钢绞线	t	4 667.09	3.848				3.848				
2001019	钢丝绳	t	6 282.57	0.041				0.041				
2001020	钢纤维	t	5 195.79	0.018				0.018				
2001022	20~22号铁丝	kg	3.99	216.050			15.725	200.116	0.209			
2003004	型钢	t	3 646.57	1.691			0.021	1.669	0.001			
2003005	钢板	t	3 729.07	5.998				5.998				
2003008	钢管	t	4 614.97	0.043				0.043				
2003015	钢管立柱	t	6 282.57	0.060					0.060			
2003025	钢模板	t	5 935.15	2.476		0.189		2.287				
2003026	组合钢模板	t	5 674.59	0.057		0.042		0.013	0.003			

编制:张馨祎　复核:任翠茹

建设项目名称:×××桥
编制范围:×××桥

表 5-4　人工、主要材料、施工机械台班数量汇总表(二)

代号	规格名称	单位	单价/元	总数量	分项统计					辅助生产	场外运输损耗	
					第100章 总则	第200章 路基	第300章 路面	第400章 桥梁、涵洞	第600章 安全设施及预埋管线		%	数量
2003028	安全爬梯	t	8 139.86	0.057				0.057				
2009002	钢轩	kg	5.57	158.400		158.400						
2009003	空心钢轩	kg	6.63	8.820				8.820				
2009004	φ50 mm 以内合金钻头	个	37.86	13.421				13.421				
2009011	电焊条	kg	3.82	208.486			0.224	208.244	0.017			
2009013	螺栓(混合规格)	kg	9.71	37.438		6.110		31.328				
2009028	铁件(铁件)	kg	3.99	666.605		60.957		604.460	1.188			
2009029	镀锌铁件	kg	5.75	152.534					152.534			
2009033	铸铁管	kg	3.82	168.000				168.000				
3001001	石油沥青	t	3 515.35	0.090		0.027	0.041	0.021				
3003001	重油	kg	2.80	5.749				5.749				
3003002	汽油	kg	7.80	2.450				0.527	1.923			
3003003	柴油	kg	6.48	10 257.117		7 390.375	114.304	2 749.122	3.316			
3005001	煤	t	428.05	0.008			0.008					
3005002	电	kW·h	1.42	53 937.653		13 933.212	261.331	39 742.866	0.244			
3005004	水	m³	4.10	1 325.275		581.760	11.368	727.827	4.320			
4003001	原木(混合规格)	m³	949.94	0.112				0.112				
4003002	锯材	m³	1 410.91	0.834			0.027	0.806	0.000			
5001034	塑料波纹管 90 mm×25 mm	m	4.36	861.360				861.360				
5001036	塑料波纹管 SBG-60Y	m	4.76	92.500				92.500				
5001052	塑料编织袋	个	0.88	2 755.000				2 755.000			1.000	0.000
5003003	压浆料	t	1 774.11	2.242				2.242				

编制:张馨祎　　　　　　　　　　　　　　　　　　　　复核:任翠茹

· 237 ·

表 5-5　建筑安装工程费计算表（一）

建设项目名称：×××桥
编制范围：×××桥

序号	分项编号	工程名称	单位	工程量	定额直接费/元	定额设备购置费/元	直接费/元				设备购置费	措施费	企业管理费	规费	利润/元 费率7.42%	税金/元 税率9.0%	金额合计/元	
							人工费	材料费	施工机械使用费	合计							合计	单价
1	2	3	4	5	6	7	8	9	10	11	12	13	14	15	16	17	18	19
1	-a	按合同条款规定·提供建筑工程一切险	总额							6 201							6 201	
2	-b	按合同条款规定·提供第三者责任险	总额							3 500							3 500	
3	102-1	竣工文件	总额							1 800							1 800	
4	102-2	施工环境保护费	总额							1 800							1 800	
5	102-3	安全生产费	总额							30 545							30 545	
6	103-1	临时道路修建、养护与拆除	总额							65 732							65 732	
7	-a	施工标志牌	套	2.000	1 585		51	1 308	82	1 440		31	99	16	127	154	1 868	933.96
8	补吉养-5-14-1	施工标志牌	10套	0.200	1 585		51	1 308	82	1 440		31	99	16	127	154	1 868	9 339.61
9	-b	锥形标	个	50.000	1 653		11	1 436	23	1 469		27	103	3	132	156	1 892	37.83
10	补吉养-5-14-2	施工隔离标志	100个	0.500	1 653		11	1 436	23	1 469		27	103	3	132	156	1 892	3 783.25
11	-c	彩色吧缆绳	m	500.000	1 024		42	3 849		3 891		17	64	14	82	366	4 433	8.87
12	补吉养-5-14-3	施工安全临时维护	100 m	4.000	1 024		42	3 849		3 891		17	64	14	82	366	4 433	1 108.33
13	104-1	承包人驻地建设	总额							94 354							94 354	
14	-a-1	清理表土	m³	61.000	224		49		164	213		12	11	23	18	25	302	4.96
15	1-1-12	135 kW 以内推土机清除表土	100 m³	0.360	84		15		65	80		4	4	8	7	9	113	313.12
16	1-1-5-4	填前12～15 t光轮压路机压实	1 000 m²	0.060	22		13		9	22		2	1	5	2	3	33	553.05

编制：张馨祎　　　　　复核：任翠茹

表 5-6 建筑安装工程费计算表(二)

建设项目名称:×××桥
编制范围:×××桥

序号	分项编号	工程名称	单位	工程量	定额直接费/元	定额设备购置费/元	直接费/元 人工费	材料费	施工机械使用费	合计	设备购置费	措施费	企业管理费	规费	利润/元 费率%7.42%	税金/元 税率%9.0%	金额合计/元 合计	单价/元
1	2	3	4	5	6	7	8	9	10	11	12	13	14	15	16	17	18	19
17	1-1-12	135 kW 以内推土机清除表土	100 m³	0.250	59		11		45	56		3	3	5	5	6	78	313.11
18	1-1-12	135 kW 以内推土机清除表土(清表回填)	100 m³	0.250	59		11		45	56		3	3	5	5	6	78	313.11
19	-a	水泥混凝土路面	m³	68.400	9 960		4 979		4 568	9 547		446	330	1 644	797	1 149	13 912	203.39
20	2-3-1-6	风镐挖清水泥混凝土面层	10 m³	6.840	9 190		4 979		3 852	8 830		428	311	1 613	737	1 073	12 991	1 899.33
21	1-1-10-2	2 m³ 以内装载机装松方	1 000 m³ 自然密实方	0.068	95				87	87		7	4	3	8	10	118	1 723.14
22	1-1-11-7	12 t 以内自卸汽车运土 5 km	1 000 m³ 自然密实方	0.068	675				629	629		12	16	27	52	66	803	11 736.02
23	-d	稳定土基层	m³	77.520	1 778		82		1 589	1 670		60	52	100	140	182	2 205	28.45
24	2-3-1-4	挖掘机整体挖除路面	10 m³	7.752	1 013		82		875	957		47	34	69	81	107	1 296	167.13
25	1-1-11-7	12 t 以内自卸汽车运土 5 km	1 000 m³ 自然密实方	0.078	764				713	713		13	18	31	59	75	910	11 732.99
26	-f	垫层及土基	m³	86.840	1 079		31		979	1 010		31	28	54	84	109	1 316	15.15
27	1-1-9-9	2.0 m³ 以内挖掘机挖装硬土	1 000 m³ 自然密实方	0.087	223		31		180	211		16	8	19	18	25	297	3 421.63
28	1-1-11-7	12 t 以内自卸汽车运土 5 km	1 000 m³ 自然密实方	0.087	856				799	799		15	20	35	66	84	1 019	11 730.61
29	-a	钢筋混凝土结构	m³	220.000	54 828		30 945	1 278	20 592	52 816		2 663	2 576	10 163	4 457	6 541	79 216	360.07
30	4-11-17-3	人工凿除混凝土及钢筋混凝土	10 m³	22.000	51 447		30 866	1 278	17 508	49 653		2 602	2 488	10 001	4 195	6 204	75 143	3 415.59
31	1-1-9-13	2.0 m³ 以内挖掘机装软石	1 000 m³ 自然密实方	0.220	608				497	576		13	23	50	48	64	772	3 511.25
32	1-1-11-21	12 t 以内自卸汽车运近 5 km	1 000 m³ 自然密实方	0.220	2 773				2 588	2 588		48	65	113	214	272	3 300	15 000.47
33	-c	砖、石及其他拆除建筑物	m³	330.000	15 944		10 910		4 627	15 537		653	658	3 740	1 280	1 968	23 835	72.23
34	4-11-17-1~17-2	人工拆除浆砌旧建筑物	10 m³	33.000	10 872		10 792			10 792		562	526	3 496	887	1 464	17 727	537.17
35	1-1~1-9~13	2.0 m³ 以内挖掘机装软石	1 000 m³ 天然密实方	0.330	912		118		745	864		19	34	74	72	96	1 159	3 511.25

编制:张馨祎 复核:任翠茹

表5-7 综合费率计算表

建设项目名称:×××桥
编制范围:×××桥

序号	工程类别	措施费/%									综合费率		企业管理费/%						规费/%					
		冬期施工增加费	雨期施工增加费	夜间施工增加费	高原地区施工增加费	风沙地区施工增加费	沿海地区施工增加费	行车干扰施工增加费	施工辅助费	工地转移费	I	II	基本费用	主副食运费补贴	职工探亲路费	职工取暖补贴	财务费用	综合费率	养老保险费	失业保险费	医疗保险费	工伤保险费	住房公积金	综合费率
1	2	3	4	5	6	7	8	9	10	11	12	13	14	15	16	17	18	19	20	21	22	23	24	25
01	土方	6.09	0.25						0.52	0.23	6.57	0.52	2.75	0.13	0.19	0.44	0.27	3.78	16.00	0.70	6.70	1.00	8.00	32.40
02	石方	1.25	0.21						0.47	0.18	1.64	0.47	2.79	0.12	0.20	0.37	0.26	3.75	16.00	0.70	6.70	1.00	8.00	32.40
03	运输	1.17	0.25						0.15	0.16	1.58	0.15	1.37	0.13	0.13	0.44	0.26	2.34	16.00	0.70	6.70	1.00	8.00	32.40
04	路面	3.27	0.23						0.82	0.33	3.84	0.82	2.43	0.09	0.16	0.30	0.40	3.38	16.00	0.70	6.70	1.00	8.00	32.40
05	隧道	1.52							1.20	0.27	1.79	1.20	3.57	0.10	0.27	0.32	0.51	4.77	16.00	0.70	6.70	1.00	8.00	32.40
06	构造物 I	3.53	0.16						1.20	0.27	3.96	1.20	3.59	0.12	0.27	0.39	0.47	4.84	16.00	0.70	6.70	1.00	8.00	32.40
06-1	构造物 I(绿化)		0.16						1.20	0.27	0.44	1.20	3.59	0.12	0.27	0.39	0.47	4.84	16.00	0.70	6.70	1.00	8.00	32.40
07	构造物 II	4.69	0.18	0.90					1.54	0.35	6.12	1.54	4.73	0.14	0.35	0.48	0.55	6.24	16.00	0.70	6.70	1.00	8.00	32.40
08	构造物 III(一般)	8.68	0.37	1.70					2.73	0.65	11.40	2.73	5.98	0.25	0.55	0.85	1.09	8.72	16.00	0.70	6.70	1.00	8.00	32.40
08-1	构造物 III(室内)	8.68	0.37	1.70					2.73	0.65	11.03	2.73	5.98	0.25	0.55	0.85	1.09	8.72	16.00	0.70	6.70	1.00	8.00	32.40
08-2	构造物 III(桥梁)	8.68	0.37	1.70					2.73	0.65	11.40	2.73	5.98	0.25	0.55	0.85	1.09	8.72	16.00	0.70	6.70	1.00	8.00	32.40
08-3	构造物 III(设备安装)	8.68							2.73	0.65	9.33	2.73	5.98	0.25	0.55	0.85	1.09	8.72	16.00	0.70	6.70	1.00	8.00	32.40
09	技术复杂大桥	5.48	0.25	0.93					1.68	0.41	7.07	1.68	4.14	0.12	0.21	0.41	0.64	5.51	16.00	0.70	6.70	1.00	8.00	32.40
10	钢材及钢结构(一般)	0.38		0.87					0.56	0.37	1.62	0.56	2.24	0.11	0.16	0.29	0.65	3.47	16.00	0.70	6.70	1.00	8.00	32.40
10-1	钢材及钢结构(桥梁)	0.38		0.87					0.56	0.37	1.62	0.56	2.24	0.11	0.16	0.29	0.65	3.47	16.00	0.70	6.70	1.00	8.00	32.40
10-2	钢材及钢结构(金属标志牌等)	0.38							0.56	0.37	0.75	0.56	2.24	0.11	0.16	0.29	0.65	3.47	16.00	0.70	6.70	1.00	8.00	32.40

编制:张馨洁　　复核:任翠茹

·240·

表 5-8 综合费计算表（一）

建设项目名称：×××桥
编制范围：×××桥

第 1 页 共 3 页 04-1 表

| 序号 | 工程类别 | 措施费 | | | | | | | 施工辅助费 | 工地转移费 | 综合费用 | | 企业管理费 | | | | | | 规费 | | | | | 综合费用 |
		冬期施工增加费	雨期施工增加费	夜间施工增加费	高原地区施工增加费	风沙地区施工增加费	沿海地区施工增加费	行车干扰施工增加费			I	II	基本费用	主副食运费补贴	职工探亲路费	职工取暖补贴	财务费用	综合费用	养老保险费	失业保险费	医疗保险费	工伤保险费	住房公积金	
1	2	3	4	5	6	7	8	9	10	11	12	13	14	15	16	17	18	19	20	21	22	23	24	25
1	施工标志牌	5	0	1					24	0	6	24	75	2	6	8	9	99	8	0	3	1	4	16
1	锥形标	1	0	0					25	0	2	25	78	2	6	8	9	103	2	0	1	0	1	3
2	彩色呢绒绳	1	0	0					16	0	1	16	48	1	4	5	6	64	7	0	3	0	3	14
3	清理表土	8	0						3	1	9	3	8	0	1	1	1	11	12	1	5	1	6	23
4	水泥混凝土路面	314	23						77	32	370	77	235	9	16	31	39	330	812	36	340	51	406	1 644
5	稳定土基层	42	4						9	5	51	9	35	2	3	6	6	52	49	2	21	3	25	100
6	垫层及土基	24	3						2	2	28	2	18	1	2	5	3	28	26	1	11	2	13	54
7	钢筋混凝土结构	1 805	90						625	142	2 038	625	1 900	66	146	215	249	2 576	5 019	220	2 102	314	2 509	10 163
8	砖、石及其他砌体结构	443	30						141	38	511	141	473	20	37	64	64	658	1 847	81	773	115	923	3 740
9	挖土方	4	0						0	0	4	0	2	0	0	0	0	2	2	0	1	0	1	5
10	挖淤泥	753	60						72	46	860	72	465	32	38	107	65	707	708	31	297	44	354	1 434
11	借土填方	274	17						25	14	305	25	150	9	12	31	19	220	626	27	262	39	313	1 268
12	砂砾	37	3						268	4	43	268	795	29	52	99	132	1 108	105	5	44	7	52	212
13	锥坡及台前溜坡填土	2 860	160	460					837	224	3 705	837	2 834	108	216	370	352	3 879	8 718	381	3 651	545	4 359	17 654
14	C25 混凝土	193	10	5					114	13	221	114	358	13	27	42	46	486	701	31	294	44	350	1 419
15	M10 浆砌片石	2 781	119	485					1 638	211	3 597	1 638	5 077	158	377	540	600	6 753	6 225	272	2 607	389	3 113	12 606
16	C30 混凝土	387	16	72					336	29	505	336	1 042	32	77	109	121	1 381	1 009	44	423	63	505	2 043
17	厚 20 cm	15	1						51	2	18	51	151	5	10	19	25	210	14	1	6	1	7	29
18	厚 20 cm	10	1						32	1	12	32	95	3	6	12	16	132	26	1	11	2	13	52
19	水泥稳定碎石底基层	38	3						115	4	44	115	341	12	22	42	57	475	93	4	39	6	47	188
20	厚 20 cm	361	22	18					260	34	435	260	775	27	52	94	124	1 072	1 464	64	613	92	732	2 965
21	光圆钢筋（HPB235、HPB300）	1		3					14	1	6	14	54	3	4	7	16	84	53	2	22	3	26	107

编制：张馨祐　　　　复核：任翠茹

· 241 ·

表 5-9 综合费计算表 (二)

建设项目名称：×××桥
编制范围：×××桥

序号	工程类别	冬期施工增加费	雨期施工增加费	夜间施工增加费	高原地区施工增加费	风沙地区施工增加费	沿海地区施工增加费	行车干扰施工增加费	施工辅助费	工地转移费	综合费用 I	综合费用 II	基本费用	主副食运费补贴	职工探亲路费	职工取暖补贴	财务费用	综合费用	养老保险费	失业保险费	医疗保险费	工伤保险费	住房公积金	综合费用
1	2	3	4	5	6	7	8	9	10	11	12	13	14	15	16	17	18	19	20	21	22	23	24	25
23	带肋钢筋(HRB400)	6		13					62	6	24	62	248	12	18	32	72	383	235	10	98	15	117	476
24	路肩墙	42	3						10	4	49	10	31	1	2	4	5	43	192	8	81	12	96	389
25	带肋钢筋(HRB400)	5		12					51	5	22	51	204	10	15	27	60	316	205	9	86	13	103	416
26	光圆钢筋(HPB300)	2		4					15	2	8	15	59	3	4	8	17	91	71	3	30	4	35	143
27	带肋钢筋(HRB400)	43		98					317	41	182	317	1 259	63	92	165	367	1 946	1 628	71	682	102	814	3 297
28	光圆钢筋(HPB300)	2		5					16		10	16	66	3	5	9	19	101	90	4	38	6	45	182
29	带肋钢筋(HRB400)	106		243					832	102	450	832	3 306	167	242	432	963	5 110	4 073	178	1 706	255	2 037	8 248
30	光圆钢筋(HPB300)	0		0					1	0	0	1	6	0	0	1	2	9		0		0	1	3
31	带肋钢筋(HRB400)	38		87					382	36	161	382	1 519	77	111	199	442	2 348	1 528	67	640	95	764	3 094
32	水下挖土方	1 457	69	265					462	113	1 903	462	1 480	50	111	171	178	1 991	1 448	63	606	90	724	2 931
33	水下挖石方	2 337	105	432					781	179	3 052	781	2 475	81	185	276	294	3 311	2 796	122	1 171	175	1 398	5 662
34	C30水泥混凝土	1 326	58	244					1 061	100	1 728	1 061	3 298	101	244	347	384	4 374	3 740	164	1 566	234	1 870	7 574
35	C30混凝土	102	4	19					86	8	133	86	266	8	20	28	31	352	248	11	104	15	124	502
36	C30混凝土	50	2	10					43	4	66	43	132	4	10	14	15	175	123	5	52	8	62	249
37	C30混凝土	575	23	109					503	43	750	503	1 554	47	115	160	180	2 055	1 309	57	548	82	654	2 650
38	C30混凝土	264	10	50					160	20	345	160	495	15	37	51	57	655	571	25	239	36	285	1 155
39	C50补偿收缩防水混凝土	225	15	10					179	22	272	179	538	20	36	68	87	749	941	41	394	59	471	1 906
40	C40混凝土	184	9	6					166	14	214	166	500	17	38	55	65	675	766	34	321	48	383	1 552
41	C40混凝土	356	15	67					295	27	464	295	912	28	67	95	106	1 207	1 155	51	483	72	577	2 338
42	C30混凝土	10	0	2					7	1	13	7	21	0	2	2	2	28	22	1	9	1	11	45
43	C40混凝土	43	2	8					24	3	56	24	75		6	8	9	99	92	4	38	6	46	186
44	C40混凝土	5	0	1					3	0	6	3	8	0	1	1	1	11	10	0	4	1	5	21
45	后张法预应力钢绞线	31		72					244	30	134	244	969	49	71	127	282	1 497	921	40	386	58	461	1 866
46	C50混凝土	2 426	103	454					1 935	184	3 167	1 935	6 003	183	444	629	699	7 957	7 001	306	2 932	438	3 500	1417

编制：张肇祎　　　　　　复核：任翠茹

建设项目名称：×××桥
编制范围：×××桥

表5-10 人工、材料、施工机械台班单价汇总表（一）

序号	名称	代号	单位	预算单价/元	备注
1	人工	1	工日	105.49	
2	人工	1001001	工日	105.49	
3	机械工	1051001	工日	105.49	
4	钢钎	211	kg	37.16	
5	矩形标志牌	670	个	353.45	
6	圆形标志牌	671	个	132.54	
7	路栏	672	片	530.17	
8	锥形交通标	673	个	57.43	
9	彩条尼龙绳	817	m	1.09	
10	HPB300钢筋	2001001	t	3 459.83	
11	HRB400钢筋	2001002	t	3 412.06	
12	钢绞线普通,无松弛	2001008	t	4 667.09	
13	钢丝绳	2001019	t	6 282.57	
14	钢纤维	2001020	t	5 195.79	
15	20~22号铁丝	2001022	kg	3.99	
16	型钢工字钢,角钢	2003004	t	3 646.57	
17	钢板	2003005	t	3 729.07	
18	钢管无缝钢管	2003008	t	4 614.97	
19	钢管立柱	2003015	t	6 282.57	
20	钢模板	2003025	t	5 935.15	
21	组合钢模板	2003026	t	5 674.59	
22	安全爬梯	2003028	t	8 139.86	
23	钢钎	2009002	kg	5.57	
24	空心钢钎	2009003	kg	6.63	
25	ϕ50 mm以内合金钻头	2009004	个	37.86	
26	电焊条	2009011	kg	3.82	
27	螺栓混合规格	2009013	kg	9.71	
28	铁件铁件	2009028	kg	3.99	
29	镀锌铁件	2009029	kg	5.75	
30	铸铁管	2009033	kg	3.82	
31	石油沥青	3001001	t	3 515.35	
32	重油	3003001	kg	2.80	
33	汽油	3003002	kg	7.80	
34	柴油	3003003	kg	6.48	
35	煤	3005001	t	428.05	
36	电	3005002	kW·h	1.42	

编制：张馨祎　　　复核：任翠茹

建设项目名称：×××桥
编制范围：×××桥

表 5-11 人工、材料、施工机械台班单价汇总表（二）

第 2 页 共 4 页 09 表

序号	名称	单位	代号	预算单价/元	备注	序号	名称	单位	代号	预算单价/元	备注
37	水	m³	3005004	4.10		55	碎石	m³	5505016	105.33	
38	原木混合规格	m³	4003001	949.94		56	32.5 级水泥	t	5509001	412.20	
39	锯材	m³	4003002	1 410.91		57	42.5 级水泥	t	5509002	474.40	
40	塑料波纹管 90 mm×25 mm	m	5001034	4.36		58	四氟板式橡胶组合支座	dm³	6001002	70.48	
41	塑料波纹管 SBG—60Y	m	5001036	4.76		59	板式橡胶支座	dm³	6001003	46.72	
42	塑料编织袋	个	5001052	0.88		60	40 型伸缩缝	m	6003013	1 089.96	
43	压浆料	t	5003003	1 774.11		61	钢绞线群锚（4 孔）	套	6005006	59.83	
44	硝铵炸药	kg	5005002	5.92		62	钢绞线群锚（5 孔）	套	6005007	74.79	
45	非电毫秒雷管	个	5005008	3.26		63	铝合金标志	t	6007002	17 399.81	
46	导爆索	m	5005009	2.12		64	反光膜	m²	6007004	140.77	
47	桥面防水涂料	kg	5009005	5.44		65	其他材料费	元	7801001	1.00	
48	油毛毡	m²	5009012	2.27		66	设备摊销费	元	7901001	1.00	
49	中（粗）砂	m³	5503005	100.82		67	1.5 t 双排座客货车	台班	1368	231.26	
50	砂砾堆方	m³	5503007	77.89		68	75 kW 以内履带式推土机	台班	8001002	829.86	
51	片石码方	m³	5505005	107.15		69	90 kW 以内履带式推土机	台班	8001003	982.47	
52	碎石（2 cm）	m³	5505012	105.33		70	135 kW 以内履带式推土机 T180	台班	8001006	1 504.87	
53	碎石（4 cm）	m³	5505013	105.33		71	1.0 m³ 履带式单斗挖掘机	台班	8001027	1 121.52	
54	碎石（8 cm）	m³	5505015	105.33		72	2.0 m³ 履带式单斗挖掘机	台班	8001030	1 411.40	

编制：张馨祎

复核：任翠茹

表5-12 分项工程预算计算数据表(一)

建设项目名称:×××桥

编制范围:×××桥

标准定额库版本号:

校验码:

分项编号/定额代号/工料机代号	项目,定额或工料机的名称	单位	数量	输入单价	输入定额	分项组价类型或定额子目取费类别	定额调整情况或成分项算式
103-6-a	施工标志牌	套	2.000	933.96	1 867.92		
LB-吉养-5-14-1	施工标志牌	10套	0.200	9 339.61	1 867.92	07. 构造物Ⅱ	
103-6-b	锥形标	个	50.000	37.83	1 891.50		
LB-吉养-5-14-2换	施工隔离带标志	100个	0.500	3 783.25	1 891.63	07. 构造物Ⅱ	[1368]1.5 t双排座客等货车量0.2;
103-6-c	彩色呢绒绳	m	500.000	8.87	4 435.00		
LB-吉养-5-14-3	施工安全临时维护	100 m	4.000	1 108.33	4 433.33	07. 构造物Ⅱ	
202-1-a-a-1	清理表土	m³	61.000	4.96	302.56	06. 构造物Ⅰ	
1-1-1-12	135 kW以内推土机清除表土	100 m³	0.360	313.12	112.72	06. 构造物Ⅰ	
1-1-5-4	填前12~15 t光轮压路机压实	1 000 m²	0.060	553.05	33.18	01. 土方	
1-1-1-12	135 kW以内推土机清除表土	100 m³	0.250	313.11	78.28	06. 构造物Ⅰ	
1-1-1-12	135 kW以内推土机清除表土	100 m³	0.250	313.11	78.28	06. 构造物Ⅰ	
202-2-a	水泥混凝土路面	m³	68.400	203.39	13 911.88	04. 路面	
2-3-1-6	风镐挖清水泥混凝土面层	10 m³	6.840	1 899.33	12 991.44	04. 路面	
1-1-10-2	2 m³以内装载机装土方	1 000 m³天然密实方	0.068	1 723.14	117.86	01. 土方	
1-1-11-7换	12 t以内自卸汽车运土5 km	1 000 m³天然密实方	0.068	11 736.02	802.74	03. 运输	实际运距(km):5 km;
202-2-d	稳定土基层	m³	77.520	28.45	2 205.44	01. 土方	
2-3-1-4	挖掘机整体挖除路面	10 m³	7.752	167.13	1 295.61	04. 路面	
1-1-11-7换	12 t以内自卸汽车运土5 km	1 000 m³天然密实方	0.078	11 736.01	909.78	03. 运输	实际运距(km):5 km;
202-2-f	垫层及土基	m³	86.840	15.15	1 315.63	01. 土方	
1-1-9-9	2.0 m³以内挖掘机挖装硬土	1 000 m³天然密实方	0.087	3 423.20	297.27	01. 土方	
1-1-11-7换	12 t以内自卸汽车运土5 km	1 000 m³天然密实方	0.087	11 736.01	1 019.16	03. 运输	实际运距(km):5 km;
202-3-a	钢筋混凝土结构	m³	220.000	360.07	79 215.40		

编制:张馨祎　复核:任翠茹

表 5-13　分项工程预算计算数据表（二）

建设项目名称：×××桥　　　　　标准定额库版本号：　　　　　第 2 页　共 14 页

编制范围：×××桥　　　　　校验码：　　　　　21-1 表

分项编号/定额代号/工料机代号	项目，定额或工料机的名称	单位	数量	输入单价	输入定额	分项组价类型或定额子目取费类别	定额调整情况或成分项算式
4-11-17-3	人工凿除混凝土及钢筋混凝土	10 m³	22.000	3 415.59	75 142.93	06. 构造物 I	
1-1-9-13	2.0 m³ 以内挖掘机装软石	1 000 m³ 天然密实方	0.220	3 511.25	772.48	02. 石方	
1-1-11-21 换	12 t 以内自卸汽车运石 5 km	1 000 m³ 天然密实方	0.220	15 000.47	3 300.10	03. 运输	实际运距（km）：5 km；
202-3-c	砖、石及其他砌体结构	m³	330.000	72.23	23 835.90	06. 构造物 I	
4-11-17-2	人工拆除浆砌旧建筑物	10 m³	33.000	537.17	17 726.63	06. 构造物 I	
1-1-9-13	2.0 m³ 以内挖掘机装软石	1 000 m³ 天然密实方	0.330	3 511.25	1 158.71	02. 石方	
1-1-11-21 换	12 t 以内自卸汽车运石 5 km	1 000 m³ 天然密实方	0.330	15 000.46	4 950.15	03. 运输	实际运距（km）：5 km；
203-1-a	挖土方	m³	24.000	3.25	78.00	01. 土方	
1-1-12-15	135 kW 以内推土机推硬土第一个 20 m	1 000 m³ 天然密实方	0.024	3 249.96	78.00	01. 土方	
203-1-d	挖淤泥、流砂	m³	1 500.000	20.21	30 315.00	01. 土方	
1-2-5	挖掘机挖淤泥、流砂	1 000 m³ 天然密实方	1.500	8 472.13	12 708.20	01. 土方	
1-1-11-7 换	12 t 以内自卸汽车运土 5 km	1 000 m³ 天然密实方	1.500	11 736.01	17 604.02	03. 运输	实际运距（km）：5 km；
204-1-d	借土填方	m³	138.000	83.86	11 572.68	01. 土方	
1-1-9-9	2.0 m³ 以内挖掘机挖硬土	1 000 m³ 天然密实方	0.138	3 423.21	472.40	01. 土方	
1-1-11-7 换	12 t 以内自卸汽车运土 15 km	1 000 m³ 天然密实方	0.138	26 940.75	3 717.82	03. 运输	实际运距（km）：15 km；定额 * 1.03；
1-2-1-6	帮坡硬土	1 000 m³	0.108	46 380.21	5 009.06	01. 土方	
1	土底钱	m³	138.000	11.37	1 568.95	12. 利润和税金	
1-4-3	人工挖硬土台阶	1 000 m³	0.041	7 619.59	312.40	01. 土方	
1-1-7-2	夯土机夯实填土	1 000 m³ 压实方	0.041	11 998.68	491.95	01. 土方	
204-1-h-h-1	砂砾	m³	549.000	115.46	63 387.54	01. 土方	
1-2-12-2	砂砾地基垫层	1 000 m³	0.549	115 458.93	63 386.95	04. 路面	

编制：张馨祎　　　　　复核：任翠茹

表 5-14　分项工程预算表(一)

编制范围:×××桥　　　工程名称:施工标志牌　　　单位:套　　　数量:2.0　　　单价:933.96

分项编号:-a

工程项目	工程细目	定额单位	工程数量	定额表号
施工标志牌	施工标志牌	10套	0.200	补吉养-5-14-1

代号	工料机名称	单位	单价/元	定额	数量	金额/元	合计 数量	合计 金额/元
1	人工	工日	105.49	2.400	0.200	50.64	0.480	50.64
670	矩形标志牌	个	353.45	8.000	0.200	565.52	1.600	565.52
671	圆形标志牌	个	132.54	12.000	0.200	318.10	2.400	318.10
672	路栏	片	530.17	4.000	0.200	424.14	0.800	424.14
1368	1.5 t双排座客货车	台班	231.26	1.770	0.200	81.87	0.354	81.87
999001	定额基价	元	1.00	7 927.410	0.200	1 585.48	7 927.000	1 585.48
	直接费	元				1 440.25		1 440.25
	措施费　I	元		105.482	6.12%	6.46		6.46
	措施费　II	元		1 585.482	1.537%	24.37		24.37
	企业管理费	元		1 585.482	6.24%	96.93		96.93
	规费	元		50.636	32.4%	16.41		16.41
	利润	元		1 715.243	32.4%	127.27		127.27
	税金	元		1 713.689	9.0%	154.23		154.23
	金额合计	元				1 867.92		1 867.92

编制:张馨祎　　　复核:任翠茹

编制范围：×××桥

分项编号：-a

表5-15　分项工程预算表（二）

工程名称：施工标志牌　　单位：套　　数量：2.0　　单价：933.96

代号	工、料、机名称	单位	单价/元	定额	数量	金额/元	定额	数量	金额/元	数量（合计）	金额/元（合计）
工程项目	施工标志牌										
工程细目	施工标志牌										
定额单位	10套										
工程数量	0.200										
定额表号	补吉养-5-14-2改										
1	人工	工日	105.49	0.200	0.500	10.55				0.100	10.55
673	锥形交通标	个	57.43	50.000	0.500	1 435.75				25.000	1 435.75
1 368	1.5 t双排座货车	台班	231.26	0.200	0.500	23.13				0.100	23.13
9999001	定额基价	元	1.00	3 306.092	0.500	1 653.05				3 306.000	1 653.05
	直接费	元				1 469.43					1 469.43
	措施费　Ⅰ	元		28.046	6.12%	1.72					1.72
	措施费　Ⅱ	元		1 653.046	1.537%	25.41					25.41
	企业管理费	元		1 653.046	6.24%	103.15					103.15
	规费	元		10.549	32.4%	3.42					3.42
	利润	元		1 783.315	7.42%	132.32					132.32
	税金	元		1 783.315	9.0%	156.19					156.19
	金额合计	元				1 891.63					1 891.63

编制：张馨祎　　复核：任翠茹

建设项目名称：×××桥
编制范围：×××桥

表5-16　材料预算单价计算表（一）

序号	规格名称	单位	原价/元	供应地点	运输方式、比重及运距/km	毛质量系数或单位毛质量	运杂费构成说明或计算式	单位运费/元	原价运费合计/元	场外运输损耗 费率/%	场外运输损耗 金额/元	采购及保管费 费率/%	采购及保管费 金额/元	预算单价/元
211	钢钎	kg	5.430	辽源市——工地	汽车,1.0,60.0	1.000 000	(0.48×60.0+2.02×1.0)×1×1	30.820	36.25			2.500	0.906	37.160
670	矩形标志牌	个	344.830			1.000 000			344.83			2.500	8.621	353.450
671	圆形标志牌	个	129.310			1.000 000			129.31			2.500	3.233	132.540
672	路栏	片	517.240			1.000 000			517.24			2.500	12.931	530.170
673	锥形交通标	个	56.030			1.000 000			56.03			2.500	1.401	57.430
817	彩象尼龙绳	m	1.060			1.000 000			1.06			2.500	0.027	1.090
2001001	HPB300钢筋	t	3 405.170	辽源市——工地	汽车,1.0,56.0	1.000 000	(0.48×56.0+2.02×1.0)×1×1	28.900	3 434.07			0.750	25.756	3 459.830
2001002	HRB400钢筋	t	3 357.760	辽源市——工地	汽车,1.0,56.0	1.000 000	(0.48×56.0+2.02×1.0)×1×1	28.900	3 386.66			0.750	25.400	3 412.060
2001008	钢绞线	t	4 603.450	辽源市——工地	汽车,1.0,56.0	1.000 000	(0.48×56.0+2.02×1.0)×1×1	28.900	4 632.35			0.750	34.743	4 667.090
2001019	钢丝绳	t	6 206.900	辽源市——工地	汽车,1.0,56.0	1.000 000	(0.48×56.0+2.02×1.0)×1×1	28.900	6 235.80			0.750	46.769	6 282.570
2001020	钢纤维	t	5 128.210	辽源市——工地	汽车,1.0,56.0	1.000 000	(0.48×56.0+2.02×1.0)×1×1	28.900	5 157.11			0.750	38.678	5 195.790
2001022	20~22号铁丝	kg	3.880	辽源市——工地	汽车,1.0,56.0	0.001 000	(0.48×56.0+2.02×1.0)×1×0.001	0.030	3.91			2.060	0.081	3.990
2003004	型钢	t	3 590.520	辽源市——工地	汽车,1.0,56.0	1.000 000	(0.48×56.0+2.02×1.0)×1×1	28.900	3 619.42			0.750	27.146	3 646.570
2003005	钢板	t	3 672.410	辽源市——工地	汽车,1.0,56.0	1.000 000	(0.48×56.0+2.02×1.0)×1×1	28.900	3 701.31			0.750	27.760	3 729.070
2003008	钢管	t	4 551.720	辽源市——工地	汽车,1.0,56.0	1.000 000	(0.48×56.0+2.02×1.0)×1×1	28.900	4 580.62			0.750	34.355	4 614.970
2003015	钢管立柱	t	6 206.900	辽源市——工地	汽车,1.0,56.0	1.000 000	(0.48×56.0+2.02×1.0)×1×1	28.900	6 235.80			0.750	46.769	6 282.570
2003025	钢模板	t	5 862.070	辽源市——工地	汽车,1.0,56.0	1.000 000	(0.48×56.0+2.02×1.0)×1×1	28.900	5 890.97			0.750	44.182	5 935.150
2003026	组合钢模板	t	5 603.450	辽源市——工地	汽车,1.0,56.0	1.000 000	(0.48×56.0+2.02×1.0)×1×1	28.900	5 632.35			0.750	42.243	5 674.590

编制：张馨祎　　　　　　　　　　　　　　　　复核：任翠茹

建设项目名称:×××桥
编制范围:×××桥

表 5-17 材料预算单价计算表(二)

序号	规格名称	单位	原价/元	供应地点	运输方式、比质及运距/km	毛质量系数或单位毛质量	运杂费构成说明或计算式	单位运费/元	原价运费合计/元	场外运输损耗 费率/%	场外运输损耗 金额/元	采购及保管费 费率/%	采购及保管费 金额/元	预算单价/元
2003028	安全爬梯	t	8 076.920	辽源市——工地	汽车,1.0,56.0	1.000 000	(0.48×56.0+2.02×1.0)×1×1	28.900	8 105.82			0.420	34.044	8 139.860
2009002	钢钎	kg	5.430	辽源市——工地	汽车,1.0,56.0	0.001 000	(0.48×56.0+2.02×1.0)×1×0.001	0.030	5.46			2.060	0.112	5.570
2009003	空心钢钎	kg	6.470	辽源市——工地	汽车,1.0,56.0	0.001 000	(0.48×56.0+2.02×1.0)×1×0.001	0.030	6.50			2.060	0.134	6.630
2009004	φ50 mm 以内合金钻头	个	37.070	辽源市——工地	汽车,1.0,56.0	0.001 100	(0.48×56.0+2.02×1.0)×1×0.0011	0.030	37.10			2.060	0.764	37.860
2009011	电焊条	kg	3.710	辽源市——工地	汽车,1.0,56.0	0.001 100	(0.48×56.0+2.02×1.0)×1×0.0011	0.030	3.74			2.060	0.077	3.820
2009013	螺栓	kg	9.480	辽源市——工地	汽车,1.0,56.0	0.001 000	(0.48×56.0+2.02×1.0)×1×0.001	0.030	9.51			2.060	0.196	9.710
2009028	铁件	kg	3.880	辽源市——工地	汽车,1.0,56.0	0.001 100	(0.48×56.0+2.02×1.0)×1×0.0011	0.030	3.91			2.060	0.081	3.990
2009029	镀锌铁件	kg	5.600	辽源市——工地	汽车,1.0,56.0	0.001 100	(0.48×56.0+2.02×1.0)×1×0.0011	0.030	5.63			2.060	0.116	5.750
2009033	铸铁管	kg	3.710	辽源市——工地	汽车,1.0,56.0	0.001 000	(0.48×56.0+2.02×1.0)×1×0.001	0.030	3.74			2.060	0.077	3.820
3001001	石油沥青	t	3 293.100	"辽源市——工地 辽宁盘锦沥青储运站"	"汽车,1.0,56.0 火车,1.0,450.0"	1.000 000	[(0.67×56.0+2.02×1.0)×1+(0.15×450.0+25.08×1.0+19.18)×1]×1	151.300	3 444.40			2.060	70.955	3 515.350
3003001	重油	kg	2.670	辽源市——工地	汽车,1.0,56.0	0.001 000	(0.67×56.0+2.02×1.0)×1×0.001	0.040	2.71			3.260	0.088	2.800
3003002	汽油	kg	7.540	当地——工地	汽车,1.0,10.0	0.001 000	(0.67×10.0+1.38)×1×0.001	0.010	7.55			3.260	0.246	7.800
3003003	柴油	kg	6.270	当地——工地	汽车,1.0,10.0	0.001 000	(0.67×10.0+1.38)×1×0.001	0.010	6.28			3.260	0.205	6.480
3005001	煤	t	386.360	辽源市——工地	汽车,1.0,56.0	1.000 000	(0.48×56.0+2.02×1.0)×1×1	28.900	415.26	1.000	4.153	2.060	8.640	428.050
3005004	水	m³	0.390	当地——工地	汽车,1.0,5.0	1.000 000	(0.45×5.0+1.38)×1×1	3.630	4.02			2.060	0.083	4.100
4003001	原木	m³	909.090	辽源市——工地	汽车,1.0,56.0	0.750 000	(0.48×56.0+2.02×1.0)×1×0.75	21.680	930.77			2.060	19.174	949.940

编制:张馨祎　　复核:任翠茹

建设项目名称:×××桥
编制范围:×××桥

表 5-18 施工机械台班单价计算表(一)

可变费用/元

序号	代号	机械名称	台班单价/元	不变费用/元 调整系数 1.0 定额	调整	机械工 105.49元/工日 定额	费用	重油 2.77元/kg 定额	费用	汽油 8.35元/kg 定额	费用	柴油 6.98元/kg 定额	费用	煤 一元/t 定额	费用	电 0.81元/(kW·h) 定额	费用	水 一元/m³ 定额	费用	木柴 一元/kg 定额	费用	车船税	合计
1	8001002	75 kW 以内履带式推土机	829.86	262.670	262.67	2.000	210.98					54.970	356.21										567.19
2	8001003	90 kW 以内履带式推土机	982.47	347.890	347.89	2.000	210.98					65.370	423.60										634.58
3	8001006	135 kW 以内履带式推土机	1 504.87	658.460	658.46	2.000	210.98					98.060	635.43										846.41
4	8001027	1.0 m³ 履带式单斗挖掘机	1 121.52	425.120	425.12	2.000	210.98					74.910	485.42										696.40
5	8001030	2.0 m³ 履带式单斗挖掘机	1 411.40	604.710	604.71	2.000	210.98					91.930	595.71										806.69
6	8001035	1.0 m³ 履带式单斗挖掘机	988.51	358.340	358.34	2.000	210.98					64.690	419.19										630.17
7	8001037	2.0 m³ 履带式单斗挖掘机	1 551.70	745.010	745.01	2.000	210.98					91.930	595.71										806.69
8	8001045	1.0 m³ 轮胎式装载机	539.00	114.160	114.16	1.000	105.49					49.030	317.71									1.64	424.84
9	8001047	2.0 m³ 轮胎式装载机	898.80	188.380	188.38	1.000	105.49					92.860	601.73									3.20	710.42
10	8001058	120 kW 以内平地机	1112.40	365.130	365.13	2.000	210.98					82.130	532.20									4.09	747.27
11	8001066	75 kW 以内履带式拖拉机	602.00	144.840	144.84	1.000	105.49					54.270	351.67										457.16
12	8001081	12~15 t 光轮压路机	547.90	183.210	183.21	1.000	105.49					40.000	259.20										364.69
13	8001083	18~21 t 光轮压路机	695.31	206.200	206.20	1.000	105.49					59.200	383.62										489.11
14	8001085	0.6 t 手扶式振动碾	160.75	34.520	34.52	1.000	105.49					3.200	20.74										126.23

编制:张馨祎　　复核:任翠茹

251

表 5-19　施工机械台班单价计算表(二)

建设项目名称:×××桥
编制范围:×××桥

序号	代号	机械名称	台班单价/元	不变费用/元 调整系数 1.0 定额	调整	机械工 105.49元/工日 定额	费用	重油 2.77元/kg 定额	费用	汽油 8.35元/kg 定额	费用	柴油 6.98元/kg 定额	费用	煤 一元/t 定额	费用	电 0.81元/(kW·h) 定额	费用	水 一元/m³ 定额	费用	木柴 一元/kg 定额	费用	车船税	合计
15	8001095	蛙式夯土机	39.76	15.140	15.14											17.340	24.62						24.62
16	8003038	4 000 L 以内沥青洒水车	571.80	197.330	197.33	1.000	105.49			34.280	267.38											1.60	374.47
17	8003079	混凝土电动真空吸水机组	150.60	21.570	21.57	1.000	105.49									16.580	23.54						129.03
18	8003085	电动混凝土切缝机	220.29	87.890	87.89	1.000	105.49									18.950	26.91						132.40
19	8005002	250 L 以内强制式混凝土搅拌机	207.96	25.510	25.51	1.000	105.49									54.200	76.96						182.45
20	8005003	350 L 以内强制式混凝土搅拌机	267.12	33.360	33.36	1.000	105.49									90.330	128.27						233.76
21	8005010	400 L 以内灰浆搅拌机	149.26	13.230	13.23	1.000	105.49									21.510	30.54						136.03
22	8005031	6 m³ 以内混凝土搅拌运输车	1 262.80	795.090	795.09	1.000	105.49					55.320	358.47									3.75	467.71
23	8005051	60 m³/h 以内混凝土输送泵	1 471.45	837.960	837.96	1.000	105.49									371.830	528.00						633.49
24	8005079	智能张拉系统	670.88	272.090	272.09	3.000	316.47	1.000	2.80							56.000	79.52						398.79
25	8005084	智能压浆系统	747.04	316.970	316.97	3.000	316.47									80.000	113.60						430.07
26	8007005	6 t 以内载货汽车	455.91	94.220	94.22	1.000	105.49					39.240	254.28									1.92	361.69
27	8007016	12 t 以内自卸汽车	785.24	276.880	276.88	1.000	105.49					61.600	399.17									3.70	508.36
28	8007025	30 t 以内平板拖车组	1 133.14	595.570	595.57	2.000	210.98					50.400	326.59										537.57
29	8007043	10 000 L 以内洒水汽车	1 053.39	605.760	605.76	1.000	105.49					52.800	342.14										447.63

编制:张肇祜　　　　　　　　　　　　　　　　　　复核:任翠茹

表 5-20　工程量清单汇总表

合同段：×××桥

序号	科目名称	金额/元
1	第 100 章　总则	212 126
2	第 200 章　路基	608 249
3	第 300 章　路面	106 110
4	第 400 章　桥梁、涵洞	1 145 339
5	第 600 章　安全设施及预埋管线	4 735
6	第 100 章至第 700 章合计	2 076 560
7	已包含在清单合计中的材料、工程设备、专业工程暂估价合计	
8	清单合计减去材料、工程设备、专业工程暂估价合计	2 076 560
9	计日工合计	
10	暂列金额(不含计日工总额)	41 531
11	投标报价	2 118 091

表 5-21　工程量清单表

合同段：×××桥

细目号	细目名称	单位	数量	单价	合价
	第 100 章　总则				
101	通则				
101-1	保险费				
-a	按合同条款规定，提供建筑工程一切险	总额			6 201
-b	按合同条款规定，提供第三者责任险	总额			3 500
102	工程管理				
102-1	竣工文件	总额			1 800
102-2	施工环保费	总额			1 800
102-3	安全生产费	总额			30 545
102-4	信息化系统(暂估价)	总额			
102-5	新设备、新材料、新工艺定额测定费用(暂估价)	总额			
103	临时工程与设施				
103-1	临时道路修建、养护与拆除(包括原道路的养护)	总额			65 732
103-2	临时占地	总额			
103-3	临时供电设施架设、维护与拆除	总额			
103-4	电信设施的提供、维修与拆除	总额			
103-5	临时供水与排污设施	总额			

第100章　总则					
细目号	细目名称	单位	数量	单价	合价
103-6	临时交通工程				
-a	施工标志牌	套	2.000	933.96	1 868
-b	锥形标	个	50.000	37.83	1 892
-c	彩色呢绒绳	m	500.000	8.87	4 435
104	承包人驻地建设				
104-1	承包人驻地建设	总额			94 354
第100章　合计　人民币　212 126元					

表5-22　工程量清单表

合同段：×××桥

第200章　路基					
细目号	细目名称	单位	数量	单价	合价
202	场地清理				
202-1	清理与掘除				
-a	清理现场				
-a-1	清理表土	m^3	61.000	4.96	303
202-2	挖除旧路面				
-a	水泥混凝土路面	m^3	68.400	203.39	13 912
-d	稳定土基层	m^3	77.520	28.45	2 205
-f	垫层及土基	m^3	86.840	15.15	1 316
202-3	拆除结构物				
-a	钢筋混凝土结构	m^3	220.000	360.07	79 215
-c	砖、石及其他砌体结构	m^3	330.000	72.23	23 836
203	挖方路基				
203-1	路基挖方				
-a	挖土方	m^3	24.000	3.25	78
-d	挖淤泥	m^3	1 500.000	20.21	30 315
204	填方路基				
204-1	路基填筑（包括填前压实）				
-d	借土填方	m^3	138.000	83.86	11 573
-h	结构物台背回填				
-h-1	砂砾	m^3	549.000	115.46	63 388
-i	锥坡及台前溜坡填土	m^3	1 115.000	118.33	131 938

第 200 章　路基					
细目号	细目名称	单位	数量	单价	合价
207	坡面排水				
207-11	踏步				
-a	C25 混凝土	m³	20.800	773.41	16 087
215-2	导流设施(护岸墙、顺坝、丁坝、调水坝、锥坡)				
-a	浆砌片石				
-a-1	M10 浆砌片石	m³	268.600	740.50	198 898
-b	混凝土				
-b-1	C30 混凝土	m³	61.100	575.88	35 186
第 200 章　合计　人民币　608 249 元					

表 5-23　工程量清单表

合同段：×××桥

第 300 章　路面					
细目号	细目名称	单位	数量	单价	合价
302	垫层				
302-2	砂砾垫层				
-a	厚 20 cm	m²	483.000	24.42	11 795
304	水泥稳定土底基层、基层				
304-2	搭板、埋板下水泥稳定土底基层				
-b	水泥稳定碎石底基层	m³	24.300	258.04	6 270
304-3	水泥稳定土基层				
-a	水泥稳定碎石基层(5∶95)				
-a-1	厚 20 cm	m²	438.000	51.61	22 605
312	水泥混凝土面板				
312-1	水泥混凝土面板				
-a	厚 20 cm	m³	78.400	583.62	45 756
312-2	钢筋				
-a	光圆钢筋(HPB300)	kg	580.000	5.41	3 138
-b	带肋钢筋(HRB400)	kg	2 826.000	5.14	14 526
313	培土路肩、中央分隔带回填土、土路肩加固及路缘石				
313-1	路肩培土	m³	50.400	40.09	2 021
第 300 章　合计　人民币　106 110 元					

表 5-24 工程量清单表

细目号	细目名称	单位	数量	单价	合价
	第 400 章 桥梁、涵洞				
403	钢筋				
403-1	基础钢筋（含灌注桩、承台、桩系梁、沉桩、沉井等）				
-b	带肋钢筋（HRB400）	kg	2 309.910	5.20	12 012
403-2	下部结构钢筋				
-a	光圆钢筋（HPB235、HPB300）	kg	615.810	5.61	3 455
-b	带肋钢筋（HRB400）	kg	13 375.910	5.60	74 905
403-3	上部结构钢筋				
-a	光圆钢筋（HPB235、HPB300）	kg	664.000	5.85	3 884
-b	带肋钢筋（HRB400）	kg	35 164.690	5.58	196 219
403-4	附属结构钢筋				
-a	光圆钢筋（HPB235、HPB300）	kg	17.380	19.38	337
-b	带肋钢筋（HRB400）	kg	12 512.760	7.13	89 216
404	基础挖方及回填				
404-2	水下挖土方	m³	690.300	85.60	59 090
404-4	水下挖石方	m³	639.100	145.52	93 002
410	结构混凝土工程				
410-1	混凝土基础				
-a	C30 水泥混凝土	m³	136.500	808.25	110 326
410-2	混凝土下部结构				
-a	桥台混凝土				
-a-1	C30 混凝土	m³	10.360	836.98	8 671
-b	桥墩混凝土				
-b-1	C30 混凝土	m³	5.150	836.96	4 310
-c	盖梁混凝土				
-c-1	C30 混凝土	m³	49.180	1 014.26	49 881
-d	台帽混凝土				
-d-1	C30 混凝土	m³	15.320	1 055.82	16 175
410-5	桥梁上部结构现浇整体化混凝土				
-c	C50 补偿收缩防水混凝土	m³	45.850	705.46	32 345
410-6	现浇混凝土附属结构				
-c	防撞墙				
-c-2	C40 混凝土	m³	25.000	849.29	21 232
-f	桥头搭板				
-f-2	C40 混凝土	m³	42.060	739.87	31 119

细目号	细目名称	单位	数量	单价	合价
	第 400 章　桥梁、涵洞				
-h	抗震挡块				
-h-1	C30 混凝土	m³	0.830	847.09	703
-i	支座垫石				
-i-2	C40 混凝土	m³	1.950	1 249.07	2 436
-j	防震锚栓				
-j-2	C40 混凝土	m³	0.220	1 248.64	275
411	预应力混凝土工程				
411-5	后张法预应力钢绞线	kg	3 700.000	14.12	52 244
411-8	预制预应力混凝土上部结构				
-a	空心板				
-a-1	C50 混凝土	m³	109.640	1 864.61	204 436
415	桥面铺装				
415-2	水泥混凝土桥面铺装				
-b	防水混凝土				
-b-1	C50 防水混凝土	m³	17.920	727.48	13 036
415-3	防水层				
-a	桥面混凝土表面处理	m²	213.200	11.06	2 358
-b	铺设防水层				
-b-1	水泥基渗透结晶型防水层	m²	256.000	13.31	3 407
-b-2	油毛毡	m²	4.200	44.72	188
415-4	桥面排水				
-a	竖、横向集中排水管				
-a-1	铸铁管	kg	108.500	7.87	854
415-5	硅烷浸渍	m²	109.200	39.81	4 347
416	桥梁支座				
416-1	板式橡胶支座				
-a	固定支座				
-a-1	圆板式橡胶支座	dm³	61.270	74.10	4 540
-b	活动支座				
-b-1	四氟乙烯圆板式橡胶支座	dm³	50.660	165.37	8 378
416-5	减震垫板	dm³	54.400	74.10	4 031
417	桥梁接缝和伸缩装置				
417-2	模数式伸缩装置				
-a	40 型伸缩缝	m	16.000	2 370.41	37 927
	第 400 章　合计　人民币　1 145 339 元				

表 5-25　工程量清单表

第 600 章　安全设施及预埋管线					
细目号	细目名称	单位	数量	单价	合价
604	道路交通标志				
604-1	单柱式交通标志	个	2.000	2 279.85	4 560
604-7	附着式交通标志				
-a	桥梁信息牌	个	1.000	175.63	176
第 600 章　合计　人民币　4 735 元					

表 5-26　工程细目单价构成分析表

细目号	细目名称	定额表号	单位	工程数量	工序单价/元
101-1	保险费				
-a	按合同条款规定，提供建筑工程一切险		总额		
-b	按合同条款规定，提供第三者责任险		总额		
102	工程管理				
102-1	竣工文件		总额		
102-2	施工环保费		总额		
102-3	安全生产费		总额		
102-4	信息化系统(暂估价)		总额		
102-5	新设备、新材料、新工艺定额测定费用(暂估价)		总额		
103	临时工程与设施				
103-1	临时道路修建、养护与拆除		总额		
103-2	临时占地		总额		
103-3	临时供电设施架设、维护与拆除		总额		
103-4	电信设施的提供、维修与拆除		总额		
103-5	临时供水与排污设施		总额		
103-6	临时交通工程				
-a	施工标志牌		套	2.000	933.96
	施工标志牌	补吉养-5-14-1	10 套	0.200	9 339.61
-b	锥形标		个	50.000	37.83
	施工隔离标志	补吉养-5-14-2	100 个	0.500	3 783.25
-c	彩色呢绒绳		m	500.000	8.87
	施工安全临时维护	补吉养-5-14-3	100 m	4.000	1 108.33
104	承包人驻地建设				
104-1	承包人驻地建设		总额		
202-1-a	清理现场				

细目号	细目名称	定额表号	单位	工程数量	工序单价/元
-a-1	清理表土		m³	61.000	4.96
	135 kW 以内推土机清除表土	1-1-1-12	100 m³	0.360	313.12
	填前 12～15 t 光轮压路机压实	1-1-5-4	1 000 m²	0.060	553.05
	135 kW 以内推土机清除表土	1-1-1-12	100 m³	0.250	313.11
	135 kW 以内推土机清除表土(清表回填)	1-1-1-12	100 m³	0.250	313.11
202-2	挖除旧路面				
-a	水泥混凝土路面		m³	68.400	203.39
	风镐挖清水泥混凝土面层	2-3-1-6	10 m³	6.840	1 899.33
	2 m³ 以内装载机装土方	1-1-10-2	1 000 m³ 天然密实方	0.068	1 723.14
	12 t 以内自卸汽车运土 5 km	1-1-11-7	1 000 m³ 天然密实方	0.068	11 736.02
-d	稳定土基层		m³	77.520	28.45
	挖掘机整体挖除路面	2-3-1-4	10 m³	7.752	167.13
	12 t 以内自卸汽车运土 5 km	1-1-11-7	1 000 m³ 天然密实方	0.078	11 736.01
-f	垫层及土基		m³	86.840	15.15
	2.0 m³ 以内挖掘机挖装硬土	1-1-9-9	1 000 m³ 天然密实方	0.087	3 423.20
	12 t 以内自卸汽车运土 5 km	1-1-11-7	1 000 m³ 天然密实方	0.087	11 736.01
202-3	拆除结构物				
-a	钢筋混凝土结构		m³	220.000	360.07
	人工凿除混凝土及钢筋混凝土	4-11-17-3	10 m³	22.000	3 415.59
	2.0 m³ 以内挖掘机装软石	1-1-9-13	1 000 m³ 天然密实方	0.220	3 511.25
	12 t 以内自卸汽车运石 5 km	1-1-11-21	1 000 m³ 天然密实方	0.220	15 000.47
-c	砖、石及其他砌体结构		m³	330.000	72.23
	人工拆除浆砌旧建筑物	4-11-17-2	10 m³	33.000	537.17
	2.0 m³ 以内挖掘机装软石	1-1-9-13	1 000 m³ 天然密实方	0.330	3 511.25
	12 t 以内自卸汽车运石 5 km	1-1-11-21	1 000 m³ 天然密实方	0.330	15 000.46
203-1	路基挖方				
-a	挖土方		m³	24.000	3.25
	135 kW 以内推土机推硬土第一个 20 m	1-1-12-15	1 000 m³ 天然密实方	0.024	3 249.96

细目号	细目名称	定额表号	单位	工程数量	工序单价/元
-d	挖淤泥		m³	1 500.000	20.21
	挖掘机挖装淤泥、流沙	1-1-2-5	1 000 m³	1.500	8 472.13
	12 t 以内自卸汽车运土 5 km	1-1-11-7	1 000 m³ 天然密实方	1.500	11 736.01
204-1	路基填筑(包括填前压实)				
-d	借土填方		m³	138.000	83.86
	2.0 m³ 以内挖掘机挖装硬土	1-1-9-9	1 000 m³ 天然密实方	0.138	3 423.21
	12 t 以内自卸汽车运土 15 km	1-1-11-7	1 000 m³ 天然密实方	0.138	26 940.75
	帮坡硬土	1-1-21-6	1 000 m³	0.108	46 380.21
	土底钱(数量×单价)	1	m³	138.000	11.37
	人工挖硬土台阶	1-1-4-3	1 000 m³	0.041	7 619.59
	夯土机夯实填土	1-1-7-2	1 000 m³ 压实方	0.041	11 998.68
204-1-h	结构物台背回填				
-h-1	砂砾		m³	549.000	115.46
	砂砾地基垫层	1-2-12-2	1 000 m³	0.549	115 458.93
-i	锥坡及台前溜坡填土		m³	1 115.000	118.33
	锥坡填土	4-11-2-1	10 m³ 实体	111.500	765.95
	2.0 m³ 以内挖掘机挖装硬土	1-1-9-9	1 000 m³ 天然密实方	1.115	3 423.21
	12 t 以内自卸汽车运土 15 km	1-1-11-7	1 000 m³ 天然密实方	1.115	26 940.75
	土底钱(数量×单价)	1	m³	1 115.000	11.37
207-11	踏步				
-a	C25 混凝土		m³	20.800	773.41
	现浇混凝土急流槽	1-3-4-15	10 m³	2.080	6 258.50
	人工挖运硬土第一个 20 m	1-1-6-3	1 000 m³ 天然密实方	0.041	30 443.56
	2 m³ 以内装载机装土方	1-1-10-2	1 000 m³ 天然密实方	0.041	1 723.20
	12 t 以内自卸汽车运土 5 km	1-1-11-7	1 000 m³ 天然密实方	0.041	11 736.05
	6 m³ 以内搅拌运输车运混凝土第一个 1 km	4-11-11-24	100 m³	0.212	1 772.44
	350 L 以内混凝土搅拌机拌和	4-11-11-2	10 m³	2.122	420.97

编制:张馨祎   复核:任翠茹

一、学生自评

【填空题】

1. 标底是指招标人依据国家统一的_____、_____和_____计算出来的工程造价。

2. 标底价格应由_____、_____、_____组成。一般应控制在批准的总概算(或修正概算)价格以内。

3. 目前我国建设工程标底的编制,主要采用_____和_____两种方法。

4. 招标人设有最高投标限价的,应当在招标文件中明确_____或_____的计算方法,招标人不得规定最低投标限价。

5. 招标控制价的编制内容包括_____、_____、_____、_____和_____。

【判断题】

1. 招标标底就是概、预算的限额。 ( )

2. 招标人可以自行决定是否编制标底,一个招标项目只能有一个标底。 ( )

3. 标底是招标中防止盲目报价、抑制低价抢标现象的重要手段。 ( )

4. 标底价格应考虑人工、材料、机械台班等价格变动因素,还应包括施工不可预见费、包干费和措施费等。 ( )

5. 国有资金投资的工程建设项目,招标人必须编制招标控制价。 ( )

6. 招标人可以对所编制的招标控制价进行上浮或下调。 ( )

7. 招标控制价超过批准的设计概算时,招标人应将其报原概算审批部门审核。 ( )

【思考题】

1. 公路工程施工招标标底的含义是什么?

2. 标底的性质和作用有哪些?

3. 标底编制的依据和原则有哪些?

4. 标底编制的方法有哪些?

5. 标底编制有哪些程序?

6. 招标控制价的含义是什么?

7. 招标控制价的编制原则有哪些?

8. 招标控制价的编制内容有哪些?

二、学习小组评价

班级:_____ 姓名:_____ 学号:_____

学习内容	分值	评价内容	得分
基础知识	30	公路工程施工招标标底的含义;标底的性质和作用;标底编制的原则与依据;标底及招标控制价的含义;招标控制价的编制原则和依据;招标控制价的编制内容	
应会技能	10	掌握标底编制的主要方法	
	20	能够明确标底编制的原则和程序	
	10	掌握招标控制价的编制原则	
	20	熟练掌握招标控制价的编制内容	
学习态度	10		
学习小组组长签字:		年 月 日	

工作任务三 公路工程施工投标报价的编制

【思维导图】

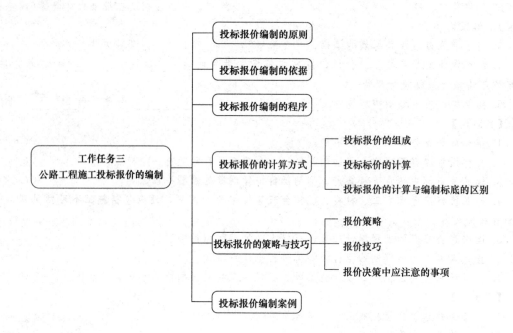

知识目标

(1)叙述公路工程投标报价编制的原则、依据。

(2)掌握公路工程投标报价编制的程序。

(3)论述投标报价的组成。

(4)明确投标报价的计算与编制标底的区别。

(5)熟悉投标报价的策略与技巧。

(6)熟悉投标报价决策中应注意的事项。

能力目标

(1)能够独立或协同他人编制公路工程投标报价。

(2)具备分析项目需求和成本结构的能力,以确定合适的报价。

(3)能够制定有效的报价策略,提高中标的机会。

(4)具备投标报价的计算和文档编制能力,以确保报价的准确性和合规性。

素质目标

(1)培养学生的法律和道德意识,确保投标报价的合规性和诚信性。

(2)培养学生的创新和适应能力，能够在不同情况下制定有效的投标报价策略。

(3)培养学生的诚信意识，在商业活动中不仅注重自身利益，还要考虑社会责任和道德价值。

一、投标报价编制的原则

报价的编制，一是要合理，就是要做得来，并留有余地。对于投标人而言，主要是符合企业的实际水平，符合本企业施工队伍的装备、人员和管理水平，对施工成本能起控制作用。二是要有竞争力，就是要符合市场的行情，并具有优势，能与强手相匹敌。前者取决于企业本身的实力和水平，后者则取决于市场的情势，包括竞争对手的实力、水平和市场的供求情况。二者可能有一定差距，但不能不兼顾，而且，前者必须服从后者。当施工企业的实力和水平达到市场高层次时，两者的差距就缩小了。

对于公路工程，其材料费用只占造价的 35%～50%（公路等级高，材料费比重大），其他为机械、人员和管理费用。而后者因施工队伍的装备和管理水平的不同以及其他因素（地利、人和）的影响而有比较大的差异。因而，对于同一个项目，不同的施工队伍的工程成本变化较大，可能达到 15%～20%。因此，所谓合理报价，对于不同的施工队伍有不同的标准。当然，在一定条件下，经过一定的努力，这种标准也是可以改变的。各单位的报价只能适应当时的水平和条件，超越这种水平和条件就是不合理的。如果对于本企业是合理的报价，但却比市场价格水平偏高，那么就只有认真分析，找出差距，采取相应的措施，不断提高经营管理水平，降低工程成本，以期从根本上提高自身的竞争力；而不能只在投标技巧或降低回报率上下功夫，否则，就会造成恶性循环，酿成恶果。在竞争过分激烈的情况下，仍应按照自身的水平和条件进行报价，不能低于成本报价。在没有把握保本的情况下，宁可不中标，也不要贸然从事。

二、投标报价编制的依据

投标报价编制的依据主要有以下几个方面：

(1)招标单位提供的招标文件。为保证投标的有效性，必须对招标文件给予全面的响应，因此，招标文件是必不可少的编制依据。另外，业主在开标前规定的日期内颁发的有关合同、规范、图纸的书面修改书和书面变更通知具有与招标文件同等的效力，也是报价的依据。

(2)招标文件所规定的各种国家标准、部颁标准、技术规范等。

(3)国家、地方颁发的有关收费标准和定额及施工企业的工、料、机消耗定额。

(4)工程所在地的政治形势和技术经济条件，如交通运输条件等。

(5)本工程的现场情况，包括地形、地质、气象、雨量、劳动力、生活品供应、当地地方病等。

(6)当地工程机械出租的可能性、品种、数量、单价，发电厂供电正常率及提供本项目用电的功率和单价。

(7)当地劳动力的技术水平和供应数量。

(8)业主供应材料情况及交货地点、单价；当地材料供应盈缺情况，建材部门公布的材料单价，并预测当地材料市场涨落情况。

(9)本企业为本项目提供新添施工设备经费可能性，设备投资在标价中分摊费与成本的比率。

(10)施工组织设计和施工方案。

(11)该项目中标后，当地的工程市场信息、有否后续工程的可能性。

(12)参加投标的竞争对手情况，各有多大实力，竞争对手信誉等。

(13)有关报价的参考资料，如当地近几年来同类性质已完工程的造价分析，以及本企业历年来(至少五年)已完工程的成本分析。

三、投标报价编制的程序

工程投标报价一般应按下列程序进行。

(1)研究招标文件，调查投标环境，对工程项目进行现场勘察。

(2)制定投标策略。

(3)复核工程量清单。

(4)编制施工组织设计。

(5)确定联营分包，询价，计算分项工程直接费。

(6)分摊项目费用，编制单价分析表。

(7)计算投标基础价。

(8)获胜分析、盈亏分析。

(9)提出备选投标报价方案。

(10)决定投标报价方案。

在完成以上工作时，应注意以下问题。

(1)仔细核实工程量。工程量是整个计算标价工作的基础。招标项目的工程量在招标文件的工程量清单中有详细说明，但由于种种原因，工程量清单中的工程数量有时会和图纸中的数量存在不一致的现象。因此，有必要进行复核，核实工程量的主要作用如下：

1)全面掌握本项目需发生的各分项工程的数量，便于投标中进行准确的报价。

2)及时发现工程量清单中关于工程量的错误和漏洞，为制定投标策略提供依据。

3)有利于促使投标单位对技术规范中的计量支付规定做进一步的研究，便于精确地编写各工程细目的单价。

核实工程量可从两个方面入手：一是认真研究招标文件，吃透技术规范；二是通过切实的考察取得第一手资料。具体来讲应做好以下几项工作。

①全面核实设计图纸中各分项工程的工程量。

②计算受施工方案影响而需额外发生和消耗的工程量。

③根据技术规范中计量与支付的规定，对以上数量进行折算，在折算过程中有时需要对设计图纸中的工程量进行分解或合并。

(2)重视施工组织设计的编制。高效率和低消耗是编制施工组织设计的总原则，编制施工组织设计时应遵循连续性原则、均衡性原则、协调性原则和经济性原则。其中，经济性原则是施工组织设计的核心和落脚点，因此，在编制施工组织设计时，应注意如下事项。

1)充分满足技术上的先进性和可靠性，最大限度地提高劳动生产率，降低施工成本。

2)充分利用现有的施工机械设备，提高施工机械的使用率以降低机械施工成本。

3)采用先进的管理手段，优化施工进度计划，选择最优施工排序，均衡安排施工，尽量避免施工高峰的赶工现象和施工低谷中的窝工现象，机动安排非关键线路上的剩余资源，从非关键线路上要效益。

4)适当聘用当地员工或临时工，降低施工队伍调遣费，减少窝工现象。

投标竞争是比技术、比管理的竞争，技术和管理的先进性应充分体现在编制的施工组织设计中，以达到降低成本、缩短工期的目的。

(3)明确报价的组成部分及内容。一个项目的投标报价由施工成本、利润和税金、风险费用三部分组成。在投标报价中应科学地编制以上三项费用，使总报价既有竞争力，又有利可图。

(4)掌握市场情报和信息，确定投标策略。报价策略是投标单位在激烈竞争的环境下为了企业的生存与发展而可能使用的对策。投标报价策略运用是否得当，对投标单位能否中标和获得的利润影响很大。

四、投标报价的计算方式

1. 投标报价的组成

国内工程投标报价的组成和国际工程的投标报价组成基本相同，但每项费用的内容则比国际工程报价少而简单。投标报价的组成主要有分部分项工程费、措施项目费、其他项目费、规费及税金等。

(1)分部分项工程费是指施工过程中耗费的构成工程实体性项目的各项费用，由人工费、材料费、施工机械使用费、企业管理费和利润组成。

(2)措施项目费是指为完成工程项目施工所必须发生的施工准备和施工过程中技术、生活、安全、环境保护等方面的非工程实体项目费用。

(3)其他项目费包括暂列金额、暂估价、计日工和总承包服务费。

(4)规费是指法律、法规、规章、规程规定施工企业必须缴纳的费用。

(5)税金是指国家税法规定的应计入建筑安装工程造价内的增值税、城市维护建设税及教育费附加。

2. 投标标价的计算

投标报价的计算有工料单价计算法和综合单价计算法两种。

(1)工料单价计算法。根据已审定的工程量，按照定额或市场的单价，逐项计算每个项目的价格，分别填入招标人提供的工程量清单内，计算出全部工程量直接成本费，然后按企业自定的各项费率及法定税率，依次计算出间接费、计划利润及税金，另外，再考虑一项不可预见费，其费用总和即为基础报价。

(2)综合单价计算法。按综合单价计算法报价，是所填入工程量清单的单价，应包括人工费、材料费、机械使用费、其他工程费、间接费、计划利润和税金以及风险金等全部费用，构成基础单价，即综合单价。这种方法用于单价合同的报价，报价金额等于工程量清单的汇总金额加上暂定金额。

3. 投标报价的计算与编制标底的区别

标底是按照国家规定的定额、取费标准、技术标准和规范等编制并报请有关部门审核批准后的工程价格，在评标时可能作为报价评分得分衡量的标准或一个参考价值。

投标报价是根据企业实际水平进行计算(因此采用的是企业定额而非国家定额)，也可以根据本企业的需要上下浮动，无须报送建设主管部门审核批准。

五、投标报价的策略与技巧

承包人在正常经营条件下要想在一项竞争性投标中获胜，最关键的问题就是要有一个恰当的报价。工程投标报价是一种竞争性的价格，实践证明，报价太高，无疑会失去竞争力而落标；报价太低，也未必能中标或者会变成废标。因此，恰当的报价应是一种适度的报价，同时还应当有一定的策略，才能在竞争中获胜。基于报价的策略和技巧问题归纳如下。

1. 报价策略

报价策略就是如何确定自己的报价，既能在投标竞争中取胜即中标，又能保证在中标后的实践过程中取得一定的经济效益。报价策略一般有以下几种。

(1)盈利策略。盈利策略即在报价中考虑了较大的利润值。这种报价策略通常只在下列情况采用：建筑市场任务多；本企业任务饱满，利润丰厚；本企业对该项目拥有技术上的垄断优势。

(2)微利保本策略。微利保本策略即在施工成本、利税及风险费三项费用中，降低利润目标，甚至不考虑利润。这种投标策略通常适用于企业工程任务不饱满，无后继工程，或已出现部分窝工的情况；建筑市场供不应求(任务少，施工企业多)，竞争对手多，本企业对该项目又无优势可言的情况。业主按最低标定标时也可采用。

(3)低价亏损策略。低价亏损策略即在报价中不考虑企业利润，而是考虑一定的亏损后提出报价的策略。这种报价策略通常只在下列情况采用：为打入新市场，取得拓宽市场的立足点；在本企业一统天下的地盘里，为挤垮企图插足的竞争对手；在竞争十分激烈的情况下，为中标而不惜血本压低标价；本企业已大量窝工，严重亏损，如果能承担该工程至少可以使部分人工、机械运转，减少亏损。使用该种报价策略时应注意以下事项：第一，业主肯定是按最低价确定中标单位；第二，这种报价方法属于正当的商业竞争行为(不正当竞争行为是一种违法行为)。

(4)冒险投标策略。冒险投标策略即在报价中不考虑风险费用的策略，是一种冒险行为。如果风险不发生，即意味着承包人的报价成功；如果风险发生，则意味着承包人要承担极大的风险损失。这种报价策略同样只在市场竞争激烈，承包人急于寻找施工任务或着眼于打入该建筑市场甚至独占该建筑市场(以后靠长期经营挽回损失)时才予以采用。

以上是投标报价的四种常见策略，在投标报价过程中，可以在以上四种策略的基础上采用以下几种附带策略：

(1)优化设计策略。优化设计策略即发现并修改原有施工图设计中存在的不合理情况或采用新技术优化设计方案。如果这种设计能大幅度降低工程造价或缩短工期且设计方案可靠，则这种设计方案一经采纳，承包人即可获得中标资格。

(2)补充投标优惠条件。

1)缩短规定的工期，即通过先进的施工方案、施工方法、科学的施工组织或者优化设计来缩短合同工期。当投标工期是关键时，则业主在评标过程中会将缩短工期后所带来的预期收益考虑进去，此时对承包人获取中标资格是有利的。

2)施工完后免费赠送进场的施工机械或设备。

3)不要求招标人提供预付款等，以增加投标竞争力，争取中标。

(3)低价中标，着眼索赔。低价中标，着眼索赔即在发现招标文件中存在许多漏洞甚至许多错误或业主的施工条件根本不具备，开工后必然违约的情形下，有意报低价格，先争取中标，中标后通过索赔来挽回低报价的损失。这种策略只有在合同条款中关于索赔的规定明显对己方有利的情形下方可采用，对于以 FIDIC 条款作为合同的项目招标不宜采用这种方法。

投标人不仅要掌握报价的策略和技巧，还应在制定报价策略时考虑各种因素，见表 5-27。

表 5-27 在制定报价策略时所应考虑的各种因素

高报价策略	低报价策略
(1)施工条件较差。如施工场地狭窄，不易开展工作，或施工干扰如交通干扰很多的工程	(1)施工条件好。如施工技术简单，适应于大机械化作业，技术标准高或规模大的高速公路路基土石方工程(作业面大，便于发挥机械施工效率)
(2)专业要求高的技术密集型工程。竞争对手无施工经验，本企业有技术专长，声望较高	(2)本企业因发展急于打入该建筑市场，或虽在该地区施工多年，但眼前无施工任务，如果转移到外地施工迁移费用很高，不利于企业发展
(3)总价低的小工程，以及自己不愿意做而被邀请投标，但又不便于不投标的工程	(3)附近有工程，而本项目可以综合利用已到场的闲置机械设备和劳动力，或有条件可以在短期内完成的工程，或可以综合利用即将作弃方的土石方工程或可利用原有的周转性材料的工程
(4)业主对工期要求急的工程	(4)非急需工程
(5)投标对手少的工程	(5)投标对手多，且竞争激烈的工程
(6)支付条件不理想，风险较大的工程	(6)支付条件好，风险较小的工程

2. 报价技巧

投标报价时采用一定技巧，中标后可能取得更多的收益，这种收益是正常的。常采用的报价技巧有以下几项。

(1)不平衡报价法。不平衡报价法是在总价基本确定不变的前提下，调整工程各子项的单价的报价方法。不平衡报价法可以从以下两种情况考虑。

1)从时间上处理。由于资金具有时间价值，获取收入的时间不同，对承包商来说其收益也不一样。就时间而言，不平衡报价法有以下四种方法。

①早期摊入法，即将投标期间和开工初期需发生的费用全部摊入早期完工的分项工程中。这些费用有投标期间的各种开支、投标保函手续费、工程保险费、部分临时设施费、由承包商承担的监理设施费、施工队伍调遣费、临时工程及其他开支费用。采用不平衡报价法时，可以将工程量清单中的这些费用支付项目适当提高报价，由于这些费用支付时间较早(通常在开工初期支付)，这样报价便于承包商尽早收回成本或减少周转资金。

②递减摊入法，即将施工前期发生较多而后逐步减少的一些费用，按随时间发生逐步减少分摊比例的方法摊到各分项工程中。这些费用有履约保函手续费、贷款利息、部分临时设施费、业务费、管理费。

③递增摊入法，其方法与递减摊入法相反，这些费用包括物价上涨费等费用。当承包人预测物价上涨率在施工后期较高甚至超过银行利率时，可以采用递增摊入法来报价。

④平均摊入法，即将费用平均分摊到各分项工程的单价中。这些费用包括意外费用、利润、税金等费用。

2)从单价上处理，有以下六种方法。

①先期开工的项目(如开工费、土方、基础等)的单价报价高，后期开工的项目如高速公路的路面、交通设施、绿化等附属设施的单价报价低。

②估计到以后会增加工程量的项目的单价报价高，工程量会减少的项目的单价报价低。

③图纸不明确或有错误的，估计今后会修改的项目的单价报价高，估计今后会取消的项目的单价报价低。

④没有工程量，只填单价的项目(如土方超运)的单价报价高(这样既不影响投标总价，又有利于多获利润)。

⑤对暂定金额项目，分析其让承包人做的可能性大时，其单价报价高；反之，报价低。

⑥对于允许价格调整的工程，当利率低于物价上涨时，则后期施工的工程细目的单价报价高；反之，报价低。

(2)扩大投标价报价法。扩大投标价报价法即除按正常的已知条件编制价格外，对工程中变化较大或没有把握的工作，采用扩大单价、增加"不可预见费"的方法来减少风险。

(3)多方案报价法。多方案报价可能有以下两种情况。

1)有些工程项目，业主要求按某一招标方案报价后，投标人可以再提出几种可供业主参考与选择的报价方法。其方法是，按原工程说明书和合同条款报一个价格，并加以注释："如工程说明书和合同条款可做某些改变时，可降低多少费用"，使报价成为最低，以吸引业主修改说明书和合同条款。使用该方法时注意不要违反招标文件中规定的投标一致性，否则会作为废标处理。

2)在招标文件中写明，允许投标人另行提出自己的建议。有经验的投标人除按原招标文件如实填报标价外，常在投标致函中提出某种颇有吸引力的建议，并对报价做相应降低。当然，这种建议不是要求业主降低某技术要求和标准，而是应当通过改进工艺流程或工艺方法来降低成本，降低报价。如果属于改变材料和设备的建议，则应说明绝不降低原设计标准和要求，而可以起到降低造价的作用。另外应注意，提出这种建议时可以列出降价数字，但不宜将建议内容写得十分详细、具体。否则，业主可能将你的建议提交给最低报价者研究，并要求可能得标者再进一步降价，这样就会把己方建议免费提供给了竞争对手，对自己的中标很不利。

(4)开口升级报价法。开口升级报价法将报价看成是协商的开始，报价时利用招标文件中规定的不明确的有利条件，将造价很高的一些单项工程的报价抛开作为活口，将标价降低至无法与之竞争的数额。利用这种"最低标价"来吸引业主，从而取得与业主商谈的机会，利用活口进行升级加价，以达到最后盈利的目的。

(5)突然降价法。突然降价法是一种迷惑对手(或保密)的竞争手段。在整个报价过程中，仍按一般情况报价，甚至有意无意地将报价泄露，或者表示对工程兴趣不大，等到投标截止期来临之时，来一个突然降价，使竞争对手措手不及，从而解决标价保密问题，避免自己真实的报价向外泄露，提高竞争能力和中标机会。

降低投标价格可以从以下两个方面入手。

1)降低计划利润。投标时确定计划利润既要考虑自己企业任务饱满的情况，又要考虑竞争对手的情况。适当地降低利润和收益目标，从而降低报价会提高投标中标的概率。

2)降低经营管理费。为了竞争的需要，可降低这部分费用，可以在施工中通过加强组织管理予以弥补。

3. 报价决策中应注意的事项

(1)施工企业在投标中应从自身条件、兴趣、能力和远近期经营战略目标出发来进行报价决策。一个企业，首先要从战略眼光出发，投标时既要看到近期利益，也要看到长远目标，承揽的当前工程要为今后的工程创造机会和条件。在投标中，企业要注意扬长避短，注重信誉，报价中要量力而行，不顾实际情况、盲目压低标价的行为应予抵制。

(2)报价决策中应重视对业主条件和心理方面的分析。施工条件是否具备是投标中应予重视的问题，它与承包人的利益密切相关，条件不成熟的项目对业主是一种风险，应在报价决策中作相应的考虑。其次是对业主的心理分析，业主资金短缺者一般考虑最低标价中标；工程急需开工者和完工者，通常要求工期尽量提前。因此，加强对业主的心理分析和情报收集对做好报价决策是很重要的。

（3）做好报价的宏观审核。标价编好后，是否合理，有无可能中标，可以采用工程报价宏观审核指标的方法进行分析判断。例如，可采用单位工程造价、全员劳动生产率、各分项工程价值比例、各类费用的正常比例、单位工程用工用料等正常指标进行审核。

（4）提高企业的管理水平。为了中标，企业应认真做好施工组织设计，发挥本企业管理水平和设备先进的优势，用网络图指导施工计划，班组优化组合，工艺先进，交叉作业，平衡施工，科学管理，达到缩短工期、降低报价的目的。

（5）充分发挥本企业的优势。每个施工企业都有自身的长处和优势，可以通过发挥这些优势来降低成本，从而降低报价，使这种优势在投标竞争中起到实质作用，即把企业优势转化为价值形态。一个施工企业的优势一般可以从以下几个方面来衡量。

1）职工素质高：技术人员云集、施工经验丰富，工人技术水平高、劳动态度好，工作效率高。

2）技术装备强：企业设备新、性能先进、成套齐全、使用效率高、运转劳务费低、耗油低。

3）材料供应：有一定的周转材料，有稳定的来源渠道，价格合理、运输方便、运距短、费用低。

4）施工技术：施工人员经验丰富，提出了先进的施工组织设计，方案切实可行，组织合理，经济效益好。

5）管理体制：劳动组合精干，管理机构精炼，管理费开支低。

（6）使用各种策略和技巧时，一定不要违反招标文件中规定的投标一致性，否则会作为废标处理。

根据工程的成本，再根据拟采用的投标策略和技巧，便可确定投标报价。

六、投标报价编制案例

某县道养护工程，根据项目招标文件和《公路工程标准施工招标文件》（2018年版），编制投标报价，见表5-28～表5-34。

表 5-28　工程量清单表(一)

合同段：×××县道养护工程　　　　　　　　　　　　　　　　　　货币单位：人民币元

子目号	子目名称	单位	数量	单价	合价
	第 100 章　总则				
101	通则				
101-1	保险费				
101-1-a	建筑工程一切险	总额			173 582
101-1-b	第三者责任险	总额			3 500
102	工程管理				
102-1	竣工文件	总额			20 000
102-2	施工环保费	总额			20 000
102-3	安全生产费	总额			882 998
102-5	录像设备	套	4	20 000.00	80 000
103	临时工程与设施				
103-1	临时道路修建、养护与拆除	总额			30 000
103-2	临时占地	总额			50 000
103-3	临时供电设施架设、维护与拆除	总额			8 000
103-4	电信设施的提供、维修与拆除	总额			10 000
103-5	临时供水与排污设施	总额			50 000
104	承包人驻地建设				
104-1	承包人驻地建设	总额			60 000
105	施工标准化				
105-1	施工驻地	总额			30 000
105-2	工地试验室	总额			20 000
105-3	拌合站	总额			100 000
105-4	钢筋加工场	总额			30 000
105-5	预制场	总额			30 000
105-6	仓储存放地	总额			13 500
	第 100 章合计　人民币 1 611 580 元				

表 5-29　工程量清单表(二)

合同段：×××县道养护工程　　　　　　　　　　　　　　　　　　货币单位：人民币元

子目号	子目名称	单位	数量	单价	合价
	第 200 章　路基				
202	场地清理				
202-2	挖除旧路面				
202-2-a	水泥混凝土路面				
202-2-a-1	厚 20 cm	m³	27 177.940	95.20	2 587 340
202-2-a-2	凿旧路混凝土	m³	161.830	95.20	15 406

子目号	子目名称	单位	数量	单价	合价
	第 200 章　路基				
202-2-b	挖除 5 cm 厚旧路沥青面层	m³	120.750	85.30	10 300
202-2-c	挖除旧路结构层	m³	256.000	83.26	21 315
202-3	拆除结构物				
202-3-a	钢筋混凝土结构				
202-3-a-1	凿除钢筋混凝土	m³	19.880	243.00	4 831
202-3-b	混凝土结构				
202-3-b-1	凿除混凝土	m³	91.550	243.00	22 247
202-3-c	砖、石及其他砌体结构	m³	157.840	182.00	28 727
202-5	铣刨路面				
202-5-b	铣刨 2 cm 沥青混凝土	m³	9.040	33.80	306
202-6	路床碾压	m²	84 299.730	3.90	328 769
203	挖方路基				
203-1	路基挖方				
203-1-a	挖土方	m³	50 040.770	5.65	282 730
204	填方路基				
204-1	路基填筑（包括填前压实）				
204-1-a	利用土方	m³	36 063.000	18.50	667 166
204-1-b	利用石方	m³	2 022.000	32.80	66 322
204-1-h	结构物台背回填	m³	1 292.000	32.80	42 378
204-1-k	换填水泥板破碎料（含级配碎石）	m³	28 497.050	65.30	1 860 857
205	特殊地区路基处理				
205-1	软土路基处理				
205-1-d	土工合成材料				
205-1-d-1	土工布	m²	23 515.200	6.71	157 787
205-1-o	路面防推移锚固钢筋				
205-1-o-1	HRB400 钢筋	kg	10 602.910	4.98	52 802
205-1-o-2	水泥净浆	m³	8.750	1 265.30	11 071
207	坡面排水				
207-1	边沟				
207-1-a	M15 浆砌片石	m³	1 299.510	270.00	350 868
207-1-c	现浇 C30 混凝土	m³	41.370	470.00	19 444
207-1-d	预制 C30 混凝土	m³	10.860	420.00	4 561
207-1-e	混凝土盖板	m³	27.940	420.00	11 735
207-1-g	HPB300 钢筋	kg	394.180	4.96	1 955
207-4	跌水与急流槽				
207-4-b	M15 浆砌片石	m³	19.380	270.00	5 233
207-4-e	花岗岩拦水带	m³	3.000	650.00	1 950

第 200 章 路基					
子目号	子目名称	单位	数量	单价	合价
207-11	清理淤泥	m³	2 033.910	61.30	124 679
209	挡土墙				
209-1	垫层				
209-1-a	砂砾垫层	m³	17.350	58.70	1 018
209-2	基础				
209-2-a	M15 浆砌片石基础	m³	708.410	340.00	240 859
209-2-c	C30 片石混凝土基础	m³	915.190	450.00	411 836
209-3	砌体挡土墙				
209-3-a	M15 浆砌片石	m³	1 759.100	350.00	615 685
209-3-b	钢筋	kg	487.680	4.97	2 424
209-5	混凝土挡土墙				
209-5-a	C30 混凝土	m³	42.550	360.00	15 318
209-5-b	C30 片石混凝土	m³	823.350	370.00	304 640
215	河道防护				
215-2	导流设施(护岸墙、顺坝、丁坝、调水坝、锥坡)				
215-2-d	锥坡				
215-2-d-1	片石护坡	m³	117.500	330.00	38 775
215-2-d-2	砂砾垫层	m³	14.020	122.80	1 722
215-4	踏步				
215-4-a	现浇 C30 混凝土	m³	94.040	420.00	39 497
215-4-b	砂砾垫层	m³	58.140	132.00	7 674
215-4-c	挖基土方	m³	193.040	28.30	5 463
第 200 章合计 人民币 8 365 690 元					

表 5-30 工程量清单表(三)

合同段：×××县道养护工程 货币单位：人民币元

第 300 章 路面					
子目号	子目名称	单位	数量	单价	合价
302	垫层				
302-5	粒料层(厚 200 mm)	m²	84 300.000	35.80	3 017 940
302-6	级配碎石(厚 200 mm)	m²	1 603.520	35.80	57 406

第 300 章 路面

子目号	子目名称	单位	数量	单价	合价
304	水泥稳定碎石底基层、基层				
304-1	水泥稳定碎石底基层				
304-1-a	厚 200 mm	m²	78 527.600	59.50	4 672 392
304-3	水泥稳定碎石基层				
304-3-a	厚 250 mm	m²	175 486.000	65.20	11 441 687
304-3-c	均厚 36 mm 旧路调平	m²	105 242.000	21.30	2 241 655
304-3-e	均厚 150 mm	m²	1 391.500	45.60	63 452
304-3-f	均厚 130 mm	m²	288.000	39.80	11 462
308	透层和黏层				
308-1	透层	m²	174 588.000	5.73	1 000 389
308-2	黏层	m²	182 813.000	3.82	698 346
309	热拌沥青混合料面层				
309-1	细粒式沥青混凝土				
309-1-b	AC—13 厚 40 mm	m²	183 985.200	47.20	8 684 101
309-1-c	AC—13 厚 10 mm 旧路调平	m²	18 229.000	19.38	353 278
309-2	中粒式沥青混凝土				
309-2-d	AC—20 厚 50 mm	m²	163 904.200	51.22	8 395 173
310	沥青表面处置与封层				
310-2	封层	m²	173 415.800	11.90	2 063 648
312	水泥混凝土面板				
312-3	端部处理				
312-3-a	20 cm 厚 C20 混凝土	m³	1 478.900	260.00	384 514
313	路肩培土、土路肩加固及路缘石				
313-1	路肩培土	m³	10 746.770	38.20	410 527
313-6	土路肩硬化				
313-6-a	M15 浆砌片石	m³	104.610	270.00	28 245
313-6-b	砂砾垫层	m³	69.910	135.00	9 438
315	路面病害处置				
315-1	土工格栅	m²	387.960	26.50	10 281
315-3	沥青砂灌缝	m	646.600	120.00	77 592
315-4	凿除水泥混凝土	m³	0.800	150.00	120
315-6	C30 混凝土	m³	0.800	370.00	296
316	平面交叉				
316-1	50 mm 磨耗层	m²	2 917.000	14.36	41 888
316-3	均 150 mm 粒料改善	m²	2 894.000	12.25	35 452
	第 300 章合计 人民币 43 699 282 元				

表 5-31　工程量清单表(四)

合同段：×××县道养护工程　　　　　　　　　　　　　　　　　　　　　　　　货币单位：人民币元

子目号	子目名称	单位	数量	单价	合价
	第 400 章　桥梁、涵洞				
404	基坑开挖及回填				
404-1	干处挖土方	m³	36.000	20.00	720
404-2	水下挖土方	m³	406.580	30.00	12 197
415	桥面铺装				
415-1	沥青混凝土桥面铺装				
415-1-c	5 cmAC-13 沥青混凝土	m²	543.200	60.00	32 592
415-1-d	4 cmAC-13 沥青混凝土	m²	64.800	48.00	3 110
415-1-f	5 cmAC-20 沥青混凝土	m²	64.800	55.20	3 577
415-2	水泥混凝土桥面铺装				
415-3	防水层				
415-3-b	AMP-100 二阶反应型防水层	m²	543.200	30.00	16 296
419	圆管涵及倒虹吸管涵				
419-1	单孔钢筋混凝土圆管涵				
419-1-a	1-φ1.0	m	150.500	1 780.00	267 890
420	盖板涵、箱涵				
420-1	钢筋混凝土盖板涵				
420-1-a	1-2.0×2.0	m	17.000	5 200.00	88 400
420-1-b	1-2.0×1.5	m	29.020	3 550.00	103 021
420-1-c	1-3.0×1.7	m	8.500	6 800.00	57 800
420-1-d	1-4.0×2.5	m	8.500	8 600.00	73 100
422	涵洞维修				
422-1	加高帽石或八字墙				
422-1-a	C30 补偿收缩混凝土	m³	23.210	1 218.00	28 270
422-1-b	HRB400 钢筋	kg	302.780	4.97	1 505
422-2	加铺盖板				
422-2-a	C40 防水混凝土	m³	18.860	765.00	14 428
422-2-b	HRB400 钢筋	kg	4 866.940	4.97	24 189
422-5	集水井				
422-5-a	M15 浆砌片石	m³	12.770	360.00	4 597
422-11	八字墙				
422-11-a	C30 混凝土	m³	88.550	360.00	31 878
422-11-b	砂砾垫层	m³	6.870	126.00	866
422-12	一字墙				
422-12-a	C30 混凝土	m³	19.600	360.00	7 056

<table>
<tr><td colspan="6" style="text-align:center">第400章 桥梁、涵洞</td></tr>
<tr><td>子目号</td><td>子目名称</td><td>单位</td><td>数量</td><td>单价</td><td>合价</td></tr>
<tr><td>422-13</td><td>洞口铺砌 M15 浆砌片石</td><td>m³</td><td>18.320</td><td>240.00</td><td>4 397</td></tr>
<tr><td>422-14</td><td>截水墙 M15 浆砌片石</td><td>m³</td><td>13.330</td><td>240.00</td><td>3 199</td></tr>
<tr><td>422-16</td><td>M15 浆砌片石急流槽</td><td>m³</td><td>6.130</td><td>240.00</td><td>1 471</td></tr>
<tr><td>422-17</td><td>M15 水泥砂浆维修台身</td><td>m³</td><td>0.500</td><td>320.00</td><td>160</td></tr>
<tr><td>422-18</td><td>清淤</td><td>m³</td><td>19.630</td><td>95.00</td><td>1 865</td></tr>
<tr><td>423</td><td>桥梁维修</td><td></td><td></td><td></td><td></td></tr>
<tr><td>423-2</td><td>防撞墙加高</td><td></td><td></td><td></td><td></td></tr>
<tr><td>423-2-a</td><td>护栏及金属件</td><td>kg</td><td>2 031.510</td><td>7.80</td><td>15 846</td></tr>
<tr><td></td><td></td><td></td><td></td><td></td><td></td></tr>
<tr><td colspan="6" style="text-align:center">第400章合计 人民币798 430元</td></tr>
</table>

表 5-32　工程量清单表(五)

合同段：×××县道养护工程　　　　　　　　　　　　　　　货币单位：人民币元

<table>
<tr><td colspan="6" style="text-align:center">第600章 安全设施及预埋管线</td></tr>
<tr><td>子目号</td><td>子目名称</td><td>单位</td><td>数量</td><td>单价</td><td>合价</td></tr>
<tr><td>602</td><td>护栏</td><td></td><td></td><td></td><td></td></tr>
<tr><td>602-1</td><td>混凝土护栏(护墙、立柱)</td><td></td><td></td><td></td><td></td></tr>
<tr><td>602-1-a</td><td>C50 混凝土墙身</td><td>m³</td><td>5.120</td><td>1 270.00</td><td>6 502</td></tr>
<tr><td>602-1-c</td><td>C50 混凝土基础</td><td>m³</td><td>1.920</td><td>965.30</td><td>1 853</td></tr>
<tr><td>602-1-d</td><td>钢筋</td><td>kg</td><td>4 950.050</td><td>4.97</td><td>24 602</td></tr>
<tr><td>602-1-e</td><td>过渡翼墙 C50 防腐蚀混凝土</td><td>m³</td><td>25.990</td><td>1 350.00</td><td>35 087</td></tr>
<tr><td>602-1-f</td><td>防撞墙 C50 防腐蚀混凝土</td><td>m³</td><td>9.080</td><td>1 350.00</td><td>12 258</td></tr>
<tr><td>602-3</td><td>波形梁钢护栏</td><td></td><td></td><td></td><td></td></tr>
<tr><td>602-3-a</td><td>路侧波形梁钢护栏</td><td></td><td></td><td></td><td></td></tr>
<tr><td>602-3-a-1</td><td>新建 B 级护栏</td><td>m</td><td>4 376.000</td><td>368.50</td><td>1 612 556</td></tr>
<tr><td>602-3-a-2</td><td>新建 SB 级护栏</td><td>m</td><td>176.000</td><td>602.00</td><td>105 952</td></tr>
<tr><td>602-3-a-3</td><td>拔出再利用原标准 A 级护栏</td><td>m</td><td>646.000</td><td>180.00</td><td>116 280</td></tr>
<tr><td>604</td><td>道路交通标志</td><td></td><td></td><td></td><td></td></tr>
<tr><td>604-1</td><td>单柱式交通标志</td><td></td><td></td><td></td><td></td></tr>
<tr><td>604-1-a</td><td>新建(含诱导标)</td><td>个</td><td>87.000</td><td>2 400.00</td><td>208 800</td></tr>
<tr><td>604-1-b</td><td>更换或增加版面</td><td>个</td><td>13.000</td><td>2 000.00</td><td>26 000</td></tr>
<tr><td>604-1-c</td><td>拆除</td><td>个</td><td>12.000</td><td>1 200.00</td><td>14 400</td></tr>
<tr><td>604-1-e</td><td>更换立柱反光膜</td><td>个</td><td>56.000</td><td>325.00</td><td>18 200</td></tr>
<tr><td>604-2</td><td>双柱式交通标志</td><td></td><td></td><td></td><td></td></tr>
<tr><td>604-2-a</td><td>新建</td><td>个</td><td>2.000</td><td>8 750.00</td><td>17 500</td></tr>
<tr><td>604-5</td><td>单悬臂式交通标志</td><td></td><td></td><td></td><td></td></tr>
<tr><td>604-5-a</td><td>新建</td><td>个</td><td>15.000</td><td>8 200.00</td><td>123 000</td></tr>
</table>

	第 600 章 安全设施及预埋管线				
子目号	子目名称	单位	数量	单价	合价
604-5-c	拆除(水泥杆)	个	11.000	625.00	6 875
604-8	里程碑				
604-8-b	拔出利用	个	31.000	182.00	5 642
604-10	百米牌				
604-10-a	柱式百米牌	个	569.000	100.00	56 900
604-10-b	附着式百米牌				
604-10-b-1	附着式(一)	个	47.000	30.00	1 410
604-10-b-2	附着式(二)	个	4.000	30.00	120
604-13	单柱式凸透镜				
604-13-b	更换	个	1.000	355.00	355
604-14	道口标注	个	1 418.000	147.00	208 446
604-15	频闪灯	个	1.000	650.00	650
605	道路交通标线				
605-1	热熔型涂料路面标线				
605-1-a	主线标线	m²	4 177.810	39.20	163 770
605-1-b	横向减速振动标线	m²	1 587.600	93.00	147 647
605-5	轮廓标				
605-5-b	附着式轮廓标				
605-5-b-1	附着式(一)	个	349.000	30.00	10 470
605-5-b-2	附着式(二)	个	14.000	30.00	420
605-10	桥墩铝基反光膜	m²	259.230	320.00	82 954
609	景观设施				
609-1	仿古六角亭及场区	处	1.000	80 000.00	80 000
	第 600 章合计　人民币 3 088 649 元				

表 5-33　工程量清单表(六)

合同段：×××县道养护工程　　　　　　　　　　　　　　　　　　　货币单位：人民币元

子目号	子目名称	单位	数量	单价	合价
	第 700 章　绿化及环境保护				
702	铺设表土				
702-2	种植土	m³	6 026.000	28.00	168 728
703	撒播草种和铺植草皮				
703-1	植草	m²	40 171.500	7.50	301 286
707	修剪树木				
707-1	修剪树木	棵	40.000	100.00	4 000
		第 700 章合计　人民币 474 014 元			

表 5-34 投标报价汇总表

合同段：×××县道养护工程 货币单位：人民币元

序号	章次	科目名称	金额/元
1	100	总则	1 611 580
2	200	路基	8 365 690
3	300	路面	43 699 282
4	400	桥梁、涵洞	798 430
5	500	隧道	
6	600	安全设施与预埋管线	3 088 649
7	700	绿化及环境保护设施	474 014
8	100 章～700 章清单合计		58 037 645
9	暂列金额(含计日工总额)		1 741 129
	(按第 100 章至第 700 章合计金额的 3%计列 8×3%=9)		
10	投标报价(8+9=10)		59 778 774

学习效果评价

一、学生自评

【填空题】

1. 核实工程量可从两方面入手：一是_____；二是_____。

2. 编制施工组织设计的总原则是_____、_____。

3. 一个项目的投标报价由_____、_____、_____三部分组成。

4. 投标报价的计算方法有_____、_____两种。

5. 投标报价技巧中不平衡报价一般有_____、_____、_____、_____四种方法。

【判断题】

1. 对于公路工程，材料费用的比率占造价的 70%以上。 （ ）

2. 同一个项目，不同的施工队伍的工程成本变化可以达到 15%～20%。 （ ）

3. 报价策略运用是否得当，对投标单位是否能中标只有微小影响。 （ ）

4. 投标报价可以根据企业的需要上下浮动，无须报送建设主管部门审核批准。 （ ）

5. 标底是按照国家规定的定额、取费标准、技术标准和规范等编制并报请有关部门审核批准后的工程价格。 （ ）

【思考题】

1. 公路工程投标报价编制的原则有哪些？

2. 公路工程投标报价编制的依据有哪些？

3. 公路工程投标报价编制的程序有哪些？

4. 投标报价包括哪些内容？

5. 如何区别投标报价的计算与标底的编制？

6. 投标报价有哪些策略与技巧？

7. 投标报价决策中应注意哪些事项？

二、学习小组评价

班级：_____　　　　　姓名：_____　　　　　学号：_____

学习内容	分值	评价内容	得分
基础知识	30	公路工程投标报价编制的原则；公路工程投标报价编制的依据；公路工程投标报价编制的程序；投标报价的组成；投标报价的计算与标底编制的区别；投标报价的策略与技巧；投标报价决策中应注意的事项	
应会技能	10	掌握公路工程投标报价编制的程序	
	20	学会区分投标报价计算与标底编制的区别	
	10	掌握投标报价的策略与技巧	
	20	学会编制公路工程投标报价文件	
学习态度	10		
学习小组组长签字：		年　月　日	

学习情境六 公路工程造价软件应用

工作任务一 认知纵横公路工程造价管理软件

【思维导图】

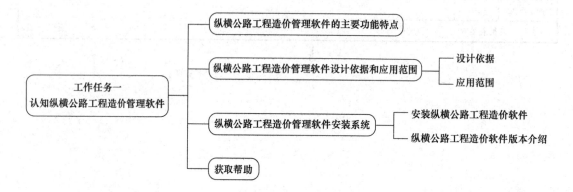

知识目标

(1)描述纵横公路工程造价管理软件的主要功能特点。

(2)叙述纵横公路工程造价管理软件的设计依据和应用范围。

(3)熟悉纵横公路工程造价管理软件的安装及注册。

(4)熟悉纵横公路工程造价管理软件的帮助内容。

能力目标

(1)能够识别和理解公路工程造价管理软件的核心功能,以便在实际工作中能够有效应用。

(2)具备安装和维护公路工程造价管理软件的能力,确保软件正常运行。

(3)具备使用软件的基本操作和应用能力。

素质目标

(1)培养学生具备科技创新的思维,通过软件应用提高工程建设的效率和质量。

(2)培养学生的创新意识,能够不断适应和掌握新技术,为社会和行业的发展做出贡献。

(3)培养学生的政治意识,认识到公路工程的造价管理与国家政策、法律法规有着密切关联。

公路工程概、预算的编制是一项极为烦琐而又复杂的计算工作,费时费力。为了提高效率,近年来,公路工程的管理、设计、施工等部门已广泛推广计算机软件在概、预算编制中的应用。目前，公路建筑市场上所应用的概、预算软件版本较多，各类版本大同小异。限于篇幅，以下以纵横公路工程造价管理软件为例，介绍计算机软件在公路工程概、预算文件编制中的应用。

一、纵横公路工程造价管理软件的主要功能特点

纵横公路工程造价管理软件(以下简称纵横公路工程造价软件)，主要用于编制公路工程建设项目的投资估算(建议估算、可行估算)、初步设计概算、修正概算、施工图预算、工程量清单、工程量清单预算、招标控制价、投标报价、合同价结算、工程变更费用、单价变更结算、工程结算、工程竣工结算。

(1)纵横公路工程造价软件独创的清单精灵，按工序引导每个公路清单项目的组价，有效避免错漏项。只需根据工程实际情况选择工序参数，系统"自动选择定额"。使用清单精灵，将大大降低组价时的漏算、多算；同时，成倍地提高造价编制效率。特别适用于编制公路工程造价经验不足的用户，如公路造价初学者、建筑行业用户进行公路工程投标报价。

(2)全程实时计算，令操作效率提升数倍。改变计算数据后，单价、金额自动重算，计算结果同步刷新显示，供随时复核，不必将精力消耗在反复工料机分析、造价计算、切换界面上。

(3)彻底改造传统软件的调价功能。纵横公路工程造价软件深入原始计算数据的每一个细节，在最短的时间内实现任意单价调整构思，特别强化了清单调价功能。

1)可成批调清单的"工料机消耗量、单价、费率"；乘系数后，所有单价分析表数据自动调整。

2)实时同屏显示调价前后清单单价、金额对照，快速判断调价的合理性。

3)所有报表均可输出调价前、调价后两套报表，根据需要灵活调用。

4)反向调价。当已明确某清单的最终报价，可直接输入单价，系统自动反算调价系数，计算工、料、机数据，配合单价分析报表数据输出。

(4)纵横公路工程造价软件使公路定额容易找到、容易调整，降低了公路造价的门槛。

1)独创智能定额逼近。鼠标双击定额号列(或输入定额号数字)，系统智能逼近所需的定额，逐步提示，无须死记定额号。

2)定额模糊查找。只需输入定额名称中的关键字，如"水泥"，系统立即将名称中含"水泥"的定额过滤出来，大大加快定额选择的速度，省去手工查找的麻烦。

3)独创智能定额调整。提炼定额附注说明成为选项，视实际施工方案进行选取，既是定额调整的提示，也是操作的捷径；如厚度、运距的调整，只需输入实际值，其他一切自动完成——自动查找辅助定额、自动改写定额名称、自动计算单价等。抛弃旧式造价软件反复查找定额、输入增量的模式，降低人为操作错误发生率。

4)支持费用分摊。公路清单往往存在没有列明且用在多条清单上的合理费用，如混凝土搅拌站、弃土场建设等，需要按报价策略进行分摊。纵横公路工程造价管理软件的分摊操作直观明了，一改旧式软件的复杂操作。分摊细目作为一道工序体现在所有单价分析表中，而不仅仅是出现一个金额。

(5)纵横公路工程造价软件更利于让多人协同工作、标底保密。利用"复制清单(分项)"功能，可实现由不同专业人员分别编制不同章，最后汇总成完整项目清单，大大提高大型的招投标项目标底编制效率，同时利于标底保密。其操作就如同在两个 Excel 文件中复制内容一样

简单。

(6)直接从材料信息价格文件中读取原价，可成批设置运费计算数据。直接读取各省公布的材料价格信息，自动填入原价内，快速准确。同一料场的运价、运费等计算数据一般均相同，纵横公路工程造价管理软件可成批设置材料计算数据，重新设计材料计算界面，继承了实时计算的特性，快速完成材料预算单价计算。

(7)定额打包，即将常用的定额组合保存为模板，随时调用。可将常用的定额组合直接保存为模板，积累日常的工作成果，供以后随时调用，也可直接使用系统提供的大量常用项目模板。

(8)数据通用性强。

1)报表模板与系统分离。可根据业主对项目单价分析的要求，快速制定报表模板，系统计算结果直接写入模板。

2)报表可直接保存成 Excel 文件，格式保留完整，便于进一步分析、修改，利于投标人进行特殊的报表分析(如多种调价方案的比选)。

3)兼容同类造价产品数据。

4)支持单元格直接输入计算公式，率先解决 m^2、m^3 打印输出问题。

(9)灵活的报表。不同的项目招标，要求提供的报表格式往往不同。使用纵横公路工程造价软件能快速完成报表编排工作。

1)可自定义报表的基本格式。

2)报表直接保存为 Excel 文件，格式保持完美(直接保存，并非一行一行输出)。

3)可将数据直接复制到 Excel 中，编制特殊报表。

4)提供报表快速定制模板服务。系统预先提供丰富的单价分析表样式，页眉页脚等报表格式也开放，自由定义，完全可以独立定制出自己的报表。

(10)追踪人工、材料、机械来源。可追踪人工、材料、机械出处，出自何定额、项目。不仅可得到水泥、砂石的消耗量，还可得到混凝土、砂浆的消耗量。

(11)计算灵活。组价方式多样、计算基数无穷。一个项目的组价，可灵活使用定额组价、数量乘单价组价、基数计算、直接输入清单单价等多种计算方法，更加得心应手。软件除特别提供的计算基数外，还可以直接调用系统编码组合成无穷的计算基数，就像 Excel 一样。

(12)多途径建立企业定额，紧跟造价市场的发展方向。可在报价过程中，对个别定额子目调整后发送到企业定额库，实现企业定额库的积累；也可在全国、省定额的基础上，成批调整子目、新建子目而建立企业定额。这样既符合造价市场的发展方向，又免去了每次调整或修改相同定额的麻烦。

(13)自动生成项目费率、自定义费率标准。它可定义本企业费率标准，体现 FIDIC 清单计价模式下报价的高低，体现企业管理水平的原则。根据所选取的费率标准和工程参数，自动生成本工程费率。

(14)造价审核与比较。它可对上报的造价文件进行对照审核，特别适用于造价审核部门。对于招投标过程，可进行清单项目一级的单价审核比较，利于快速分析投标人报价的合理性，控制不平衡报价。

二、纵横公路工程造价管理软件设计依据和应用范围

1. 设计依据

(1)中华人民共和国交通运输部发布的《公路工程基本建设项目投资估算编制办法》(JTG 3820—

2018)。

(2)中华人民共和国交通运输部发布的《公路工程估算指标》(JTG/T 3821—2018)。

(3)中华人民共和国交通运输部发布的《公路工程建设项目概算预算编制办法》(JTG 3830—2018)。

(4)中华人民共和国交通运输部发布的《公路工程概算定额》(JTG/T 3831—2018)。

(5)中华人民共和国交通运输部发布的《公路工程预算定额》(JTG/T 3832—2018)。

(6)中华人民共和国交通运输部发布的《公路工程机械台班费用定额》(JTG/T 3833—2018)。

(7)中华人民共和国交通运输部发布的《公路工程建设项目造价文件管理导则》(JTG 3810—2017)

(8)中华人民共和国交通运输部发布的《公路工程标准施工招标文件(2018年版)》。

(9)各省、市、自治区交通运输厅(局)发布的《公路工程基本建设项目概算预算编制办法补充规定》《补充定额》《车船税标准》等相关文件。

(10)国家发布的有关法律、法规、规章、规程等。

2. 应用范围

纵横公路工程造价软件可用于政府行政机关、行业主管部门、项目投资业主、设计、施工、建设、管理、审计、审核、财审、监理、咨询、学校等相关单位,如图6-1所示。

(1)施工单位能快速、准确地编制投标书,成倍提高效率,大大增强竞争力。

(2)项目业主能有效地对多项目实行投资审核与监管。

(3)咨询机构可以快速地向客户提交咨询方案或结果,进行项目审核。

(4)工程设计单位使用本软件,便于协同工作、重复修改和多方案比较。

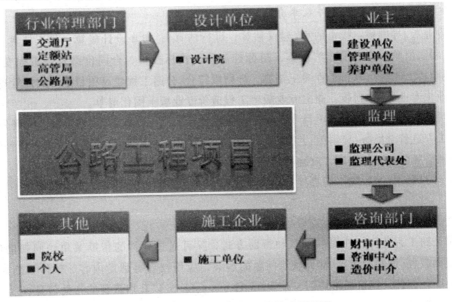

图6-1 纵横公路工程造价软件应用范围

三、纵横公路工程造价管理软件安装系统

1. 安装纵横公路工程造价软件

(1)下载安装程序。登录纵横公司官方网站 www. smartcost. com. cn，进入"产品下载"，下载安装程序即可。

(2)解压安装程序。

1)双击压缩包，解压安装程序。

2)运行安装程序，按提示安装即可。

3)安装完成后，在桌面即出现两个图标，如图 6-2 所示。建议将软件安装到非系统盘（D:\\ Program Files \\ 纵横软件 \\ ）。安装完成后，插上软件加密锁即可使用。

 纵横公路造价专业版10.1(新定额) 快捷方式 816 字节

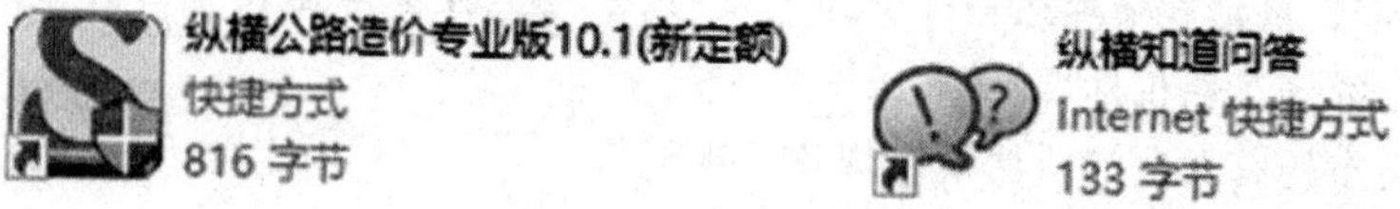

 纵横知道问答 Internet 快捷方式 133 字节

图 6-2　安装完成后桌面图标

(3)运行环境。软件运行环境包括 Windows 2000/XP/2003/Vista/Win7/Win8/Win10 等。

(4)注册纵横公路造价软件。

1)注册方式：手工输入注册码。打开软件方式："帮助"→"产品注册"→"下一步"→"下一步"→"手工输入注册码"。

2)将注册码复制粘贴到"注册码"栏内，软件注册即可完成。

2. 纵横公路工程造价软件版本介绍

(1)专业版/导则版：投资估算(建议估算、可行估算)、初步设计概算、修正概算、施工图预算、工程量清单、工程量清单预算、招标控制价、投标报价、合同价结算、工程变更费用、单价变更结算、工程结算、工程竣工结算。导则版符合《公路工程建设项目造价文件管理导则》。

(2)业主专业版/导则版：业主专业版＝工程造价专业版＋固化清单。

(3)项目专业版/导则版：项目专业版＝工程造价专业版＋材料调差(场内调差和场外调差)。

(4)工程造价全能版/导则版：工程造价全能版＝工程造价专业版＋固化清单＋材料调差。

(5)网络版：只要能上网，就拥有免费正版纵横公路造价软件(功能同专业版)。

(6)学习版：学习版除不能直接打印和导出报表外，其他功能均与专业版相同。

四、获取帮助

纵横公路工程造价软件提供了多种帮助方式，除可通过软件的帮助菜单访问帮助信息外，还提供动画教程(例题实战)、常见疑难问题的解答、应用技巧等帮助内容。软件不断通过对网络自我更新，因此，建议经常访问 www. smartcost. com. cn 以获取最新的帮助信息。

在使用软件过程中，除可以通过上述方式获取帮助外，软件还对某些内容提供即时注释功能。只须将鼠标指针放在想得到注释的内容上(如某一定额)停留片刻(约 2 秒)，就会出现浮动窗口，显示与该内容相应的注释。

一、学生自评

【填空题】

1. 操作纵横公路工程造价软件时，根据工程实际情况选择_____，系统会_____。使用清单精灵，将大大降低组价时的_____、_____；同时，成倍地提高造价_____。

2. 纵横公路工程造价软件在最短的时间内实现_____，特别强化了_____功能。

3. 纵横公路工程造价软件使公路定额_____、_____，新技术降低了公路造价的门槛。

4. 纵横公路工程造价软件更利于让多人_____、_____。

5. 纵横公路工程造价软件可直接从材料信息价格文件中读取_____，可成批设量_____计算数据。

6. 纵横公路工程造价软件的设计应按照国家发布的有关_____、_____、_____、_____等。

【判断题】

1. 咨询机构可以利用纵横公路工程造价软件向客户提供咨询方案或结果、进行项目审核。　　　　　　　　　　　　　　　　　　　　　　　　　　（　　）

2. 纵横公路工程造价软件所有报表均可输出调价前、调价后两套报表。（　　）

3. 纵横公路工程造价软件可成批设置材料计算数据，重新设计材料计算界面。（　　）

4. 纵横公路工程造价软件报表也可保存为 Word 格式。（　　）

5. 纵横公路工程造价软件具有追踪工料机来源的功能。（　　）

6. 纵横公路工程造价软件在自定义费率标准以后，可以自动生成项目费率。（　　）

【思考题】

1. 纵横公路工程造价软件的主要特性是什么？

2. 纵横公路工程造价软件有哪些主要功能？

3. 纵横公路工程造价软件的设计依据什么？

4. 纵横公路工程造价软件的应用范围是什么？

5. 如何安装纵横公路工程造价软件？

二、学习小组评价

班级：_____　　　　　姓名：_____　　　　　学号：_____

学习内容	分值	评价内容	得分
基础知识	30	纵横公路工程造价软件的功能特点；纵横公路工程造价软件的设计依据；纵横公路工程造价软件的应用范围；纵横公路工程造价软件的安装及运行环境；纵横公路工程造价软件的帮助内容	
应会技能	10	能够明确纵横公路工程造价软件的功能特点	
	20	掌握纵横公路工程造价软件的应用范围	
	10	在掌握帮助内容的基础上，学会正确地安装纵横公路工程造价软件	
	20	在掌握帮助内容的基础上，能够正确地运行纵横公路工程造价软件	
学习态度	10		
学习小组组长签字：		年　　月　　日	

工作任务二 运用纵横公路工程造价管理软件编制概、预算

【思维导图】

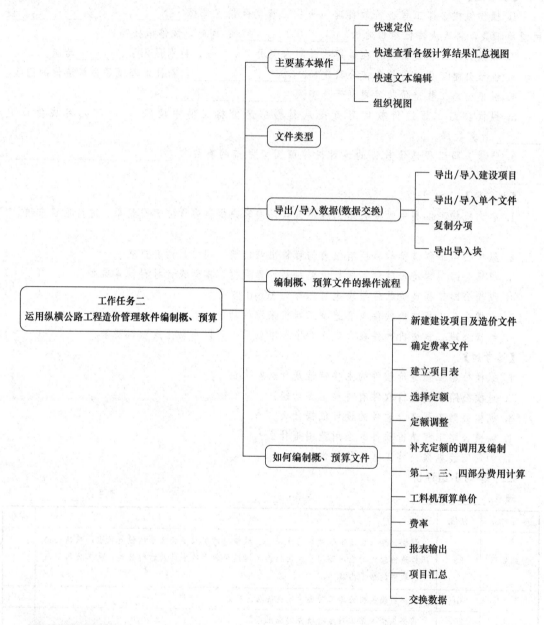

知识目标

(1)描述运用纵横公路工程造价软件编制概、预算文件的操作流程。

(2)熟悉运用纵横公路工程造价软件建立项目文件、完善项目属性的过程。

(3)学会用纵横公路工程造价软件确定费率文件、建立项目表。

(4)掌握运用纵横公路工程造价软件进行定额选择、调整和补充的要点。

(5)学会用纵横公路工程造价软件计算第二、三、四部分费用。

(6)明确运用纵横公路工程造价软件的工、料、机分析与单价计算过程。

(7)熟练运用纵横公路工程造价软件编制工程造价文件。

(8)熟练运用纵横公路工程造价软件进行报表输出。

▶能力目标◀

(1)能够独立使用纵横公路工程造价软件进行概、预算文件的编制工作。

(2)具备处理不同文件类型和数据交换的能力，以提高工作效率和数据的准确性。

(3)具备解决概、预算编制过程中可能遇到问题和挑战的能力。

▶素质目标◀

(1)培养学生的职业道德和社会责任感，确保工程项目的合法性和可持续性。

(2)提高学生的自主学习和自我发展能力，培养学习新技能的积极态度。

(3)培养学生的创新思维和问题解决能力，以适应不断发展的工程技术和软件应用。

(4)培养学生的团队协作能力，以促进良好的职业素养和工作环境。

一、主要基本操作

以下操作适用于所有界面，了解它们，将进一步提高效率，见表6-1。

表 6-1　操作示例表

操作	应用	示例
批量选择 左键拖动选择(涂蓝)	一次处理多个数据	第200章　路基 － 203-1　路基挖方 －a　挖土方　　㎡³
拖动复制 拖动单元格右下角的小十字	对连续相近的项目，复制后稍做修改	例，有3个不同厚度的路面清单 路面厚10mm　→ 路面厚10mm　㎡ 路面厚10mm　㎡ 路面厚10mm　㎡
移动单元格 拖动单元格边缘✛	将单元格文字移动到目标位置	路面厚10mm 批业签 可成批移动，先拖动选择(涂蓝)，再操作
复制单元格 拖动单元格边缘✛的同时， 按 路面厚10mm 批业签		可成批复制，先拖动选择(涂蓝)，再操作

1. 快速定位

单击"定位至…"按钮，选择目标章，保持清单显示样式不变，快速定位至所需章，缩小查找范围。避免频繁使用滚动条(图 6-3)。

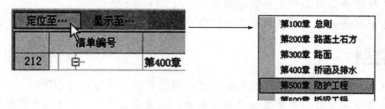

图 6-3　快速定位

2. 快速查看各级计算结果汇总视图

单击"显示至…"按钮，选择"章"选项，显示至章，查看工程量清单汇总表(图 6-4)。

图 6-4　查看工程量清单汇总表

3. 快速文本编辑

该软件自有的表格技术，与 Excel 的操作方式完全一致。快速文本编辑示例见表 6-2。

表 6-2　快速文本编辑示例表

目的	操作
选择一行	在行号处单击
选择一列	在列表头处单击
选择一批单元格	鼠标拖动选择
移动该单元格内容到目标位置	鼠标单击边框并拖动

目的	操作
复制该单元格内容到目标位置	Ctrl＋鼠标单击单元格边框并拖动
拖动复制	Ctrl＋鼠标单击边框右下角黑色十字并拖动

4. 组织视图

(1)单击右上角"展开/隐藏切换"按钮，可展开或隐藏列表。

(2)单击右上角按钮，切换到定额目录与定额列表并排方式，一次显示更多内容。单击按钮切换为上下方式(图 6-5)。

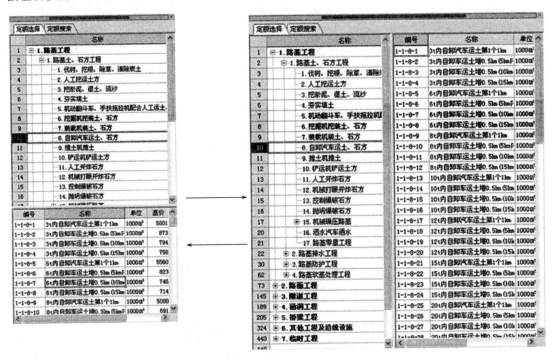

图 6-5　展开/隐藏窗口

(3)如图 6-6 所示，将向右泊靠窗口变为浮动窗口，相同操作，也可将浮动窗口变为向右泊靠窗口(图 6-7)。

(4)调整各窗口宽度。光标变为状态时，可调整窗口宽度。

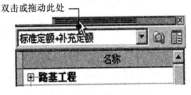

图 6-6　拖移/泊靠窗口

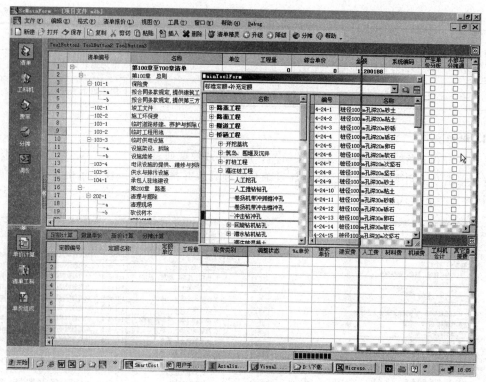

图 6-7　浮动窗口变为泊靠窗口

二、文件类型

纵横公路工程造价软件文件结构关系如图 6-8 所示。

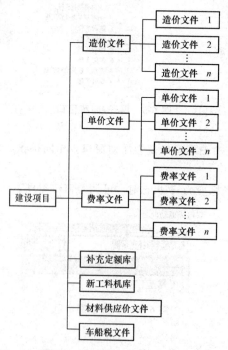

图 6-8　纵横公路工程造价软件文件结构关系

单价、费率、补充定额库、新工料机库四类文件都可以被不同的造价文件引用。

（1）造价文件。造价文件即分段独立编制的概、预算，单个清单合同段。一个造价文件即可独立计算出造价。

（2）新工料机库文件。系统将所有新工料机都放置在新工料机库文件中。在导入文件时，外来新工料机自动被加到本机的新工料机库中。也可以手动导入他人的工料机，执行"工具"→"工料机库编辑器"→"导入"→"选择他人的工料机库文件"命令。

（3）材料供应价文件。一般即为各地造价站公布的价格信息（公路上一般即为材料的原价）。

（4）建设项目。一个建设项目下可包含多个分段独立编制的概、预算或清单合同段造价文件。

三、导出/导入数据（数据交换）

1. 导出/导入建设项目

（1）导出。在文件菜单上选择"导出"→"成批导出建设项目"项，在弹出窗口中选定要导出的建设项目。导出建设项目将整个项目的所有标段及其所用到的单价文件、费率文件、补充定额、新工料机文件全部压缩成一个＊.sbp文件导出（图6-9）。

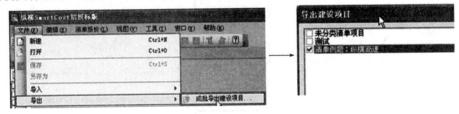

图 6-9 导出建设项目

导出后请选择建设项目文件存放的路径。

（2）导入。在文件菜单上选择"导入"→"纵横公路造价建设项目"项，在弹出窗口选定要导入的建设项目。导入建设项目将整个项目所有标段及其所用到的单价文件、费率文件、补充定额、新工料机文件全部导入。

2. 导出/导入单个文件

造价文件、单价文件、费率文件、新工料机库文件都是在项目管理窗口中单击右键，选择"导出"/"导入"项（图6-10）。

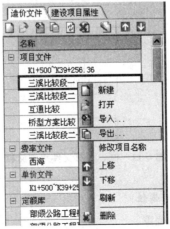

图 6-10 导出/导入单个文件

选择需要导出的块，单击右键，导出块，为块文件输入文件名。

3. 复制分项

可以直接在两个造价文件间批量复制分项及定额。

4. 导出导入块

除上述复制分项外，也可以将造价文件中所选择的一部分导出成块文件，以便于在不同编制人之间交换数据。

四、编制概、预算文件的操作流程

编制任何一份公路工程造价文件，首先要在纵横公路工程造价软件文件中建立四个基础文件，即定额文件、费率文件、单价文件、工程文件。然后，按照《编制办法》的有关规定，将其有机组合，就可以编制出一份完整的公路工程造价文件。图 6-11 所示为整个编制过程总流程图。

图 6-11 概、预算文件编制流程

1. 建立项目文件，完善项目属性

（1）预算文件名称一般为编制范围。

(2)一个建设项目下面可包含多个编制范围。

(3)确定项目属性。

2. 确定费率文件

(1)选择费率计算参数。

(2)根据工程所在地实际情况选择相应费率。

3. 建立项目表

(1)添加标准项目。

(2)添加非标准项目。

4. 定额选择

(1)从定额表中选择。

(2)按照定额智能提示功能选择定额。

5. 定额调整

(1)选择工料机/混凝土。

(2)单击附注条件。

(3)选择辅助定额。

(4)输入稳定土配合比。

(5)自动统计"混凝土需计拌合量"。

6. 补充定额编制

(1)调用补充定额。

(2)新建补充定额。

7. 计算第二、三、四部分费用

(1)计算土地使用及拆迁补偿费。

(2)计算工程建设其他费用。

(3)计算预备费。

8. 工料机分析与单价计算

(1)人工单价计算。

(2)材料单价计算。

(3)机械单价计算。

9. 报表输出

(1)直接打印或导出 Excel、PDF 格式。

(2)报表定制。

10. 数据交换

(1)将项目文件、单价文件和费率文件统一压缩在一个 *.sbp 文件里。

(2)数据交换,导出 *.sbp 文件。

五、如何编制概、预算文件

(一)新建建设项目及造价文件

一个建设项目文件,可以包含一个或多个项目分段文件,以及与之配套的费率、单价和定额等文件,通过这些文件组合计算,最终可以得到项目工程的造价。其具体操作步骤如下。

(1)打开纵横公路工程造价软件，进入软件界面，如图 6-12 所示。

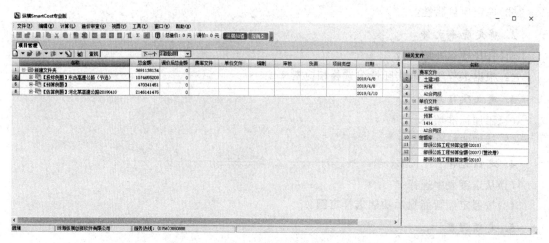

图 6-12 纵横公路工程造价软件初始界面

(2)执行"文件"→"新建"命令，在分段文件名称空白栏输入建设项目名称(预算文件名称一般为编制范围)，如"A4 合同段"；在建设项目名称空白栏输入"东古高速公路"(项目文件夹名称一般以建设项目的名称命名)，项目类型选择"概算/预算"，单击"确定"按钮完成，如图 6-13 所示。

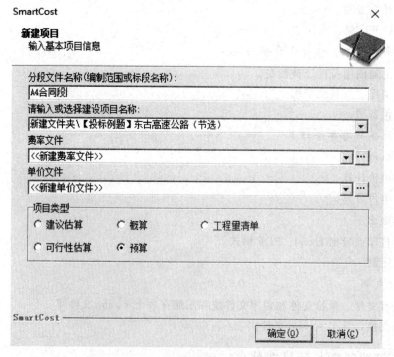

图 6-13 纵横公路工程造价软件新建项目

(3)确定项目属性。"项目属性"是指利润、税金等费用的取值。执行"文件"→"项目属性"命令或单击"项目属性"按钮，弹出"项目文件属性"对话框，按实际工程情况填写基本信息、属性参数、计算参数、小数位数。基本信息在报表页眉页脚中出现，不参与造价计算，如图 6-14 所示。

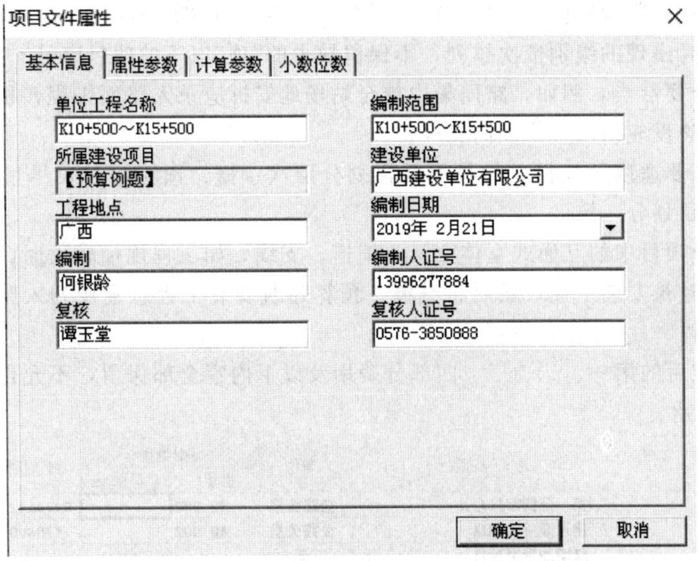

图 6-14　"项目文件属性"对话框

(二)确定费率文件

费率文件主要是指公路工程的措施费、企业管理费、规费等费用的费率。措施费根据相应基数乘以费率计算，费率根据工程实际情况取用不同的值。

各省(市、自治区)结合当地实际情况，对部颁《编制办法》作了相应的补充规定。凡在该地区建设的公路工程项目均要执行当地的补充规定，根据项目所在地具体工程情况选择不同的费率标准(详见《编制办法》及各省补充规定)。

单击软件主窗口左边的"费率"按钮 ，然后根据工程实际情况选择"费率计算参数"，系统会自动生成综合费率，并形成费率文件。《编制办法》及各省补充规定详见纵横公路造价软件"帮助"菜单栏"2018 编制办法及定额章节说明"。

如图 6-15 所示，"工程所在地"选择"广西"；"费率标准"为"部颁概预算费率标准(2018)"，"冬季施工""雨季施工"，根据工程所在地，按软件自动提示选择即可；其他参数根据工程实际情况选择。

(三)建立项目表

建立造价文件的项目组成结构，一般按部颁标准项目表进行划分。由于工程项目的规模不同，项目表的划分可粗可细。

费率文件: A2合同段	
费率计算参数	
名称	参数值
工程所在地	广西
费率标准	部颁概预算费率标准(2018)
冬季施工	不计
雨季施工	I 区5个月
夜间施工	计
高原施工	不计
风沙施工	不计
沿海地区	计
行车干扰	不计
施工辅助	计
工地转移(km)	460
基本费用	计
⊞ 综合里程(km)	5
职工探亲	不计
职工取暖	不计
财务费用	计
养老保险(%)	25.56
失业保险(%)	0
医疗保险(%)	0
工伤保险(%)	0
住房公积金(%)	6.45
计划利润率(%)	7.42
增值税税率(%)	10

图 6-15　费率计算参数操作图

(1)概、预算项目应按项目表的序列及内容编制。如实际出现的工程和费用项目与项目表的内容不完全相符时，一、二、三、四、五部分和"项"的序号、内容应保留不变，项目表中的"项"以下的分项在引用时应保持序号、内容不变，缺少的分项内容可随需要就近增加，并按项目表的顺序以实际出现的级别依次排列，不保留缺少的"项"以下的项目序号。

(2)项目划分要恰当。例如，路面集中拌合站场地安拆应录入路面工程，桥梁集中拌合站场地安拆、预制场建设应列入桥梁涵洞工程。

(3)细目划分要适度。细目下尽量不要再划分层次；概、预算项目表尽量保证《编制办法》项、目、节、细目划分一致。

(4)路线建设项目中的互通式立体交叉、辅道、支线，如工程规模较大时，也可按概、预算项目表单独编制建筑安装工程，然后将其概、预算建筑安装工程总金额列入路线的总概、预算表中相应的项目内。

(5)合计完成后的第一、二、三、四部分费用及以下内容全部保留，不允许删除，可增加内容，如图 6-16 所示。

编号	名称	单位	设计数量		经济指标	金额（F）
			数量1	数量2		
5	第一至四部分合计	公路公里	48.002		5174142.22	248,369,175
6	建设期贷款利息	公路公里	48.002		170600.04	8,189,143
	新增加费用项目	元				0
	*请在此输入费用项目					0
7	公路基本造价	公路公里	48.002		5344742.26	256,558,318

图 6-16 新增加费用项目

纵横公路工程造价软件采用树表结构，分项结构及计算结果同屏显示。纵横公路工程造价软件按以下步骤建立概、预算项目表。

(1)单击"造价书"按钮，单击右上角的 项目表 按钮，展开"项目表"，直接双击该分项名称，该分项名称直接显示在窗口中，然后填写"数量"即可。

1)若建立的项目表需调整层次时，可通过工具栏快捷键→(降级)、←(升级)、↑(上移)、↓(下移)方向键调整，如 ← → ↑ ↓ 。

2)若要删除某分项，可选择该"项目"单击按钮 ✖ ，或单击右键选择"删除"即可。

(2)对于标准项目表中没有的分项，即非标准项，可以通过鼠标右键或工具栏上的"插入"按钮插入非标准项，输入非标准项"编号""名称""单位""数量"即可，如插入"外购土方"，如图 6-17 所示。

	编号	名称	单位	设计
				数量1
1	⊟ 1	第一部分 建筑安装工程费	公路公里	
2	⊞ 101	临时工程	公路公里	48.002
11	⊟ 102	路基工程	km	
12	⊟ LJ01	场地清理	km	
13	⊟ LJ0101	清理与掘除	km	
14	LJ010101	清理现场	m3	1007471.000
15	⊟ LJ02	路基挖方	m3	
16	LJ0201	挖土方	m3	1816929.900
17	LJ0202	挖石方	m3	1546370.000
18	LJ0203	挖淤泥	m3	9623.300
19	LJ0204	外购土方(非标准项)	m3	12580.000
20	⊟ LJ03	路基填方	m3	

图 6-17 建立非标准项

(四)选择定额

1. 从定额库选择定额

单击屏幕右上角"定额选择"按钮，打开定额选择窗口（图6-18）。

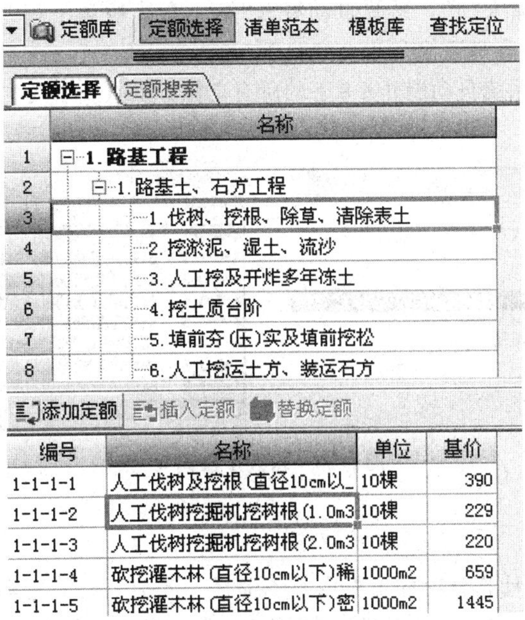

图 6-18 "定额选择"窗口

（1）定额选择基本操作。

1）展开/收起章目录。点各章前"+/-"选择定额，双击"定额名称"或单击鼠标右键选择"添加"命令。

2）删除已选定额。在视窗中单击鼠标右键选择相应命令或单击工具栏"删除"按钮。

3）进行定额调整。单击左侧"定额调整"按钮 展开定额调整视图（展开/隐藏切换）。

（2）从其他定额库中选择定额。单击右上角"定额库"按钮 ，单击"增加定额库"按钮，在弹出窗口中选择定额库，如"湖南预算补充定额库"，单击"打开"按钮。此时，定额库列表中已有"湖南预算补充定额库"。单击"确定"按钮，回到主界面。单击 下拉按钮选择"湖南预算补充定额库"，即可选择定额（图6-19）。

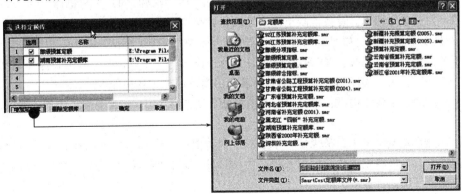

图 6-19 选择定额库

2. 输入定额(智能定额逼近)

输入定额号时，系统会自动根据输入的定额号智能逼近所需的定额，逐步提示，无须死记定额号，如图 6-20 所示。

(1)在定额编号列内输入"4"，系统自动展开"第 4 章　桥涵工程"下的所有分项，供查找。找到目标分项为"4-8 载货汽车运输"。

(2)继续输入"4-8"，系统自动展开 4-8 下的所有定额，供查找，找到所需的定额，如 4-8-3-9，按 Enter 键完成定额选择。

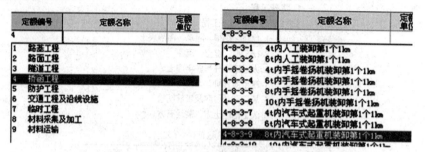

图 6-20　输入定额编号

(五)定额调整

当定额的工作内容和计算分项的工作内容不完全一致时，要对定额进行必要的调整。纵横公路工程造价软件的定额调整分为"工料机/混凝土、附注条件、辅助定额、稳定土"。

选中要调整的定额细目，单击"定额调整"按钮，软件弹出"定额调整"窗口，如图 6-21 所示。

图 6-21　"定额调整"窗口

1. 工料机/混凝土

在"工料机/混凝土"界面，可进行工、料、机抽换(如替换砂浆强度等级、混凝土强度等级)、新增工料机、调整定额消耗量等调整。单击鼠标右键或单击图标 ⋯ 进行操作。

(1)替换砂浆强度等级。如图 6-22、图 6-23 所示，将 M25 水泥砂浆换成 M30 水泥砂浆。首先，选中需要调整的定额(如 1-4-9-72)，单击"定额调整"按钮。再单击"工料机/混凝土"按钮，单击鼠标右键选中需要替换的砂浆，选择"替换混凝土"项。在弹出的"工料机库"中，选择 M30 水泥砂浆，勾选确定即可。替换混凝土强度等级和替换砂浆强度等级的操作是一样的。

(2)替换商品混凝土。如图 6-24 所示，选中需要调整的定额(如 4-6-10-2)，单击"定额调整"按钮，再单击"工料机/混凝土"按钮，选中"普 C50－42.5－2(商)"，单击右键，选择"替换商品混凝土"项，弹出"工料机库"界面，找到需要替换的商品混凝土替换即可。

替换完成后，水泥、中(粗)砂、碎石的消耗量自动调整为 0，水主要用于养护，所以消耗量未调整。

《预算定额》总说明第十一条规定：本定额中各类混凝土均按施工现场拌和进行编制，当采用商品混凝土时，可将相关定额中的水泥、中(粗)砂、碎石的消耗量扣除，并按定额中所列的混凝土消耗量增加商品混凝土的消耗。

定额调整时，取费类别应选择构造物Ⅲ。构造物Ⅲ是指商品混凝土的浇筑、商品沥青混合料和各类商品稳定土混合料的铺筑、外购混凝土构件、设备安装工程等。商品混凝土和外购构件及设备的费用不作为其他工程费和间接费的计算基数。详见部颁《编制办法》第10页规定。

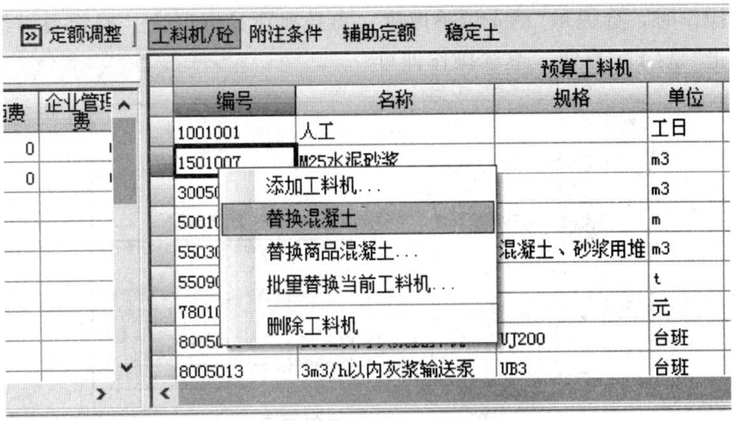

图 6-22　选择替换混凝土界面

图 6-23　替换砂浆强度等级界面

图 6-24　替换商品混凝土界面

当用水泥混凝土定额替换商品混凝土时，系统会自动弹出“询问”窗口(图 6-25)，提示先调整厚度。

在购买商品混凝土时，须知具体消耗量，水泥混凝土路面定额调整时应先确定路面的厚度。所以在纵横软件操作时，会提示“请先调整厚度，再替换商品混凝土。确定要继续吗?”。不需要调整厚度时，单击“是(Y)”按钮，继续操作即可。

询问
请先调整厚度，再替换商品砼。确定要继续吗?
是(Y)
否(N)

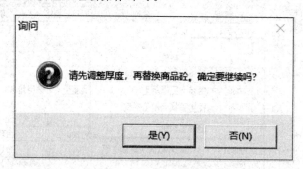

图 6-25　提示调整厚度

(3)调整沥青路面定额油石比。《预算定额》中沥青路面是按一定的油石比编制的，当设计采用的油石比与定额不同时，可按设计油石比调整定额中的沥青用量。

如图 6-26 所示，选中需要调整的定额(如 2-2-11-1)，单击“定额调整”按钮，再单击“工料机/混凝土”按钮，在“自定油石比”栏目内输入设计油石比，石油沥青的消耗量根据内置公式自动计算。换算公式如下：

$$S_i = S_d \times L_i / L_d \tag{6-1}$$

式中　S_i——按设计油石比换算后的沥青数量；

S_d——定额中的沥青数量；

L_d——定额中标明的油石比；

L_i——设计采用的油石比。

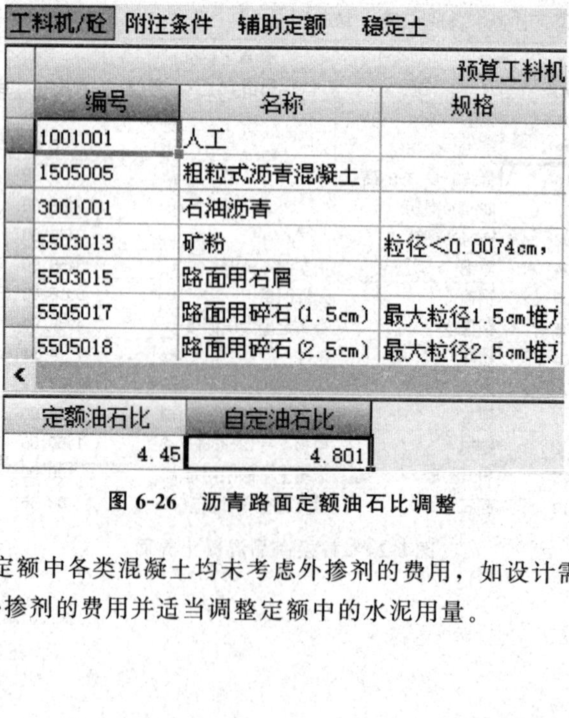

工料机/砼
附注条件
辅助定额
稳定土
预算工料机
编号
名称
规格
1001001
人工
1505005
粗粒式沥青混凝土
3001001
石油沥青
5503013
矿粉
粒径<0.0074cm，
5503015
路面用石屑
5505017
路面用碎石(1.5cm)
最大粒径1.5cm堆
5505018
路面用碎石(2.5cm)
最大粒径2.5cm堆
定额油石比
自定油石比
4.45
4.801

图 6-26　沥青路面定额油石比调整

(4)添加外掺剂。定额中各类混凝土均未考虑外掺剂的费用，如设计需要添加外掺剂时，可按设计要求另行计算外掺剂的费用并适当调整定额中的水泥用量。

例如，粉剂 FDN－9000 缓凝高效减水剂，掺量为水泥的 0.3％，5 000 元/t，掺后节约水泥 15％。

如图 6-27 所示，选中需要添加外掺剂的定额（如 4-6-10-2），单击"定额调整"按钮，再单击"工料机/混凝土"按钮，在工料机界面右键选择"添加工料机"，在弹出的"选择工料机"窗口左下角单击"新增工料机"按钮，并在弹出的"新工料机"窗口中输入外掺剂的参数，单击"保存"按钮，关闭即可。

图 6-27　"新工料机"窗口

在"我的新工料机"窗口中勾选新增的外掺剂，单击"确定"按钮即可。

切换到"定额调整"→"工料机/混凝土"窗口中，根据要求，计算并输入水泥和外掺剂的"自定消耗"，这样就完成了添加外掺剂的操作，如图 6-28 所示。

外掺剂作为一种独立的新材料出现在工料机里。当需要调整其预算单价时，直接修改即可。

工料机/砼	附注条件	辅助定额	稳定土

		预算工料机		
编号	名称	规格	单位
1001001	人工		工日
1503069	泵C50-42.5-2		m3
2001001	HPB300钢筋		t
2001002	HRB400钢筋		t
2003004	型钢	工字钢，角钢	t
2003008	钢管	无缝钢管	t
2003025	钢模板	各类定型大块钢模	t
2009028	铁件	铁件	kg
20136453	粉剂FDN-9000缓凝高效减	FDN-9000	t
3005004	水		m3
4003001	原木	混合规格	m3
4003002	锯材	中板δ＝19～35mm	m3
5503005	中(粗)砂	混凝土、砂浆用堆	m3
5505012	碎石(2cm)	最大粒径2cm堆方	m3
5509002	42.5级水泥		t
7801001	其他材料费		元
8005039	60m3/h内混凝土输送泵	BPL58-18	台班

图 6-28　添加外掺剂

（5）单价调整。如图 6-29 所示，选中需要调整的定额，单击"定额调整"按钮后，再单击"工料机/混凝土"按钮，在"预算价"处直接输入实际预算价即可。此预算价调整对整个项目相同编号、名称、规格、单位的材料单价起作用。可以看到，本条定额被调价后，工料机界面的预算单价同步更改（图 6-30）。

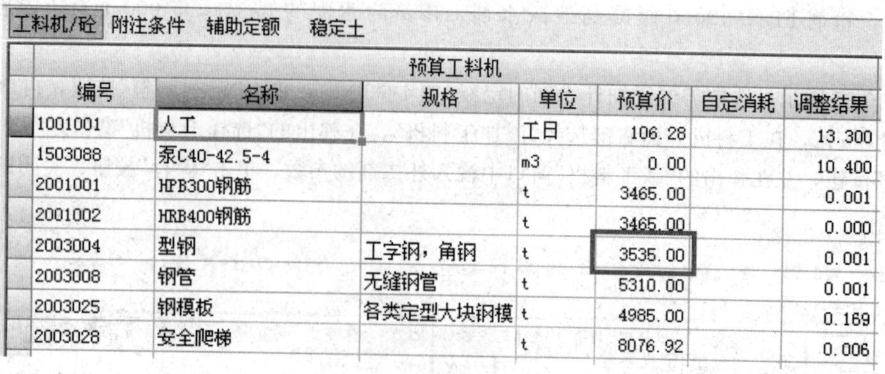

图6-29 预算工料机窗口

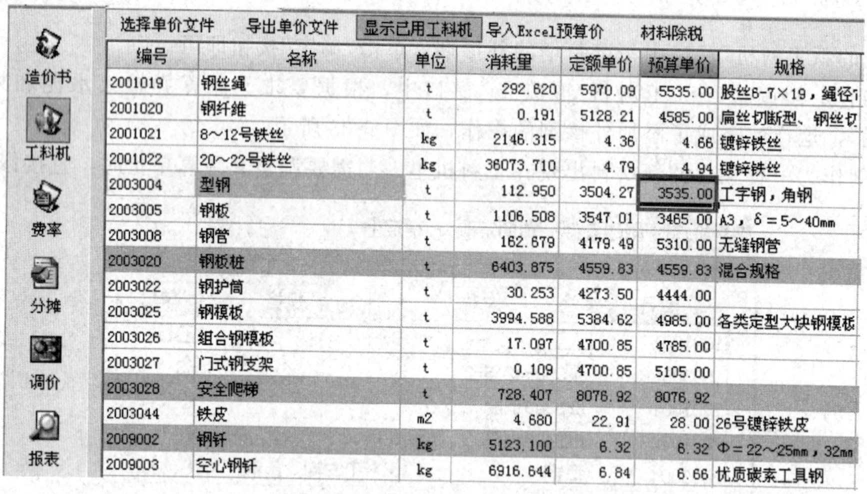

图6-30 显示已用工料机窗口

2. 附注条件(定额乘系数)

定额中常常出现章、节、定额附注说明，这些附注影响定额乘系数、工料机抽换等方面，对造价结果有较大影响。因此，在熟悉定额的同时必须细心、耐心，避免错计、漏计。

现在，软件已经把定额书中的附注说明做成了选项的形式。做预算时，直接根据实际情况勾选即可。

(1)挖掘机挖装土方定额的系数调整。在挖掘机挖装土方定额中，包含开挖、装车等工作内容，若实际施工中机械无法到达，需人工完成挖方。如图6-31所示，选中需要调整的定额(如1-1-9-2)，单击"定额调整"按钮，再单击"附注条件"按钮，根据实际情况勾选即可。

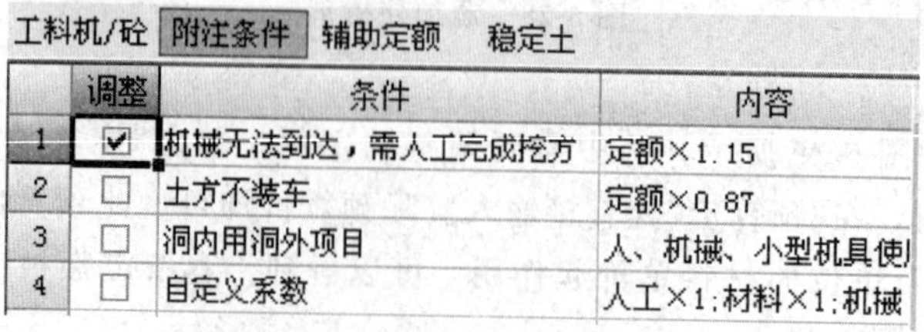

图6-31 挖掘机挖装土方定额系数调整

（2）根据灌注桩不同的桩径选择调整系数。当灌注桩设计桩径与定额桩径不同时，可根据实际情况选择桩径。如图 6-32 所示，选中需要调整的定额（如 4-4-2-1），单击"定额调整"按钮，再单击"附注条件"按钮，根据实际情况勾选即可。

| 工料机/砼 | 附注条件 | 辅助定额 | 稳定土 |

	调整	条件	内容
1	☐	冲击锥、冲击钻桩径120cm以内	定额×0.85
2	☐	冲击锥、冲击钻桩径130cm以内	定额×0.9
3	☐	冲击锥、冲击钻桩径140cm以内	定额×0.95
4	☐	洞内用洞外项目	人、机械、小型机具使用费×1.26
5	☐	自定义系数	人工×1；材料×1；机械×1

图 6-32　不同桩径灌注桩调整系数选择

3. 辅助定额调整

辅助定额调整主要调整定额的运距、厚度、钢绞线的束数、强夯夯击遍数等内容。定额中描述定额单位值的定额称为"主定额"。定额中同时给出了可对主定额进行增量调整的定额，其定额名称中含有"增、减"字样，称为"辅助定额"。

（1）运距调整。例如，调整"12 t 以内自卸车运输 10.2 公里"的运距。首先，选中需要调整的定额（如 2-1-8-5），单击"定额调整"按钮，再单击"辅助定额"按钮，在"值"处输入实际运距 10.2 即可，定额名称随即自动变化，单价随即自动计算，如图 6-33 所示。

| 工料机/砼 | 附注条件 | 辅助定额 | 稳定土 |

	参数	定额值	值
1	运距km	1	10.2
2			
3			

图 6-33　辅助定额实际值输入

定额项目"1-1-11 自卸汽车运土、石方"及"1-1-22 洒水汽车洒水"中，均按不同的运输距离综合考虑了施工便道的影响，定额规定仅适用于平均运距在 15 km 以内的工程；当运距超过 15 km 时，应按工程所在地社会运输的有关规定计算运费。

当运距超过第一个定额运距单位，其运距尾数不足一个增运定额单位的半数时不计，超过半数时按一个增运定额运距单位计算。

例如，12 t 以内自卸汽车平均运为 10.2 km 时，套用第一个 1 km 和运距 15 km 以内的增运定额 18 个单位后，尾数为 0.2 km，不足一个增运定额单位（0.5 km）的半数（0.25 km），因此不计；平均运距为 10.3 时，0.3 km 已经超过一个增运定额单位（0.5 km）的半数（0.25 km），因此应该计，增运单位则合计为 19 个，如图 6-34 所示。

排序	填清单量	定额编号	定额名称	定额单位	工程量	取费类别	调整状态
1	☐	2-1-8-5	12t以内自卸车运10.2km	1000m3	9.623	3)运输	+6×18
2	☐	2-1-8-5	12t以内自卸车运10.3km	1000m3	9.623	3)运输	+6×19

图 6-34　自卸汽车运距调整

使用增运定额时，要注意以下两点：

1）平均运距不扣减第一个 1 km。

2）平均运距为整个距离内直接套用，不是分段套用。

例如，15 t 以内自卸汽车运输路基土方，平均运距为 10.2 km 时，定额台班数量为 $5.57+0.61\times18=16.55$（台班）；平均运距为 10.3 km 时，定额台班数量为 $5.57+0.61\times19=17.16$（台班）。

（2）钢绞线束数调整。如图 6-35 所示，选中需要调整的定额（如 4-7-19-3），单击"定额调整"按钮，再单击"辅助定额"按钮，输入实际的钢绞线束数值即可。人工及钢绞线的消耗量会自动调整。

工料机/砼	附注条件	辅助定额	稳定土
	参数	定额值	值
1	束数	18.94	35.35
2			

图 6-35 钢绞线束数调整

4. 稳定土配合比调整

如图 6-36 所示，调整水泥稳定碎石配合比为 4：96。首先，选中需要调整的定额（如 2-1-7-5），单击"定额调整"按钮；再单击"稳定土"按钮，在"调整配合比"中输入实际配合比即可。切换到"工料机/混凝土"界面，可以看到，水泥、碎石消耗量自动换算，无须做其他任何操作，如图 6-37 所示。

工料机/砼	附注条件	辅助定额	稳定土	
	材料编号	材料名称	定额配合比	调整配合比
1	5505016	碎石	95	96
2	5509001	32.5级水泥	5	4
3				

图 6-36 稳定土配合比调整

工料机/砼	附注条件	辅助定额	稳定土			
预算工料机						
编号	名称	规格	单位	预算价	自定	调整结果
1001001	人工		工日	106.28		2.500
1507004	水泥碎石		m3	0.00		202.000
3005004	水		m3	2.72		28.000
5505016	碎石	未筛分碎石统料堆	m3	75.00		299.853

图 6-37 消耗量自动换算

5. 自动统计"混凝土需计拌合量"

在软件的"造价书"界面选中需要统计的分项，单击右键选择"混凝土需计拌合量"，弹出"混凝土合计"小窗口，在小窗口中可以查看混凝土的相关统计信息，选中混凝土拌合和运输定额，单击"填写工程量"按钮，软件自动将统计好的混凝土需计拌合量填写到定额工程量中。

如图 6-38 所示，选中"桥墩混凝土"子目，单击右键选择"混凝土需计拌合量"，选中"混凝土拌合、运输"定额，单击"填写工程量"按钮，软件自动将统计好的混凝土需计拌合量（计损耗）填写到定额工程量中。

（六）补充定额的调用及编制

补充定额是指《预算定额》（或概算定额、估算指标）内没有包含的定额，如为新工艺、新材料做的补充定额。软件系统已内置各省近年公路工程的大量补充定额，内容涵盖路基、路面、隧道、桥涵、防护、绿化、交通工程及沿线设施，可直接调用。

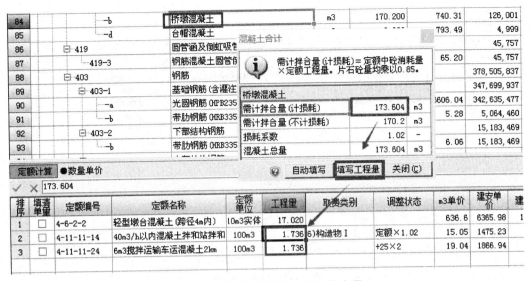

84		─b	桥墩混凝土		m3	170.200	740.31	126,001
85		─d	台帽混凝土		-	- - -	793.49	4,999
86	─419		圆管涵及倒虹吸管					45,757
87		419-3	钢筋混凝土圆管涵				65.20	45,757
88	─403		钢筋					378,505,837
89		─403-1	基础钢筋(含灌注				6606.04	347,699,937
90		─a	光圆钢筋(HPB235				5.28	342,635,477
91		─b	带肋钢筋(HRB335					5,064,460
92		─403-2	下部结构钢筋					15,183,469
93		─b	带肋钢筋(HRB335				6.06	15,183,469

混凝土合计

ℹ 需计拌合量(计损耗)=定额中砼消耗量×定额工程量。片石砼量均乘以0.85。

桥墩混凝土

需计拌合量(计损耗)	173.604	m3
需计拌合量(不计损耗)	170.2	m3
损耗系数	1.02	-
混凝土总量	173.604	m3

定额计算 ●数量单价   ⊕ 自动填写 | 填写工程量 | 关闭(C)

✓ ✕ 173.604

排序	填清单量	定额编号	定额名称	定额单位	工程量	取费类别	调整状态	m3单价	建安单价	建
1	☐	4-6-2-2	轻型墩台混凝土(跨径4m内)	10m3实体	17.020			636.6	6365.98	1
2	☐	4-11-11-14	40m3/h以内混凝土拌和站拌和	100m3	1.736	6)构造物Ⅰ	定额×1.02	15.05	1475.23	
3	☐	4-11-11-24	6m3搅拌运输车运混凝土2km	100m3	1.736		+25×2	19.04	1866.94	

图 6-38 自动统计混凝土需计拌合量

下面介绍如何调用其他省份的补充定额以及如何新建补充定额。

1. 调用定额

首先，在软件造价书界面，单击 🔍定额库 按钮，单击左下角"增加定额库"按钮(图 6-39)，在弹出的窗口中选择需要的定额库，打开即可(图 6-40)。

然后，单击定额库旁边的▾按钮，即可调用定额。应注意：调用完定额后，切换回之前使用的定额。

🅂 选择定额库   ✕

	选用	名称	文件位置	已使用
1	☑	部颁公路工程预算定额(2018)	E:\10.1\SmartCost(测算版)10.1(新定额)\定额库\	☑
2				
3				
4				
5				
6				
7				
8				
9				
10				
11				

增加定额库 | 删除定额库 | 替换当前定额库   确定 | 取消

图 6-39 选择定额库

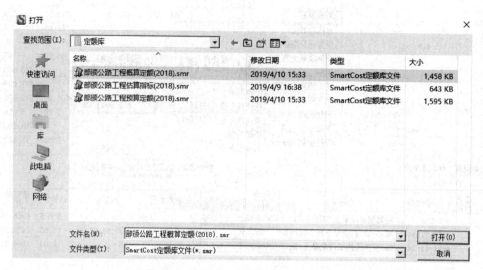

图 6-40　打开定额库

2. 新建补充定额

例如，新建"防抛网"补充定额，防抛网的补充定额数据表见表 6-3。

表 6-3　防抛网的补充定额数据表　　　　　　　　　　　　　　　50 m

序号	工料机名称	单位	代号	工料机单价	防抛网（一）	防抛网（二）
					1	2
1	人工	工日	1	49.2	5.3	4
2	钢丝	kg	131	4.97	33.9	33.9
3	钢管	t	191	5 610	0.124	0.155
4	螺栓	kg	240	10.65	42.931	1.131
5	膨胀螺栓	套	242	3.3	120	
6	铁丝编制网	m²	693	18.84	99	82.5
7	其他材料费	元	996	1	28	25
8	4 t 以内载货汽车	台班	1 372	293.84	0.15	0.15
9	小型机具使用费	元	1 998	1	23	23
10	基价	元	1 999	1	3 938	2 893

具体操作如下：

（1）建立补充定额。

1）在"工具"菜单中选择"定额库编辑器"选项，在"定额库编辑器"窗口中单击"新建"按钮，进入下界面，根据实际情况选择对应定额库类型，如图 6-41 所示。

2）此新建定额属于"其他工程及沿线设施"。在"其他工程及沿线设施"上，右键单击"增加子项"按钮，输入补充定额名称，在右侧定额窗口输入编号、名称及定额单位等基本信息，如图 6-42 所示。

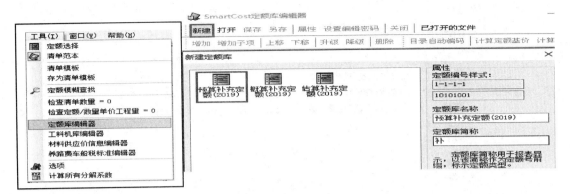

图 6-41 新建补充定额

图 6-42 补充定额信息输入

（2）建立好补充定额项后，在工料机窗口单击右键或另存为添加"工料机"，输入定额消耗，如图 6-43 所示。软件自动计算该补充定额的基价，单击"保存"按钮即可，如图 6-44 所示。

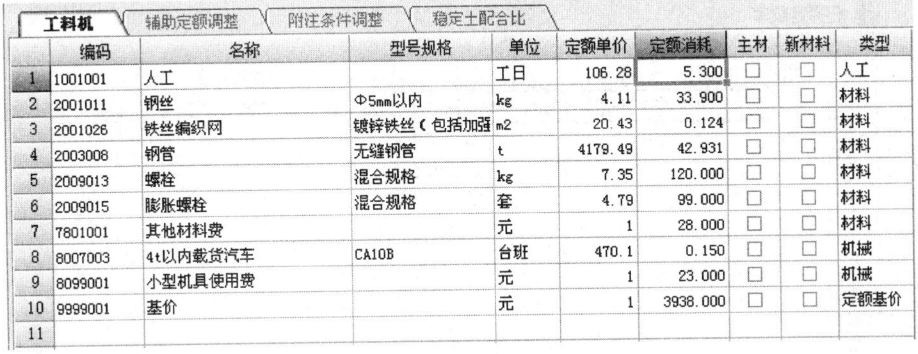

	编码	名称	型号规格	单位	定额单价	定额消耗	主材	新材料	类型
1	1001001	人工		工日	106.28	5.300	☐	☐	人工
2	2001011	钢丝	Φ5mm以内	kg	4.11	33.900	☐	☐	材料
3	2001026	铁丝编织网	镀锌铁丝（包括加强	m2	20.43	0.124	☐	☐	材料
4	2003008	钢管	无缝钢管	t	4179.49	42.931	☐	☐	材料
5	2009013	螺栓	混合规格	kg	7.35	120.000	☐	☐	材料
6	2009015	膨胀螺栓	混合规格	套	4.79	99.000	☐	☐	材料
7	7801001	其他材料费		元	1	28.000	☐	☐	机械
8	8007003	4t以内载货汽车	CA10B	台班	470.1	0.150	☐	☐	机械
9	8099001	小型机具使用费		元	1	23.000	☐	☐	机械
10	9999001	基价		元	1	3938.000	☐	☐	定额基价
11									

图 6-43 工料机定额消耗输入

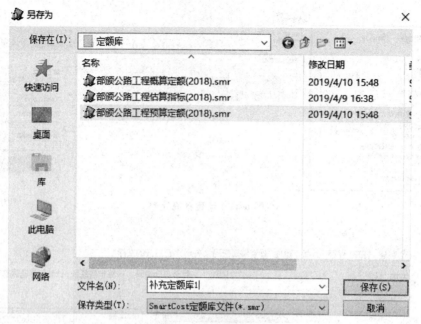

图 6-44 保存补充定额库

3. 调用补充定额

(1)单击"定额库"选项，添加补充定额库，如图 6-45 所示。

图 6-45 添加补充定额库

(2)在弹出的对话框中，单击"增加定额库"按钮，如图 6-46 所示。

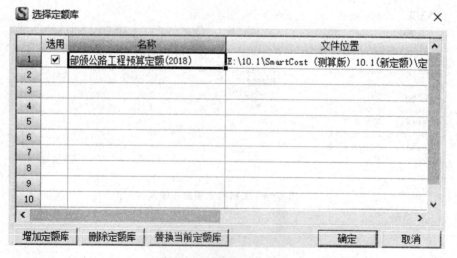

图 6-46 选择补充定额库

(3)在弹出定额库选择界面，选择需要的定额库，单击"打开"按钮即可，如图 6-47 所示。

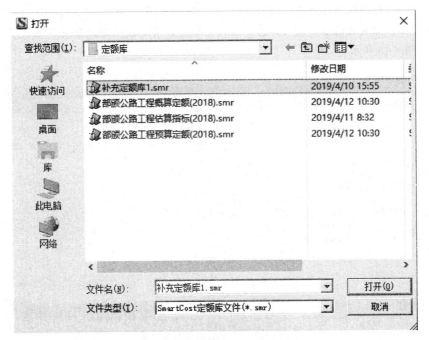

图 6-47 打开补充定额库

(4)单击定额库旁边的 ▼ 按钮,即可调用此补充定额库。

单击"定额选择"按钮后,双击"套用定额"即可。套用完毕后,单击定额库旁边的 ▼ 按钮,切换回部颁定额库。

(七)第二、三、四部分费用计算

第二、三、四部分费用是指土地使用及拆迁补偿费、工程建设其他费用、预备费、建设期贷款利息,主要通过基数计算和数量单价的方式确定费用。

1. 直接输入数量单价

直接在金额列输入数值(数量单价)。

2. 输入计算公式

单击软件项目表"金额"列 ⋯ 按钮,弹出"表达式编辑器"窗口(图 6-48),在表达式窗口中输入计算公式即可。

164	30104	设计文件审查费		公路公里	48.002	3251.70	156,088 ⋯
185	30105						0
166	302						0
167	303					33.33	5,361,023
168	304						0
169	305						0
170	⊟ 306						0
171	30601						0
172	30602						0
173	30603						0
174	30604						0
175	⊟ 307						0
176	30701						0
177	30702						0

图 6-48 输入计算公式

例如，计算"建设期贷款利息"，选中建设期贷款利息分项，单击鼠标右键，选择"建设期贷款利息设置"项，弹出对话框。输入计息年后按回车键，依次输入贷款额及利率，单击"确定"按钮即可，如图 6-49 所示。

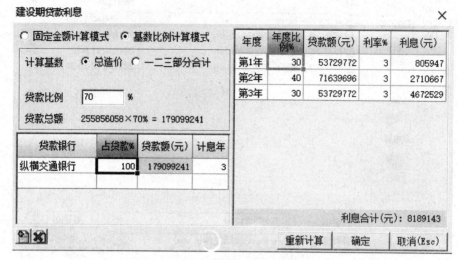

图 6-49　建设期贷款利息计算

(八)工料机预算单价

工料机预算单价包括人工单价、材料单价、机械单价。

单击"工料机"按钮 ，切换到工料机汇总视图。工料机窗口汇总显示了本造价文件所有定额内包含的工料机，用户可在此修改或计算工料机的预算单价。

1. 多个造价文件采用同一个单价文件

在各分段造价文件的工料机汇总窗口中选择该单价文件即可。保存造价文件时，单价文件自动同时保存，且凡用到该单价文件的各造价文件均自动提示重算。

2. 工料机汇总

"工料机"窗口汇总显示本造价文件所有定额内包含的工料机，可直接修改或计算工料机的预算单价，如图 6-50 所示。

(1)消耗量。显示各种工料机的总消耗量。

(2)预算单价。预算单价，即当前市场价，用于计算"建安费"，根据当前市场调查的单价直接输入；或通过计算原价及运费的方式得到预算单价(即自采材料及自办运输，常见于管理部门编制预算)。

(3)选择单价文件。选择一个预先保存(定义)的工料机预算价格(市场价格)文件，以计算当前项目的造价。选择新单价文件后，原预算价将被覆盖，并重新进行造价计算。调用已有的预算单价文件，将覆盖当前造价文件的预算单价。若使用单价文件编辑器更改了预算单价，要使用新单价，必须重新调用单价文件。

(4)还原预算价。以当前(已选择)的单价文件内的单价覆盖预算价。用于方案比选，或在对预算价进行了大量的调整后，希望一步还原。

(5)另存单价文件。将调整的预算价保存成单价文件，以供其他项目选用。效果与"单价文件编辑器"中编辑一样。只是工料机的数量仅包含本预算项目所用到的工料机。

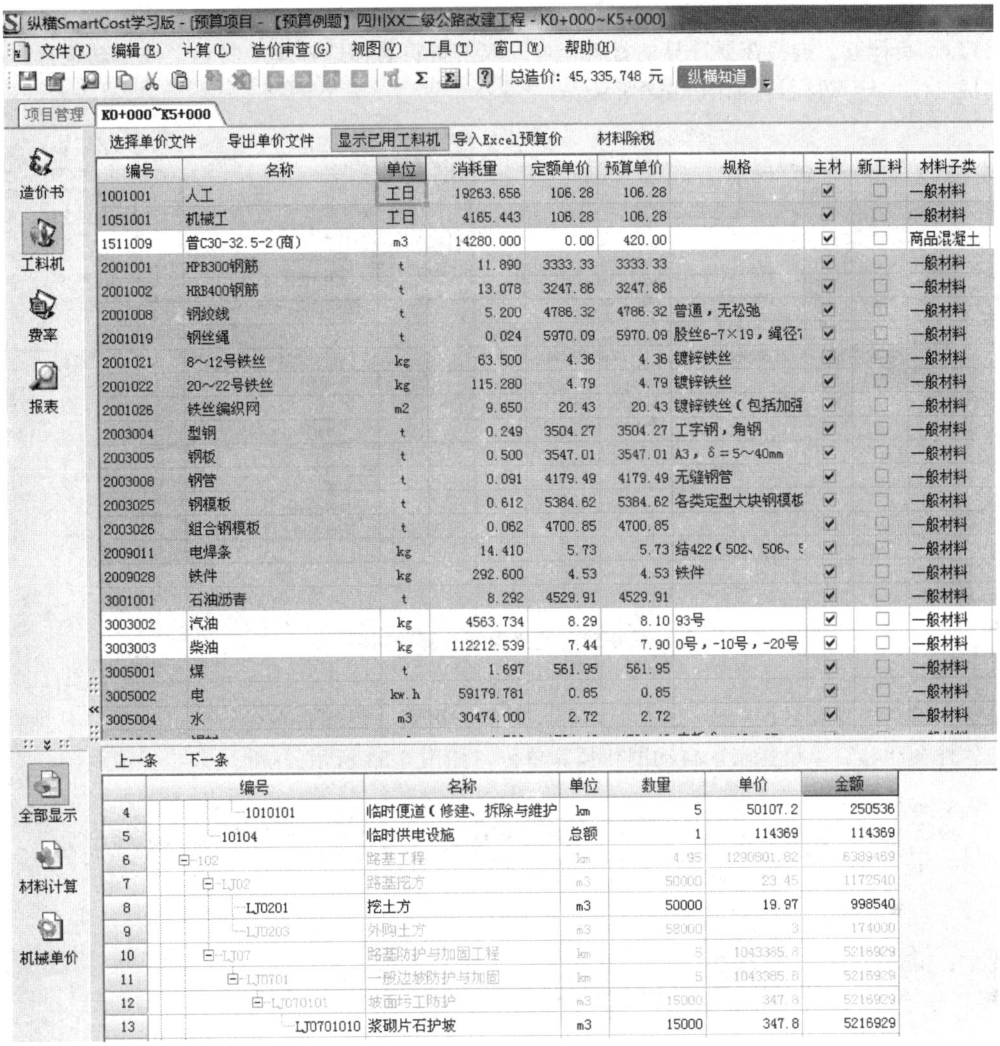

图 6-50　工料机汇总

3. 人工单价计算

在工料机窗口预算单价列输入人工单价即可。可通过软件"帮助"中的"2018 编制办法及定额章节说明"查看各省补充编制办法中规定的人工单价，如图 6-51 所示。

编号	名称	单位	消耗量	定额单价	预算单价
1	人工	工日	127749.686	49.20	51.08
2	机械工	工日	29092.215	49.20	51.08

图 6-51　人工单价计算

4. 材料单价计算

在操作时，材料预算单价（即市场价）一般直接输入；另外，也可通过计算"原价"及"运费"相加的方式得到预算单价（含自采材料及自办运输，常见于管理部门编制预算）。

单击![按钮]按钮，进行材料预算单价的计算。

(1)运费计算。选择需要计算的材料：可以双击材料名称选择单个材料，或拖动选择，单击右键成批添加计算材料，如图6-52所示。

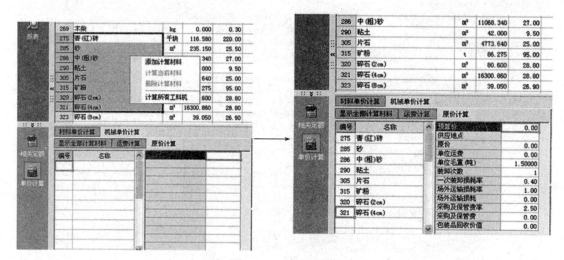

图 6-52　选择需要计算的材料

输入运费的计算数据"起讫地点、原价、运价、运距、装卸费单价、装卸次数、其他费用"等，软件自动计算单位运费，自动刷新预算单价，如图6-53所示。

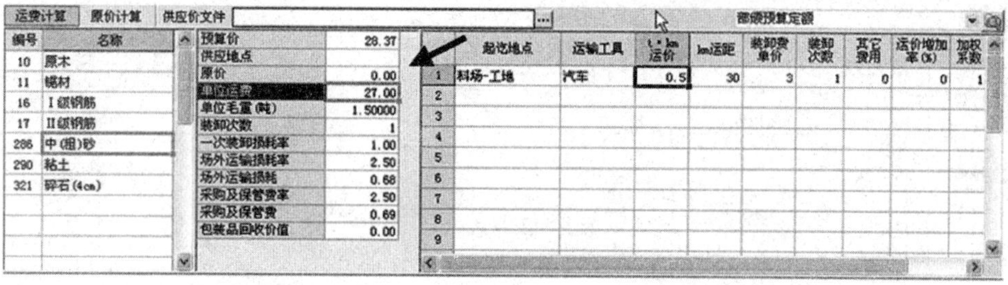

图 6-53　单位运费计算

若当地无社会运输力量，也可选择自办运输计算材料运价，即通过《预算定额》第九章的材料运输定额计算。

1)成批设置材料的运费数据。一般情况下，同一供应地点的同类材料的运费计算数据大致相同，逐个输入十分烦琐。因此，软件特别设计了成批设置材料起止地点功能，不必来回切换材料。在材料名称处单击右键，选择"成批添加运输起讫地点"，在弹出窗口中打钩选择统一设置的材料，输入运费计算参数。勾选"替换原有起讫地点数据"，则以本次数据为准进行计算，如图6-54所示。

2)保存起讫点数据。作为对成批设置材料计算数据的补充，也可以保存某一起讫地点的计算数据。输入运距计算数据后，单击右键，选择"保存起讫地点数据"项(图6-55)，在新材料中下拉即可调用。

3)采购及保管费与单位毛重。采购及保管费与单位毛重等数据是部颁编制办法规定的，除本省有特别规定外，一般无须修改。可下拉选择部颁采购及保管费或其他省份的采购及保管费。

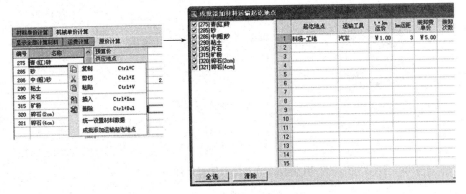

图 6-54　成批设置材料的运费数据

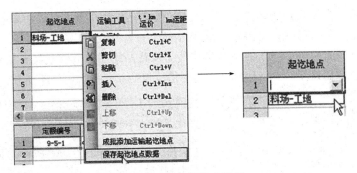

图 6-55　保存起讫点数据

在材料计算窗口中单击右键，选择"统一设置材料数据"（图 6-56），即可进行设置。

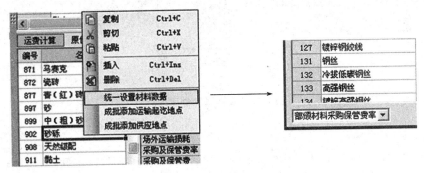

图 6-56　统一设置材料数据

4）自办运输。在运输工具中选择"自办运输"。右下角出现定额选择窗口，双击定额号单元格，选择定额，如图 6-57 所示。

自办运输定额的工程数量，是一个单位材料的工程量，无须改变。如须调整运距时，只须输入总运距即可。

（2）原价计算。

1）选择供应价文件。系统已内置部分省份的材料信息价，只须选择即可，系统自动根据选择的单价文件重算造价。

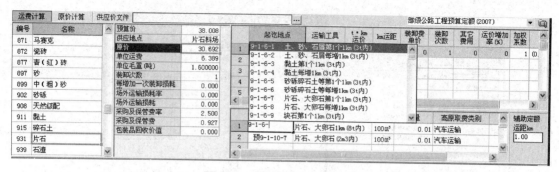

图 6-57　自办运输的定额选择

2）成批设置供应价数据。

①不同材料可以成批选择不同的供应价文件。如某项目已有甘肃省各地区的材料供应价，钢材从"兰州"供应，水泥及其他材料是从"天水市"供应，在材料计算窗口中单击右键，选择"成批设置供应价数据"项，选择相应材料，选择供应价文件。

②一种材料可以选择多个不同的供应价文件。公路是线性构造物，材料很可能从不同的供应地提供。供应价数据操作同上，同时输入不同供应地的加权系数，如图 6-58 所示。

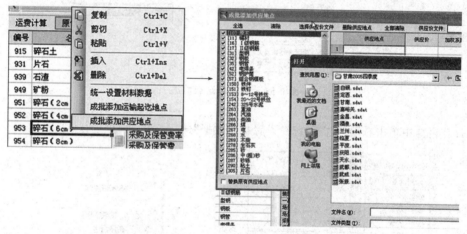

图 6-58　成批添加供应地点

3）自采材料计算。

①在原价计算窗口中，应先输入供应地点，然后在"定额编号"选择定额（第八章材料采集及加工定额），输入数量即可确定工料机供应价。

②在运费计算窗口中，应先输入起讫地点，选择自办运输，在"单位运价"栏输入实际数值或选择定额（第九章材料运输定额）计算。

通过上面步骤操作，软件可计算出自采材料的预算单价。

5. 机械单价计算

与材料预算单价一样，机械单价一般直接采用系统计算所得的值或直接输入预算单价，如需管理得更细致，可进行机械单价的计算，主要是自定各机械的每台班各种燃料、机械工的消耗量。

施工机械台班单价由不变费用和可变费用组成。不变费用一般不允许修改（特殊情况下，如计算青海省机械台班单价时，考虑高寒边远地区维修工资、配件材料等价差的影响因素，第一类费用即不变费用采用 1.1 的系数进行调整）；可变费用，只须确定机械工单价、动力燃料费、车船使用税，机械台班费用，自动计算。

单击 按钮，进行机械单价的计算。

（1）不变费用。允许修改，但除非本企业有准确的相应数据，一般不宜修改。

（2）可变费用。消耗量一般不宜修改，修改后系统会自动重算机械单价。可变费用小计随相关材料预算单价（如汽油、柴油、机械工等）改变而变。对于车船税，从车船税标准中获得。车船税标准由当地的造价主管部门发布，根据工程所在省份，单击 按钮选择相应的车船税标准，如图 6-59 所示。

图 6-59　选择车船税标准

要修改车船税标准，可在菜单"工具"→"养路费车船税编辑器"内修改，如图 6-60 所示。

6. 我的工料机库

"我的工料机库"自动保存了项目中的所有新材料。导入建设项目时，外来的工料机自动导入到库中。

（九）费率

系统默认费率参数为广东参数，应按工程实际情况进行费率调整。

（1）费率参数窗口（图 6-61）。

1）选择费率属性（冬、雨季等），立即获得费率（其他工程费等）。

2）系统已内置全国各省市费率标准补充规定，根据工程所在地过滤，供选择。

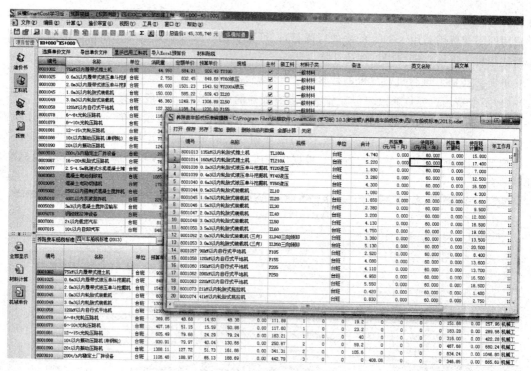

图 6-60　修改车船税标准

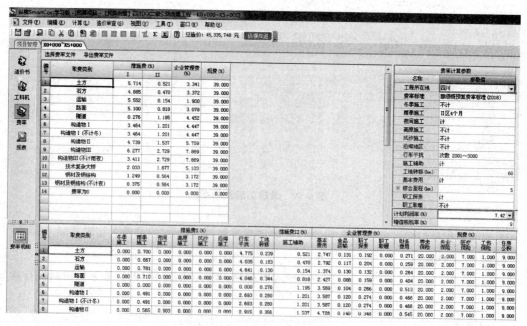

图 6-61　费率参数窗口

3)根据工程所在地,自动提示冬、雨期施工区域划分。

4)根据工程所在地,自动选择按地区类别取费的项目。

(2)上部视窗,是下部视窗的费率合计(图 6-62)。

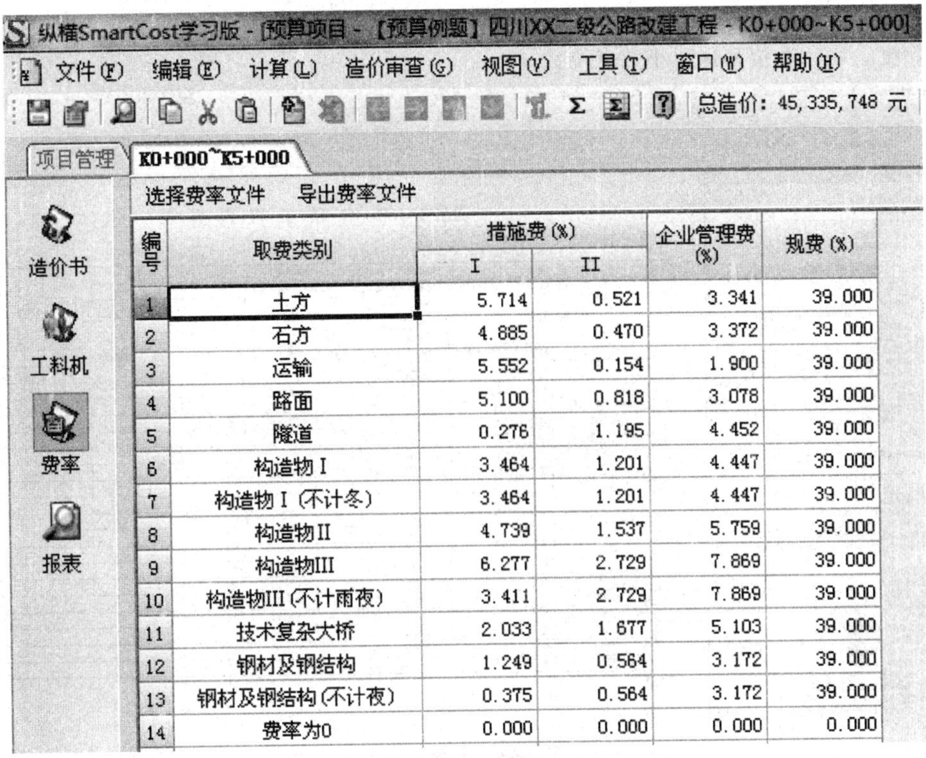

图 6-62 上部视窗费率合计

(3)费率文件。一旦离开费率视图，将自动按新费率重新计算造价。

纵横公路工程造价软件收集了各地主管部门发布的新费率标准，可调整各项费率取值成为新的取费标准。

(十)报表输出

单击 📖 报表图标，可直接预览、打印、输出报表，导出 PDF/Excel 格式，A3、A4 自由切换，同时还可对报表进行设置。

1. 查看报表

选择"文件"→"报表"，打开"报表"界面。在左侧窗口点选即可直接预览，如图 6-63 所示。

2. 报表设置

单击 🔧 按钮，即可进行报表设置。

(1)纸张设置。进行纸张大小、纸张边距、打印机设置等，设置结果影响所有报表。

(2)页面设置。进行字体、字号、边框线等设置，设置结果影响所有报表，如图 6-64 所示。

(3)报表格式设置。个别设置报表格式，报表的以下各种特征均可直接定义，如图 6-65 所示。

1)报表。表示下拉选择需设置的报表。

2)格式。表示与保存格式相配合，即一个报表可保存多种预设格式，供不同项目选用。

3)标题。表示输入任意报表标题。

4)行高。表示表格每行的高度。

5)名称。表示表头名称，可任意修改，如可将"细目编号"改为"编号"。

6)宽度。表示列宽，一般不宜修改，显示值为百分比值，修改值应保持各列值之和为100。

7)对齐。表示输入对齐方式。

8)精度。表示数值列保留小数点位数。

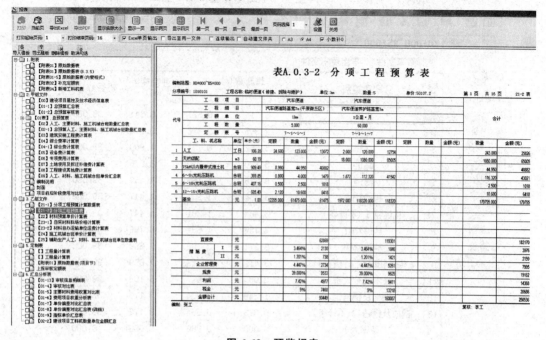

图 6-63 预览报表

图 6-64 页面设置

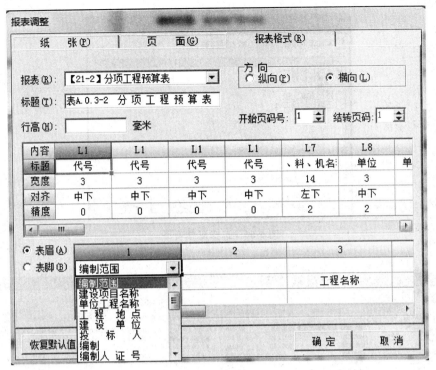

图 6-65 报表格式设置

9)表眉。表示选择表眉左、偏左、中、偏右、右 5 部分输出值。可设置 3×5 个值。

10)表脚。表示选择表脚左、偏左、中、偏右、右 5 部分输出值。可设置 3×5 个值。

3. 输出到 Excel

纵横公路工程造价软件采用新的报表技术，直接将预览的报表保存成 Excel 格式，保存速度快且格式保持完整，而不是旧有技术的"一行一行导出"。

各项目的报表千差万别，当报表设置不能满足需求时，可直接将报表存成 Excel 文件，以便进一步修改。在报表窗口中，单击"导出 Excel"按钮，在弹出窗口中选择文件保存的目录。

输出张数较多的报表时，如 21-2 表时，软件自动将每 20 页分为一个文件。即 1-20，21-40…，分别输出。

4. 报表定制服务

若报表提供的设置功能、输出功能均不能完成对某张报表格式要求，可与纵横公路工程造价软件客户服务中心联系。

(十一)项目汇总

(1)单击"文件"菜单栏，再单击"建设项目汇总"按钮，在弹出窗口中勾选造价文件，并调整其位置，如图 6-66 所示。

(2)单击"汇总"按钮，软件自动显示汇总结果，如图 6-67 所示。

(十二)交换数据

执行"文件"→"导出"→"成批导出建设项目"命令，如图 6-68 所示，可以把整个建设项目的项目文件、单价文件和费率文件等统一压缩在一个 * . sbp 文件里，可进行数据交换。通过"文件"→"导入"操作即可接收项目文件。

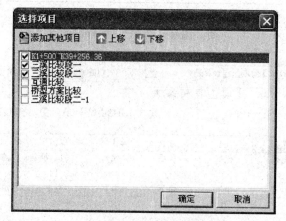

图 6-66 选择汇总项目

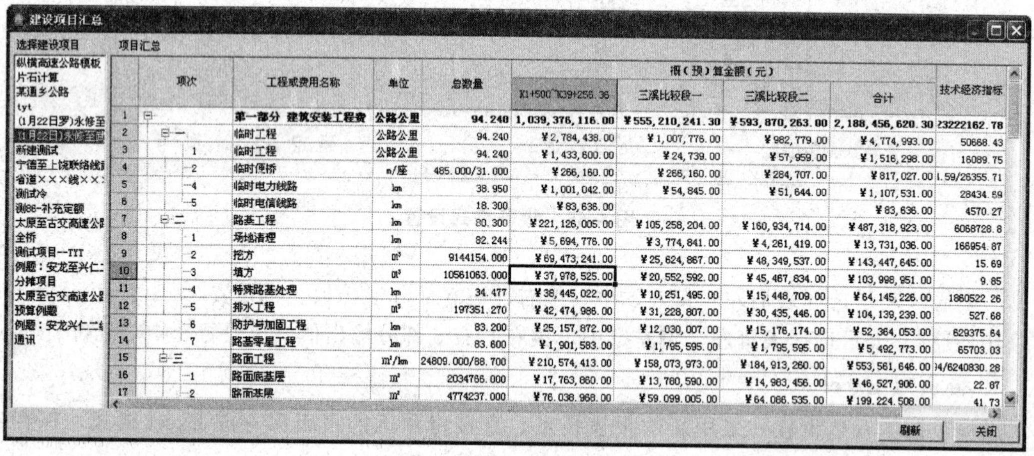

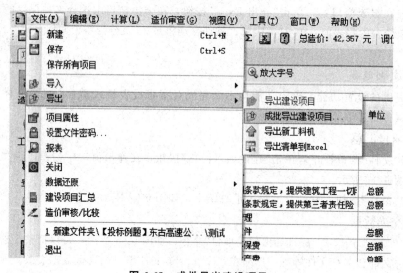

图 6-67 显示汇总结果

图 6-68 成批导出建设项目

然后勾选需要导出的建设项目，单击"导出"按钮，选择存放路径，确定即可，如图 6-69 所示。

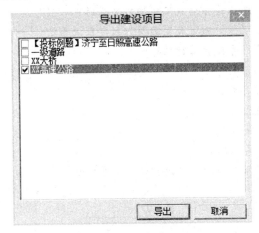

图 6-69　导出建设项目

学习效果评价

一、学生自评

【填空题】

1. 导出建设项目将整个项目的所有标段及其所用到的 _____、_____、_____、_____全部压缩成一个 *.sbp 文件导出。

2. 编制任何一份公路工程造价文件，首先要在纵横公路工程造价软件文件中建立 4 个基础文件，即 _____、_____、_____、_____。

3. 费率文件主要是指 _____、_____、_____等费用的费率。

4. 定额选择基本操作包括 _____、_____、_____。

5. 纵横公路工程造价软件的定额调整分为 _____、_____、_____、_____。

6. 辅助定额调整主要调整定额的 _____、_____、_____、_____等内容。

7. 第二、三、四部分费用是指 _____、_____、_____和 _____，主要通过基数计算和数量单价的方式确定费用。

8. 软件将报表保存成 _____格式。如输出报表张数较多时，软件自动将 _____页文件分为一个文件。

【判断题】

1. 纵横公路工程造价软件可以利用"定位至…"完成快速定位功能。　　　　　　（　　）

2. 一个建设项目下只可有一个分段独立编制的概、预算造价文件。　　　　　　（　　）

3. 导出的建设项目文件一经确定保存路径，不可更改。　　　　　　　　　　　（　　）

4. 建立造价文件的项目组成结构，一般按部颁标准项目表进行划分。　　　　　（　　）

5. 当定额的工作内容和计算分项的工作内容不完全一致时，要对定额进行必要的调整。

　　　　　　　　　　　　　　　　　　　　　　　　　　　　　　　　　　　（　　）

6. 当运距超过第一个定额运距单位，其运距尾数不足一个增运定额单位的半数时不计，超过半数时按一个增运定额运距单位计算。　　　　　　　　　　　　　　　　　（　　）

【思考题】

1. 采用纵横公路工程造价软件编制工程造价文件时，一般包括哪几个步骤？

2. 如何在系统上新建项目？如何套定额及进行定额调整？

3. 在软件中对混凝土标号如何进行调整？

4. 如何建立项目表？

5. 在软件中如何进行定额的录入？

6. 如何对输出报表进行页面设置？

7. 如何成批设置材料的运费数据？

8. 如何进行定额及预算单价调整？

9. 如何应用纵横公路工程造价软件进行辅助定额调整？

二、学习小组评价

班级：_____　　　　　　姓名：_____　　　　　　学号：_____

学习内容	分值	评价内容	得分
基础知识	30	运用纵横公路工程造价软件编制概、预算文件的操作流程；运用纵横公路工程造价软件新建建设项目及造价文件，建立概预算项目表、套定额及确定数量单价，进行定额调整，进行取费类别的确定，进行工料机预算单价的确定，进行文件的报表输出	
应会技能	20	掌握运用纵横公路工程造价软件编制造价文件的操作流程	
	30	学会运用纵横公路工程造价软件编制概、预算文件	
	10	学会运用纵横公路工程造价软件进行造价文件的报表输出	
学习态度	10		
学习小组组长签字：		年　　　月　　　日	

附　录

附录一　概（预）算表格样式

表 A.0.2-1　项目前后阶段费用对比表

建设项目名称：

第　　页　共　　页

分项编号	工程或费用名称	单位	本阶段设计概算（施工图预算）			上阶段工可估算（设计概算）			费用变化		备注
			数量	单价	金额	数量	单价	金额	金额	比例/%	
1	2	3	4	5=6÷4	6	7	8=9÷7	9	10=6−9	11=10÷9	12

填表说明：

1. 本表反映一个建设项目的前后阶段各项费用组成。

2. 本阶段和上阶段费用均从各阶段的 01-1 表转入。

编制：　　　　　　　　　　　　　　　　　　　　　　　　复核：

建设项目：　　　　　　　　　　　　　　　　　　　　　　编制日期　　　　00表

一	项目基本属性				
编号	名称	单位	信息		备注
001	工程所在地				
002	地形类别		平原或微丘		
003	新建/改扩建				
004	公路技术等级				
005	设计速度	km·h^{-1}			
006	路面结构				
007	路基宽度	m			
008	路线长度	公路公里			不含连接线
009	桥梁长度	km			
010	隧道长度	km			双洞长度
011	桥隧比例	%			[(9)+(10)]/(8)
012	互通式立体交叉数量	km·处$^{-1}$			
013	支线、联络线长度	km			
014	辅道、连接线长度	km			
二	项目工程数量信息				
编号	内容	单位	数量	数量指标	备注
10202	路基挖方	1 000 m^3			
10203	路基填方	1 000 m^3			
10206	排水圬工	1 000 m^3			包括防护、排水
10207	防护圬工	1 000 m^3			
10205	特殊路基	km			
10301	沥青混凝土路面	1 000 m^2			
10302	水泥混凝土路面	1 000 m^2			
10401	涵洞	m			
10402	小桥	m			
10403	中桥	m			
10404	大桥	m			
10405	特大桥	m			
10501	连拱隧道	m			
10502	小净距隧道	m			
10503	分离式隧道	m			
10602	通道	m			
10605	分离式立体交叉	处			
10606	互通式立体交叉	处			

二			项目工程数量信息			
编号	内容	单位	数量	数量指标	备注	
10703	管理养护服务房屋	m²				
编号	内容	单位	数量	数量指标	备注	
10901	联络线、支线工程	km				
10902	连接线工程	km				
10903	辅道工程	km				
20101	永久征地	亩			不含取(弃)土场征地	
20102	临时征地	亩				
三			项目造价指标信息表			
编号	工程造价	总金额/万元	造价指标/(万元·km⁻¹)	占总造价百分比/%	备注	
1	建筑安装工程费	(必填)				
101	临时工程					
102	**路基工程**					
103	路面工程					
104	桥梁工程					
105	隧道工程					
106	交叉工程					
107	交通工程					
108	绿化及环境保护工程					
109	其他工程					
110	专项费用	(必填)				
2	土地使用及拆迁补偿费	(必填)				
3	工程建设其他费	(必填)				
4	预备费	(必填)				
5	建设期贷款利息	(必填)				
6	公路基本造价	(必填)				
四			分项造价指标信息表			
编号	名称	单位	造价指标/元	备注		
10202	路基挖方	m³				
10203	路基填方	m³				
10206	排水圬工	m³				
10207	防护圬工	m³				
10205	特殊路基	km				
10301	沥青混凝土路面	m²				
10302	水泥混凝土路面	m²				

四	分项造价指标信息表				
编号	名称	单位	造价指标/元	备注	
10401	涵洞	m			
10402	预制空心板桥	m²			
10403	预制小箱梁桥	m²			
10404	预制 T 形梁桥	m²			
10405	现浇箱梁桥	m²			
10406	特大桥	m²			
10501	连拱隧道	m			
10502	小净距隧道	m			
10503	分离式隧道	m			
10602	通道	m			
10605	分离式立体交叉	处			
10606	互通式立体交叉	处			
10701	交通安全设施	km			
10702	机电及设备安装工程	km			
10707	管理养护服务房屋	m²		含土建和安装，不含外场	
10901	联络线、支线工程	km			
10902	连接线工程	km			
10903	辅道工程	km			
20101	永久征地	亩			
20102	临时征地	亩			
20201	拆迁补偿	km			
30101	建设单位管理费	km			
30103	工程监理费	km			
30301	建设项目前期工作费	km			
五	主要材料单价信息表				
编号	名称	单位	单价/元	备注	
1001001	人工	工日			
2001002	HRB400 钢筋	t			
3001001	石油沥青	t			
5503005	中(粗)砂	m³			
5505016	碎石(4 cm)	m³			
5509002	42.5 级水泥	t			

编制：   复核：

表 A.0.2-3　总概（预）算汇总表

建设项目名称：

分项编号	工程或费用名称	单位	总数量	数量	金额/元	技术经济指标	数量	金额/元	技术经济指标	数量	金额/元	技术经济指标	总金额/元	全路段技术经济指标	各项费用比例/%

填表说明：

1. 一个建设项目分为若干单项工程编制概（预）算时，应通过本表汇总全部建设项目概（预）算。
2. 本表反映一个建设项目的各项费用组成、单位、总数量、概（预）算总值和技术经济指标。
3. 本表分项、项、子项，单位工程或单项工程应由各单项工程或单位工程总概（预）算表（01表）转来。部分、项、子项应保留，其他可视需要增减。
4. "全路段技术经济指标"以各项金额汇总合计除以相应数量计算；"各项费用比例"以汇总的各项公路工程造价除以公路基本造价计算。

编制：　　　　　　　　　　　　　　　　　　　　　　　　复核：

表 A.0.2-4 总概(预)算人工、主要材料、施工机械台班数量汇总表

建设项目名称:

第   页   共   页   02-1 表

代号	规格名称	单位	总数量	编制范围								

填表说明:
1. 一个建设项目分若干个单项工程编制概(预)算时,应通过本表汇总全部建设项目的人工、主要材料与设备、施工机械台班数量。
2. 本表各栏数据均由各单项或单位工程概(预)算中的人工、主要材料、施工机械台班数量汇总表(02表)转来;编制范围指单项或单位工程。

编制:

复核:

表 A.0.2-5 总概（预）算表

建设项目名称：
编制范围：

第 页 共 页 01表

分项编号	工程或费用名称	单位	数量	金额/元	技术经济指标	各项费用比例/%	备注

填表说明：
1. 本表反映一个单项或单位工程的各项费用组成、概（预）算金额、技术经济指标、各项费用比例（%）等。
2. 本表"分项编号""工程或费用名称""单位"等应按概预算项目表的编号及内容填写。
3. "数量""金额"由专项计算表（06 表）、建筑安装工程费用计算表（07 表）、工程建设其他费用计算表（08 表）转来。
4. "技术经济指标"以各项金额除以相应数量计算；"各项费用比例"以各项金额除以公路基本造价计算。

编制：

复核：

表 A.0.2-6　人工、主要材料、施工机械台班数量汇总表

建设项目名称：
编制范围：

代号	规格名称	单位	单价/元	总数量	分项统计											场外运输损耗	
																%	数量

第　　　页　共　　　页　　　02 表

填表说明：
本表各栏数据由人工、材料、施工机械台班单价汇总表（09 表）及分项工程概（预）算表（21-2 表）、辅助生产人工、材料、施工机械台班单位数量表（25 表）经分析计算后统计而来。

编制：　　　　　　　　　　　　　　　　　　　　复核：

表 A.0.2-7　建筑安装工程费计算表

建设项目名称：

建设项目范围：

第　　页　　共　　页　　03 表

序号	分项编号	工程名称	单位	工程量	定额直接费/元	定额设备购置费/元	直接费/元				设备购置费	措施费	企业管理费	规费	利润/元		税金/元		金额合计/元	
							人工费	材料费	施工机械使用费	合计					/元	费率/%	/元	税率/%	合计	单价
1	2	3	4	5	6	7	8	9	10	11	12	13	14	15	16		17		18	19
	110	专项费用	元																	
	11001	施工场地建设费	元																	
	11002	安全生产费	元																	
合计																				

编制：　　　　　　　　　　　　　　　　　　　　　　　　　　　　　复核：

表 A. 0. 2-8　综合费费率计算表

建设项目名称：
编制范围：

第　　页　共　　页　04 表

序号	工程类别	措施费/%									综合费费率		企业管理费/%							规费/%				综合费费率
		冬期施工增加费	雨期施工增加费	夜间施工增加费	高原地区施工增加费	风沙地区施工增加费	沿海地区施工增加费	行车干扰工程施工增加费	施工辅助费	工地转移费	I	II	基本费用	主副食运费补贴	职工探亲路费	职工取暖补贴	财务费用	综合费费率	养老保险费	失业保险费	医疗保险费	工伤保险费	住房公积金	
1	2	3	4	5	6	7	8	9	10	11	12	13	14	15	16	17	18	19	20	21	22	23	24	25

填表说明：
本表应根据建设项目具体情况，按概（预）算编制办法有关规定填写。
其中：12=3+4+5+6+7+8+9+11,13=10;19=14+15+16+17+18;25=20+21+22+23+24。

编制：　　　　　　　　　　　　　　　　　　　　　复核：

建设项目名称:
编制范围:

表 A.0.2-9 综合费计算表

序号	工程类别	措施费										综合费用		企业管理费						规费					综合费用
		冬季施工增加费	雨季施工增加费	夜间施工增加费	高原地区施工增加费	风沙地区施工增加费	沿海地区施工增加费	行车干扰施工增加费	施工辅助费	工地转移费		I	II	基本费用	主副食运费补贴	职工探亲路费	职工取暖补贴	财务费用	综合费用	养老保险费	失业保险费	医疗保险费	工伤保险费	住房公积金	
1	2	3	4	5	6	7	8	9	10	11		12	13	14	15	16	17	18	19	20	21	22	23	24	25

填表说明:

本表应根据建设项目具体分项工程,按投资估算编制办法规定的计算方法分别计算各项费用。

其中:12=3+4+5+6+7+8+9+11,13=10;19=14+15+16+17+18;25=20+21+22+23+24。

编制:　　　　　　　　　　　　　　　　复核:

表 A.0.2-10　设备费计算表

建设项目名称：
编制范围：

第　页　共　页　05 表

代号	设备名称	规格型号	单位	数量	基价	定额设备购置费/元	单价/元	设备购置费/元	税金/元	定额设备费/元	设备费/元

填表说明：
本表应根据具体的设备购置清单进行计算，包括设备规格、单位、数量、设备基价、定额设备购置费、设备预算单价、设备购置费和设备费。设备购置费不计取措施费及企业管理费。税金以及定额设备费及设备费。

编制：　　　　　　　　　　　　　　　　　　　　　　　　　复核：

表 A.0.2-11 专项费用计算表

建设项目名称：
编制范围：

第 页 共 页 06 表

序号	工程或费用名称	说明及计算式	金额/元	备注

填表说明：
本表应依据项目按本办法规定的专项费用项目填写，在说明及计算式栏内填写需要说明的内容及计算式。

编制：
复核：

表 A. 0.2-12　土地使用及拆迁补偿费计算表

建设项目名称：
编制范围：

第　页　共　页　07 表

序号	费用名称	单位	数量	单价/元	金额/元	说明及计算式	备注
				填表说明：本表按规定填写单位、数量、单价和金额；说明及计算式中应注明标准及计算式；子项下边有分项的，可以按顺序依次往下编号。			

编制：　　　　　　　　　　　　　　　　　　　　复核：

表 A.0.2-13 工程建设其他费计算表

建设项目名称：

建设项目范围：

编制范围：

第　页　共　页　08 表

序号	费用名称及项目	说明及计算式	金额/元	备注

填表说明：

本表应按具体发生的其他费用项目填写，需要说明和具体计算的费用项目依次相应在说明及计算式栏内填写或具体计算，各项费用具体填写如下：

1. 建设项目管理费包括建设单位（业主）管理费、建设项目信息化费、工程监理费、设计文件审查费、竣（交）工验收试验检测费，按编办规定的计算计算基数、费率，方法或列式计算。

2. 研究试验费应根据设计需要进行研究试验的项目分别填写项目名称及金额或列式计算。

3. 建设项目前期工作费应按编办规定计算。

4. 专项评价（估）费，联合试运转费，生产准备费，工程保通管理费，工程保险费，预备费，建设期贷款利息等其他费用根据本编办规定或国家有关规定依次类推计算。

编制：　　　　　　　　　　　　　　　　　　　　　　　　　　　　　　复核：

· 337 ·

表 A. 0. 2-14　人工、材料、施工机械台班单价汇总表

建设项目名称：
编制范围：

第　页　共　页　09 表

序号	名称	单位	代号	预算单价/元	备注	序号	名称	单位	代号	预算单价/元	备注

填表说明：本表预算单价主要由材料预算单价计算表（22 表）和施工机械台班单价计算表（24 表）转来。

编制：　　　　　　　　　　　　　　　　　　　　　　复核：

表 A.0.3-1　分项工程概（预）算计算数据表

标准定额库版本号：　　　　　　校验码：　　　　　　第　　页　共　　页　　21-1 表

建设项目名称：

编制范围：

分项编号/定额代号/工料机代号	项目、定额或工料机的名称	单位	数量	输入单价	输入金额	分项组价类型或定额子目取费类别	定额调整情况或分项算式

填表说明：

1. 本表应逐行从左到右横向逐栏填写。

2. "分项编号""定额""工料机"等的代号应根据实际需要按本办法附录 B 概预算项目表及现行《公路工程概算定额》（JTG/T 3831）、《公路工程预算定额》（JTG/T 3832）的相关内容填写。

3. 本表主要是为利用计算机软件编制概算、预算提供分项组价基础数据，列明工程项目全部计算中的组价参数，分项组价类型等。输入金额、输入单价、非标准补充定额列出其工料机及其消耗量；具体填写规则由软件用户手册详细制定。

4. 标准定额库版本号由公路工程造价依据信息平台与定额库版本号一起发布，造价软件接收后直接输出。

5. 校验码由定额库版本号加密生成，由公路工程造价依据信息平台造价软件直接输出，为便于校验，造价软件可按条形码形式输出。

编制：　　　　　　　　　　　　　　　　　　　　　　　　　　复核：

表 A. 0. 3-2 分项工程概(预)算表

编制范围：

分项工程编号：　　　工程名称：　　　单位：　　　数量：　　　单价：

代号	工程项目 工程细目 定额单位 工程数量 定额表号										合计	
号	工、料、机名称	单价/元	定额	数量	金额/元	定额	数量	金额/元	定额	数量	数量	金额/元
1	人工　工日											
2												
	直接费　　　　　元											
	措施费 Ⅰ 元											
	Ⅱ 元											
	企业管理费　　元											
	规费　　　　　元			%			%			%		
	利润　　　　　元			%			%			%		
	税金　　　　　元			%			%			%		
	金额合计　　　元											

填表说明：

1. 本表按具体分项工程项目数量，对应概(预)算定额子目填写，单价由 09 表转来。金额＝$\sum$工、料、机各项的单价×定额×数量。

2. 措施费、企业管理费按相应项目的定额人工费与定额施工机械使用费之和或定额直接费×规定费率计算。

3. 规费按相应项目的人工费×规定费率计算。

4. 利润按相应项目的定额直接费＋措施费＋企业管理费×利润率计算。

5. 税金按相应项目的定额直接费＋措施费＋企业管理费＋规费＋利润×税率计算。

6. 措施费、企业管理费、规费、利润、税金对应定额列填入相应的计算基数，数量列填入相应人相应的费率。

编制：　　　　　　　　　　复核：

表 A.0.3-3 材料预算单价计算表

建设项目名称：

编制范围：

序号	规格名称	单位	原价/元	运杂费						原价运费合计/元	场外运输损耗		采购及保管费		预算单价/元
				供应地点	运输方式比重及运距	毛质量系数或单位毛质量	运杂费构成说明或计算式	单位运费/元			费率/%	金额/元	费率/%	金额/元	

填表说明：
1. 本表计算各种材料自供应地点或料场至工地的全部运杂费与材料原价及其他费用组成预算单价。
2. 运杂费构成说明或计算式按火车、汽车、船舶等占运输比重填写。
3. 毛质量系数，场外运输损耗、采购及保管费按规定填写。
4. 根据材料供应地点、运输方式、运输单价、毛质量系数等，通过运杂费构成说明或计算式计算得出材料单位运费。
5. 材料原价与单位运费、场外运输损耗、采购及保管费组成材料预算单价。

编制：

复核：

表 A.0.3-4　自采材料料场价格计算表

编制范围：

自采材料名称：　　　单位：　　　数量：　　　料场价格：　　　第　页　共　页　　23-1 表

代号	工程项目						
	工程细目						
	定额单位						
	工程数量						
号	定额表号						
工、料、机名称	单价/元	定额	数量	金额/元	定额	数量	金额/元	...	合计 数量 金额/元

	单价/元	定额	数量	金额/元	定额	数量	金额/元	定额	数量	金额/元	定额	数量	金额/元	合计 数量	金额/元
直接费	元														
辅助生产间接费	元	%		%		%		%							
高原取费	元	%		%		%		%							
金额合计	元														

填表说明：

1. 本表主要用于分析计算自采材料料场价格，应将选用的定额人工、材料、施工机械台班数量全部列出，包括相应的工、料、机单价。

2. 材料规格用途相同而生产方式（如人工捶碎石，机械轧碎石）不同时，应分别计算单价，再以各种生产方式所占比重根据合计价格加权平均计算单场价格。

3. 定额中施工机械台班合计价有调整系数时，应在本表内计算。

4. 辅助生产间接费、高原取费对应定额列填入相应的计算基数，数量列填入相应的费率。

编制：　　　　　复核：

表 A.0.3-5 材料自办运输单位运费计算表

编制范围： 采材料名称： 单位： 数量： 单位运费： 第 页 共 页

代号	工程项目							合计	
	工程细目								
	定额单位								
	工程数量								
	定额表号								
	工、料、机名称	单价/元	数量	金额/元	定额	数量	金额/元	定额	数量	金额/元	定额	数量	金额/元

直接费	元		%		%		%	
辅助生产间接费	元		%		%		%	
高原取费	元		%		%		%	
金额合计	元							

填表说明：

1. 本表主要用于分析计算材料自办运输单位运费，应将选用的定额人工、材料、施工机械台班数量全部列出，包括相应的工、料、机单价。

2. 材料运输地点或运输方式不同时，应分别计算单价，再按所占比重加权平均计算材料运输价格。

3. 定额中施工机械台班有调整系数时，应在本表内计算。

4. 辅助生产间接费、高原取费对应定额列填入相应的费率，数量列填入相应的计算基数、数量列填入相应定额的计算基数。

编制： 复核：

· 343 ·

表 A.0.3-6 施工机械台班单价计算表

建设项目名称：
编制范围：

序号	代号	规格名称	台班单价/元	不变费用/元	可变费/元											
				调整系数：	人工：		汽油：			柴油：				车船税	合计
					元/工日		元/kg			元/kg					
				定额	调整值	定额	金额	定额	金额	定额	金额	定额	金额	定额	金额	

填表说明：
1. 本表应根据公路工程机械台班费用定额进行计算。不变费用如有调整系数应填入调整值，可变费用各栏填入定额数量。
2. 人工、动力燃料单价由材料预算单价计算表（22 表）中转来。

编制：   复核：

第　　页　共　　页

24 表

· 344 ·

表 A. 0. 3-7　辅助生产人工、材料、施工机械台班单位数量表

建设项目名称：
编制范围：

第　页　共　页　第 25 表

序号	规格名称	单位	人工/工日										

填表说明：
本表各栏数据由自采材料料场价格计算表（23-1 表）和材料自办运输单位运费计算表（23-2 表）统计而来。

编制：　　　　　　　　　　　　　　　　　　　　　　　　复核：

附录二　全国冬期施工气温区划分表

省份	地区、市、自治州、盟(县)	气温区	
北京	全境	冬二	I
天津	全境	冬二	I
河北	石家庄、邢台、邯郸、衡水市(冀州区、枣强县、故城县)	冬一	II
	廊坊、保定(涞源县及以北除外)、衡水(冀州区、枣强县、故城县除外)、沧州市	冬二	I
	唐山、秦皇岛市		II
	承德(围场县除外)、张家口(沽源县、张北县、尚义县、康保县除外)、保定市(涞源县及以北)	冬三	
	承德(围场县)、张家口市(沽源县、张北县、尚义县、康保县)	冬四	
山西	运城市(万荣县、夏县、绛县、新绛县、稷山县、闻喜县除外)	冬一	II
	运城(万荣县、夏县、绛县、新绛县、稷山县、闻喜县)、临汾(尧都区、侯马市、曲沃县、翼城县、襄汾县、洪洞县)、阳泉(盂县除外)、长治(黎城县)、晋城市(城区、泽州县、沁水县、阳城县)	冬二	I
	太原(娄烦县除外)、阳泉(盂县)、长治(黎城县除外)、晋城(城区、泽州县、沁水县、阳城县除外)、晋中(寿阳县、和顺县、左权县除外)、临汾(尧都区、侯马市、曲沃县、翼城县、襄汾县、洪洞县除外)、吕梁市(孝义市、汾阳市、文水县、交城县、柳林县、石楼县、交口县、中阳县)		II
	太原(娄烦县)、大同(左云县除外)、朔州(右玉县除外)、晋中(寿阳县、和顺县、左权县)、忻州、吕梁市(离石区、临县、岚县、方山县、兴县)	冬三	
	大同(左云县)、朔州市(右玉县)	冬四	
内蒙古	乌海市、阿拉善盟(阿拉善左旗、阿拉善右旗)	冬二	I
	呼和浩特(武川县除外)、包头(固阳县除外)、赤峰、鄂尔多斯、巴彦淖尔、乌兰察布市(察哈尔右翼中旗除外)、阿拉善盟(额济纳旗)	冬三	
	呼和浩特(武川县)、包头(固阳县)、通辽、乌兰察布市(察哈尔右翼中旗),锡林郭勒(苏尼特右旗、多伦县)、兴安盟(阿尔山市除外)	冬四	
	呼伦贝尔市(海拉尔区、新巴尔虎右旗、阿荣旗),兴安(阿尔山市)、锡林郭勒盟(冬四区以外各地)	冬五	
	呼伦贝尔市(冬五区以外各地)	冬六	

省份	地区、市、自治州、盟(县)	气温区	
辽宁	大连(瓦房店市、普兰店区、庄河市除外)、葫芦岛市(绥中县)	冬二	Ⅰ
	沈阳(康平县、法库县除外)、大连(瓦房店市、普兰店区、庄河市)、鞍山、本溪(桓仁县除外)、丹东、锦州、阜新、营口、辽阳、朝阳(建平县除外)、葫芦岛(绥中县除外)、盘锦市	冬三	
	沈阳(康平县、法库县)、抚顺、本溪(桓仁县)、朝阳(建平县)、铁岭市	冬四	
吉林	长春(榆树市除外)、四平、通化(辉南县除外)、辽源、白山(靖宇县、抚松县、长白县除外)、松原(长岭县)、白城市(通榆县)，延边自治州(敦化市、汪清县、安图县除外)	冬四	
	长春(榆树市)、吉林、通化(辉南县)、白山(靖宇县、抚松县、长白县)、白城(通榆县除外)、松原市(长岭县除外)，延边自治州(敦化市、汪清县、安图县)	冬五	
黑龙江	牡丹江市(绥芬河市、东宁市)	冬四	
	哈尔滨(依兰县除外)、齐齐哈尔(讷河市、依安县、富裕县、克山县、克东县、拜泉县除外)、绥化(安达市、肇东市、兰西县)、牡丹江(绥芬河市、东宁市除外)、双鸭山(宝清县)、佳木斯(桦南县)、鸡西、七台河、大庆市	冬五	
	哈尔滨(依兰县)、佳木斯(桦南县除外)、双鸭山(宝清县除外)、绥化(安达市、肇东市、兰西县除外)、齐齐哈尔(讷河市、依安县、富裕县、克山县、克东县、拜泉县)、黑河、鹤岗、伊春市，大兴安岭地区	冬六	
上海	全境	准二	
江苏	徐州、连云港市	冬一	Ⅰ
	南京、无锡、常州、淮安、盐城、宿迁、扬州、泰州、南通、镇江、苏州市	准二	
浙江	杭州、嘉兴、绍兴、宁波、湖州、衢州、舟山、金华、温州、台州、丽水市	准二	
安徽	亳州市	冬一	Ⅰ
	阜阳、蚌埠、淮南、滁州、合肥、六安、马鞍山、芜湖、铜陵、池州、宣城、黄山市	准一	
	淮北、宿州市	准二	
福建	宁德(寿宁县、周宁县、屏南县)、三明市	准一	
江西	南昌、萍乡、景德镇、九江、新余、上饶、抚州、宜春市	准一	
山东	全境	冬一	Ⅰ
河南	安阳、商丘、周口(西华县、淮阳县、鹿邑县、扶沟县、太康县)、新乡、三门峡、洛阳、郑州、开封、鹤壁、焦作、济源、濮阳、许昌市	冬一	Ⅰ
	驻马店、信阳、南阳、周口(西华县、淮阳县、鹿邑县、扶沟县、太康县除外)、平顶山、漯河市	准二	
湖北	武汉、黄石、荆州、荆门、鄂州、宜昌、咸宁、黄冈、天门、潜江、仙桃市，恩施自治州	准一	
	孝感、十堰、襄阳、随州市，神农架林区	准二	
湖南	全境	准一	
重庆	城口县	准一	

省份	地区、市、自治州、盟(县)	气温区	
四川	阿坝(黑水县)、甘孜藏族自治州(新龙县、道浮县、泸定县)	冬一	II
	甘孜藏族自治州(甘孜县、康定市、白玉县、炉霍县)	冬二	I
	阿坝(壤塘县、红原县、松潘县)、甘孜藏族自治州(德格县)		II
	阿坝(阿坝县、若尔盖县、九寨沟县)、甘孜藏族自治州(石渠县、色达县)	冬三	
	广元市(青川县),阿坝(汶川县、小金县、茂县、理县)、甘孜(巴塘县、雅江县、得荣县、九龙县、理塘县、乡城县、稻城县)、凉山自治州(盐源县、木里县)	准一	
	阿坝(马尔康市、金川县)、甘孜藏族自治州(丹巴县)	准二	
贵州	贵阳、遵义(赤水市除外)、安顺市,黔东南、黔南、黔西南自治州	准一	
	六盘水、毕节市	准二	
云南	迪庆藏族自治州(德钦县、香格里拉市)	冬一	II
	曲靖(宣威市、会泽县)、丽江(玉龙县、宁蒗县)、昭通市(昭阳区、大关县、威信县、彝良县、镇雄县、鲁甸县),迪庆(维西县)、怒江(兰坪县)、大理自治州(剑川县)	准一	
西藏	拉萨(当雄县除外)、日喀则(拉孜县)、山南(浪卡子县、错那县、隆子县除外)、昌都(芒康县、左贡县、类乌齐县、丁青县、洛隆县除外)、林芝市	冬一	I
	山南(隆子县)、日喀则市(定日县、聂拉木县、亚东县、拉孜县除外)		II
	昌都市(洛隆县)	冬二	I
	昌都(芒康县、左贡县、类乌齐县、丁青县)、山南(浪卡子县)、日喀则市(定日县、聂拉木县),阿里地区(普兰县)		II
	拉萨(当雄县)、山南(错那县)、日喀则市(亚东县)、那曲(安多县除外)、阿里地区(普兰县除外)	冬三	
	那曲市(安多县)	冬四	
陕西	西安、宝鸡、渭南、咸阳(彬州市、旬邑县、长武县除外)、汉中(留坝县、佛坪县)、铜川市(耀州区)	冬一	I
	铜川(印台区、王益区)、咸阳市(彬州市、旬邑县、长武县)		II
	延安(吴起县除外)、榆林(清涧县)、铜川市(宜君县)	冬二	II
	延安(吴起县)、榆林市(清涧县除外)	冬三	
	商洛、安康、汉中市(留坝县、佛坪县除外)	准二	
甘肃	陇南市(两当县、徽县)	冬一	II
	兰州、天水、白银(会宁县、靖远县)、定西、平凉、庆阳、陇南市(西和县、礼县、宕昌县)、临夏、甘南自治州(舟曲县)	冬二	II
	嘉峪关、金昌、白银(白银区、平川区、景泰县)、酒泉、张掖、武威市,甘南自治州(舟曲县除外)	冬三	
	陇南市(武都区、文县)	准一	
	陇南市(成县、康县)	准二	

省份	地区、市、自治州、盟(县)	气温区	
青海	海东市(民和县)	冬二	Ⅱ
	西宁、海东(民和县除外)、黄南(泽库县除外)、海南、果洛(班玛县、达日县、久治县)、玉树(囊谦县、杂多县、称多县、玉树市)、海西自治州(德令哈市、格尔木市、都兰县、乌兰县)	冬三	
	海北(野牛沟、托勒除外)、黄南(泽库县)、果洛(玛沁县、甘德县、玛多县)、玉树(曲麻莱县、治多县)、海西自治州(冷湖、茫崖、大柴旦、天峻县)	冬四	
	海北(野牛沟、托勒)、玉树(清水河)、海西自治州(唐古拉山区)	冬五	
宁夏	全境	冬二	Ⅱ
新疆	阿拉尔、哈密市(哈密市泌城镇)、喀什(喀什市、伽师县、巴楚县、英吉沙县、麦盖提县、莎车县、叶城县、泽普县)、阿克苏(沙雅县、阿瓦提县)、和田地区、伊犁(伊宁市、新源县、霍城县霍尔果斯镇)、巴音郭楞(库尔勒市、若羌县、且末县、尉犁县铁千里可)、克孜勒苏自治州(阿图什市、阿克陶县)	冬二	Ⅰ
	喀什地区(岳普湖县)		Ⅱ
	乌鲁木齐市(牧业气象试验站、达坂城区、乌鲁木齐县小渠子乡)、吐鲁番、哈密市(十三间房、红柳河、伊吾县淖毛湖)、塔城(乌苏市、沙湾县、额敏县除外)、阿克苏(沙雅县、阿瓦提县除外)、喀什地区(塔什库尔干县)、克孜勒苏(乌恰县、阿合奇县)、巴音郭楞(和静县、焉耆县、和硕县、轮台县、尉犁县、且末县塔中)、伊犁自治州(伊宁市、霍城县、察布查尔县、尼勒克县、巩留县、昭苏县、特克斯县)	冬三	
	乌鲁木齐(冬三区以外各地)、哈密市(巴里坤县)、塔城(额敏县、乌苏市)、阿勒泰(阿勒泰市、哈巴河县、吉木乃县)、昌吉(昌吉市、木垒县、奇台县北塔山镇、阜康市天池)、博尔塔拉(温泉县、精河县、阿拉山口口岸)、克孜勒苏自治州(乌恰县吐尔尕特口岸)	冬四	
	克拉玛依、石河子市、塔城(沙湾县)、阿勒泰地区(布尔津县、福海县、富蕴县、青河县)、博尔塔拉(博乐市)、昌吉(阜康市、玛纳斯县、呼图壁县、吉木萨尔县、奇台县)、巴音郭楞自治州(和静县巴音布鲁克乡)	冬五	

注：为避免烦冗，各民族自治州名称予以简化，如青海省的"海西蒙古族藏族自治州"简化为"海西自治州"。

附录三 全国雨期施工雨量区及雨季期划分表

省份	地区、市、自治州、盟(县)	雨量区	雨季期(月数)
北京	全境	Ⅱ	2
天津	全境	Ⅰ	2
河北	张家口、承德市(围场县)	Ⅰ	1.5
河北	承德(围场县除外)、保定、沧州、石家庄、廊坊、邢台、衡水、邯郸、唐山、秦皇岛市	Ⅱ	2
山西	全境	Ⅰ	1.5
内蒙古	呼和浩特、通辽、呼伦贝尔(海拉尔区、满洲里市、陈巴尔虎旗、鄂温克旗)、鄂尔多斯(东胜区、准格尔旗、伊金霍洛旗、达拉特旗、乌审旗)、赤峰、包头、乌兰察布市(集宁区、化德县、商都县、兴和县、四子王旗、察哈尔右翼中旗、察哈尔右翼后旗、卓资县及以南)、锡林郭勒盟(锡林浩特市、多伦县、太仆寺旗、西乌珠穆沁旗、正蓝旗、正镶白旗)	Ⅰ	1
内蒙古	呼伦贝尔市(牙克石市、额尔古纳市、鄂伦春旗、扎兰屯市及以东)，兴安盟		2
辽宁	大连(长海县、瓦房店市、普兰店区、庄河市除外)、朝阳市(建平县)		2
辽宁	沈阳(康平县)、大连(长海县)、锦州(北镇市除外)、营口(盖州市)、朝阳(凌源市、建平县除外)	Ⅰ	2.5
辽宁	沈阳(康平县、辽中区除外)、大连(瓦房店市)、鞍山(海城市、台安县、岫岩县除外)、锦州(北镇市)、阜新、朝阳(凌源市)、盘锦、葫芦岛(建昌县)、铁岭市		3
辽宁	抚顺(新宾县)、辽阳市		3.5
辽宁	沈阳(辽中区)、鞍山(海城市、台安县)、营口(盖州市除外)、葫芦岛市(兴城市)		2.5
辽宁	大连(普兰店区)、葫芦岛市(兴城市、建昌县除外)	Ⅱ	3
辽宁	大连(庄河市)、鞍山(岫岩县)、抚顺(新宾县除外)、丹东(凤城市、宽甸县除外)、本溪市		3.5
辽宁	丹东市(凤城市、宽甸县)		4
吉林	辽源、四平(双辽市)、白城、松原市	Ⅰ	2
吉林	吉林、长春、四平(双辽市除外)、白山市，延边自治州	Ⅱ	2
吉林	通化市		3
黑龙江	哈尔滨(市区、呼兰区、五常市、阿城区、双城区)、佳木斯(抚远市)、双鸭山(市区、集贤县除外)、齐齐哈尔(拜泉县、克东县除外)、黑河(五大连池市、嫩江县)、绥化(北林区、海伦市、望奎县、绥棱县、庆安县除外)、牡丹江、大庆、鸡西、七台河市，大兴安岭地区(呼玛县除外)	Ⅰ	2
黑龙江	哈尔滨(市区、呼兰区、五常市、阿城区、双城区除外)、佳木斯(抚远市除外)、双鸭山(市区、集贤县)、齐齐哈尔(拜泉县、克东县)、黑河(五大连池市、嫩江县除外)、绥化(北林区、海伦市、望奎县、绥棱县、庆安县)、鹤岗、伊春市，大兴安岭地区(呼玛县)	Ⅱ	2
上海	全境	Ⅱ	4

省份	地区、市、自治州、盟(县)	雨量区	雨季期(月数)
江苏	徐州、连云港市	II	2
	盐城市		3
	南京、镇江、淮安、南通、宿迁、扬州、常州、泰州市		4
	无锡、苏州市		4.5
浙江	舟山市	II	4
	嘉兴、湖州市		4.5
	宁波、绍兴市		6
	杭州、金华、温州、衢州、台州、丽水市		7
安徽	阜阳市、亳州、淮北、宿州、蚌埠、淮南、六安、合肥市	II	2
	滁州、马鞍山、芜湖、铜陵、宣城市		3
	池州市		4
	安庆、黄山市		5
福建	泉州市(惠安县崇武)	I	4
	福州(平潭县)、泉州(晋江市)、厦门(同安区除外)、漳州市(东山县)		5
	三明(永安市)、福州(市区、长乐区)、莆田市(仙游县除外)		6
	南平(顺昌县除外)、宁德(福鼎市、霞浦县)、三明(永安市、尤溪县、大田县除外)、福州(市区、长乐区、平潭县除外)、龙岩(长汀县、连城县)、泉州(晋江市、惠安县崇武、德化县除外)、莆田(仙游县)、厦门(同安区)、漳州市(东山县除外)	II	7
	南平(顺昌县)、宁德(福鼎市、霞浦县除外)、三明(尤溪县、大田县)、龙岩(长汀县、连城县除外)、泉州市(德化县)		8
江西	南昌、九江、吉安市	II	6
	萍乡、景德镇、新余、鹰潭、上饶、抚州、宜春、赣州市		7
山东	济南、潍坊、聊城市	I	3
	淄博、东营、烟台、济宁、威海、德州、滨州市		4
	枣庄、泰安、莱芜、临沂、菏泽市		5
	青岛市	II	3
	日照市		4
河南	郑州、许昌、洛阳、济源、新乡、焦作、三门峡、开封、濮阳、鹤壁市	I	2
	周口、驻马店、漯河、平顶山、安阳、商丘市		3
	南阳市		4
	信阳市	II	2
湖北	十堰、襄樊、随州市、神农架林区	I	3
	宜昌(秭归县、远安县、兴山县)、荆门市(钟祥市、京山县)	II	2
	武汉、黄石、荆州、孝感、黄冈、咸宁、荆门(钟祥市、京山县除外)、天门、潜江、仙桃、鄂州、宜昌市(秭归县、远安县、兴山县除外)，恩施自治州		6
湖南	全境	II	6

省份	地区、市、自治州、盟(县)	雨量区	雨季期(月数)
广东	茂名、中山、汕头、潮州市	I	5
	广州、江门、肇庆、顺德、湛江、东莞市		6
	珠海市	II	5
	深圳、阳江、汕尾、佛山、河源、梅州、揭阳、惠州、云浮、韶关市		6
	清远市		7
广西	百色、河池、南宁、崇左市	II	5
	桂林、玉林、梧州、北海、贵港、钦州、防城港、贺州、柳州、来宾市		6
海南	全境	II	6
重庆	全境	II	4
四川	阿坝(松潘县、小金县)、甘孜藏族自治州(丹巴县、石渠县)	I	1
	泸州市(古蔺县)、阿坝(阿坝县、若尔盖县)、甘孜藏族自治州(道孚县、炉霍县、甘孜县、巴塘县、乡城县)		2
	德阳、乐山(峨边县)、雅安市(汉源县)、阿坝(壤塘县)、甘孜(泸定县、新龙县、德格县、白玉县、色达县、得荣县)、凉山自治州(美姑县)		3
	绵阳(江油市、安州区、北川县除外)、广元、遂宁、宜宾市(长宁县、珙县、兴文县除外)、阿坝(黑水县、红原县、九寨沟县)、甘孜(九龙县、雅江县、理塘县)、凉山自治州(会理县、木里县、宁南县)		4
	南充(仪陇县除外)、广安(岳池县、武胜县、邻水县)、达州市(大竹县)、阿坝(马尔康市)、甘孜(康定市)、凉山自治州(甘洛县)		5
	自贡(富顺县除外)、绵阳(北川县)、内江、资阳、雅安(石棉县)、甘孜(稻城县)、凉山(盐源县、雷波县、金阳县)	II	3
	成都、自贡(富顺县)、攀枝花、泸州(古蔺县除外)、绵阳(江油市、安州区)、眉山(洪雅县除外)、乐山(峨边县、峨眉山市、沐川县除外)、宜宾(长宁县、珙县、兴文县)、广安市(岳池县、武胜县、邻水县除外),凉山自治州(西昌市、德昌县、会理县、会东县、喜德县、冕宁县)		4
	眉山(洪雅县)、乐山(峨眉山市、沐川县)、雅安(汉源县、石棉县除外)、南充(仪陇县)、巴中、达州市(大竹县、宣汉县除外)、凉山自治州(昭觉县、布拖县、越西县)		5
	达州市(宣汉县)、凉山自治州(普格县)		6
贵州	贵阳、遵义、毕节市	II	4
	安顺、铜仁、六盘水市,黔东南自治州		5
	黔西南自治州		6
	黔南自治州		7

省份	地区、市、自治州、盟(县)	雨量区	雨季期(月数)
云南	昆明(市区、嵩明县除外)、玉溪、曲靖(富源县、师宗县、罗平县除外)、丽江(宁蒗县、永胜县)、普洱市(墨江县)、昭通市、怒江(兰坪县、泸水市六库镇)、大理(大理市、漾濞县除外)、红河(个旧市、开远市、蒙自市、红河县、石屏县、建水县、弥勒市、泸西县)、迪庆、楚雄自治州	I	5
	保山(腾冲市、龙陵县除外)、临沧市(凤庆县、云县、永德县、镇康县),怒江(福贡县、泸水市)、红河自治州(元阳县)		6
	昆明(市区、嵩明县)、曲靖(富源县、师宗县、罗平县)、丽江(古城区、华坪县)、普洱市(思茅区、景东县、镇沅县、宁洱县、景谷县),大理(大理市、漾濞县)、文山自治州	II	5
	保山(腾冲市、龙陵县)、临沧(临翔区、双江县、耿马县、沧源县)、普洱市(西盟县、澜沧县、孟连县、江城县)、怒江(贡山县)、德宏、红河(绿春县、金平县、屏边县、河口县)、西双版纳自治州		6
西藏	山南(加查县除外)、日喀则市(定日县)、那曲(索县除外)、阿里地区	I	1
	拉萨、昌都(类乌齐县、丁青县、芒康县除外)、日喀则市(拉孜县)、林芝市(察隅县),那曲(索县)		2
	昌都(类乌齐县)、林芝市(米林县)		3
	昌都(丁青县)、林芝市(米林县、波密县、察隅县除外)		4
	林芝市(波密县)		5
	昌都市(芒康县)、山南(加查县)、日喀则市(定日县、拉孜县除外)	II	2
陕西	榆林、延安市		1.5
	铜川、西安、宝鸡、咸阳、渭南市,杨凌区	I	2
	商洛、安康、汉中市		3
甘肃	天水(甘谷县、武山县)、陇南市(武都区、文县、礼县),临夏(康乐县、广河县、永靖县),甘南自治州(夏河县)		1
	天水(麦积区、秦州区)、定西(渭源县)、庆阳(华池县、环县)、陇南市(西和县),临夏(临夏市)、甘南自治州(临潭县、卓尼县)		1.5
	天水(秦安县)、定西(临洮县、岷县)、平凉(崆峒区)、庆阳(庆城县)、陇南市(宕昌县)、临夏(临夏县、东乡县、积石山县)、甘南自治州(合作市)	I	2
	天水(张家川县)、平凉(静宁县、庄浪县)、庆阳(镇原县)、陇南市(两当县),临夏(和政县)、甘南自治州(玛曲县)		2.5
	天水(清水县)、平凉(泾川县、灵台县、华亭县、崇信县)、庆阳(西峰区、合水县、正宁县、宁县)、陇南市(徽县、成县、康县),甘南自治州(碌曲县、迭部县)		3
青海	西宁(湟源县)、海东市(平安区、乐都区、民和县、化隆县),海北(海晏县、祁连县、刚察县、托勒)、海南(同德县、贵南县)、黄南(泽库县、同仁县)、海西自治州(天峻县)	I	1
	西宁(湟源县除外)、海东市(互助县),海北(门源县)、果洛(达日县、久治县、班玛县)、玉树自治州(称多县、杂多县、囊谦县、玉树市),河南自治县		1.5

省份	地区、市、自治州、盟(县)	雨量区	雨季期 (月数)
宁夏	固原地区(隆德县、泾源县)	I	2
新疆	乌鲁木齐市(小渠子乡、牧业气象试验站、大西沟乡),昌吉(阜康市天池),克孜勒苏(吐尔尕特、托云、巴音库鲁提)、伊犁自治州(昭苏县、霍城县二台、松树头)	I	1
香港、 澳门			
台湾	(资料暂缺)		

注:1. 表中未列的地区除西藏林芝墨脱县因无资料划分外,其余均降雨天数或平日降雨量未达到计算雨期施工增加费的标准,故未划分雨量区及雨季期。

2. 行政区划依据资料及自治州、市的名称列法同冬期施工气温分说明。

附录四 全国风沙地区公路施工区划分表

区划	沙漠(地)名称	地理位置	自然特征
风沙一区	呼伦贝尔沙地、嫩江沙地	呼伦贝尔沙地位于内蒙古呼伦贝尔平原，嫩江沙地位于东北平原西北部嫩江下游	属半干旱、半湿润严寒区，年降水量 280~400 mm，年蒸发量 1 400~1 900 mm，干燥度 1.2~1.5
	科尔沁沙地	散布于东北平原西辽河中、下游主干及支流沿岸的冲积平原上	属半湿润温冷区，年降水量 300~450 mm，年蒸发量 1 700~2 400 mm，干燥度 1.2~2.0
	浑善达克沙地	位于内蒙古锡林郭勒盟南部和赤峰市西北部	属半湿润温冷区，年降水量 100~400 mm，年蒸发量 2 200~2 700 mm，干燥度 1.2~2.0，年平均风速 3.5~5 m/s，年大风天数 50~80 d
	毛乌素沙地	位于内蒙古鄂尔多斯中南部和陕西北部	属半干旱温热区，年降水量东部 400~440 mm，西部仅 250~320 mm，年蒸发量 2 100~2 600 mm，干燥度 1.6~2.0
	库布齐沙漠	位于内蒙古鄂尔多斯北部，黄河河套平原以南	属半干旱温热区，年降水量 150~400 mm，年蒸发量 2 100~2 700 mm，干燥度 2.0~4.0，年平均风速 3~4 m/s
风沙二区	乌兰布和沙漠	位于内蒙古阿拉善东北部，黄河河套平原西南部	属干旱温热区，年降水量 100~145 mm，年蒸发量 2 400~2 900 mm，干燥度 8.0~16.0，地下水相当丰富，埋深一般为 1.5~3 m
	腾格里沙漠	位于内蒙古阿拉善东南部及甘肃武威部分地区	属干旱温热区，沙丘、湖盆、山地、残丘及平原交错分布，年降水量 116~148 mm，年蒸发量 3 000~3 600 mm，干燥度 4.0~12.0
	巴丹吉林沙漠	位于内蒙古阿拉善西南边缘及甘肃酒泉部分地区	属干旱温热区，沙山高大密集，形态复杂，起伏悬殊，一般高 200~300 m，最高可达 420 m，年降水量 40~80 mm，年蒸发量 1 720~3 320 mm，干燥度 7.0~16.0
	柴达木沙漠	位于青海柴达木盆地	属极干旱寒冷区，风蚀地、沙丘、戈壁、盐湖和盐土平原相互交错分布，盆地东部年均气温 2~4 ℃，西部为 1.5~2.5 ℃，年降水量东部为 50~170 mm，西部为 10~25 mm，年蒸发量 2 500~3 000 mm，干燥度 16.0~32.0
	古尔班通古特沙漠	位于新疆北部准噶尔盆地	属干旱温冷区，其中固定、半固定沙丘面积占沙漠面积的 97%，年降水量 70~150 mm，年蒸发量 1 700~2 200 mm，干燥度 2.0~10.0
风沙三区	塔克拉玛干沙漠	位于新疆南部塔里木盆地	属极干旱炎热区，年降水量东部 20 mm 左右，南部 30 mm 左右，西部 40 mm 左右，北部 50 mm 以上，年蒸发量在 1 500~3 700 mm，中部达高限，干燥度 >32.0
	库姆达格沙漠	位于新疆东部、甘肃西部，罗布泊低地南部和阿尔金山北部	属极干旱炎热区，全部为流动沙丘，风蚀严重，年降水量 10~20 mm，年蒸发量 2 800~3 000 mm，干燥度 >32.0，年 8 级以上大风天数在 100 d 以上

参考文献

[1]中华人民共和国交通运输部.JTG 3820—2018 公路工程建设项目投资估算编制办法[S].北京：人民交通出版社，2019.

[2]中华人民共和国交通运输部.JTG 3830—2018 公路工程建设项目概算预算编制办法[S].北京：人民交通出版社，2019.

[3]交通公路工程定额站.公路工程施工定额[S].北京：人民交通出版社，2009.

[4]中华人民共和国交通运输部.JTG/T 3832—2018 公路工程预算定额（上、下两册）[S].北京：人民交通出版社，2019.

[5]中华人民共和国交通运输部.JTG/T 3831—2018 公路工程概算定额（上、下两册）[S].北京：人民交通出版社，2019.

[6]中华人民共和国交通运输部.JTG/T 3821—2018 公路工程估算指标[S].北京：人民交通出版社，2019.

[7]中华人民共和国交通运输部.JTG/T 3833—2018 公路工程机械台班费用定额[S].北京：人民交通出版社，2019.

[8]中华人民共和国交通运输部.公路工程标准施工招标文件（2018 年版）[S].北京：人民交通出版社，2017.

[9]中华人民共和国交通运输部.公路工程工程量清单计价规范（2018 年版）[S].北京：人民交通出版社，2017.

[10]中华人民共和国交通运输部.JTG 3810—2017 公路工程建设项目造价文件管理导则[S].北京：人民交通出版社，2017.

[11]中华人民共和国交通运输部.公路工程建设项目招标投标管理办法（2015 年版）[S].北京：人民交通出版社，2015.

[12]中华人民共和国住房和城乡建设部.GB 50500—2013 建设工程工程量清单计价规范[S].北京：人民交通出版社，2013.

[13]王首绪，李晶晶，杨玉胜，等.公路施工组织及概预算[M].4 版.北京：人民交通出版社，2020.

[14]高峰，张求书，李明.公路施工组织与概预算[M].哈尔滨：哈尔滨工程大学出版社，2019.

[15]高峰，张求书，李国栋.公路施工组织与概预算实训[M].天津：天津大学出版社，2021.

[16]高峰，张求书.公路工程造价[M].3 版.北京：北京理工大学出版社，2020.

[17]高峰，张求书.公路工程造价实训[M].天津：天津大学出版社，2022.